毛线球 29
keitodama
奇妙的钩针编织

日本宝库社 编著　蒋幼幼 如鱼得水 译

河南科学技术出版社
·郑州·

keitodama

目 录

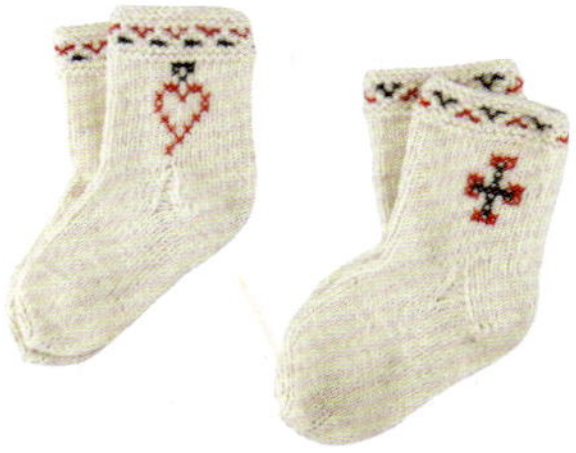

世界手工新闻

土耳其

日本首次参展土耳其手缝蕾丝节，震撼全场

上/来自土耳其各地、保加利亚和日本的收藏爱好者、研究员和手工艺人齐聚一堂
下/日本爱好者参照土耳其传统手缝蕾丝制作的作品

位于土耳其西北部的奥斯曼帝国初期的首都布尔萨在丝绸之路时期盛行蚕茧交易，1928年日本人大谷光瑞曾在此地开办丝织品工厂，这里逐渐成为丝绸产业的中心，如今更是以"丝绸之城"闻名遐迩。

2018年9月至11月末，由布尔萨市主办的首届土耳其手缝蕾丝节即"国际真丝手缝蕾丝节"在布尔萨的纺织博物馆举行。土耳其手缝蕾丝是用线和手缝针制作的蕾丝花边。虽然周边国家也能看到相同的手艺，但是在土耳其，因为身为伊斯兰教徒的女性们会在日常使用的头巾上缝制装饰花边，所以这门手艺在民间广为流传。不同地区使用的线材、图案、编织方法以及包含的意义等也是多种多样，花样款式更是不胜枚举。

活动期间，除了土耳其收藏爱好者们收集的各地的手缝蕾丝，大家还可以看到我在土耳其花了大约20年时间收集到的真丝手缝蕾丝和一部分藏品，这些作品都完成于19世纪后半期至20世纪中期。参展作品总数约有2000件。在古典手缝蕾丝的展示方面，此次活动的规模在国内外都是最大的。此外，同期还举办了各种讲习会、演讲会、村落观光考察、交流会，以及日本人的真丝手缝蕾丝作品展。参展的日本人共有14名，从小物件到精美的手缝蕾丝丝巾等一共展出了48件作品。前来参观的土耳其人纷纷驻足欣赏，对真丝蕾丝作品的精美和纤细、作者的技艺和设计能力赞赏有加。各位参展者还获得了布尔萨市的感谢信。此时，距离土耳其手缝蕾丝首次被介绍到日本大约已有20年，我们终于实现了在土耳其当地展现自己创作成果的梦想。

展会上重现了慕斯库勒村(Muskule)举行传统的割礼仪式时使用的床，上面装饰着五颜六色的手缝蕾丝丝巾

鉴于展会吸引了国内外众多参观者，反响巨大，布尔萨市正策划2年后举办第2届。另外，日本的手缝蕾丝节于2019年3月1~3日在东京举行。

撰稿/野中几美

挪威

传统刺绣和民族服饰的宝库

上/自1911年建馆以来，民族博物馆里保存着哈丹格尔地区的历史资料
下/胸前贴布上加入了几何花样等各种装饰图案

哈丹格尔民族博物馆位于哈丹格尔峡湾沿岸的乌特奈村。哈丹格尔峡湾作为挪威卑尔根市东南第二大峡湾，全长179公里，周围是一片美丽的田园风光。博物馆里保存着以哈丹格尔地区为中心的挪威历史资料、民族服饰、哈登格刺绣、传统乐器哈丹格尔小提琴等，在规划用地上拥有20幢传统建筑物。

挪威的民族服饰叫作卜娜德(Bunad)，但是不同地区的装饰图案大相径庭。展厅内还陈列着身穿峡湾地区农家民族服饰的人偶。人偶既有戴着头饰的已婚女性，也有将头发编成三股辫高高盘起的未婚女性，白色的围裙和手套是去教堂时穿戴的，人偶胸前身片下方的方形贴布上装饰着串珠刺绣。

船只是峡湾地区的交通工具，上面端坐着身穿传统结婚礼服的新郎和新娘、参加仪式的亲朋好友和乐器演奏者。新娘在红色连衣裙外穿了一件黑色外套，系着装饰有串珠和圆环的两种腰带。新郎系着银色腰带，戴着项链。新娘的头冠是传统样式，只有婚礼时才会将头发梳直了披散开来。

此外，博物馆里还展示了哈登格刺绣，包括沿着几何花样做缆绳绣后剪掉内侧方块的镂空绣，以及抽掉织线的抽纱绣等技法。据说哈登格刺绣源自意大利文艺复兴时期的针绣镂空蕾丝(reticella，本意为小网格)，因为18世纪哈丹格尔地区的围裙与17世纪意大利教会圣乐团的斗篷极为相似，所以人们认为哈丹格尔的传统服饰也受到了欧洲文艺复兴时期服饰的影响。

作为特展，展厅里还展示了1000片胸前贴布(身片的装饰布)。不同地区的设计和风格各有特色，上面装饰着串珠和精致的刺绣。

撰稿/成田明美

婚礼上的新郎和新娘。传统的结婚礼服上装饰着各种精美的金属饰品、哈登格刺绣和串珠等

巴黎、米兰

2019年春夏系列中的针织潮流

本季流行趋势整体上延续了上一季的“运动风”。在此基础上，春夏季节性图案、镂空设计、透明元素的应用等彰显了“性感”和“成熟”的女性魅力。两种截然不同的风格相互融合，有了全新的穿搭模式。

在针织服饰方面，纤细的线材在时尚舞台闪亮登场，出现了很多透明性感的设计（图1、图7、图8）。此外，钩编元素也大放异彩，比如露腰短款套头衫和圆领背心等。最大的亮点是在搭配中加入了运动风格。就拿ALBERTA FERRETTI（阿尔伯特·菲尔蒂）的这一套来说，钩针编织的露腰短衫下面搭配了一条运动风大口袋超短裙，很有新意。这身搭配中另一点比较出彩的是针织衫下富有光泽的缎面打底衫，透着一股柔美气息。运动、性感、成熟，三者的结合展现出新颖时尚的搭配风格，引人注目（图2）。

展露美丽的肌肤也是春夏时装的魅力之一。譬如，FENDI（芬迪）的肩部V形镂空设计（图3）、ETRO（艾绰）的印花胸罩外加条纹花样针织衫的宽松型（舒适随意性）搭配（图4）、BEAUTIFUL PEOPLE（丽人）的圆领网眼背心外加派克大衣的粗犷风搭配（图5）、LOEWE（罗意威）的贴身针织开衫（图6）等。

MISSONI（米索尼）则发布了很多夏日款针织围巾和钩编饰品，比如由叶片形状的花片连接而成的项链，让人真想马上模仿着编织一条（图7）。围在脖子上的小围巾可以代替项链成为全身搭配的亮点（图8）。将细长的围巾从后背绕到胸前打一个结，这种新的围法也非常富有创意（图9）。

今年的流行色是玫瑰粉。一向走黑色系路线的ANN DEMEULEMESTER（安·迪穆拉米斯特）本季也发布了令人惊艳的粉色时装（图10）。BLUMARIN（蓝色情人）则在紫藤色两件套露腰短款毛衣下搭配了一条运动风的玫瑰粉迷你裙（图11）。各大品牌都在设计中巧妙地运用了各种时尚元素，真是精彩纷呈。

1

3

4

5

6

7

8

9

10

11

1 / MISSONI
2 / ALBERTA FERRETTI
3 / FENDI
4 / ETRO
5 / BEAUTIFUL PEOPLE
6 / ©LOEWE
7 ~9 / MISSONI
10 / ANN DEMEULEMESTER
11 / ©BLUMARIN

撰稿／后藤绮子（Ayako GOTO）
摄影／樋口千代子（Chiyoko HIGUCHI）

Wonder
8
加线编织
▶第19页
7
七宝针
▶第16、17页
4
华夫格针
▶第21页
8
加线编织
▶第18页
5
菱形华夫格针
▶第13、20页
9
巴伐利亚钩编
▶第21页
4
华夫格针
▶第12页

1
麻叶针
▶第8页

9
巴伐利亚钩编
▶第21页

6
双面钩编
▶第14页

2
枫叶针
▶第9页

让钩针编织更好玩

奇妙的钩针编织

继上一期棒针编织之后，这次将为大家介绍奇妙的钩针编织。
锁针、短针、长针、拉针……在简单的针法中稍加变化，就能钩织出不可思议的有趣花样。
让我们赶紧开启奇妙的钩针编织之旅，体会其中的乐趣和奥妙吧！

photograph Shigeki Nakashima stylist Kuniko Okabe hair&make-up AKI model Ustyna special thanks AWABEES,UTUWA

3
向下跨行钩织的花样
▶第10、11页

6
双面钩编
▶第15页

Wonder Crochet
1
麻叶针

在长长针的钩法上加入一点小设计，就可以编织出类似日本传统麻叶纹的花样。它兼具几何图案的趣味和镂空感，令人着迷。

麻叶针长披肩

利用花样的镂空感设计的这款披肩清爽怡人。如蕾丝般精致，却不会太过可爱，这正是麻叶针的魅力所在。可与甜美风服饰随意搭配。

设计 / 风工房
编织方法 / 85页
使用线 / Rich More

枫叶针方领套头衫

使用对比强烈的配色钩织的枫叶针花样，从远处看就像排列整齐的一颗颗水珠。清爽的颜色和方领、落肩袖设计使整件作品显得清新雅致。

设计 / 风工房
编织方法 / 86页
使用线 / 和麻纳卡

Wonder Crochet 2 枫叶针

编织花样中往返钩织的2行形成枫叶的形状。圆形的叶子部分钩织变化的枣形针，饱满有形。在2排枫叶针花样之间钩织的一行针目形成镂空效果，使作品看似厚实实则非常轻柔。

Wonder Crochet 3

向下跨行钩织的花样

其实针法就是普通的短针和长针，只是入针位置与往常不同。只需向下跨行钩织，就可以演绎出各种花样。

下摆开衩套头衫

用姜黄色和浅茶色线钩织的这款套头衫颇具POLO衫风格。领口的设计新颖、时尚。

设计 / 兵头良之子 制作 / Kae

编织方法 / 88页

使用线 / 芭贝

落肩袖短开衫

使用3种颜色雅致的线钩织出轮廓清晰的图案。不同的配色给人的感觉截然不同，真想用各种颜色尝试一番呢。

设计 / Saichika 制作 / Emiko Nonami
编织方法 / 90页
使用线 / 芭贝

Wonder Crochet 4

华夫格针

像极了华夫饼的编织花样十分简单，钩织长针和长针的拉针就可以勾勒出格子图案。使用这种方法钩织的作品非常厚实。

华夫格针帽子和手提包

简约的设计加上立体感十足的花样，显得非常别致。双层结构的手提包双面均可使用，提手部分翻折后还可以用作手拿包。请按个人喜好选择使用方法。

设计 / yohnKa
编织方法 / 92页
使用线 / 芭贝

Wonder Crochet
5
菱形华夫格针

这种针法的表面看上去像菱形格子的华夫饼，凹凸有致。将长长针的2针并1针钩成正拉针，形成斜向交叉的线条。如果改变格子部分和主体的配色，花样会更加醒目。

菱形华夫格针购物包

用对比强烈的亮色线编织主体，用深色线勾勒出的格子起到了中和整体色调的效果。这款包的图案看上去好像彩绘玻璃一般，色彩的呈现十分有趣。

设计 / 今村曜子
编织方法 / 98页
使用线 / 芭贝

Wonder Crochet
6
双面钩编

双面钩编的正反面花样不同。编织方法本身极为普通，先交替钩织单面的针目，最后完成双层的效果。钩织过程中花样逐渐显现，这份乐趣或许会让你陶醉其中。

教程→23页

双面花样裹身裙

这款半裙表面既像刺子绣图案，又像北欧织物，清晰明朗的花样别具特色。这条裹身裙隐约可见的反面当然是不同的花样，而且可以双面穿着。

设计 / Kayomi Yokoyama
编织方法 / 94页
使用线 / 内藤商事

双面花样短外套

这是一款宽松舒适的外套，在翻折的衣领和袖口位置呈现了双面钩编的精妙之处。正面和反面竟然是如此截然不同的花样，很难想象吧！

设计 / 河合真弓 制作 / 冲田喜美子
编织方法 / 96页
使用线 / 内藤商事

Wonder Crochet
7
七宝针

由来已久却鲜为人知的七宝针基本上是短针和锁针的结合。将锁针拉得长长的，就可以钩织出这般可爱的花样。这种花样的针目比较容易松弛，更能彰显线的质感，所以务必要精心挑选线材。

七宝针双色披肩

这是一款双色三角形披肩，不同的佩戴方法会给人焕然一新的感觉。七宝针对于线材的质感要求非常高。如果用空心带子纱线编织，想必别有一番趣味。

设计 / 笠间 绫
编织方法 / 100页
使用线 / 芭贝

七宝针V领套头衫

松软起绒的马海毛线最适合钩织七宝针了。这款套头衫的镂空效果恰到好处，而且手感轻柔，在乍暖还寒的早春时节是穿搭首选。

设计 / 兵头良之子　制作 / 矢部久美子
编织方法 / 99页
使用线 / 芭贝

Wonder Crochet
8
加线编织

在主色线上添加另线，增加质感的同时还赋予了织物奇妙的纹理变化。方法虽然简单，却需要一定的技巧。

教程→22页

双色花样套头衫

这款类似法式袖设计的套头衫使用清新的浅绿色线和白色线交替配色钩织，给人一种简约却不失精致的美感。

设计 / 风工房
编织方法 / 102页
使用线 / 芭贝

扇形花样套头衫

配色钩织的扇形花样宛如青海波纹。主色的渐变马海毛线和勾勒出线条的带子纱线形成鲜明的视觉反差，是这款设计的亮点。

设计 / 冈本真希子
编织方法 / 104页
使用线 / 芭贝

Wonder Crochet
使用Zpagetti棉线进行奇妙的钩针编织

下面为大家介绍一款曾经风靡一时的再生棉线“Zpagetti”。
它的魅力在于有着像T恤衫一样舒适的质感，可以快速编织，轻松完成作品。
让我们用这款粗粗的棉线快乐地编织充满生活气息的作品吧！

Wonder Crochet
9
巴伐利亚钩针编织

运用反拉针钩织的方形花片具有很强的立体感。肆意绽放的可爱花朵，让人眼前一亮。

连体坐垫

20页/菱形华夫格针花样也能给人强烈的视觉冲击。织物紧密厚实，垫在汽车座椅上是不是很棒？解开系绳摊平后，还可以用作长排坐垫。

制作 / 冈田昌子 编织方法 / 107 页
使用线 / Hoooked Zpagetti (DMC)

花片坐垫

如果是超极粗的Zpagetti棉线，用巴伐利亚钩针编织的1个花片尺寸就有这么大。虽然钩织时要用点力，但是很快就能完成。

制作 / 冈田昌子、高山桂奈 编织方法 / 107 页
使用线 / Hoooked Zpagetti (DMC)

小物收纳包

可以用来整理零碎物品，也可以用作垃圾袋，小小的收纳包用途非常广泛。华夫格针钩织的织片结实耐用。

制作 / 高山桂奈 编织方法 / 108 页
使用线 / Hoooked Zpagetti (DMC)

Crochet Lesson

奇妙的钩针编织针法教程

在奇妙的钩针编织中，针目的钩织方法和挑针方法都有独特之处。
有些针法仅凭符号图是很难理解的，下面就为大家介绍其中2种针法的钩织方法。

摄影/森谷则秋

更多精彩，敬请浏览！

《奇妙的钩针编织》

本书将为大家介绍钩针编织中比较独特、有趣的钩织方法，以及灵活运用花样钩织出的许多可爱的作品。附步骤详解，简单易懂。
本书中文简体字版由河南科学技术出版社出版。

[加线编织]

一边用主色线钩织基础织片，一边缠绕另线。

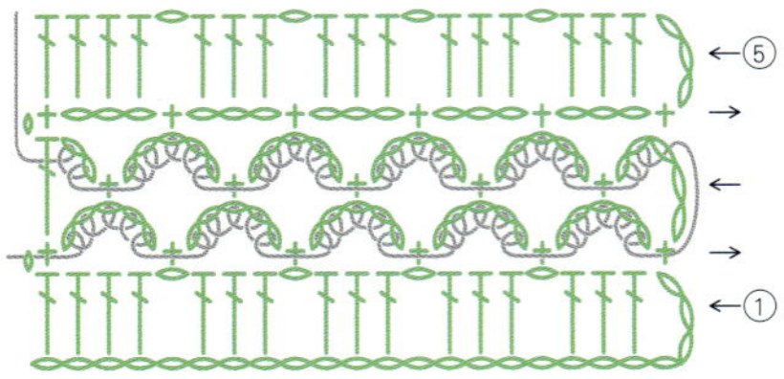

— =加线
※本作品中的加线为2股

第1行按符号图钩织。在立织第2行的锁针前，将加的新线挂在主线上，钩织1针锁针。

翻转织片，将加线放在后侧以免钩进针目里，接着钩织1针短针。

将加线从前往后挂在钩针上，一次性引拔穿过钩针上的2个线圈，钩织锁针。

按与步骤3相同的要领，一边将加线挂在钩针上一边再钩织4针锁针。重复步骤2~4。

在行末将加线包在针目里钩织短针，接着立织下一行的3针锁针，再按与步骤3相同的要领钩织花样中的2针锁针后翻转织片。

将加线放在织片的前侧。在前一行第3针锁针呈八字形的2根线里插入钩针，钩织短针。

按与步骤3相同的要领，一边将加线从前往后挂在钩针上，一边钩织5针锁针。重复步骤6、7。

钩织行末的长针时，先将加线放在后侧钩织未完成的长针，然后将加线从前往后挂在钩针上，再一次性从钩针上的3个线圈中引拔。

第4行将加线暂时放在一边，按符号图钩织。按与步骤6相同的要领插入钩针钩织短针。

第5行钩织完成后的状态。

[双面钩编]

双面钩编的要领是用2种颜色的线交替钩织1行，在行的中途从另一种颜色的针目下方挑针钩织。
注意钩织长针时不要将另一种颜色的针目包在里面钩织。

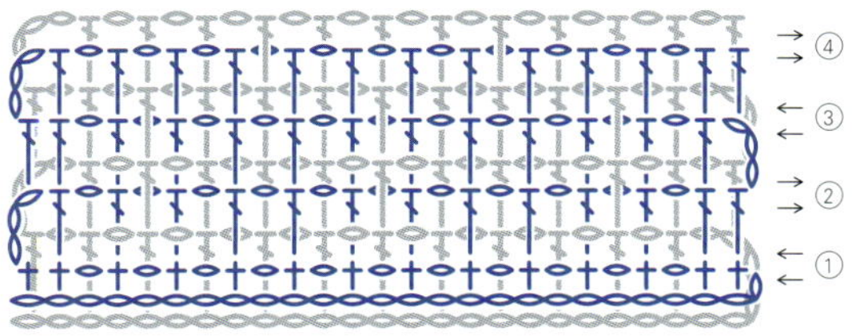

※符号图表示从A面看到的针目状态
※藏青色比较多的一面＝A面
灰色比较多的一面＝B面

— ＝藏青色
— ＝灰色

看着B面钩织的行
（灰色织片的第2行）

1

按符号图，用藏青色线钩织2行后休针，灰色线只需钩织1行。

灰色织片的第2行钩织至第4针后，与藏青色织片叠在一起拿好。在钩针上挂线，从藏青色织片的后侧插入钩针，在前一行的灰色线针目里挑针，将线拉出至后侧。

直接钩织长针。

在藏青色织片后侧钩织的灰色针目完成。后面的7针都将藏青色织片倒向后侧钩织。

重复步骤2~4。

钩织至行末时，灰色针目休针。将藏青色针目挂在钩针上，立织锁针。

看着A面钩织的行（藏青色织片的第3行）

立织锁针后翻转织片，第2针将灰色织片倒向后侧钩织。

钩织1针锁针，第4针按与步骤2相同的要领在前一行藏青色针目里挑针后将线拉出至后侧，钩织长针。

一边确认长针的前后位置一边继续钩织至行末。藏青色针目休针，将灰色针目挂在钩针上。

看着A面钩织的行
（灰色织片的第3行）

第3针将藏青色织片倒向前侧钩织长针。

第5针将藏青色织片倒向后侧钩织长针。

一边确认长针的前后位置一边继续钩织至行末。灰色针目休针，将藏青色针目挂在钩针上。

看着B面钩织的行（藏青色织片的第4行）

所有长针都将灰色织片倒向前侧钩织。

花样的一半完成。接下来也是一边确认长针的前后位置一边按相同要领继续钩织。

[第10回]

野口光的织补缝大改造

之所以说是"大改造"，是因为它并不限于修补，还可用来修饰。织补缝技术是在不断发展的。

野口光：

创立"hikaru noguchi"品牌的编织设计师。非常喜欢织补缝，还为此专门设计了独特的蘑菇形工具。新书《妙手生花：野口光的神奇衣物织补术》已由河南科学技术出版社出版。

【本期话题】

边角的问题

织补前

费尔岛花样的无指长筒手套，因为经常戴，到处都有磨损的痕迹

photograph Hironori Handa styling Masayo Akutsu hair&make-up Naoyuki Ohgimoto model Daria L.

毛衣的下摆、袖口和无指手套的边缘等，衣物的边角是很容易磨损的地方。

在修补这些地方的时候，因为没法像平时一样借助蘑菇形工具，因此我把它们视作织补缝的最大难题。所幸，这个难题可以借助"渡桥法"解决。经过多次实践，我终于研究出了容易理解的修补方法，当时的心情非常兴奋。

这次的话题是苏格兰制的无指长筒手套，使用的是设得兰毛线的老店Jamieson's品牌的毛线。这款毛线手感非常温暖、轻柔，整个质感给人微妙的感觉。在修补时结合手套花样的颜色，使用不同颜色的线刺绣修补。

织补缝的乐趣在于可以自由选择使用的线材和颜色。如果不知道选哪种线号，可以优先考虑和修补对象接近的线材、颜色和亮度。熟练之后，可以尝试使用各种线材和颜色进行操作。

WM·DIY

爱玩美手工（郑州如一文化发展有限公司），是中原出版传媒集团下属河南科学技术出版社聚力打造的现代创意手工品牌。依托河南科学技术出版社1000余种手工图书和丰富多彩的手工培训课程提供知识服务与输出。

爱玩美手工已形成了线上线下深度图书出版融合发展的立体化产业模式，为中国手工爱好者和从业者提供全媒体手工出版、教育培训、手工素材和工具设备选购、手工文创、直播录播、国际博览会、艺术大赛、社团团建、休闲体验等一站式综合服务。

爱玩美手工

一站式手工服务和文创平台

手工行业平台服务商
（知识输出、电商、教育培训、视频平台等）

手工教育培训输出商
（团建、社团、沙龙等）

手工原材料综合服务商
（面料、工具、设备、辅料等）

爱玩美手工拥有一站式"中国国际手工文化创意博览中心"、4万平方米"国际手工文化创意产业园"，致力于打造手工教育培训知识输出商、手工行业平台服务商和手工原材料综合服务商。

感受丹麦风情
ISAGER的世界

漫长的冬季结束后，可以感受春天的温暖阳光了。
为了更好地享受阳光，穿上清爽的针织衫吧！

photograph Shigeki Nakashima styling Kuniko Okabe hair&make-up AKI model Ustyna

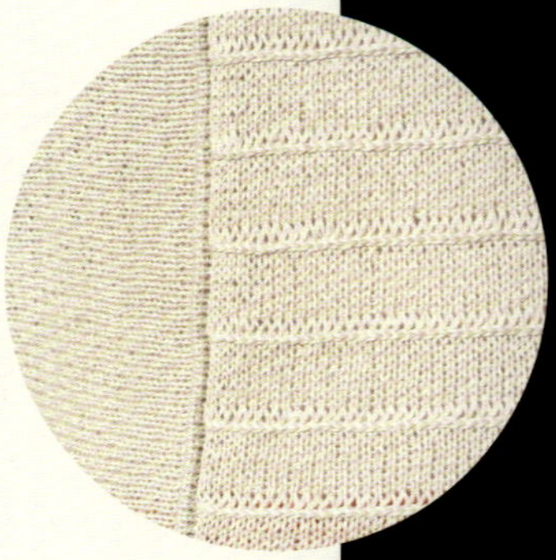

LINEN
百搭短袖针织衫

这款棉、麻、竹的混纺线，编织起来很轻松。颜色很百搭，身片中心和两种花样的交界处编织出褶子。中心部分的编织花样要稍费一点心思编织出横向线条，简单之中不乏亮点。

设计/赫尔格·伊萨格
编织方法/109页
使用线/ISAGER

TRIO

麻50%、棉30%、竹20%。这是非常细的毛线，适合合股使用。和ALPACA 1线或SILK MOHAIR线合为1股编织，能编织出非常漂亮的衣物。
和其他种类的线材合为1股时，可以各取1根，但更推荐直接取2根TRIO线编织。这款线一共有20种颜色，虽然颜色不同但色调相似，可以尝试一下将不同颜色的线合为1股编织，一定很有趣。

细细的、柔软的TRIO线，一共有20种颜色。

丹麦的春天是大扫除的日子。明媚的阳光照进屋子的角角落落，使整个房间看起来焕然一新。床单、被子都换成了轻薄的，甚至窗帘也换成了薄款。服装的色彩变得清爽，材质也变了，一切都在迎接明媚的阳光和春天的百花。灰色的树枝开始萌发新芽，柔软的嫩叶即将展开新颜，大地上开满了雪白的银莲花。

在ISAGER公司，大家一边等待客户，一边开始为夏天的各种课程做准备。每年夏天，会有来自世界各国的优秀讲师来到这里讲授各种编织技法。除了附近的人以外，还有远道而来的人，大家一边品尝可口的食物，一边学习编织，感受丹麦风情。

丹麦四季分明，无论什么季节都可以自由使用夏线、冬线。羊毛材质的衣服虽然不适合在夏季穿着，但很适合在温度较高的夏季静静地编织。相反，棉麻材质的线材在湿热的夏季会变硬，更适合在干冷的冬季编织。而编织毛衣等大件作品，通常需要几个月才能完成，冬天开始编织的话完成的时候就到春天了。如果夏秋开始编织的话，刚好到冬天可以穿在身上。因此，推荐大家尝试一下在夏季编织冬线、在冬季编织夏线。

不过，如果有人还是想在春夏之际编织夏线，可以尝试一下用本期介绍的TRIO毛线编织一件短袖毛衫。本作品使用了2根亚麻色的线编织，手感很好。大家记得尝试哟。

（玛丽安·伊萨格）

ISAGER

男人编织 29

竹内良太

（配音演员）

妻子、猫和手工

photograph Bunsaku Nakagawa text Hiroko Tagaya

竹内良太：

出生于日本兵库县，配音演员、解说员。他低沉的嗓音很有特色，曾参加动漫、游戏、电影等的配音工作，也是纪录片的解说员，活跃在多个领域。小学时开始接触编织，现在还是手工编织组合“Studio ØGauge”的成员。他业务繁忙，致力于制作编织小物和小饰品。喜欢猫咪，喜欢粉色。

本期邀请的编织男人是非常有名的配音演员竹内良太。他用魅惑的低音给著名动漫《排球少年》里面的牛岛若利配音并获得成功，其后又给游戏、引进的外国电影配音，还负责体育类纪录片解说，活跃在多个领域。

他开始接触编织是小学时候的事情。“当时，女生中间很流行编织，我是为了找个借口和她们接近吧（笑）。不过，我学会之后，她们又不喜欢这个了。后来我给初恋女友编织了一条围巾，成功俘获了她的芳心。说起来，关于编织还真有不少值得回忆的事情呢。”

后来，到了中学，竹内先生因为参加社团活动，加上又总想着配音的事情，所以就中断了编织。再次开始编织的契机是“Studio Ø Gauge”的活动。“Studio Ø Gauge”是竹内先生和他同为配音演员的太太寺岛爱的弟弟——程序员寺岛博数组成的编织组合。他们定期去演唱会现场，并且编织了许多小饰品、围脖等东西向歌迷销售明星周边商品。

“演唱会结束后的销售环节，设定了2小时和歌迷聊天的时间。我们的产品也在网上销售，但一挂到网上就卖掉了，这样就没有作品能给你们看了。”

他们现在销售的东西以手链和编织小物为主，作品风格一直在变化，“不只是作品，我自己也和以前不一样了。”竹内先生说。变化的源头可以追溯到21岁和太太相遇的那年。

“太太寺岛爱是配音学校的学姐，当时我叫她爱姐（笑）。那时我是小平头发型，穿着某量贩店的摇粒绒上衣，没有蓄胡子，也没有打耳洞，是来自小地方的、听着曲调轻快的音乐的健康青年（笑）。太太喜欢效果震撼的音乐，她的爱好和价值观对我来说很新鲜。在她的影响下我蓄起了胡子、头发，变成了现在

不仅用钩针、棒针编织作品，竹内先生对纺织品也感兴趣。他编织的作品以身上能用到的东西为主。好多编织粉丝都入手了他编织的东西

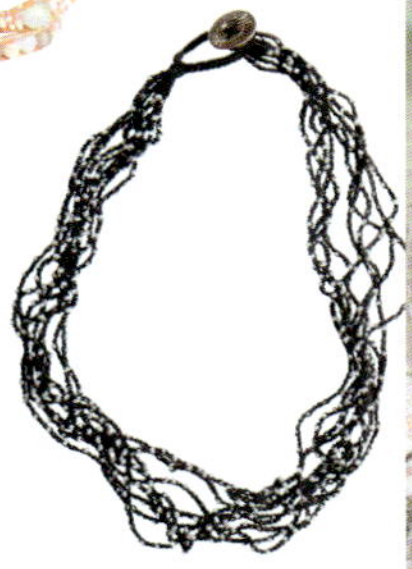

1/正在编织的作品　2/色彩斑斓的毛线整齐有序地摆放在盒子里　3/爱猫小莲出镜了。仔细看，椅子腿下面还有编织脚垫　4/墙上挂的编织小物　5/常用的编织工具，还有串珠编织用的钳子　6/竹内先生一旦开始编织便全身心投入其中，周围的声音都听不见了　7、8/令人惊叹的收纳能力。各种串珠和缝线很容易就找到了

这副模样，工作也相应地增加了，可以说太太是我的顶级经纪人。”

实际上，在制作“Studio ØGauge”的商品时，太太是非常重要的策划人。我询问了他太太的想法，她说：“为了降低成本和销售价格，我严格选择线材。他负责具体制作。歌迷一直在等着产品，但他像女人一样心细，选择颜色、形状都要费时很久（笑）。”

竹内先生的配音角色多是一些很爷们的男性，而制作商品时却经常无意识地使用了粉色，看来他很喜欢可爱风格。陪太太逛女装店也是他的乐趣之一。

“男人没法自己一个人去逛女装店吧（笑）。打着陪太太买衣服的幌子，其实我自己也乐在其中。女性服装的色彩搭配非常漂亮，可以作为我们设计作品时的配色参考。”

他不仅喜欢粉色，还喜欢编织小东西。这和他的外表反差越来越大了……

“我可能是个大力水手（笑）。编织时总是不知不觉就编得紧了，即使用非常柔软的线，编织出来的东西也硬硬的。但编织小东西正好可以巧妙利用偏硬的质感，并且我本身也喜欢编织小东西。今后我的努力方向是在这些小东西里加入更加细腻的设计。”

配音，制作商品，还有和太太、编织粉丝之间的关系，这些竹内先生人生中重要的事情都和编织相关，这真是令人赞叹。他还有三只爱猫，它们也喜欢玩毛线团。一切都在向着美好的方向发展，很期待他今后的新作。

乐享毛线Enjoy Keito 7

都说春寒料峭，乍暖还寒，这种时候还是宅在室内编织吧！
本期为大家介绍的是2018年秋季上市的Keito创意花式线“UMIUSHI”。

photograph Hironori Handa styling Masayo Akutsu hair&make-up Naoyuki Ohgimoto model Daria L.

Keito UMIUSHI MOKOMOKO

羊毛96%、尼龙4% 颜色数/5 规格/每桄100g 线长/约90m 线的粗细/超级粗 使用针号/13号至8mm

粗细不均的竹节花式纱线，粗的部分非常蓬松，编织时针目不整齐也不碍事。为了充分展现线材的特殊质感，建议使用粗针编织，针目编织得稀疏一些。1桄线量可以编织一条围巾或一顶帽子。

每2行换色编织，边缘呈现的效果宛如绘画中的点画法。

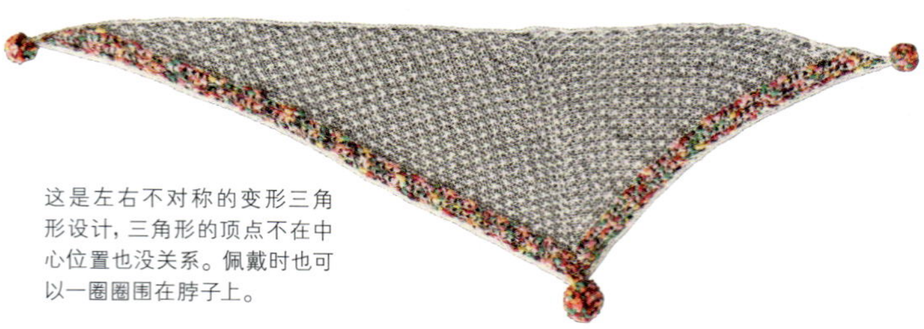

这是左右不对称的变形三角形设计，三角形的顶点不在中心位置也没关系。佩戴时也可以一圈圈围在脖子上。

不对称三角形披肩

结合“UMIUSHI”线材使用粗针编织的披肩，手感松软、轻柔。在这依旧凉意袭人的春天，若是去郊游一定记得随身携带这款披肩。

设计 / Keito 一色 奏
编织方法 / 111页
使用线 / Keito UMIUSHI MOKOMOKO、Lana Gatto Tender（限量线）

Keito

邮编：111-0053
地址：日本东京都台东区浅草桥3-5-4 1F
电话：03-5809-2018
传真：03-5809-2632
邮箱：info@keito-shop.com
营业时间：10:00~18:00
休息日：星期一（星期一为节假日时则次日休息）

Keito UMIUSHI POKOPOKO

羊毛97%、尼龙3% 颜色数/5 规格/每桄100g 线长/约48m 线的粗细/超级粗 使用针号/8 ~10mm

这款线材密集的颗粒状非常特别。不可思议的是，不管用钩针编织，还是用棒针编织，织物的纹理并无太大区别。编织时的颗粒感别有乐趣。这款线材也建议用粗针编织。

圆鼓鼓蛙嘴口金包

用“POKOPOKO”线钩织立体的口金包，圆鼓鼓的外形煞是可爱。带着它外出或者旅行吧！

设计 / Keito Miyuki Hayashi
编织方法 / 112页
使用线 / Keito UMIUSHI POKOPOKO、Lana Gatto Tender（限量线）

拥有五彩斑斓的颜色和独特质感的“UMIUSHI”是Keito与艺术线设计师Ruru Mori灵感碰撞的产物。Ruru Mori善于从自然界的动植物中获得灵感，对羊毛进行染色并纺成纱线。他设想着能有一天用线材表现出有“海底宝石”美称的海蛞蝓，而Keito希望开发出既流行又可爱的线材，二人一拍即合，于是“UMIUSHI”应运而生。艺术线一般情况下很多都是孤品，即使再喜欢也很难买到一模一样的，而且难以确保数量。但是，“UMIUSHI”完美地解决了这个难题。

实际上，开发这个系列的线材耗费了大约半年时间。首先是染色问题。Ruru Mori根据真实的海蛞蝓、想象的海蛞蝓和各种各样的海蛞蝓制作了很多样品线。然后从这些可爱的样品线中精挑细选了5种颜色，再对Keito选定的基础线进行染色。虽然不是所谓的手染线，但是日本的染色手工艺人会根据样品线一边调整一边染色，逐一确认线的颜色深浅和重复情况，再反复进行微调。最终开发成功的“UMIUSHI”如今已然是Keito的明星产品，无论是外观还是编织体验，都令人满意。请一定要尝试一次！

熠熠生辉的

串珠手链

串珠编织的要领是将穿在线上的串珠一颗颗地移至针目边上做环形钩织引拔针。
可爱的手链在温暖的阳光照耀下闪闪发亮，如春花烂漫般令人身心愉悦。

photograph Toshikatsu Watanabe styling Terumi Inoue

Beads Crochet Bracelet

螺旋花样串珠手链

最基础的是32页左下方斜向走势的螺旋花样。先在线上有规律地穿入串珠，钩织的过程中花样会自然发生扭转，非常有意思。本页右下方的设计中，使用了不同大小的串珠，形成了独特的扭转方式。理解了扭转的特性后，只要改变串珠的排列规律，就会得到完全不同的效果。

叶子花样充分发挥了扭转的特点，设计充满了流动感。条形花样一经编织就能理解笔直的花样中串珠的排列方式。看似随机的小花花样也是松本薰老师精密计算后的结果。

设计 / 松本薰

编织方法 / 113页

使用串珠 / MIYUKI 古董珠、古董珠M、方形珠、小号圆珠

使用线 / MIYUKI 串珠编织专用线（8号，粗）

华丽的女儿节吊饰

将精巧可爱的小挂件穿在细绳上，再将一根根细绳缝在红色圆环上，祝福女孩子健康茁壮地成长。
让我们愉快地编织一串精美的吊饰来迎接女儿节吧！

photograph Toshikatsu Watanabe styling Terumi Inoue

女儿节吊饰

女儿节又称桃花节，是祝贺女孩子出生并祝愿她们健康成长的节日。过去只有贵族家里才会摆放昂贵豪华的人偶，而在普通百姓家，母亲和祖母还有邻居会送给女孩子一些手作的小人偶，并将这些小人偶挂起来作为装饰，据说这就是女儿节吊饰的来源。它饱含了人们对新生命的祝福，真是绝佳的护身符。

设计 / 松本薰 编织方法 / 115 页
使用线 / 奥林巴斯

春日桃枝插花

节庆活动中，往往少不了鲜花的装饰。既然女儿节又叫作“桃花节”，那就用桃花装饰吧！编织的花朵可以反复使用，其中的雅趣一点都不逊色于插花呢！

设计 / 松本薰 编织方法 / 115 页
使用线 / 奥林巴斯

吊饰中精心挑选的可爱挂件也是各有寓意。小兔子的红色眼睛有辟邪保平安的灵力，黄莺是报春的吉祥鸟，金鱼是祈愿一生顺遂无忧、多子多福的吉祥物，七宝球有广结人缘和积累财富的寓意，梅花和山茶花则分别祝愿小朋友成长为俏丽可爱、优雅美丽的女性。上一期介绍的虾之类也是吉祥物，不妨一起挂上吧！

穿着有品位的毛衣出门吧

这是只有热爱编织的人才能享受到的绝妙技法。选择喜欢的毛线，编织一件手编专享的时尚毛衣吧！

photograph Hironori Handa styling Akutsu Masayo hair&make-up Naoyuki Ohgimoto model Daria L.

连肩袖开衫和背心套装

毛衣套装是最能营造规矩感的装束。圆圆的开衫穿起来很宽松，从正面看则给人整齐的感觉。作内搭的背心编织小小的叶形花样，和开衫的相同之处主要是镂空设计，搭配成很雅致的套装。

设计/岸 睦子
制作/志村真子
编织方法/119页
试用线/钻石线

双色镂空花样毛衫

用藏青色和原白色两种颜色的线编织成条纹花样，一行行编织成迷人的花纹。拉针和5针并1针组成大网眼的镂空花样，穿上比较凉爽。编织者也可以享受用棒针编织复杂花样的乐趣。大胆的后背设计，也很夺人眼球。

设计／冈本启子
制作／野吕顺子
编织方法/122页
使用线／钻石线

双色圆领开衫

从好看的编织花样开始编织，使用等间距渡线的技巧是关键。可以自由编织滑针和拉针的时候，你就成了一名手编达人了。这件开衫款式简单，闪亮的丝线点缀其中，形成优雅的配色。

设计 / 冈本真希子
制作 / 铃木裕子
编织方法 /127页
使用线 / 钻石线

荷叶边中袖套头衫

沿着圆育克的弧度添加层层叠叠的荷叶边，这是手编特有的浪漫风情。荷叶边使用了5卷长针的编织技法。在衣服上点缀荷叶边总会令人怦然心动，这是无论多大年纪都会有的少女心。袖子上装饰的爆米花针也很可爱，在编织过程中会不由得产生一种幸福感。

设计 / 森 静代
编织方法 /123 页
使用线 / 钻石线

大翻领段染开衫

将连着身片编织的大翻领折下来，加上斜着编织的设计，新鲜感十足。色彩丰富的森林色系段染线，加上纯色线滚边装饰，令这件开衫显得不那么张扬。

设计/岸 睦子
编织方法/133页
使用线/Ski 毛线

中长款无袖开衫

系上配套腰带，这件钩针编织的无袖外搭就变得优雅起来，可以搭配雅致的衣服，也可以搭配T恤、牛仔裤等休闲服，是一件百搭开衫。钩针编织的开衫，使用了机器编织无法完成的技法。用带金银丝线的线材编织的话，会更加漂亮。

设计/大田真子
制作/须藤晃代
编织方法/129页
使用线/Ski 毛线

水波纹花样套头衫

高档毛衣最重要的一点就是线材的选择。这个季节的特色线材——带子纱，会在编织过程中自然扭转，营造独特的质感。美丽的蕾丝花样仿佛流动的河水，在自然光照下，线材里的银色线熠熠生辉，可谓一件无与伦比的套头衫。

设计/河合真弓
制作/冲田喜美子
编织方法/137页
使用线/Ski 毛线

设得兰蕾丝花样小外搭

短款的披肩，加上等针直编的袖子，立马变身一件小外搭。它使用了令人憧憬不已的设得兰蕾丝花样钩织。这款作品的设计很有魔力，可以让喜欢它的人穿着一整天都精神饱满。费时费心完成的大作，就让它慢慢呈现出来吧。

设计/冈真理子
制作/内海理惠
编织方法/130页
使用线/Ski 毛线

享受线材乐趣的毛衣编织

NORO YARN WORLD

野吕英作毛线独特的色彩效果，不仅打动了日本人，也让全世界的毛线爱好者为之着迷。精选的天然线材孕育出来的独特美感，再加上独树一帜的设计，令每个编织者都能尽情享受编织的乐趣。

photograph Shigeki Nakashima styling Kuniko Okabe hair&make-up Hitoshi Sakaguchi model Mallory

在和煦的春风里
躺在草地上仰望天空时的心情

宝石花样套头衫

在春风的吹拂下，云朵的颜色变换不停。正如这款线材迷人的名字一样，让人不禁幻想在布满棉花、丝绸、羊毛的天空中飘来人造丝的云朵。毛衣上设计的花样，形状很像宝石，给人很时尚的感觉。

设计/冈真理子
编织方法/147页
使用线/野吕英作

色彩变化很明显的段染线，
适合在气氛热烈的节日使用

不对称条纹花样
套头衫

条纹花样就像大大的波浪流转，非常有存在感。酷酷的套头衫，绝妙的色彩变化，非常吸引眼球。这种设计，最大程度上展现出了线材的特性，编织时让人觉得很兴奋，可以体会手编特有的乐趣。

设计/柴田 淳
编织方法/139页
使用线/野吕英作

轻柔的毛衣

从领口开始编织

为了更好地感受春天，遇见全新的自己，使用有春天氛围的颜色的线编织一件毛衣吧。
从领口开始编织一款简单的毛衣，最大限度地简化编织过程。

photograph Hironori Handa styling Masayo Akutsu hair&make-up Naoyuki Ongimoto model Daria L.

糖果色七分袖套头衫

这款像春天的云彩一样淡淡的糖果色套头衫，在柔软的马海毛中加入亚麻，手感轻柔。利用加针时产生的孔，设计出像雨滴一样可爱的花样。

设计/风工房
编织方法/153页
使用线/手织屋

条纹花样插肩袖开衫

在乍暖还寒的时候，大地已经悄然换上新装，新生命正在萌发。配色部分使用色彩优美的长毛毛线编织一圈圈的小洞，编织成富有春意的开衫。

设计／冈本真希子
编织方法／142页
使用线／手织屋

小圆领宽条纹套头衫

这款不对称条纹的套头衫，是后开口设计，很方便穿着。不光是配色不同，将不同质感的毛线搭配在一起编织，可以感受到种种微妙的不同。

设计 / 野口 光
制作 / 须藤晃代
编织方法 /157页
使用线 / 手织屋

荷叶边大低领开衫

大大的荷叶边领子使这款开衫很有浪漫气息。尝试使用和常穿的衣服不一样的大胆色彩，也是对崭新春天的挑战。叩开新世界大门的钥匙，就在那里。

设计/柴田 淳
编织方法/145页
使用线/手织屋

Yarn Catalogue

春夏毛线新品推荐⑦

本期春季刊介绍的是羊毛线、棉线和带子纱线等，手感清爽，色彩迷人。

photograph Toshikatsu Watanabe styling Terumi Inoue

Smoky
内藤商事

含100% 棉的经典春夏毛线，表面上仿佛笼罩着一层雾霭，略显朦胧的色调是这款线材的特点。

参数

棉100%　颜色数/8　规格/每团25g　线长/约85m　线的粗细/粗　适用针号/3号（棒针）、3/0号（钩针）

设计师的声音

颜色既不会太亮眼，也不会过于甜美。捻度适中，不会影响织物的纹理。无论是钩针编织还是棒针编织，感觉线材都非常适合。大部分颜色都很雅致，质感清爽结实。从小物到毛衣，适合编织各种作品。（Kayomi Yokoyama）

Antares
内藤商事

美利奴羊毛和棉的混纺线。手感兼具棉线的干爽和羊毛的轻柔，色调雅致，令人着迷。这是一年四季都适用的粗线。

参数

美利奴羊毛50%、棉50%　颜色数/10　规格/每团50g　线长/约150m　线的粗细/粗　适用针号/4、5号（棒针），3/0、4/0号（钩针）

设计师的声音

这款线材编织起来非常顺滑，我十分喜欢。它具有一定的韧性和弹性，手感爽滑，编织时令人身心愉快，作品也很漂亮。我想这要归功于美利奴羊毛和棉的成分各占一半。可以使用的季节比较长这一点也很不错。（河合真弓）

IYOWASHI 芭贝

这款线中加入了爱媛县的伊予和纸。人造丝的光泽，和纸的清凉手感，以及受原材料影响形成的深邃色调使线材别有韵味。无论使用钩针还是使用棒针，都能编织出精美的花样。

参数

人造丝78%、其他纤维（纸）22% 颜色数／10 规格／每团25g 线长／约100m 线的粗细／中细 适用针号／3~5号（棒针）、3/0~5/0号（钩针）

设计师的声音

容易编织，不用担心劈线问题。富有光泽，是一款非常漂亮的线材。手感轻柔光滑，编织时心情也会非常好。虽然这次的作品是钩针编织而成的，我个人还想用这款线尝试一下阿富汗针编织。（冈本真希子）

Serein 芭贝

“Serein”在法语中有“清澄、静逸、温和、宁静”的意思，因为线的形状就像平缓的波浪线，所以取了这个线名。它是在棉线中加入羊毛（超细美利奴羊毛）混纺而成，手感轻柔舒适，钩针和棒针编织都很适合。

参数

棉83%、羊毛17%（使用100%超细美利奴羊毛）颜色数／8 规格／每团50g 线长／约116m 线的粗细／中粗 适用针号／6~8号（棒针），6/0、7/0号（钩针）

设计师的声音

手感轻柔，适合编织春装。线的形状特别可爱，作品呈现类似毛圈花式线的绒面效果。不用担心会挂到针，非常容易编织。（yohnKa）

Ski Quartz
Ski 毛线

由人造丝和涤纶混纺而成的带子纱线柔软飘逸，宽度适中，更加方便编织，作品精美。10种颜色透着浓浓的春夏气息，流行色和银色金属丝的结合也相当完美。一起用凉爽的线材编织靓丽的春夏服饰吧！

参数

涤纶69%、人造丝31%　颜色数／10　规格／每团30g　线长／约120m　线的粗细／粗　适用针号／3~5号（棒针），4/0、5/0号（钩针）

设计师的声音

加入了金属丝的带子纱线散发着优雅的光泽，手感柔软，颜色漂亮齐全。即使偏甜美的钩针蕾丝花片也给人一种清爽利落的感觉。（大田真子）

Ski Cagall
Ski 毛线

这款线材的特点是复杂的呈色效果和富于变化的织物纹理，如绘画般绚丽多彩的颜色非常养眼。这是一款质地干爽清凉、手感轻柔的夏季线。

参数

腈纶65%、棉35%　颜色数／9　规格／每团30g　线长／约132m　线的粗细／中细　适用针号／3~5号（棒针）、3/0~5/0号（钩针）

设计师的声音

颜色的过渡非常自然，虽然富于变化，却给人浑然天成的感觉。正如油画家夏加尔的绘画作品，在没有明显色彩变化的背景中仍然可以感受到某种律动，这款线材彩绘般的色调真是美妙极了。（森 静代）

Kumosan
野吕英作

棉、蚕丝、毛的混纺线，表现出了云彩的千姿百态和变化万千，适合任何季节编织。手感爽滑，雅致的色调富于变化，是这款线材的魅力所在。

参数

人造丝41%、棉35%、蚕丝12%、毛12%　颜色数/8　规格/每团约50g　线长/约180m　线的粗细/粗　适用针号/4~6号（棒针）

设计师的声音

线材的颜色富于变化，容易编织，手感舒适，编织的作品也可贴身穿着。具有一定的韧性和弹性，织物轻柔，即使宽大的毛衣也可放心编织。（Mariko Oka）

Nebuta
野吕英作

在纺织工序中对毛条染色，而不是直接对纺好的线进行染色，这种染色方法呈现出自然漂亮的段染效果。适合各个季节编织，柔软飘逸的质感是这款线的魅力所在。

参数

人造丝35%、棉35%、蚕丝20%、毛10%　颜色数/8　规格/每团约50g　线长/约150m　线的粗细/粗　适用针号/5~7号（棒针）

设计师的声音

捻度较大，不会劈线，非常容易编织。线在线团状态下和编织时给人的感觉不同，特别是当最浅的颜色过渡到最深的颜色时，会编织出明显的条纹，让人既惊喜又觉得非常有趣。（柴田 淳）

我家的狗狗最棒！

和狗狗在一起

photograph Hironori Handa

#27

起得太早了有点犯困。

最爱妈妈了。

优乐是非常喜欢出门的小公狗。它和生活在两个地方的主人加奈子一起往返于两处住所，已经很习惯坐车了。它钻入笼子，爽快地让我们拍照。

它也很喜欢散步，一旦嗅出加奈子小姐有出门意图，会在她身边兴奋地转来转去，仿佛在说："带我一起吧。"别看它身板很小，一次散步两三公里不成问题。而且，它走得飞快，加奈子小姐不走快点都要跟不上它了。

优乐是一只很伶俐的小狗，但它不爱捣蛋。虽然小的时候，它经常把加奈子尚年幼的小儿子的袜子藏起来，但能想起来的也就这些了。虽然加奈子的孩子们已经长大了，小儿子也是一名高中生了，但优乐玩起来的时候还像小时候一样，喜欢追逐着玩耍，喜欢藏猫猫，玩得不亦乐乎。它最喜欢的零食是薯片，如果有人在吃薯片，它就算是在睡觉，也能第一时间发现，赶紧跑过来要吃的。

浑身雪白的优乐很适合穿上清爽的绿色毛衫。因为加奈子女士很喜欢手编，所以优乐已经很习惯穿着手编的衣服了。这一期的毛衫，要不要尝试一下呢？

设计/兵头良之子
制作/山田加奈子
编制方法/150页
使用线/芭贝

狗狗档案

狗狗　优乐 ♂
　　　玛尔济斯犬　10岁
性格　乖巧、伶俐
主人　加奈子

[第2回] michiyo 四种尺码的毛衫编织

人气编织设计师michiyo的第2期连载，为大家介绍春天气息浓郁的套头衫。
套穿在白衬衫外面很好看，也可以单独穿着。

photograph Shigeki Nakashima styling Kuniko Okabe hair&make-up Hitoshi Sakaguchi model Mallory

树叶花样的蝙蝠衫

本期介绍的作品是套在衬衫外面穿着很好看的蝙蝠衫。在天气转暖的时候穿着这样一件宽松的套头衫，让它在春风的吹拂下随风飘动，给人凉爽的感觉。这件套头衫也是四种尺码的设计。

略带镂空感的树叶花样，通过和下针编织拼接强调它的存在感。每个花样的针数，都是从方便变换尺码的角度来设计的。树叶花样很像对称生长的两片叶子，也会让人想起盛开的郁金香。可以随机调节袖口，为避免肩线拉伸，前、后身片对齐行与行做挑针缝合。帐篷形状的斜肩，不仅方便减针，也会让肩部看起来更加漂亮。我自己也非常喜欢这种设计，就用在了这款套头衫上。这件毛衣展平放着的时候，感觉形状挺不同寻常的，但穿在身上则非常合身。为了凸显春天的感觉，领口也稍微开得大了一点。如果你更喜欢小领口，可以增加罗纹针的行数。

在测量编织密度时需要注意，如果所编织的针数、行数比指定的多（针目较密），要编织四种尺码的话，虽然按照大一号的针号编织也可以，但织片整体会偏笨重。春夏的毛衫，清爽感是很重要的，所以尽量按照推荐的编织密度编织。

树叶花样套头衫

这里使用的是芭贝的新线SEREIN毛线。毛线自身色调很微妙，是非常可爱的一款线，但它弹性较差，编织时需要注意。即使编织很多针，成品也会很轻柔，线不会松，手感很好，穿着很舒服。因为是棉毛材质的，可以穿很长一段时间。

制作/饭岛裕子
编织方法/159页
使用线/芭贝

斜肩

向着领口方向均匀地减针，尺码变大，减针针数也变多，需严格计算针数使它贴合肩部。领窝和斜肩使用了下针编织，调节尺码时不必担心花样的问题。

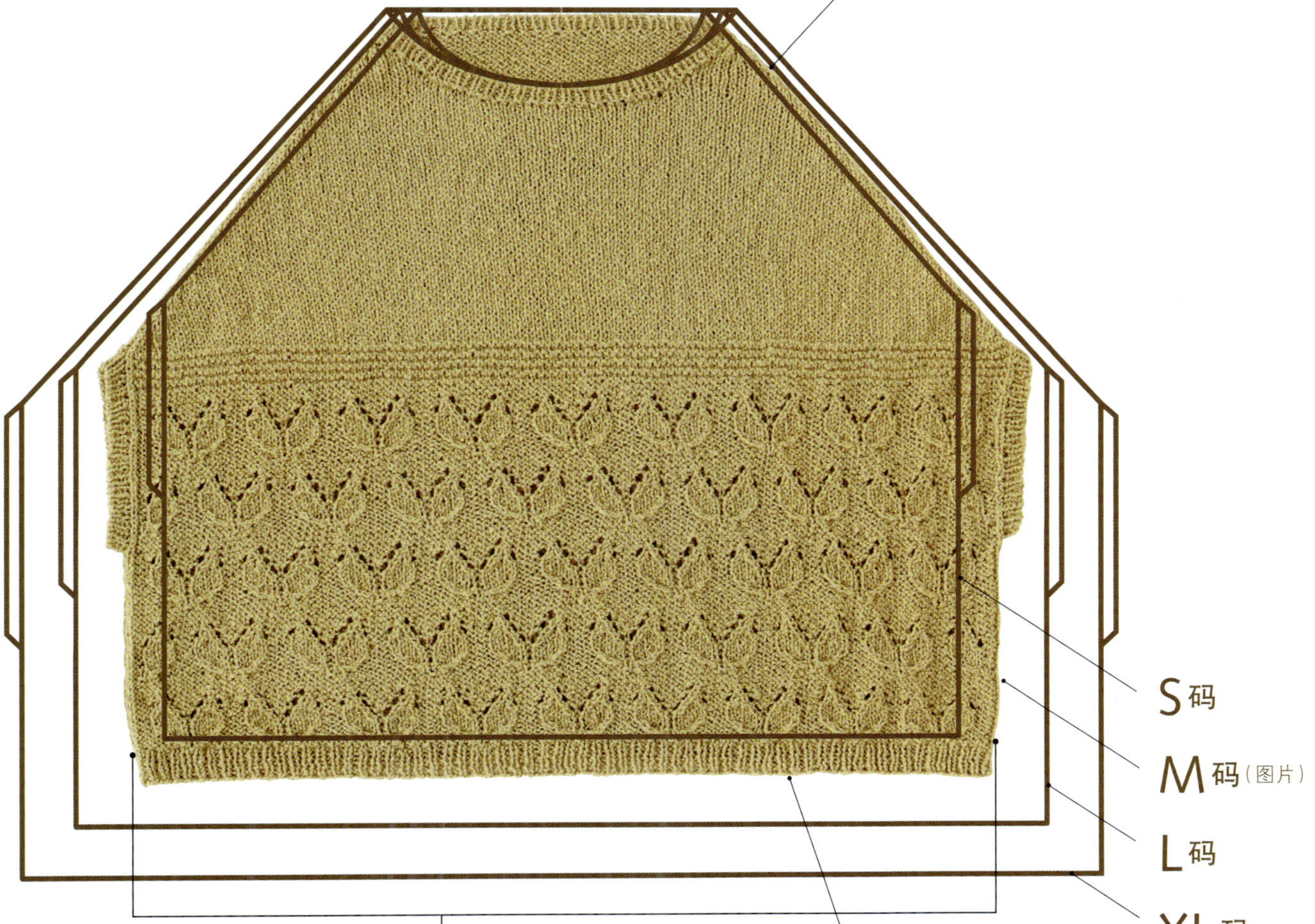

身片尺码

通过增加树叶花样的个数来调节尺码。尺码不同，花样的中心会不一样。

下摆的罗纹针

尺码不同，罗纹针的行数也会不一样，袖口开口处的胁部长度也会不一样，根据尺码调节。

michiyo

做过服装、编织的策划工作，1998年开始活跃在编织界。作品风格稳重、简洁，设计独特，颇具人气。著书多部。

享受花草图案的乐趣

植物元素的编织

随着在漫长的冬季中休眠的草木开始悄悄焕发新的生命力，百花盛开的季节来了。
今天就将活跃在春天的植物设计为优美的花片，带着它们一起出门吧。

photograph Shigeki Nakashima styling Kuniko Okabe hair&make-up Hitoshi Sakaguchi model Mallory

花朵花片的帽子和挎包

当我们忽然觉得，
今天和昨天的阳光强度不一样，
感受到季节变化的时候，
就是夏季风情的装饰出场的时候了。
吊钟形的深檐帽和大容量挎包，
上面点缀着类似三色堇的花朵花片。

设计/大田真子
制作/须藤晃代
编织方法/161页
使用线/奥林巴斯手编线

花片装饰三角形披肩

脱下深色的大衣和臃肿的羽绒服，
穿上单薄的衣服，
披上一件春色盎然的三角形披肩去散步吧。
边缘用小巧的花朵和叶子花片装饰，
再用浅浅的樱花色来装饰美丽的边缘。

设计/大田真子
制作/须藤晃代
编织方法/163页
使用线/奥林巴斯手编线

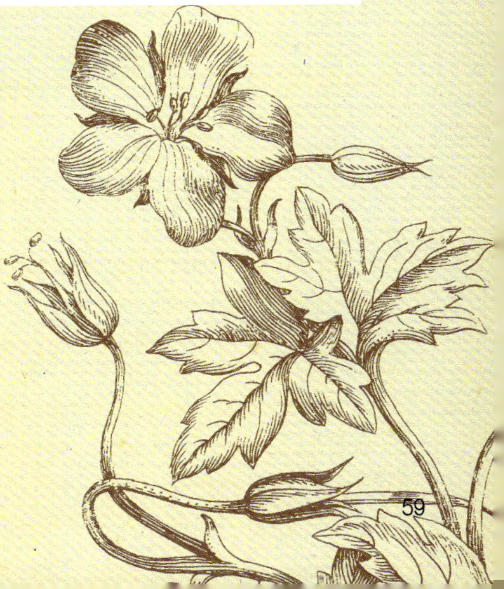

盆栽花样套头衫

迎着太阳生长的盆栽花朵，
装饰在设计成口袋的花盆里。
后身片点点镂空的蕾丝花样，
就像蒙蒙春雨。
镂空的设计很适合春日温暖的阳光，
看起来很可爱。

设计/SAICHIKA
制作/德永穗积
编织方法/155页
使用线/奥林巴斯手编线

叶片形状小围巾

将小围巾直接设计成大大的叶片形状，
给人快乐的感觉。
一行行向前钩织锁针叶脉，
慢慢就熟练了。

设计/SAICHIKA
编织方法/144页
使用线/奥林巴斯手编线

爱尔兰蕾丝小开衫

用共线钩织的立体花朵花片以及形状独特的叶子，
形成令人印象深刻的爱尔兰蕾丝，
也是钩针编织爱好者永远的憧憬。
用编织方法简单的开衫，
来感受花草图案蕾丝的优雅气息吧。

设计/河合真弓
制作/松本良子
编织方法/168页
使用线/芭贝

树木花样圆领毛衫

树木深深地扎根于上针编织的大地色身片上。
下摆点缀的蕾丝花样，
设计成罗纹编织的配色。
在忍不住想要深呼吸的春风中，
似乎能听到令人愉快的树叶摆动的声音。

设计/yohnKa
编织方法/165页
使用线/芭贝

野蓟胸针和耳坠

这是爱尔兰蕾丝和刺绣图案
经常用到的野蓟。
它向四周发散的花朵，
是按照制作流苏的方法做成的。
形状独特又带刺的叶子
也别具美感。

设计/Tralalala.楚坂有希
编织方法/183页
使用线/DMC

花朵胸针

城市里最常见的春日花朵，
要数紫罗兰和三色堇了。
花朵怒放，色彩明艳，
犹如快乐的笑脸。

设计/Tralalala.楚坂有希
编织方法/183页
使用线/DMC

花草图案胸针和耳坠

用蕾丝针编织的花草图案的花片，
一花一叶都能变身优美的小饰品。
装点冬日荒凉庭院的圣诞玫瑰，
还有没有凋落的叶子，都很美丽。

设计/稻叶有美
编织方法/180页
使用线/DMC

多肉植物小饰品

项链的设计灵感来自非洲的多肉植物。
像珠子一样圆滚滚的叶子，
是为了在少雨的环境中生存下来储水用的。
将它可爱的花朵一并设计出来，
可以做成各种首饰。

设计/稻叶有美
编织方法/180页
使用线/DMC

Couture Arrange

志田瞳优美花样毛衫新编❶

缩褶绣效果的小花花样套头衫

photograph Hironori Handa Styling Masayo Akutsu Hair&Make-up Naoyuki Ohgimoto Model Daria L.

协助／钻石线

选自日文版的《志田瞳优美花样毛衫编织8》

这款优雅的套头衫灵活运用了缩褶绣效果的小花花样。轻柔的马海毛线提升了其柔美可爱的气质。

一年之计在于春，春天总是给人万象更新的印象。在这样的季节，“Couture Knit Again!”将改版成“Couture Arrange”，开启志田瞳优美花样编织的新篇章。

以往的连载都是从我的作品集中选择一款作品，在对其花样特征和编织心情等进行说明的同时，还介绍了用不同颜色的线编织的织片效果。从本期开始，我想对作品做更大程度的改编，尝试给大家介绍作品是如何一步步变化的。

作为新编的第1期，我从《志田瞳优美花样毛衫编织8》里选择了这件马海毛线编织的高领套头衫。我非常喜欢上面的花样，所以想再编织一次。这次，我对毛衣版型和细节部位都进行了调整。线材方面选择了基础的棉线，并将高领改成了圆领。除了领窝和斜肩，其他部位都改成了直线宽松形。袖子改成了六分袖，并在袖口中心做了褶裥处理。

这次编织的作品在花样上基本没有变化，我考虑从下期开始做一些花样上的改动。而且，我更乐于以“构思花样”的心态重新审视以前设计的花样。

detail（细节说明）

因为这次使用的线比《志田瞳优美花样毛衫编织8》中所用的马海毛线要纤细很多，所以单元花样放大了2针、4行。

小花花样是在平针基础上做绕线编，花瓣位置绕2圈线，花蕊位置绕4圈线，使花形更加饱满立体。花朵的绕线编结束后在左右两侧编织镂空花样，在相邻花样接合处再按相同要领编织小花花样，令整体花样呈交替排列状态。

在边缘编织和花样的交界处加入上针，下摆编织扭针的单罗纹针，衣领和袖口交替编织小花和3条扭针的单罗纹针，编织结束时均做扭针的单罗纹针收针。

在边缘编织中也加入了身片的花样，体现了花样上的一致性。

选自《志田瞳优美花样毛衫编织8》
制作／牧野
编织方法／178页
使用线／钻石线

冈本启子的 Knit+1

第19回

寒意渐退而春意渐浓，令人心情愉悦。
编织一款清新淡雅的毛衣，以崭新的心情迎接新的开始吧！

photograph Shigeki Nakashima styling Kuniko Okabe hair&make-up AKI model Ustyna

四季更迭，转眼迎来了春天，处处洋溢着勃勃生机，人们的穿着也迅速换成了春夏装。和暖的春日阳光下，很想穿上色彩明快的服装吧。我觉得春装还是白色最为合适！

穿白色衣服最大的优点是衬托肤色，它能起到反光板的作用，显得脸色更加亮白。此外，白色非常百搭，无论是基础色还是鲜艳的颜色，与白色衣服搭配穿着都给人整洁清爽的感觉，也提升了整体的时尚感。

不过，白色也分很多种，有纯白色、乳白色、灰白色等，不同的色调给人的感觉大相径庭，大有讲究。这次使用的“CAPPELLINI”线是乳白色。我就用这种柔和的白色线编织了一款带有大朵花片的毛衣。此线的成分是优质的埃及棉，拥有雅致的光泽，是非常容易编织的意大利线。另外，我还用纯白色的“CANOLAA”线编织了一款平针花样的毛衣。这个线的编织手感和穿着时的舒适感都非常棒。在袖子上还用CAPPELLINI线钩织了颜色素雅的小花片，使整件毛衣显得典雅又不失可爱。

怎么样？春天就编织一件白色毛衣吧！

冈本启子(Keiko Okamoto)
Atelier K's K的主管。作为编织设计师及指导者，奔走于日本各地。在阪急梅田总店的10楼开办了店铺“K' s K”。担任公益财团法人日本手艺普及协会理事。著作《冈本启子的钩针编织作品集》(日本宝库社中文简体版已由河南科学技术出版社出版)热销中，深受读者好评。

线名：CAPPELLINI、CANOLAA

乳白色大花片下摆套头衫

68页 / 大朵的花片增添了华丽气息。套头衫的下摆和袖子部位钩织方眼针形成镂空效果，更突显了花片的别致。

制作 / 宫崎满子　编织方法 / 175页　使用线 / CAPPELLINI

纯白色插肩袖套头衫

左 / 身片编织简单的平针，袖子以插肩线为界编织镂空花样，肩膀处的肌肤若隐若现。肩部点缀着许多小花花片，显得俏丽可爱。

制作 / 森下亚美　编织方法 / 184页　使用线 / CANOLAA、CAPPELLINI

调色板

Color Palette

春意盎然的镂空花样毛衣

可以使用散发着光泽的段染线编织出不同款式的镂空花样毛衣。
再等一等吧，马上就到山花烂漫、万物复苏的季节了！

photograph Shigeki Nakashima styling Kuniko Okabe
hair&make-up Hitoshi Sakaguchi model Mallory

朦胧山色

从胸围线开始变换编织花样并逐渐向下织的长款套头衫尽显优雅气质。雅致的棕色调仿佛春日薄雾笼罩下的山色。

设计／大田真子（5款作品）
编织方法／186页
使用线／奥林巴斯手编线

湖畔

这件短款修身的套头衫在袖口处也编织了花样，显得优雅迷人。配色效果仿佛倒映在水中的蓝天和樱花，冷暖色完美结合的渐变效果给人清爽明快的感觉。

樱花色

赏樱时节，穿上樱花色的套头衫走在开得热闹的樱花树下，岂不美哉？整件衣服都排满了花样，短款的设计更显活泼。趁着酒兴正浓时信步闲逛，尽情享受2019年的樱花吧！

野花

这款设计里，柔和的色调仿佛原野盛开的花朵。冬去春来，这款开衫无疑会非常实用。春天正是踏青的好季节，编织哪一款毛衣，去哪里好呢？

暮色

在黑夜般深邃的渐变色中，闪烁的金属丝线仿佛夜空中的繁星。这款背心是将朦胧山色款的套头衫改成了无袖的，缩短了衣长，后领的系扣小开口设计使穿脱更加方便，单穿也非常美丽。

编织机讲座 part 11

可以快速编织，
乐趣十足

前面几期的“编织机讲座”向大家介绍了用轻便的家用编织机进行编织的各种技巧。
本期的主题是“条纹”。试试编织各种条纹花样吧！

photograph Hironori Handa styling Masayo Akutsu hair&make-up Naoyuki Ohgimoto model Daria L.

一字领条纹套头衫

一字领加落肩袖，前短后长加下摆侧开衩，这是一款充满时尚元素的套头衫。条纹花样的设计也棒极了！亚麻线材编织的效果就像是针织面料裁剪缝制而成，休闲舒适。

设计／风工房
编织方法／189页
使用线／和麻纳卡

不规则条纹半身裙

将不同宽度的条纹进行巧妙组合，充满了现代感。这件加入了腰省立体设计的紧身裙具有针织品特有的弹性，完全没有束缚感，穿脱十分方便。穿上这款裙子，让人不由得身姿挺拔，步履轻盈。

设计 / 笠间 绫

编织方法 / 190页

使用线 / 芭贝

条纹花样长流苏围巾

只要调整编织机上的密度盘，针目的大小就会发生变化。利用这一点可以编织出自然的条纹花样，也只有编织机才能编织出这样的效果。2股细线也可以通过编织机进行快速编织。

设计/奥村利惠子（银笛编织研究会）
编织方法/163页
使用线/钻石线

大V领廓形套头衫

这件套头衫大胆的斜向条纹和宽松的廓形非常惹人注目。看似有点复杂，其实并不难。从肩部往下编织，从领尖位置开始在织片一侧减针，同时在另一侧加针，使条纹逐渐倾斜。袖口部位大幅度收缩，使衣形显得更加有趣。

设计 / 冈本启子
制作 / 宫本真由美
编织方法 / 191页
使用线 / Rich More

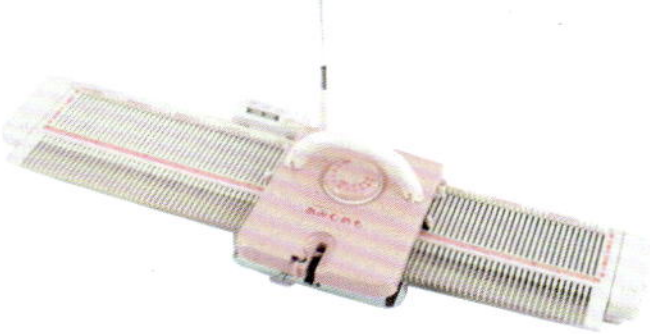

挪威设计
德国线材
一只耗时12小时编织的
抱抱熊
一针一线织给宝贝的极致陪伴
高质量安抚陪伴　国际玩偶新趋势
WM·DIY 玩美手工
纯手工编织玩偶坚守者　请认准爱玩美商标
请登录
玩美手工微店购买
请登录爱玩美
天猫旗舰店购买
研究表明
编织物更能让儿童感觉到
母亲般的温暖
调研显示
手工编织玩偶和传统玩偶相比
宝宝的持续拥抱时间增长了
2.5倍
进口线材
纯天然羊毛纤维
更亲肤
可机洗、不变形
不掉色

编织师的极致编织

【第29回】挑选、刮涂……编织的转印贴纸

29

时代变迁，光阴流转，
当时觉得方便的物品，
如今逐渐被更方便的物品取代，进而消失。
有的物品改变了外观，
有的物品只留下了回忆。

追寻着记忆，
准备好一张过去的转印贴纸，
透明薄膜上排满了英文字母和数字。
再在眼前放一张过去贴在磁带上的索引卡。
从转印贴纸上选一个字母贴在卡上。
注意一定要贴得平整(重要)。

接下来，只需用圆珠笔或者专用工具刮涂，
将喜欢的演奏家和音乐家的名字或乐队名称转印下来，
一张原创的索引卡就完成了，
每个字母都饱含了心意。

即便有错位或者歪斜的地方，
也不会影响喜爱之情。

撰文、图片 / 203gow 参考作品

编织师203gow

持续编织非同寻常的“奇怪的编织品”。成立了让编织充满街头的游击编织团体“编织奇袭团”，还涉足百货商店的橱窗和时尚杂志的背景设计、美术馆及画廊的展示、讲习会等活动。

毛线世界

编织符号真厉害

编织符号图的后侧（另一侧）【钩针编织】

你们在编织吗？我是对编织符号非常着迷的小编。大部分人即使没有编织过大件作品，小物肯定编织过，对吧？这次，我们来了解一下钩针编织符号图中的后侧（另一侧）。在做这个选题时，因为和本书第80页《现在还不知道？》栏目的内容有部分重叠，所以和相关责任人进行了一番激烈的讨论后，决定在本栏目进行介绍。

“《毛线球》里面，有时会遇见编织符号图的另一侧分开的情况，这个时候不太好懂呢。”经常听到这样的声音。确实如此！但是，考虑到图书版面有限，如果把编织符号图原封不动地展现出来，会导致成本增加。从经济层面来想的话，应该就能够理解了。虽然编织符号图的另一侧分开了，但我们只要知道基本规则，就很容易推测并编织了。

首先，我们要知道基本的针法相当于几针锁针的高度。在此基础上，袖窿、领窝等位置减针时，要像左图一样在头脑中转换，一般要比立织时少织一针锁针。还有，加线符号、渡线符号等也要留意，不要看漏了。对于会绘图的人来说，这些都是很自然的事情。从锁针的形状，到长针的角度，都会仔细核对。总之，请大家务必小心对待。

了不起的符号 **1** 注意推测！符号图的另一侧

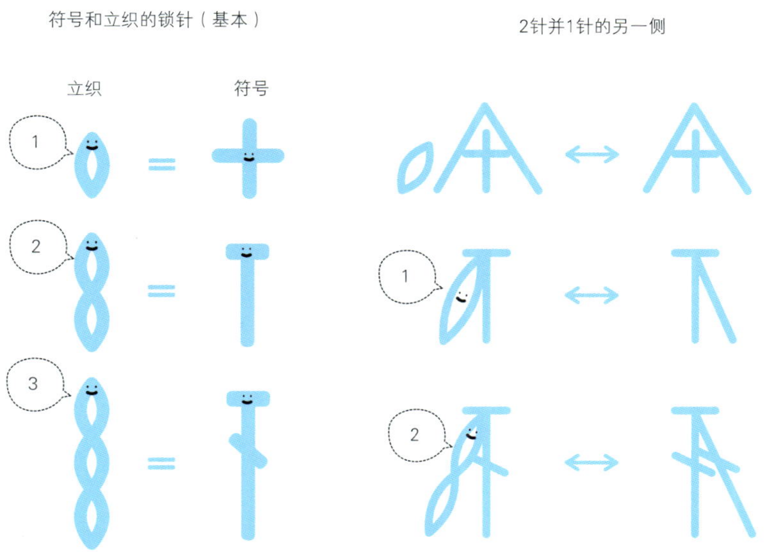

了不起的符号 **2** 注意钩针编织特有的辅助符号

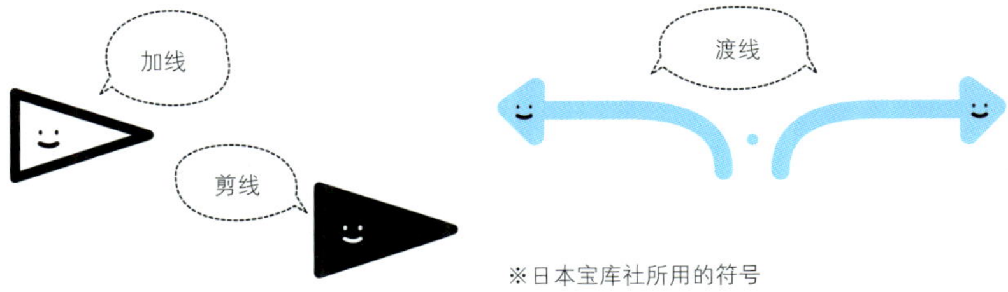

※日本宝库社所用的符号

了不起的符号 **3** 题外话，《毛线球》的编辑要注意的问题

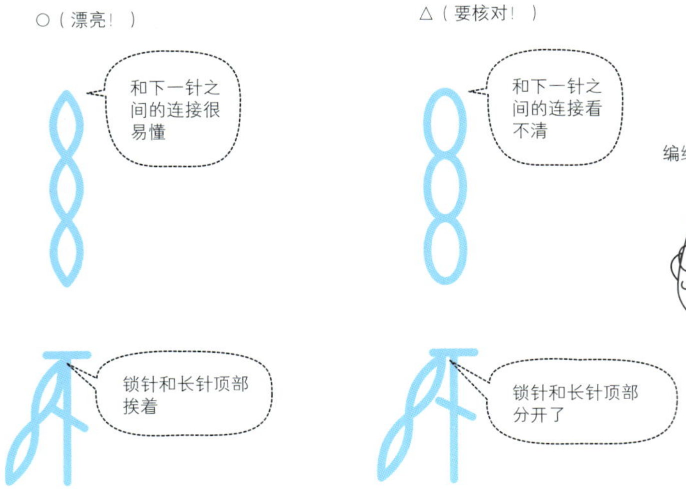

小编的碎碎念

编织图的刊登版面是编辑最烦恼的事情。每一期，我们都尽量为大家提供最简明易懂的编织图，把它放在有限的版面中。每天都在不分昼夜地和编织符号作战……

现在还不知道?

钩针编织的接合和缝合(前篇)

钩针编织基础书中介绍了许多接合方法和缝合方法，
但如果选一种使用，会不知道选哪种好。
这里我们分两期介绍各种方法的特征。

摄影/森谷则秋　监修/今泉史子

其1

引拔针和锁针接合

钩针的入针位置很容易找到，如果钩错了很方便拆开重新来，这种方法很适合初学者。
为了从正面看见引拔的线，最好使用中细毛线，钩织成恰到好处的镂空花样。
它的缺点是边缘留下了接合针迹，而且接合部分容易开。
因为是一边分开针目一边引拔，所以接合时要使用比钩织主体时小一号的钩针。

将织片正面相对对齐编织行，将编织花样对齐，钩织引拔针。

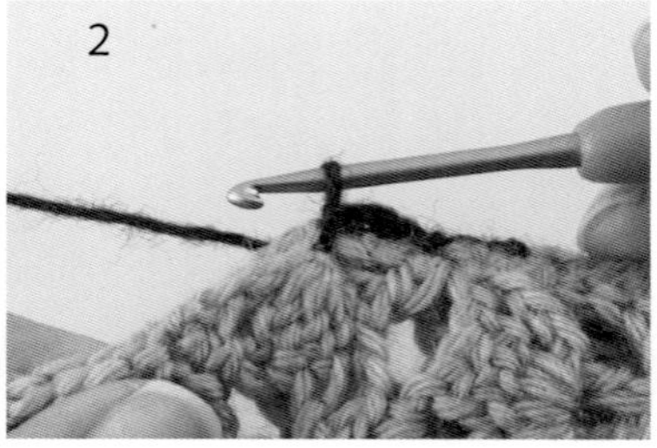

钩织引拔针的情形。在到达下一个钩织引拔针的地方之前，钩织针目长度的锁针。

钩织引拔针时一定要分开针目挑针，因为整段挑织的话位置不能固定。

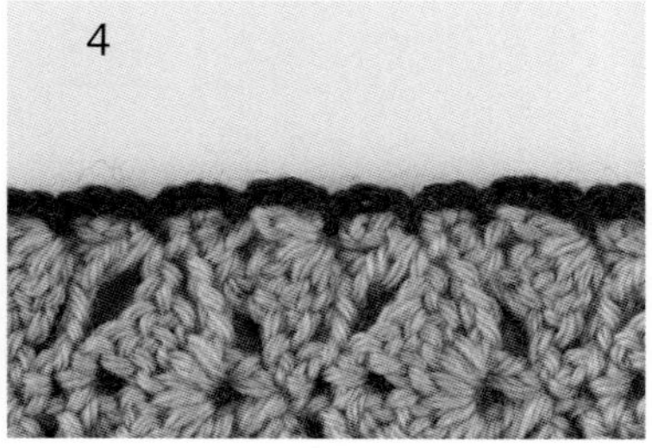

完成。

翻开织片从正面看的话，用来接合的线呈横向渡线。

对齐针与针接合时，方法相同。

翻开织片从正面看的情形。针与针的接合、行与行的接合从正面看起来是一样的。

其2

引拔接合

将“其1”的针法全部钩织成引拔针即可，这种接合方法也比较适合初学者。
边缘因为引拔针重叠，所以看起来比较厚，最多使用中细线钩织，推荐用来钩织不镂空的花样。
边缘的针目作为接合针迹可以消去一半，看起来相对比较细，但如果是镂空花样的话，可以从正面看见接合针迹，这是它的缺点。
这里也使用比钩织主体时小一号的钩针。

将织片正面相对对齐，将钩针插入边缘的针目，2片织片一起钩织引拔针。

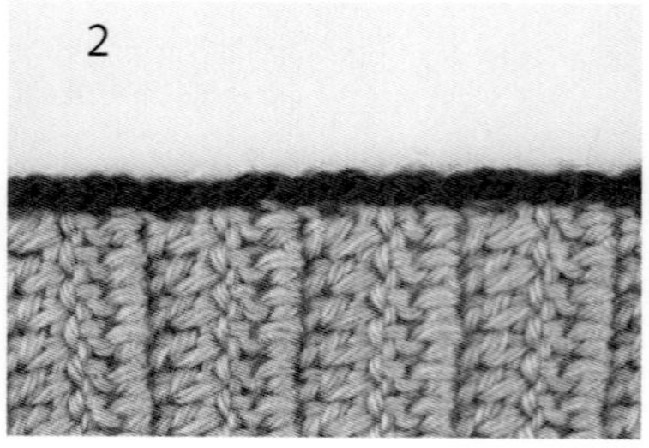

根据针目的高度调节引拔针的针数，如果是针与针之间引拔接合的话，逐针引拔即可。

翻开织片从正面看的情形。引拔的针迹很显眼，但熨烫后会好一些。

从反面看，会看见相当厚的接合针迹。

其3

短针接合

这是比引拔接合更简单的接合方法。
只是，接合针迹会不平整，仅限于使用在用极细线和中细线钩织的镂空较多的织片上。
或者，用其他颜色的线接合，使接合针迹出现在正面作为设计亮点也是可以的。（这时要反面相对对齐）

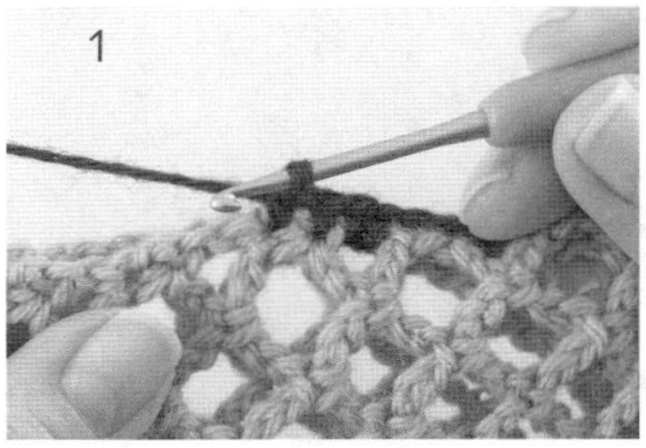

将织片正面相对对齐，遇见镂空部分时整段挑起钩织短针。

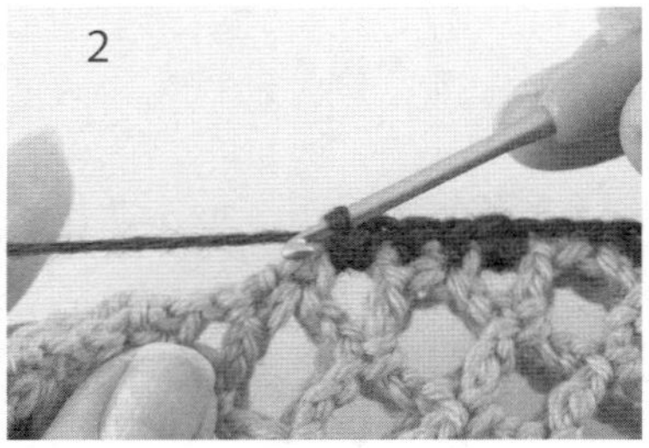

针目处要分开针目挑针，将钩针插入 2 片织片一起钩织短针。

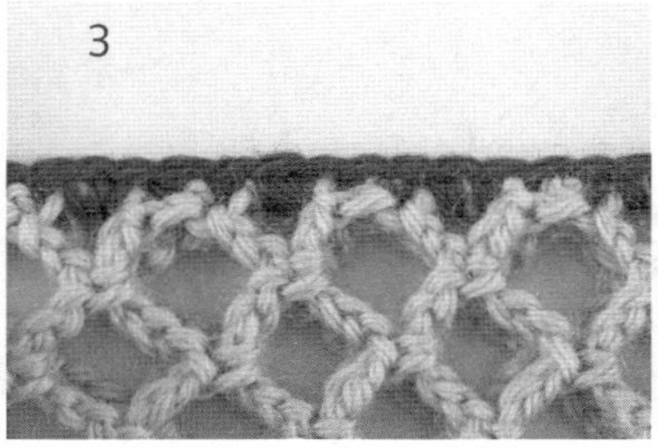

完成。针迹看起来很不整齐，不适合用来接合肩部。

翻开织片从正面看的情形。虽然接合针迹很显眼，但能很好地将织片连在一起。

其4

卷针缝合

这种方法很简单，可以快速缝合，比较适合初学者,缺点是横向渡线的针迹不好看。
使用中细线即可，编织基础花样或普通的镂空花样时，用这种缝合方法连接花片比较合适。
它可以很好地连接织片，但边缘针目没法消去半针，导致缝合针迹较厚。

卷针缝合行与行

看着织片正面，将织片并排着对齐拿好，插入毛线缝针缝合。（有时会正面相对对齐）

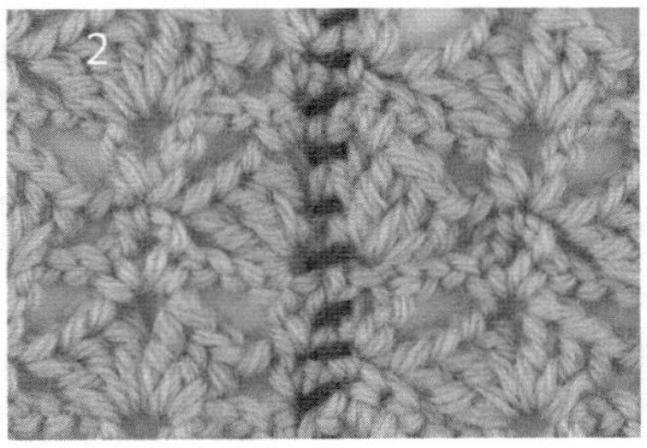

如果遇到长针，要缝两三针，仔细入针缝合。

卷针缝合针与针

看着织片正面，将织片并排对齐拿好，用毛线缝针挑起锁针头部 2 根线逐针缝合。

针目非常显眼，但因为是挑起针目头部缝合的，所以缝合得均匀而牢固。

半针的卷针缝合

和卷针缝合针与针的方法类似，在缝合时挑起锁针头部的 1 根线缝合。

比挑起针目整个头部缝合的针迹要平整一些，经常用来连接花片。

Beads Crochet Lesson
串珠钩编教程

※串珠的穿法和钩织方法请参照第113页

摄影／森谷则秋

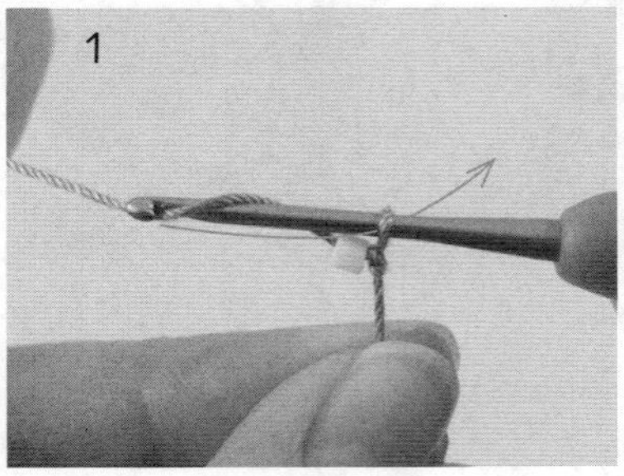

移过1颗串珠后挂线引拔，在锁针中编入1颗串珠。

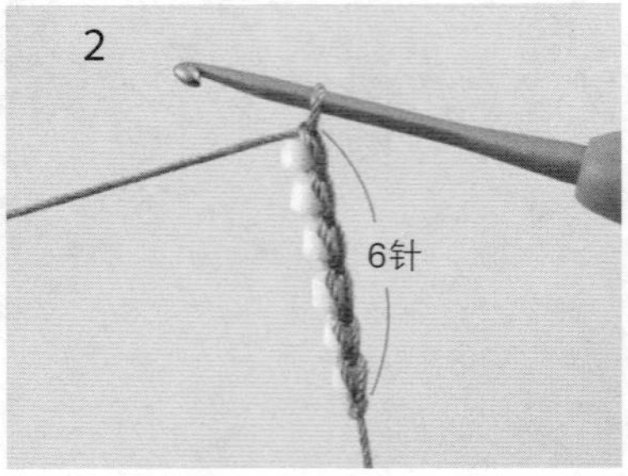

按此要领重复钩织，完成1圈的针数（图中为6针）。

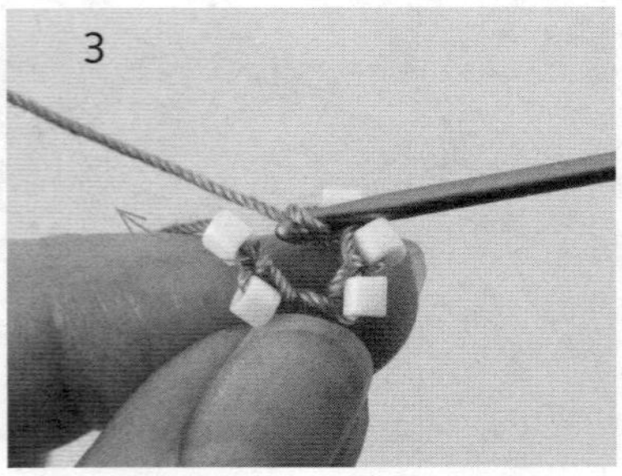

绕成环形，使串珠朝外，在第1针的串珠左侧插入钩针。

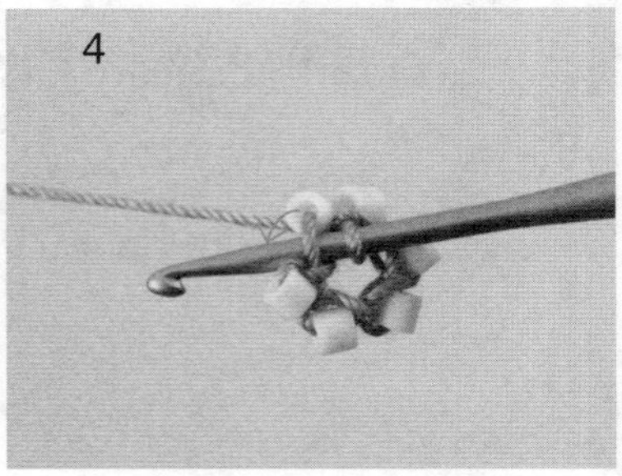

插入钩针后的状态。用中指捏住针目，使串珠位于线的下方。

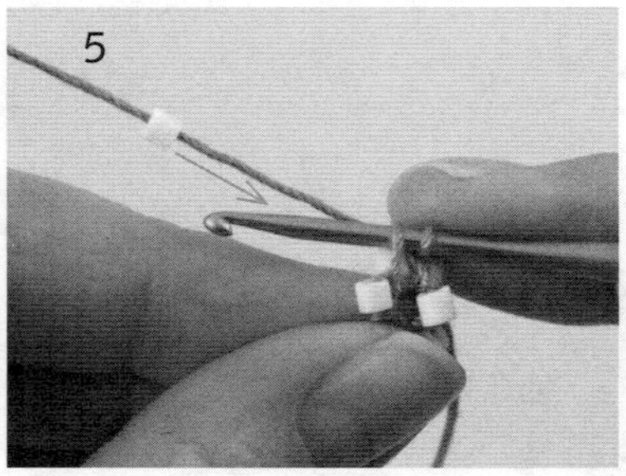

移过第2圈的第1颗串珠。

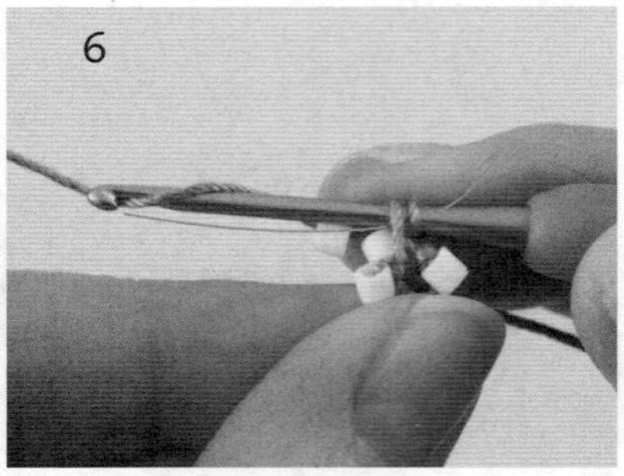

在钩针上挂线后引拔。

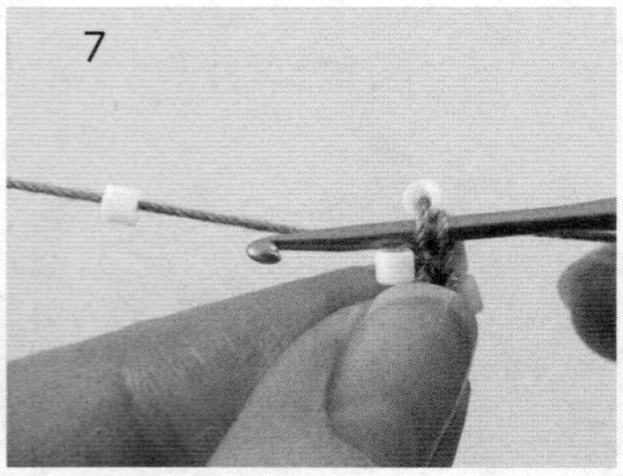

相邻的针目也按相同要领，在串珠的左侧插入钩针，重复步骤4~7。

※钩织下一圈后，横向的串珠会朝向上方

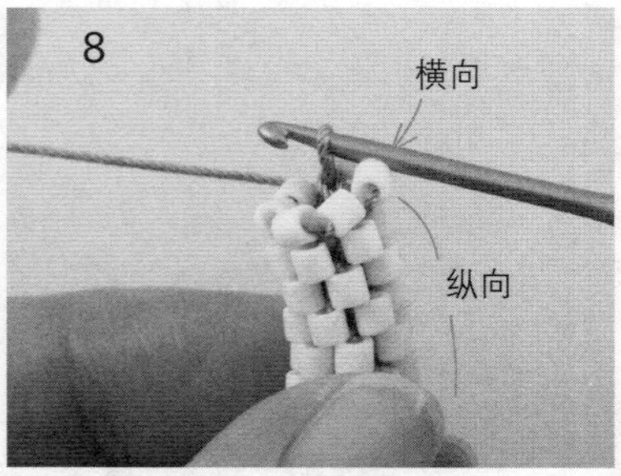

钩织指定圈数后的状态。只有最后一圈的串珠方向是横向的。

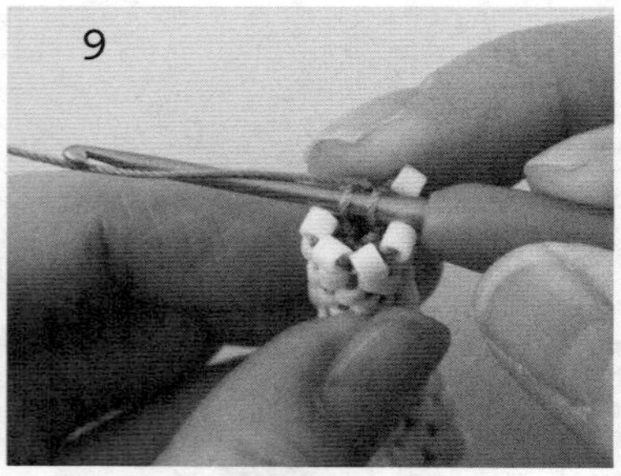

不要加串珠钩织1圈引拔针。

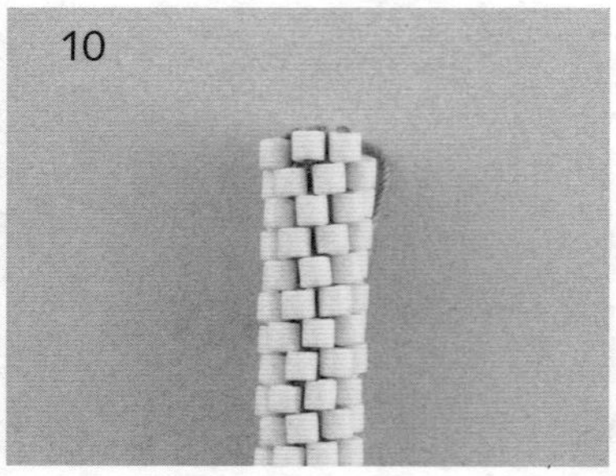

最后一圈的串珠也会朝向上方。

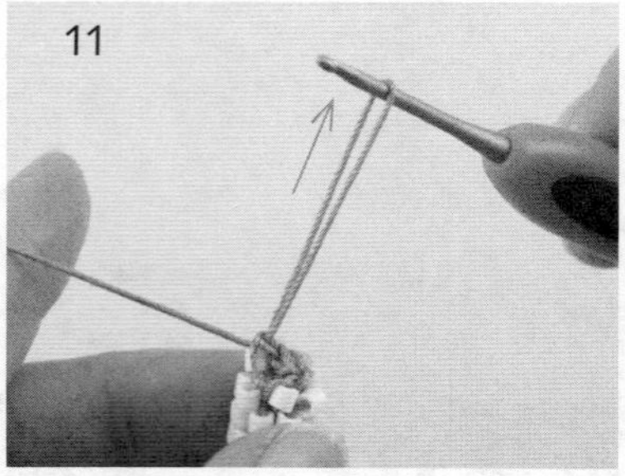

留出长30cm左右的线头后剪断，将钩针上的线拉出，收紧针目。

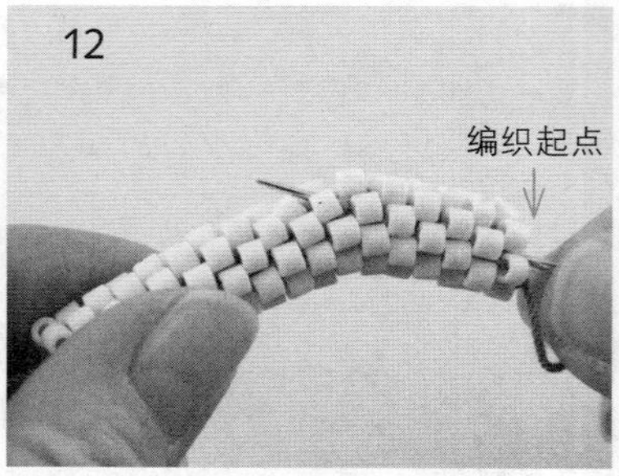

将编织起点的线头穿入缝针，插入中心的空隙，从稍前方的侧面出针，贴着表面将线剪断。

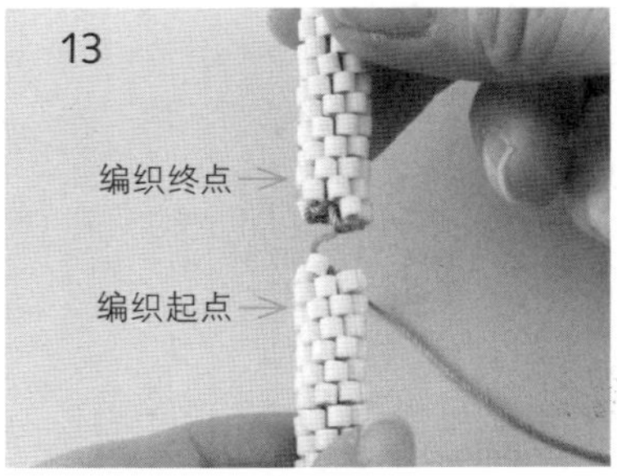

接下来，对齐编织起点和编织终点的行差后进行缝合。

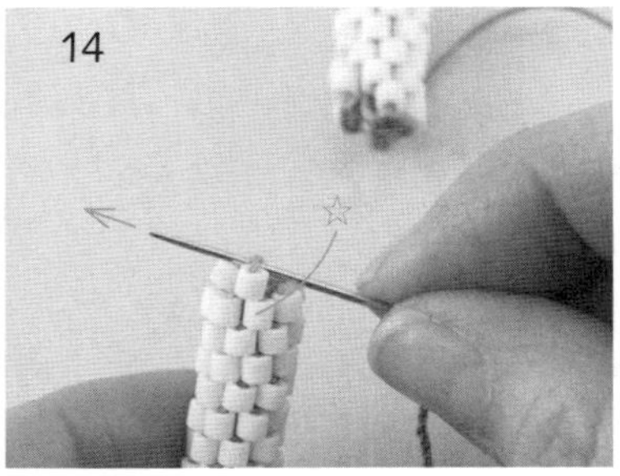

将步骤11中留出的线头穿入缝针，在编织起点一端形成行差位置的线中穿针。

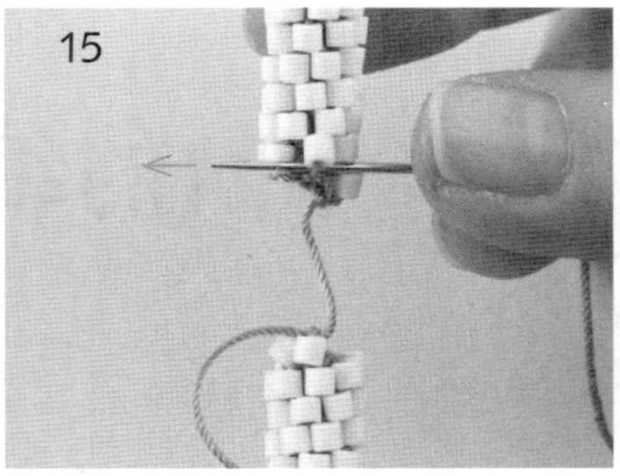

接着，在编织终点一端也按相同要领穿线后拉紧。

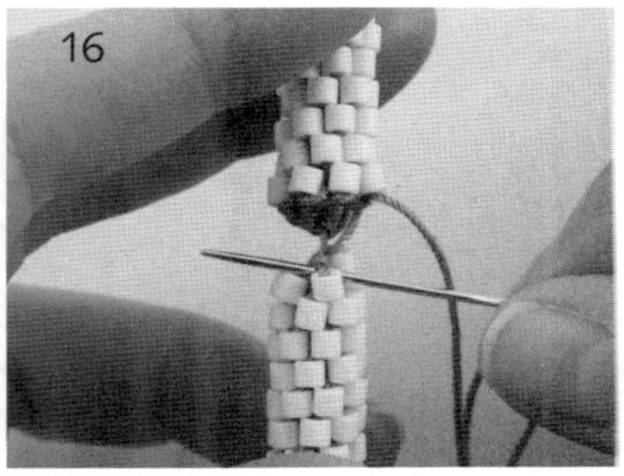

按此要领在编织起点和编织终点两端各挑1针交替缝合。

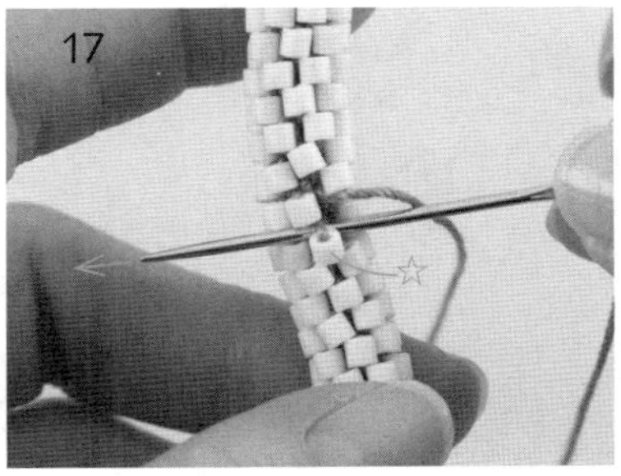

缝合1圈后，在步骤14中☆所指串珠的线里穿针。

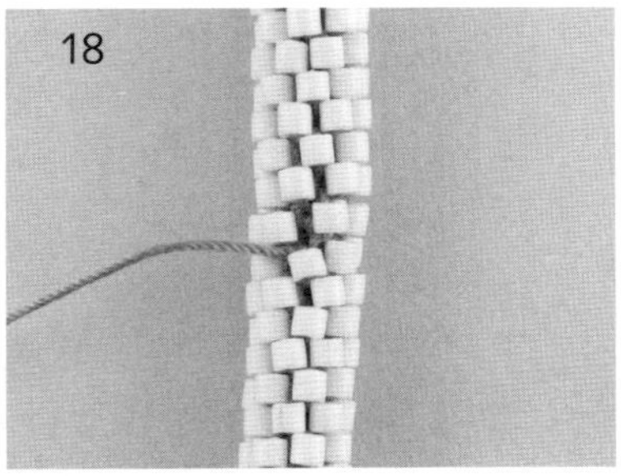

缝合后非常漂亮。

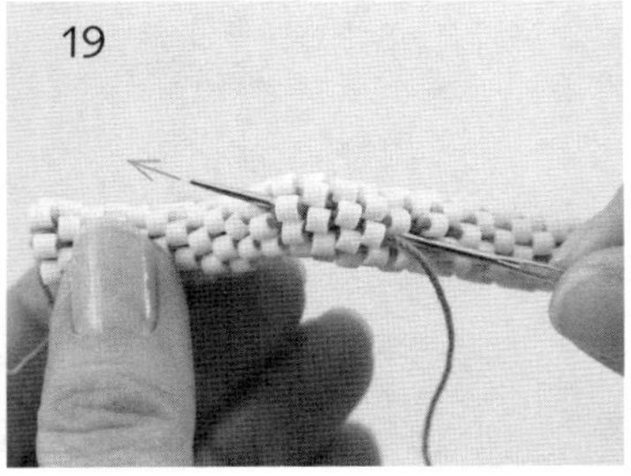

在出线位置再次入针，在稍远的位置出针。

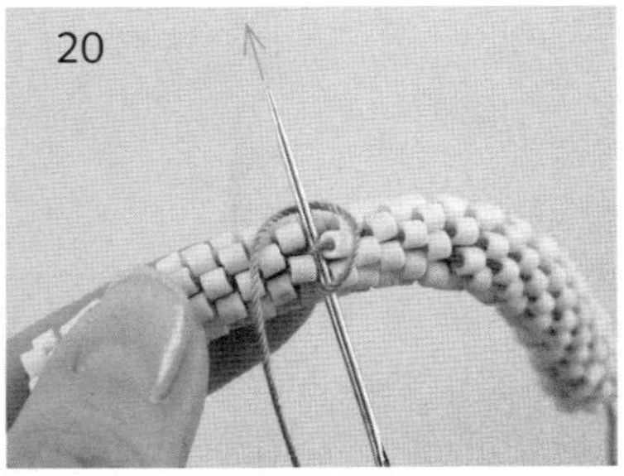

再次在出针位置边上的线里挑针，在针上挂线后拉出打结。

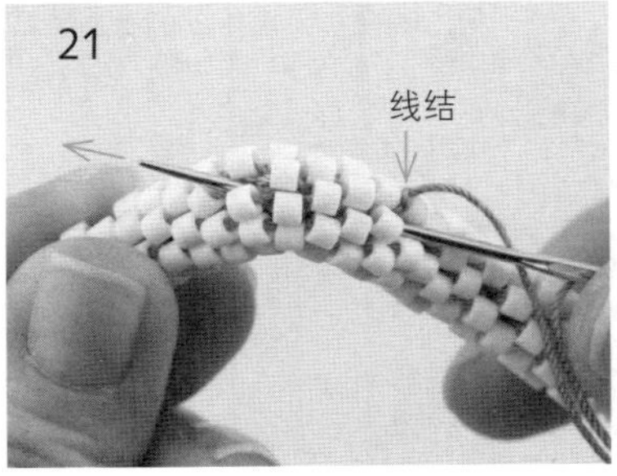

在线结的根部入针，在稍远的位置出针。

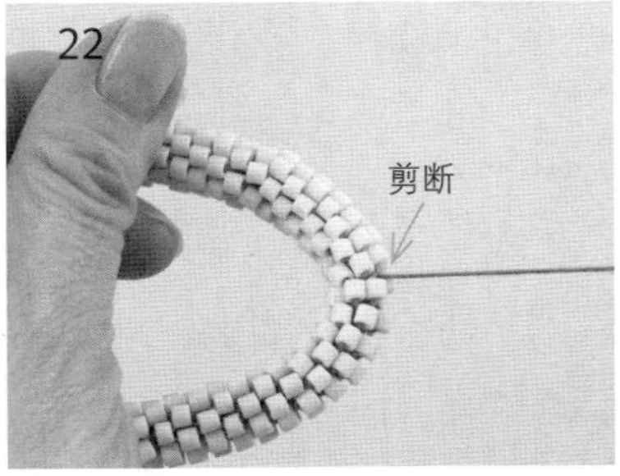

用力拉线，将线拉进内侧，藏好线结。再贴着表面将线剪断。

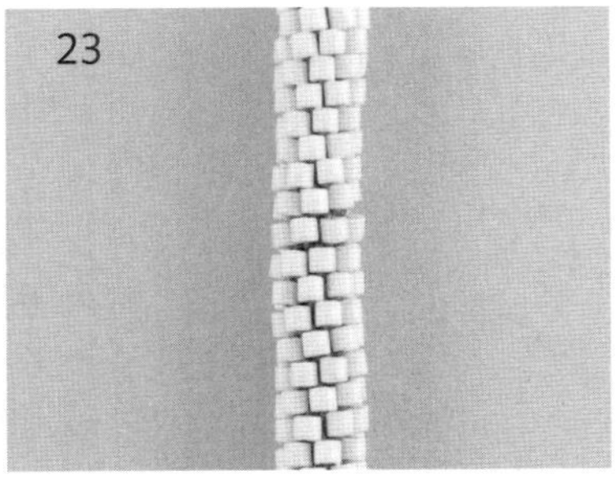

完成。

作品的编织方法

★的个数代表作品的难易程度和对编织者的水平要求　★…初学者可放心选择　★★…拥有一定自信者都可以尝试
★★★…有毅力的中级以上水平者可以完成　★★★★…对技术有自信者都可大胆挑战
※ 线为实物粗细
※ 图中未注明单位的数字均以厘米（cm）为单位

材料

Rich More 衣 原白色(1) 295g / 15团

工具

钩针4/0号

成品尺寸

宽36cm，长160.5cm

编织密度

编织花样的1个花样：5针1.1cm，6行10cm

编织要点

●锁针起针，按编织花样开始钩织。最后在四周钩织边缘编织。

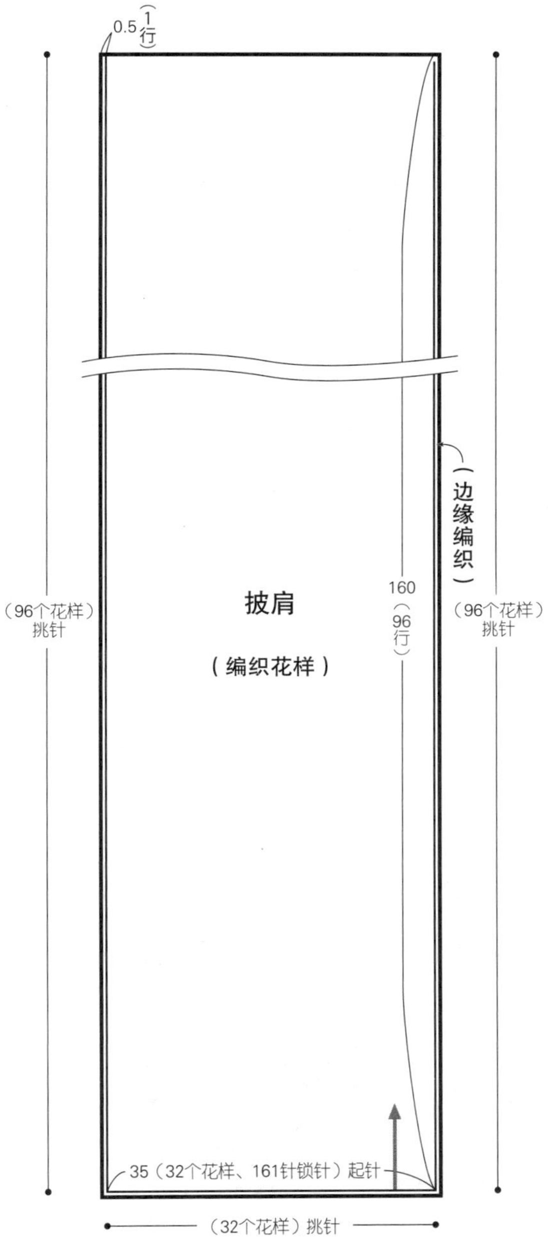

※钩完主体后接着钩织边缘编织

※全部使用4/0号针钩织

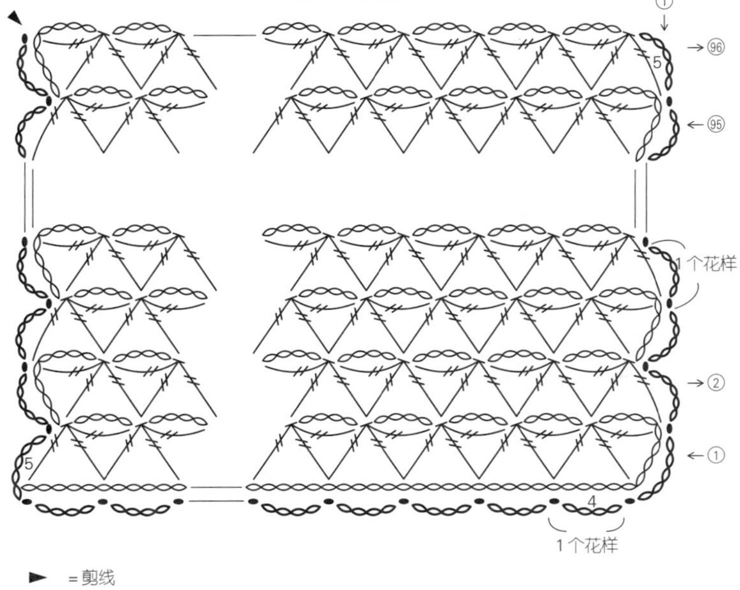

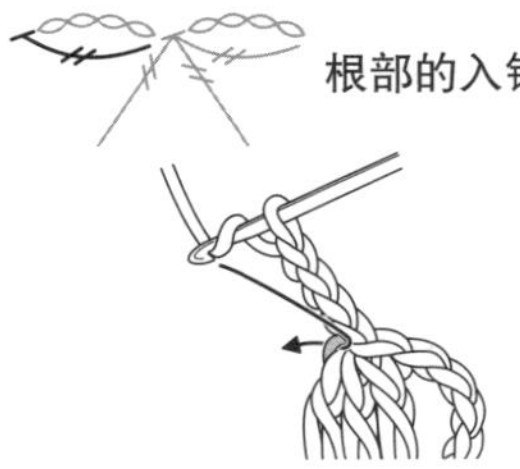

钩织4针锁针后，如箭头所示插入钩针，钩织长长针

变化的3针中长针的枣形针

（从1针里挑针）

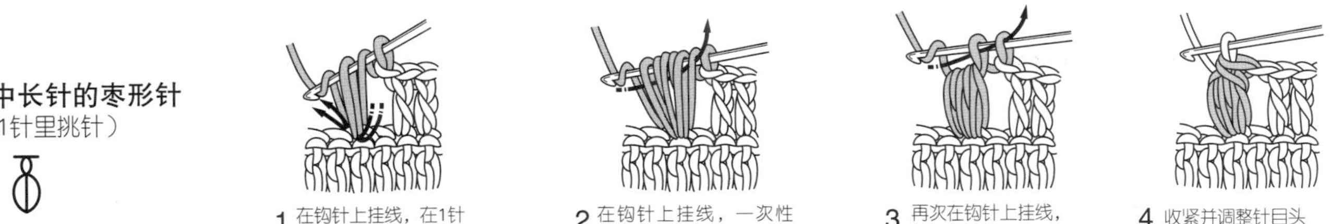

1 在钩针上挂线，在1针里钩织3针未完成的中长针。

2 在钩针上挂线，一次性引拔穿过钩针上的6个线圈。

3 再次在钩针上挂线，引拔穿过剩下的2个线圈。

4 收紧并调整针目头部，完成。

材料

和麻纳卡 纯毛中细 白色(26) 145g / 4团，蓝色(17) 140g / 4团，灰蓝绿色(34) 110g / 3团

工具

钩针3/0号

成品尺寸

胸围110cm，衣长45cm，连肩袖长36.5cm

编织密度

编织花样的1个花样为3.7cm，13行10cm

编织要点

●身片、袖子…后身片锁针起针，按条纹花样开始钩织。左右两侧的肩部分开各钩织5行后，从第6行开始连起来钩织。前身片从后身片肩部的起针行挑针，按与后身片相同的要领钩织。袖子参照图示挑针后，按条纹花样钩织。

●组合…胁部、袖下钩织引拔针和锁针接合。领窝环形编织边缘编织A。下摆、袖口环形编织边缘编织B。

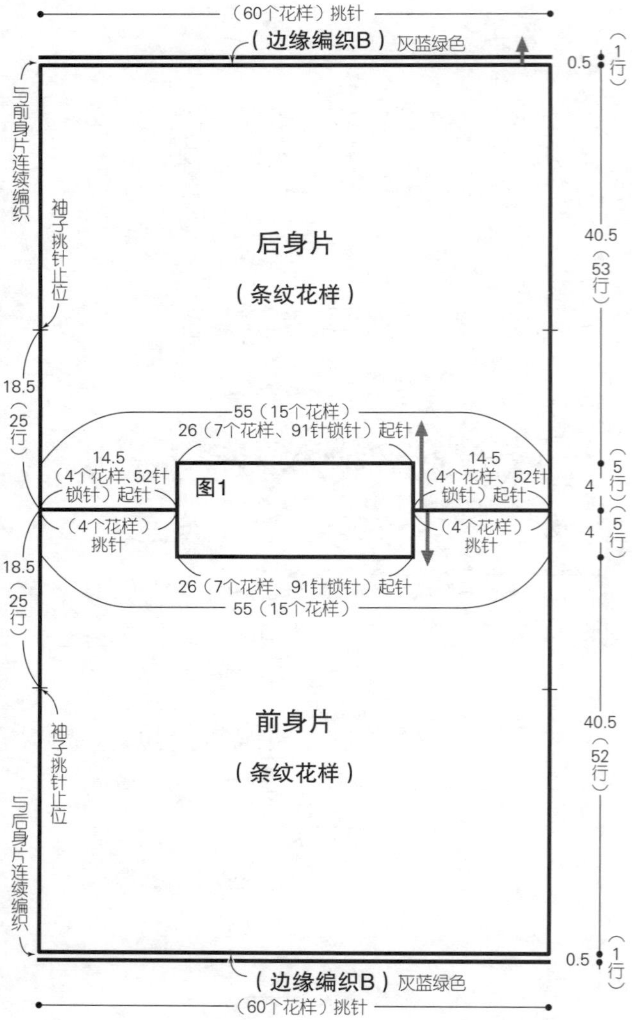

※全部使用3/0号针钩织

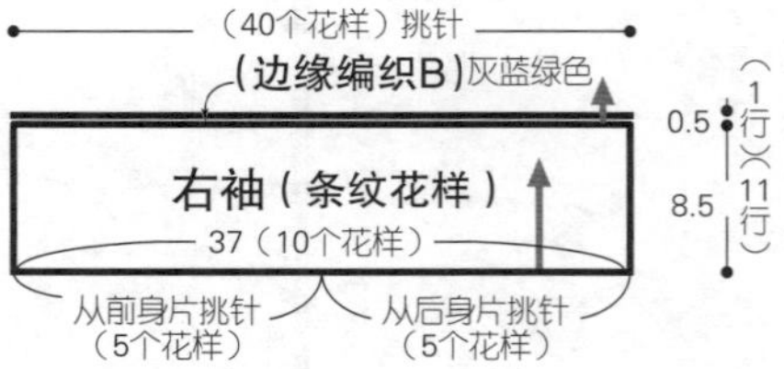

※左袖对称挑取针目

边缘编织A

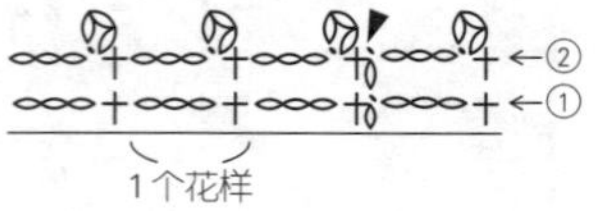

▷ = 加线
▶ = 剪线
⌒ = 渡线

条纹花样

※袖子的编织起点请参照第87页

配色
— = 蓝色
— = 灰蓝绿色
— = 白色

= 变化的3针中长针的枣形针
※钩织方法请参照第85页

领窝 (边缘编织A) 灰蓝绿色

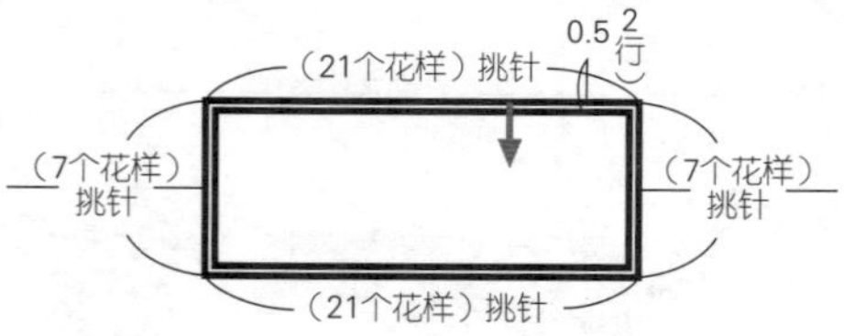

袖子的挑针方法

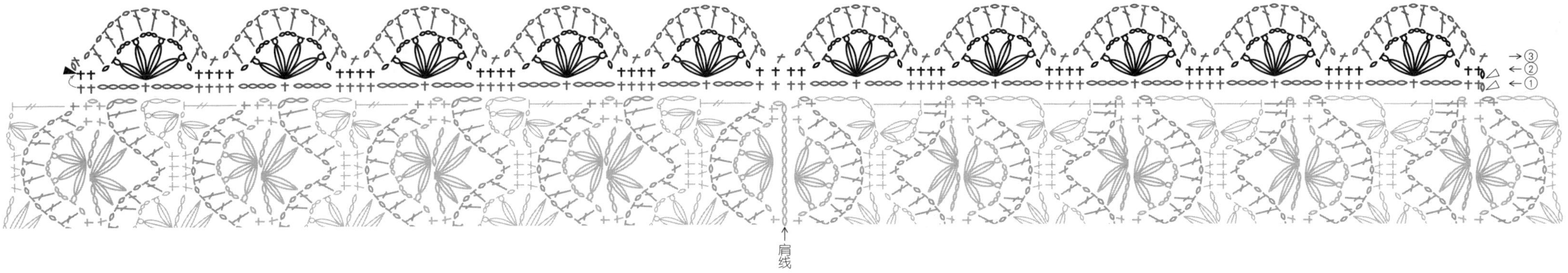

下摆、袖口的钩织方法

配色 { —— = 蓝色 / —— = 灰蓝绿色 / —— = 白色 }

▷ = 加线
► = 剪线

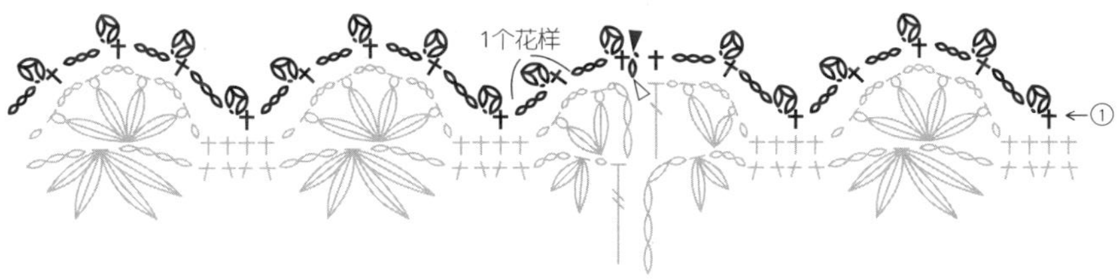

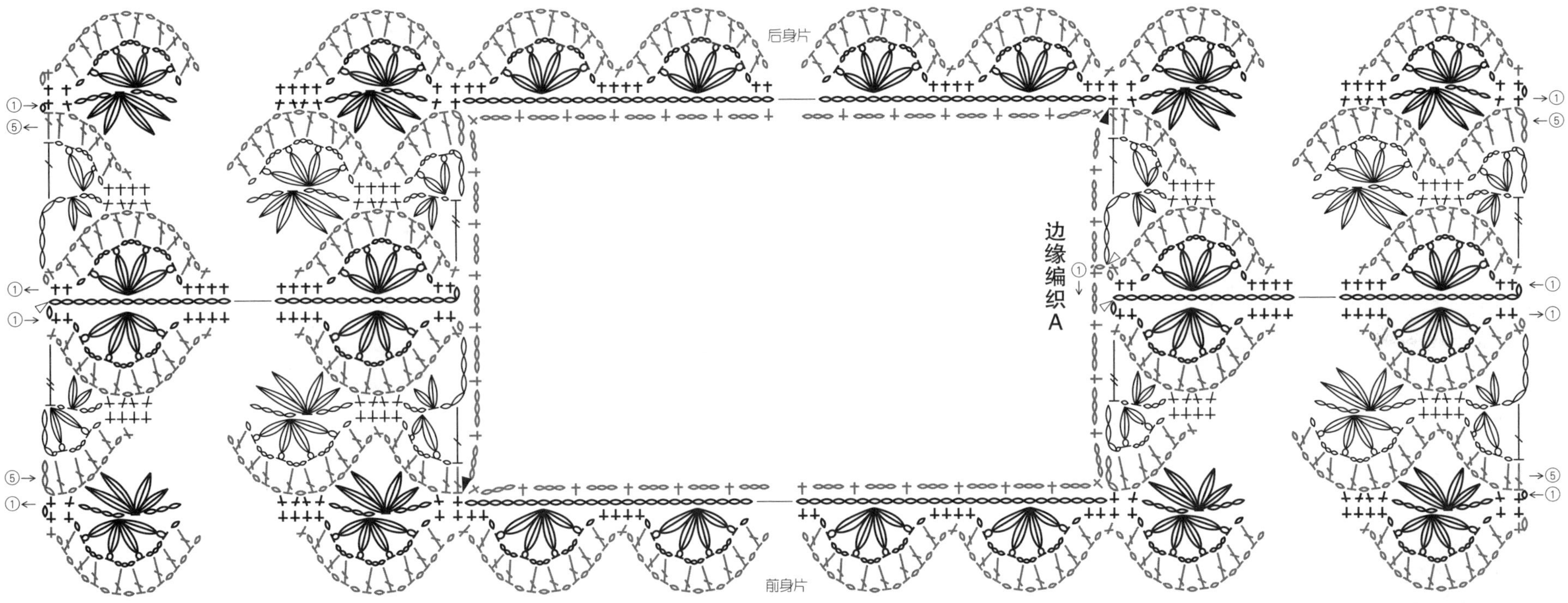

图1　领窝

材料

芭贝 Arabis 姜黄色(4616) 240g / 6团，浅茶色(2526) 165g / 5团

工具

钩针 5/0 号、6/0 号

成品尺寸

胸围 96cm，衣长 60cm，连肩袖长 35cm

编织密度

10cm×10cm 面积内：条纹花样 19.5 针，28 行

编织要点

●身片…锁针起针后，钩织短针和条纹花样。袖下部分参照图示钩织锁针加针后继续钩织。领窝也参照图示钩织。

●组合…肩部做引拔接合，袖下做卷针缝缝合，胁部做挑针缝合。前门襟、衣领、袖口钩织短针，注意衣领和袖口一边调整密度一边钩织。缝合前门襟的底边时，在右前门襟做卷针缝缝合，左前门襟在反面做藏针缝缝合。

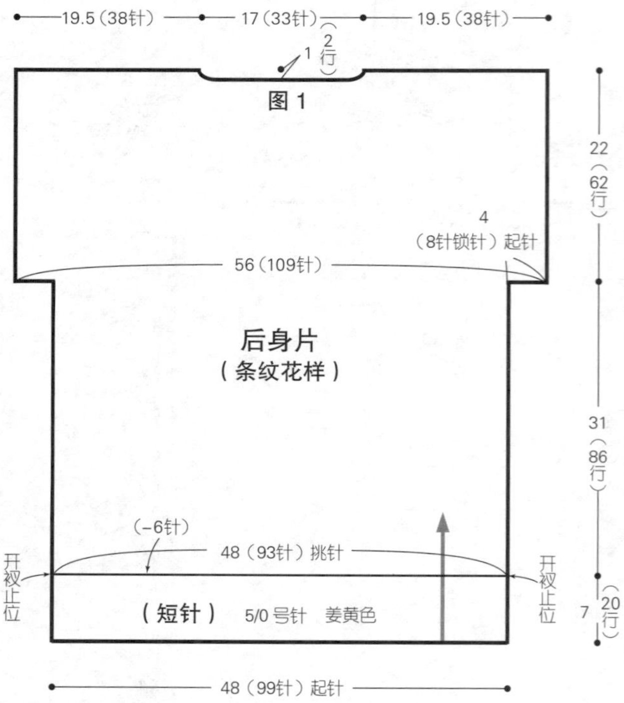

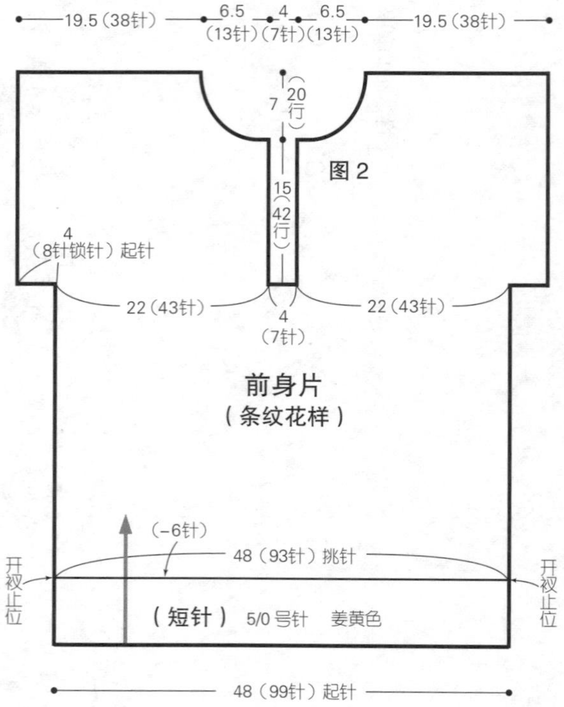

※ 除指定以外均用6/0号针钩织

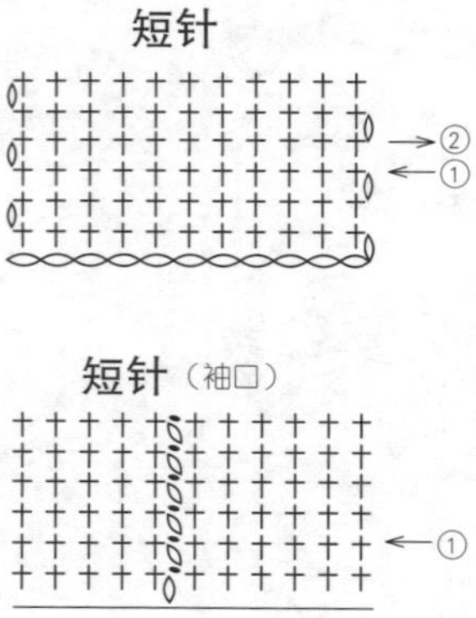

条纹花样

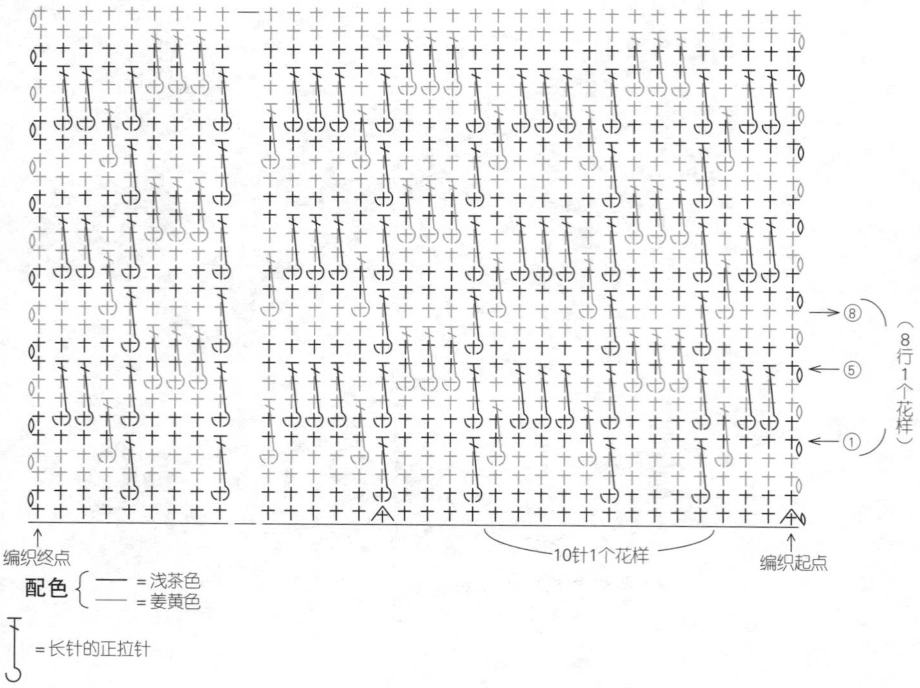

长针的正拉针

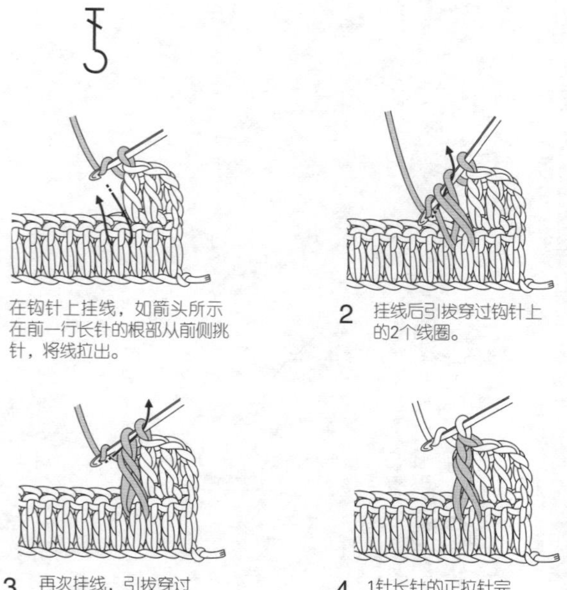

1 在钩针上挂线，如箭头所示在前一行长针的根部从前侧挑针，将线拉出。

2 挂线后引拔穿过钩针上的2个线圈。

3 再次挂线，引拔穿过钩针上的2个线圈。

4 1针长针的正拉针完成后的状态。

图 1 后领窝

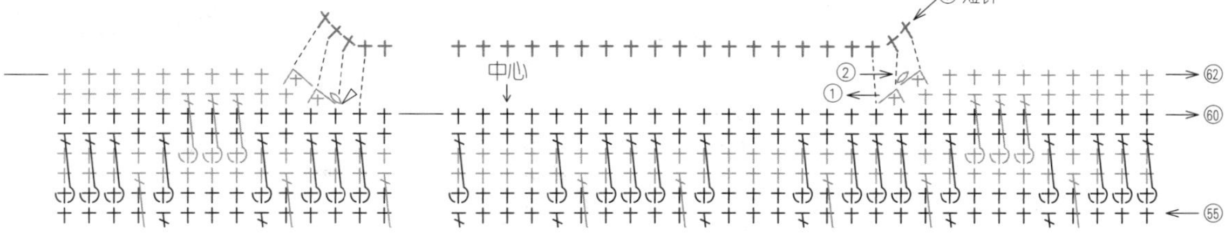

图 2
前领窝

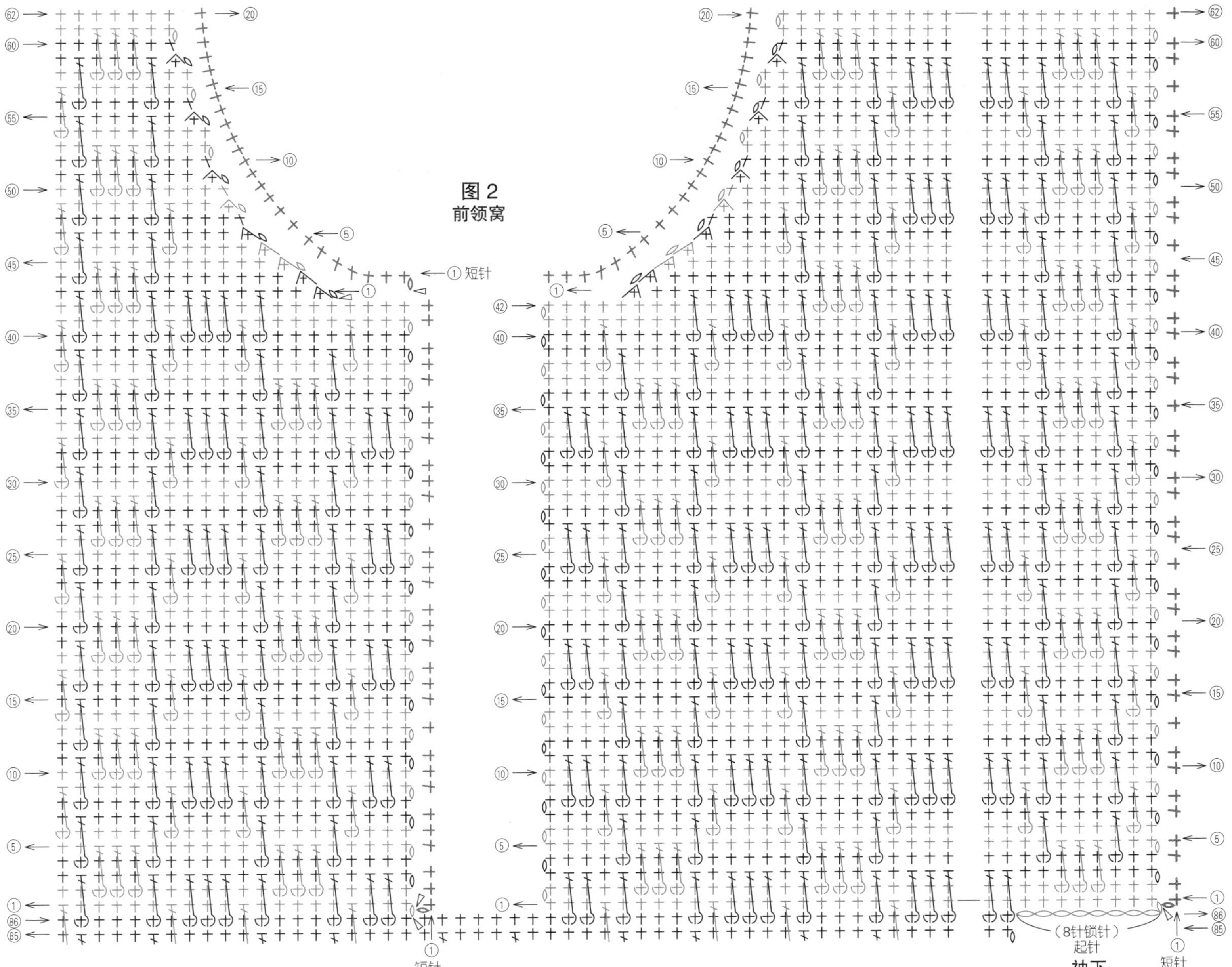

配色 { —— = 浅茶色
—— = 姜黄色

右前门襟（短针）
姜黄色 5/0 号针

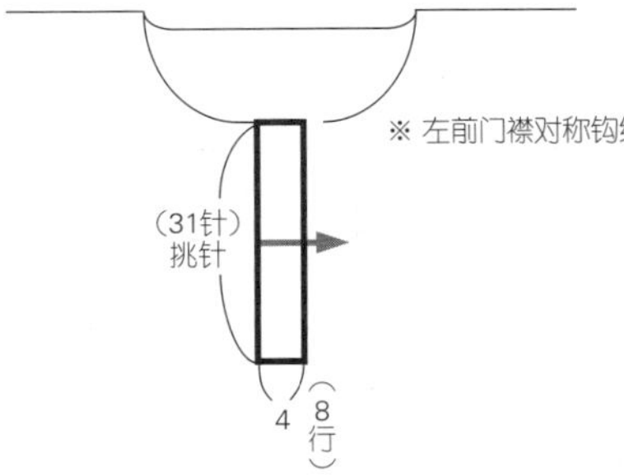

衣领（短针）调整密度 姜黄色

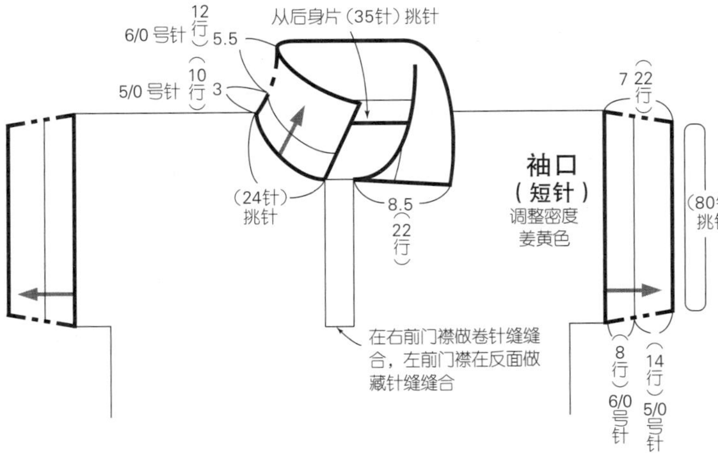

材料

芭贝 PIMA DENIM 深蓝色(100)170g / 5团，蓝色(111)、灰色(157)各135g / 各4团；直径13mm的纽扣7颗

工具

钩针5/0号

成品尺寸

胸围102cm，衣长57cm，连肩袖长44.5cm

编织密度

10cm×10cm面积内：条纹花样20针，18行

编织要点

●身片、袖子…锁针起针后，钩织条纹花样，注意最后一行的针法有变化。领窝参照图示钩织。

●组合…肩部用深蓝色线做卷针接合。胁部、袖下钩织引拔针和锁针缝合。衣领、前门襟挑取指定的针数后钩织短针。衣领参照图示减针。在右前门襟留出扣眼。袖子与身片之间做引拔缝合。最后缝上纽扣。

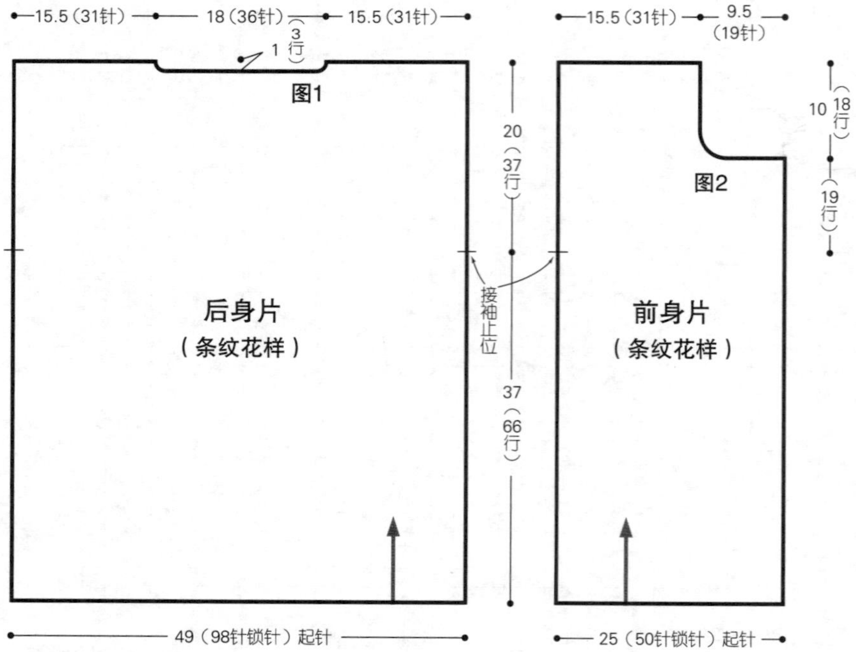

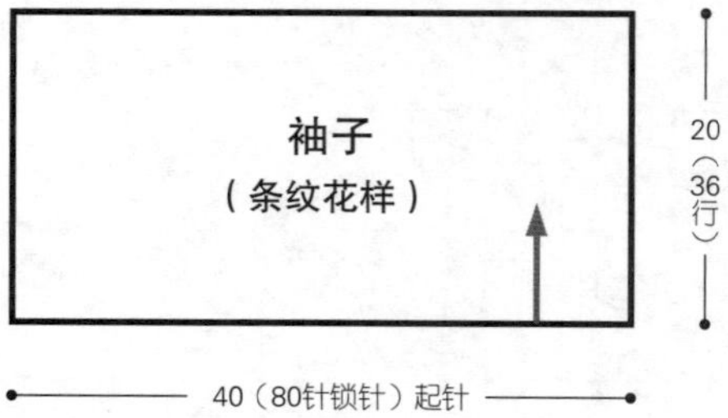

※ 全部使用5/0号针钩织

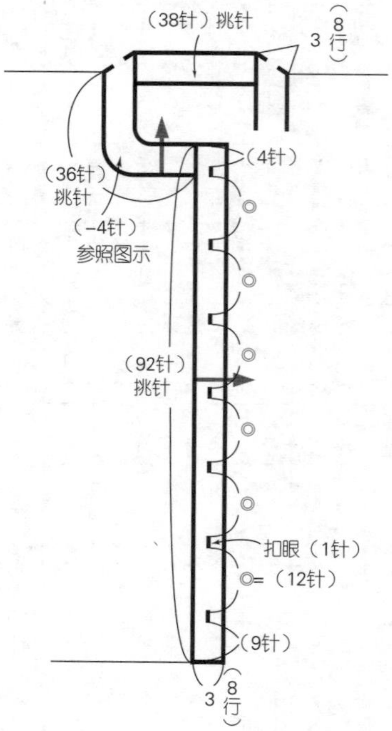

条纹花样

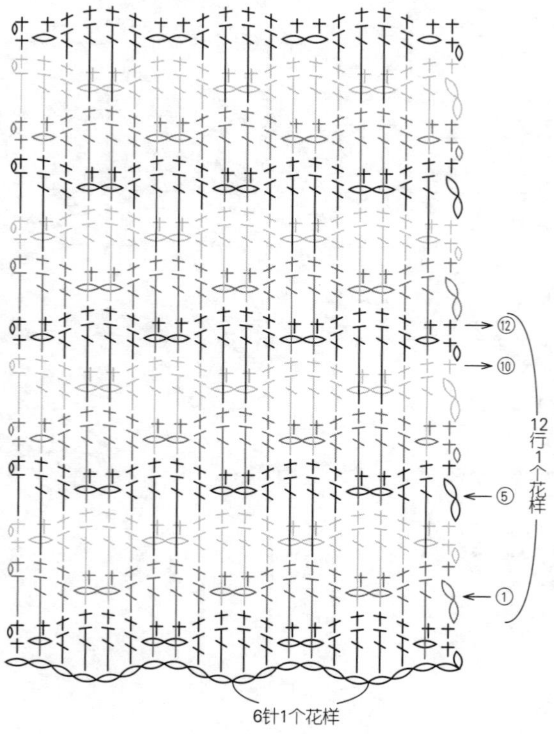

配色
- ——— = 深蓝色
- ——— = 蓝色
- ——— = 灰色

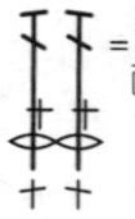

► = 剪线

扣眼（右前门襟）

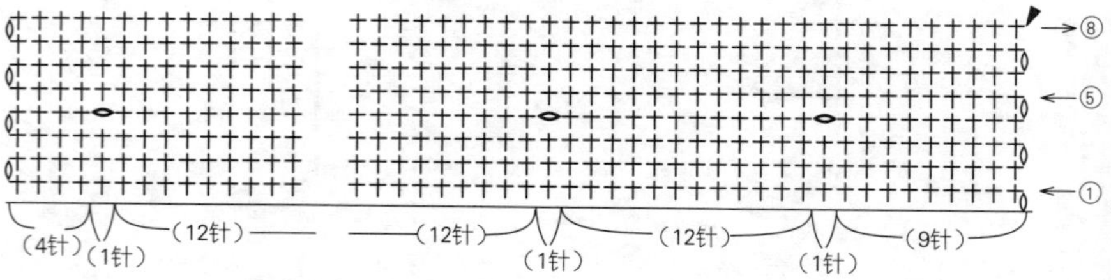

图1
后领窝

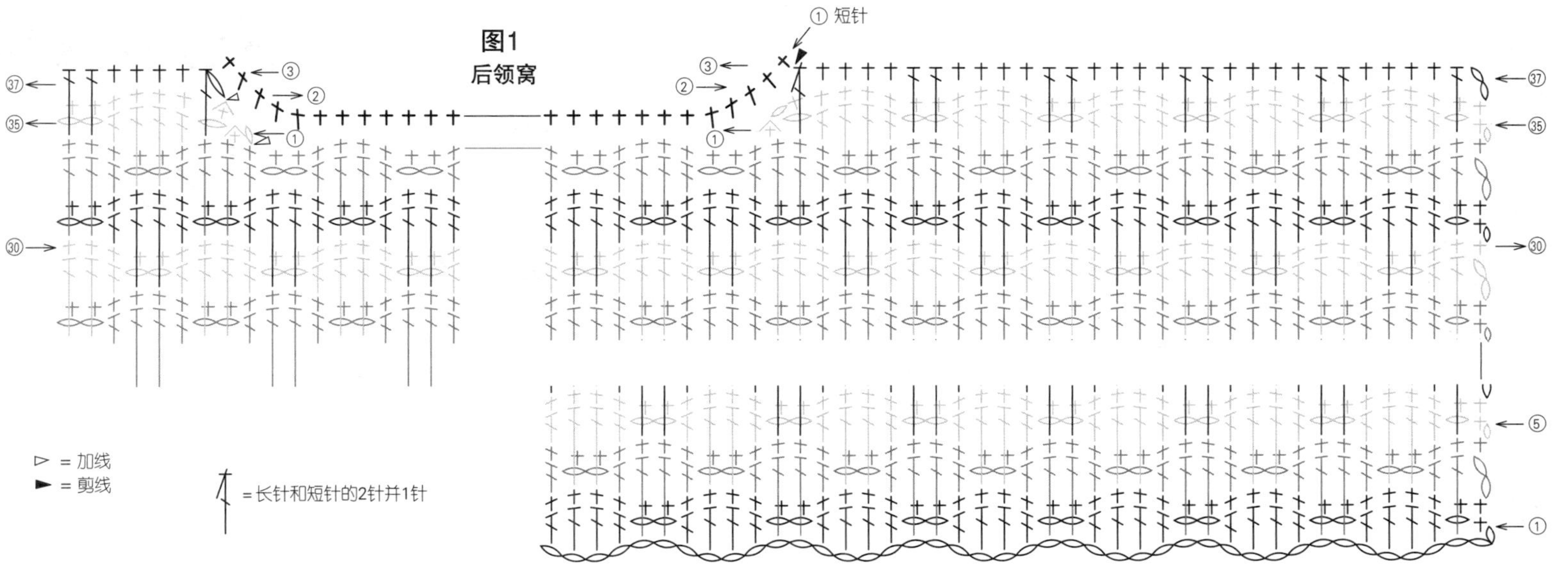

▷ = 加线
► = 剪线
= 长针和短针的2针并1针

图2
前领窝

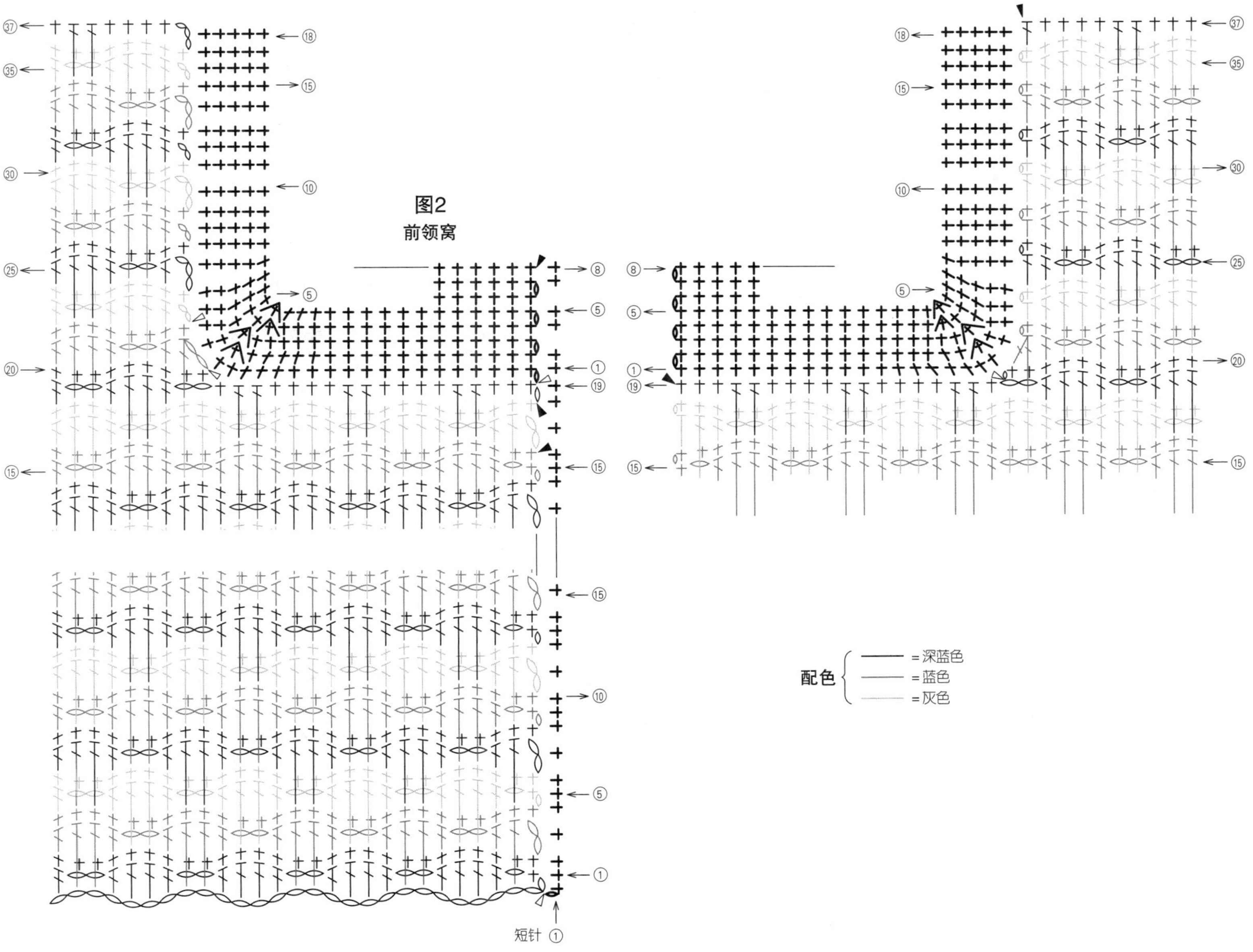

配色
- = 深蓝色
- = 蓝色
- = 灰色

材料
[帽子] 芭贝 BIT 绿色系混染（3205）115g / 3团；PIMA BASIC 灰绿色（606）20g / 1团
[手提包] 芭贝 BIT 绿色系混染（3205）215g / 5团；PIMA BASIC 灰绿色（606）180g / 5团

工具
钩针 6/0 号、7/0 号

成品尺寸
[帽子] 头围 49cm，深 25.5cm
[手提包] 宽 26cm，深 35.5cm

编织密度
10cm × 10cm面积内：编织花样20.5针，13行（绿色系混染）；22针，14行（灰绿色）

编织要点
●帽子…主体钩织锁针起针后，环形编织短针和编织花样。参照图示分散减针。帽口在起针行锁针的后侧半针里挑针，钩织边缘编织。
●手提包…主体A钩织锁针起针后按编织花样钩织。侧边钩织短针的棱针，然后钩织短针与主体A接合。主体B按与主体A相同要领钩织。侧边钩织引拔针和锁针缝合。包口部分重叠主体A和B后挑针，环形编织条纹边缘。

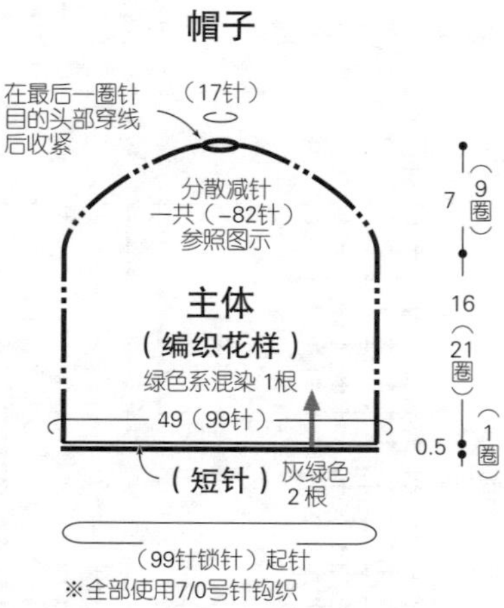

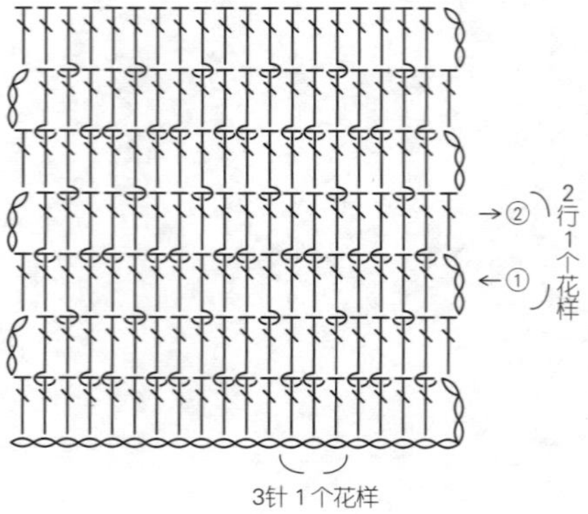

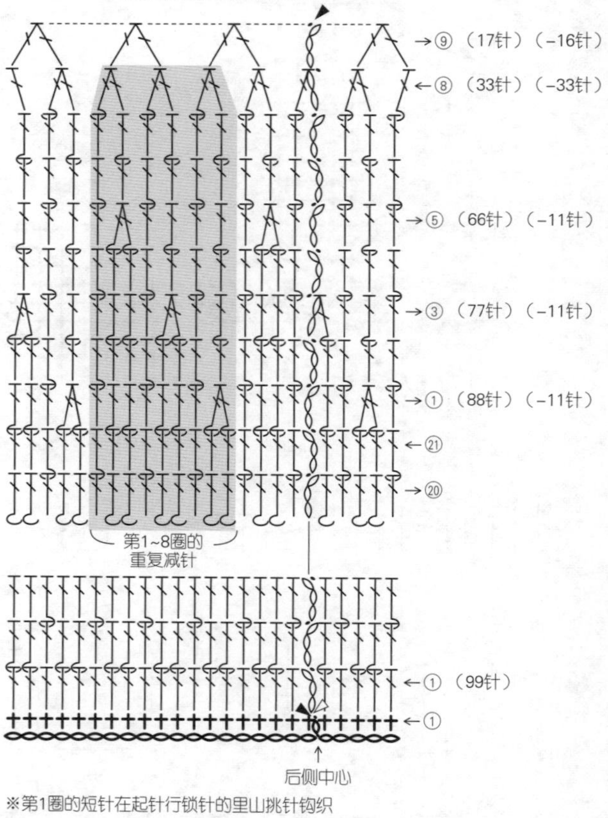

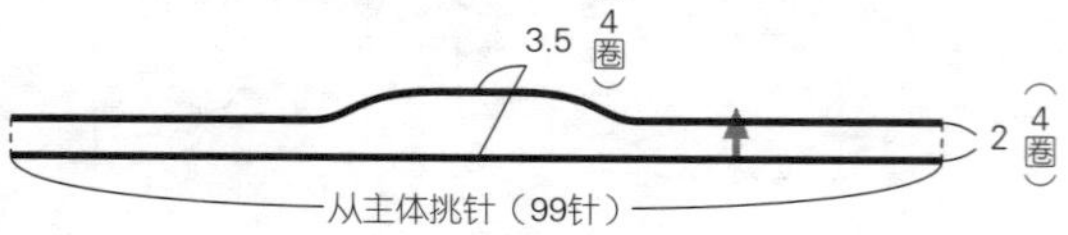

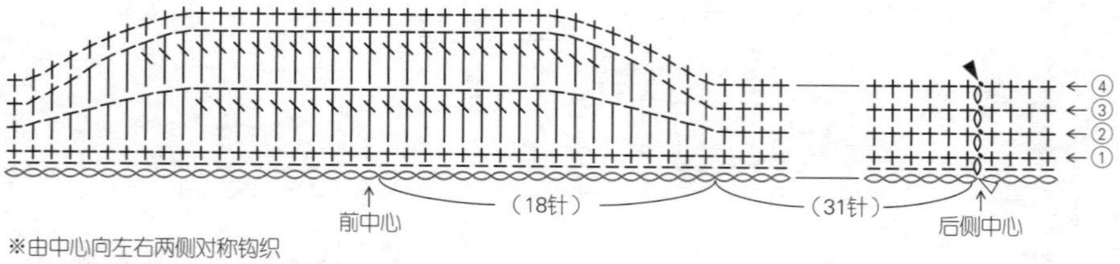

长针的反拉针

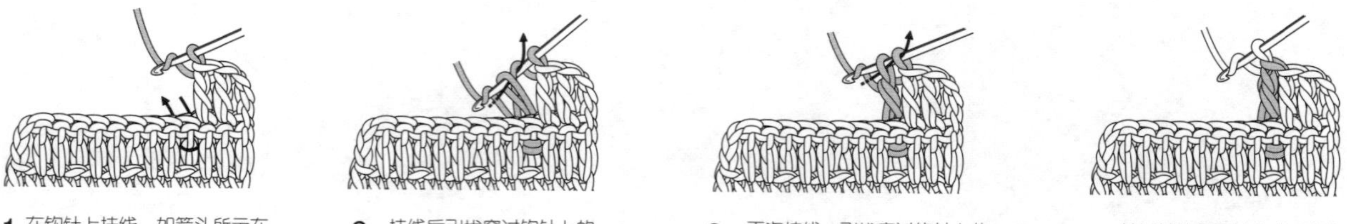

1 在钩针上挂线，如箭头所示在前一行长针的根部从后侧挑针，将线拉出。

2 挂线后引拔穿过钩针上的2个线圈。

3 再次挂线，引拔穿过钩针上的2个线圈。

4 1针长针的反拉针完成后的状态。

手提包

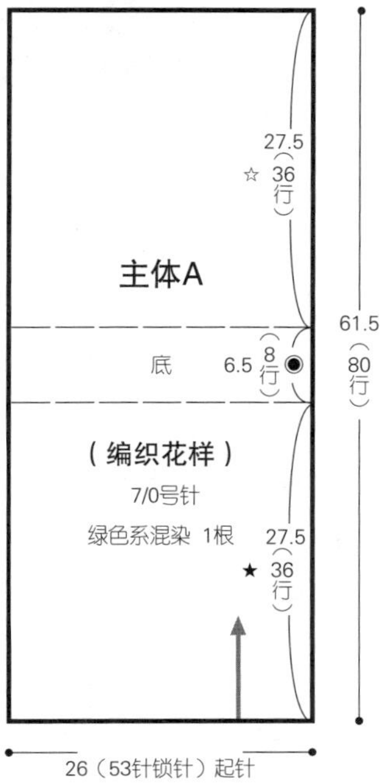

侧边

（短针的棱针）2片

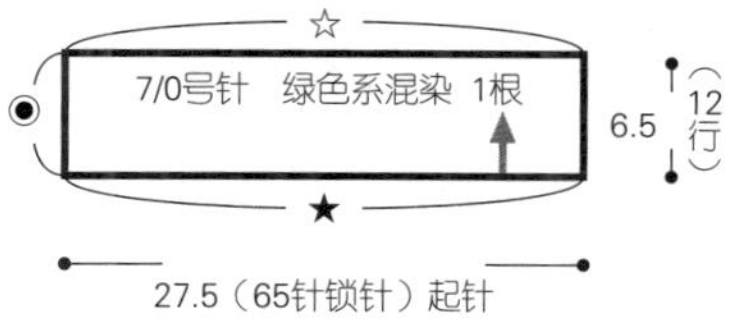

短针的棱针

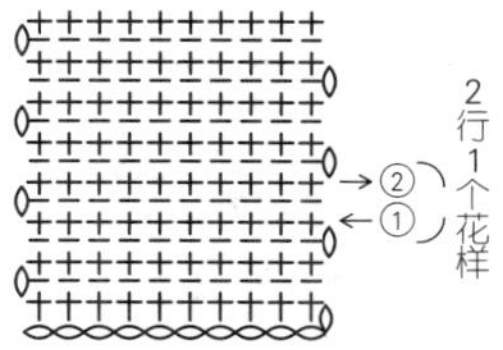

※钩织方法请参照第154页

主体A的组合方法

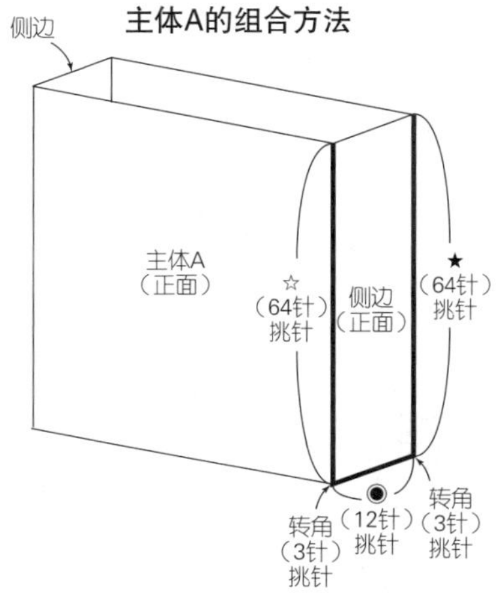

※将主体A和侧边织片正面朝外对齐，将侧边朝向自己，钩织短针进行接合。
另一侧也按相同要领接合（绿色系混染，1根，7/0号针）

主体B的组合方法

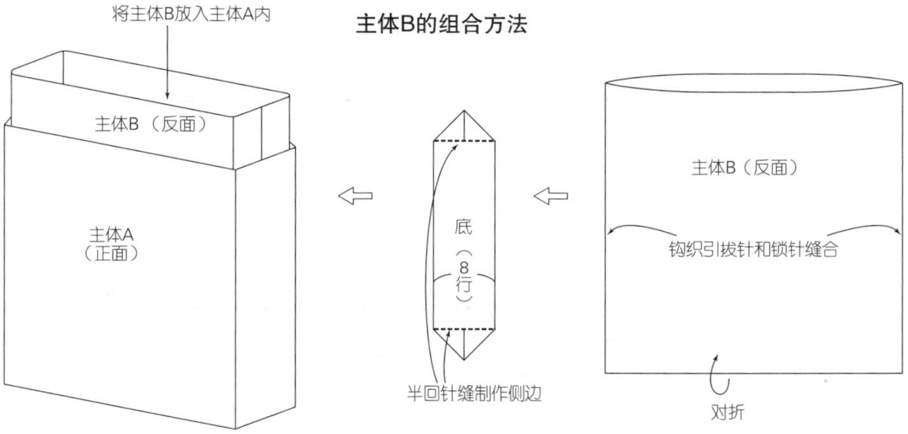

包口（条纹边缘）6/0号针

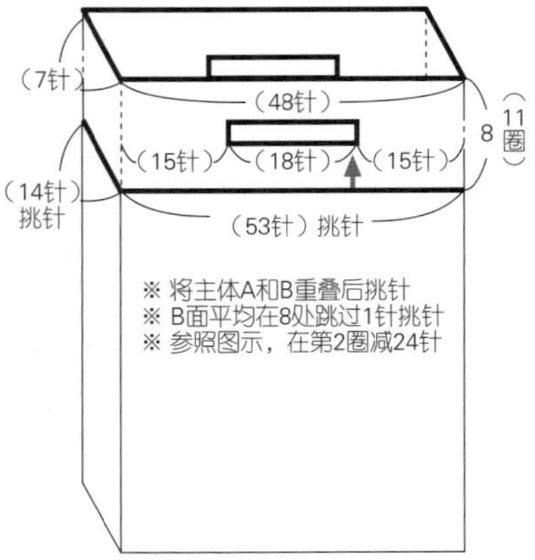

※ 将主体A和B重叠后挑针
※ B面平均在8处跳过1针挑针
※ 参照图示，在第2圈减24针

条纹边缘

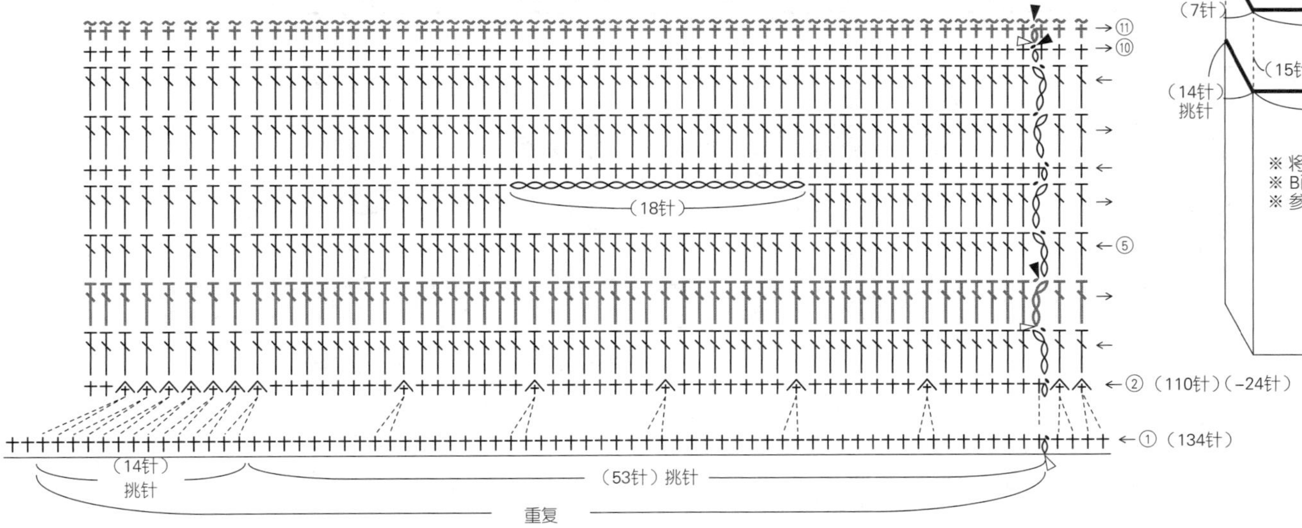

※第7圈的短针成束挑起锁针钩织

配色 { —— = 灰绿色 2根; —— = 绿色系混染 1根

⫟ = 反短针
※钩织方法请参照第97页

▷ = 加线
► = 剪线

材料

内藤商事 Smoky 黄色(4) 365g / 15团，白色(1) 340g / 14团；长20mm的纽扣8颗

工具

钩针3/0号、4/0号

成品尺寸

裙长58cm

编织密度

10cm×10cm面积内：编织花样32.5针，15行(使用3/0号针)

编织要点

●A面、B面均为锁针起针，按编织花样进行钩织，注意中途要调整密度。前端和下摆分别在A面、B面各钩织4行的边缘编织a。接着钩织第5行时，在第4行短针头部的内侧各挑1根线钩织，接合两面。钩织腰头时，重叠A面和B面挑取指定针数，一边钩织一边留出扣眼。最后在两面缝上纽扣。

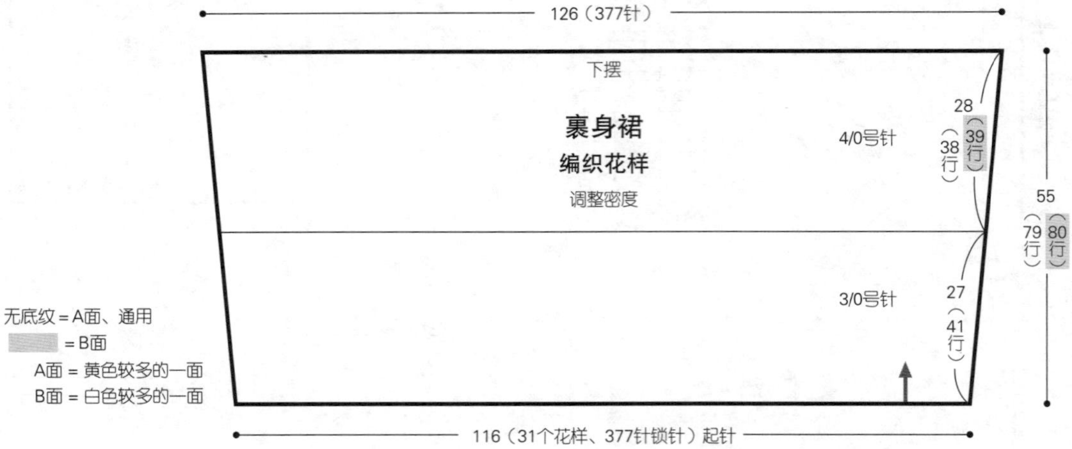

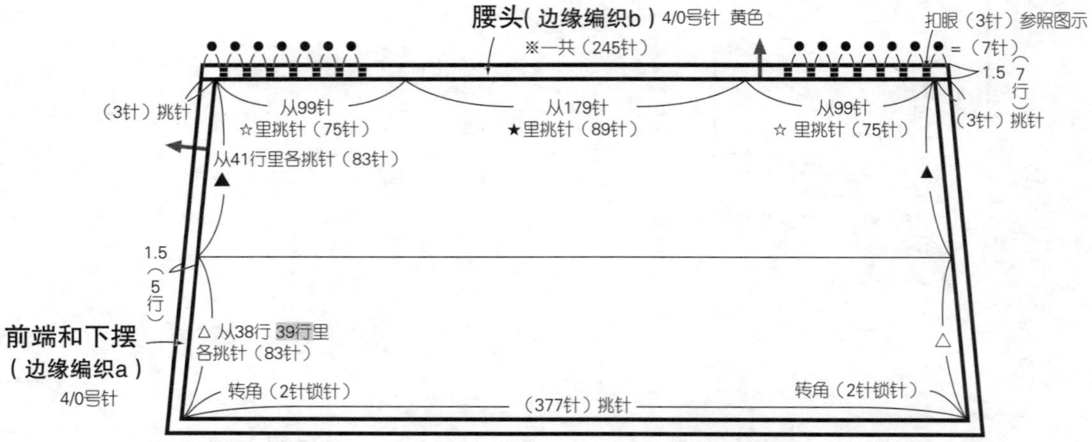

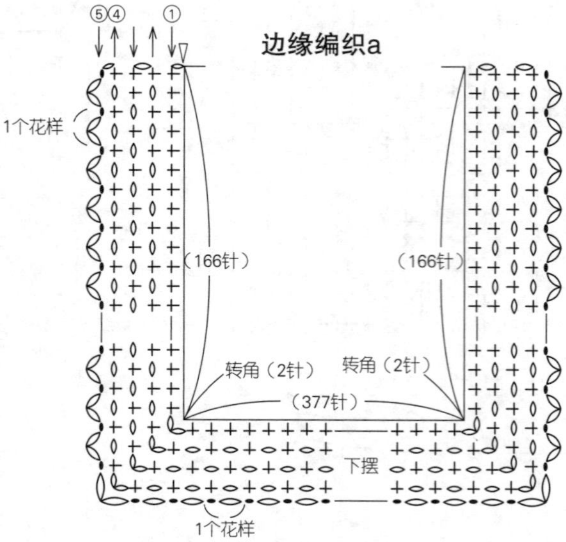

※ 钩织第1~4行时，A面和B面分开钩织

※ 钩织第5行的引拔针时，看着B面，在A面和B面第4行针目的头部内侧各挑1根线钩织

※ 钩织完第5行后接着钩织边缘编织b

前端针目的挑针方法

▲…A面和B面都是从编织花样的第1行挑取3针，剩下的每行挑取2针（用成束挑针的方法在每格各挑2针）

△…A面：（1行里挑2针×5次、1行里挑3针）×6次，1行里挑2针、1行里挑3针各1次

B面：（1行里挑2针×6次、1行里挑3针）×5次，1行里挑2针×4次

配色

行	A面	B面
5	黄色	
2~4	白色	黄色
1	黄色	白色

※看着B面，在两面针目里一起挑针

▻＝加线

编织花样的钩织方法

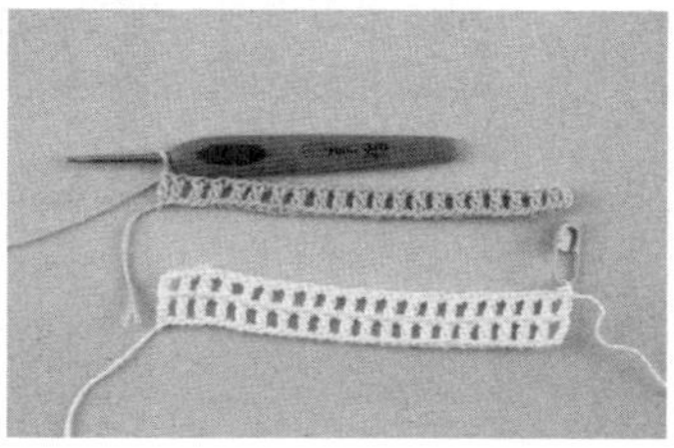

1 分别用白色线钩织 2 行，用黄色线钩织 1 行。

2 黄色线的第 2 行钩织至第 5 针后，将 2 个织片重叠着拿好，使编织起点端的线头位于同一方向。挂线后，如箭头所示插入钩针。

3 将黄色针目拉至前面。

4 钩织长针。接下来参照第23页，按针法图一边确认长针的前后位置，一边继续钩织。

编织花样（从A面看到的编织图）

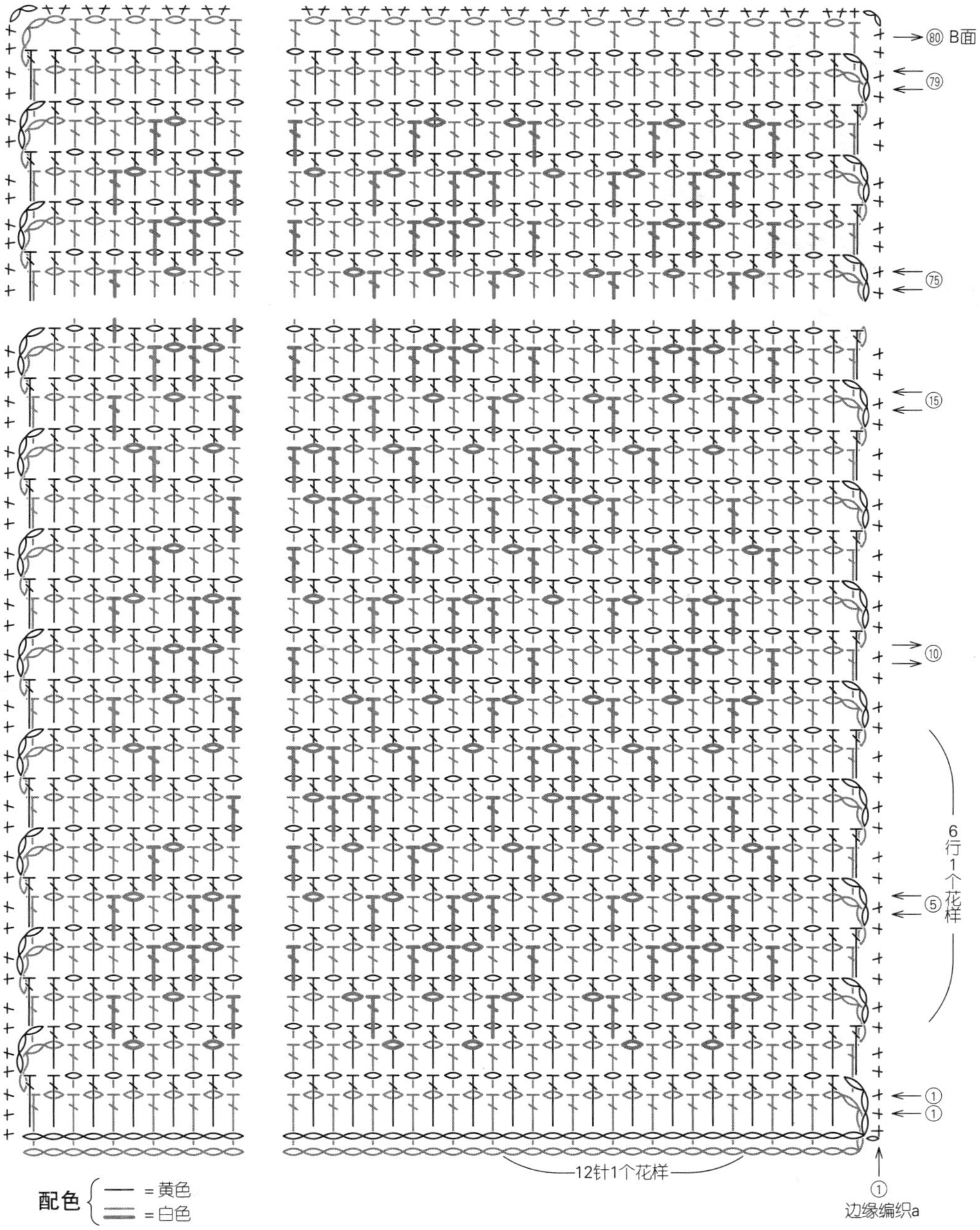

配色 { ── ＝黄色 ══ ＝白色

▷ ＝加线

▶ ＝剪线

边缘编织b和扣眼

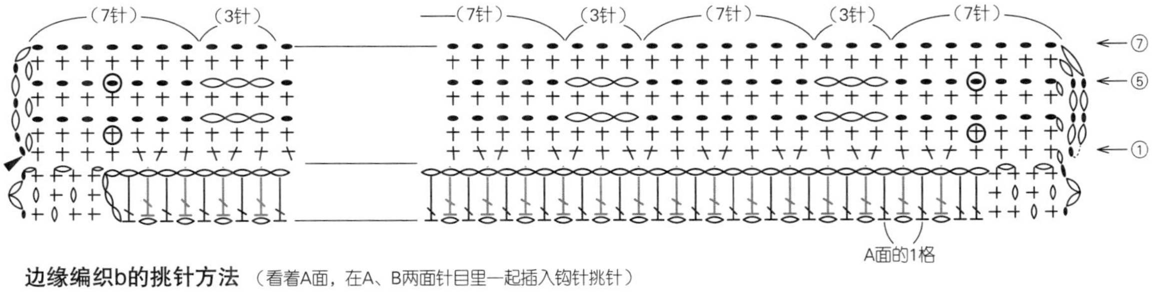

边缘编织b的挑针方法（看着A面，在A、B两面针目里一起插入钩针挑针）

从前端挑取3针

☆…在边针里挑1针，（在A面的1格里挑2针、在A面的1格里挑1针）×24次，在A面的1格里挑2针

★…在A面的每格里挑1针

边缘编织b的钩织方法

·钩织第2行的短针和第3行的引拔针时，参照右图挑针

·钩织第4行时，在钩织第3行时的相同位置（第2行）从另一面入针钩织，锁针位置从锁针的里山挑针钩织

·第5~7行也按相同要领钩织

○ = 缝纽扣位置（缝在两面）

边缘编织b第2行以后的挑针位置

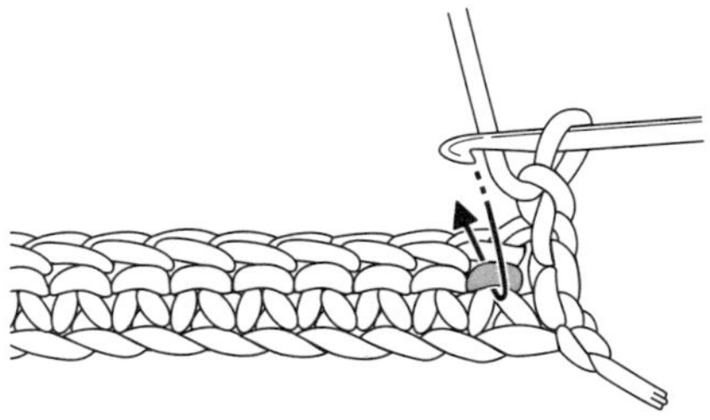

在短针反面的1根横线里插入钩针。

材料

内藤商事 Antares 藏青色(21)410g / 9团，灰色(3) 380g / 8团

工具

钩针6/0号

成品尺寸

胸围98cm，衣长49.5cm，连肩袖长65.5cm

编织密度

10cm×10cm面积内：编织花样24.5针，10.5行

编织要点

●身片、袖子…参照第23页起针后按编织花样钩织。身片钩织至接袖止位后，将针目分成右前身片、后身片、左前身片。为了统一边针的状态，在后身片和左前身片的编织起点位置各加1针。钩织至肩部后，将肩部的A面和B面分别用同色线做卷针接合。前、后身片的衣领部位按编织花样连续钩织。

●组合…将袖下的A面和B面分别用同色线做卷针缝缝合。下摆、前门襟、衣领的边缘以及袖口钩织边缘编织。袖子与身片之间的A面和B面分别用同色线做卷针接合。

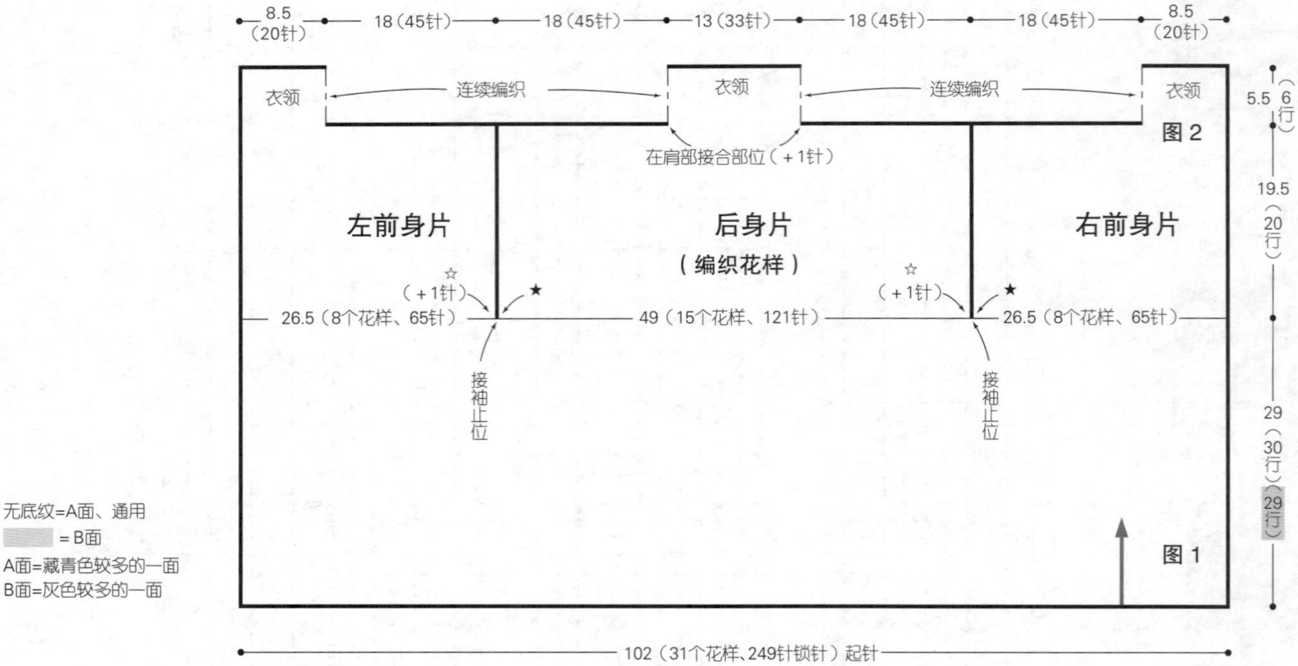

※ 全部使用6/0号针钩织

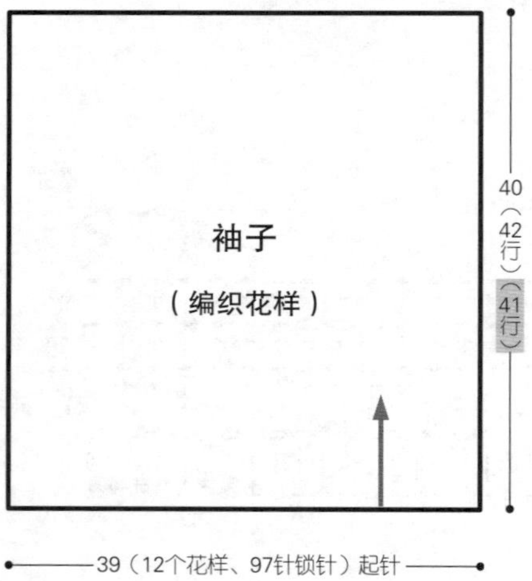

下摆、前门襟、衣领的边缘和袖口

(边缘编织)

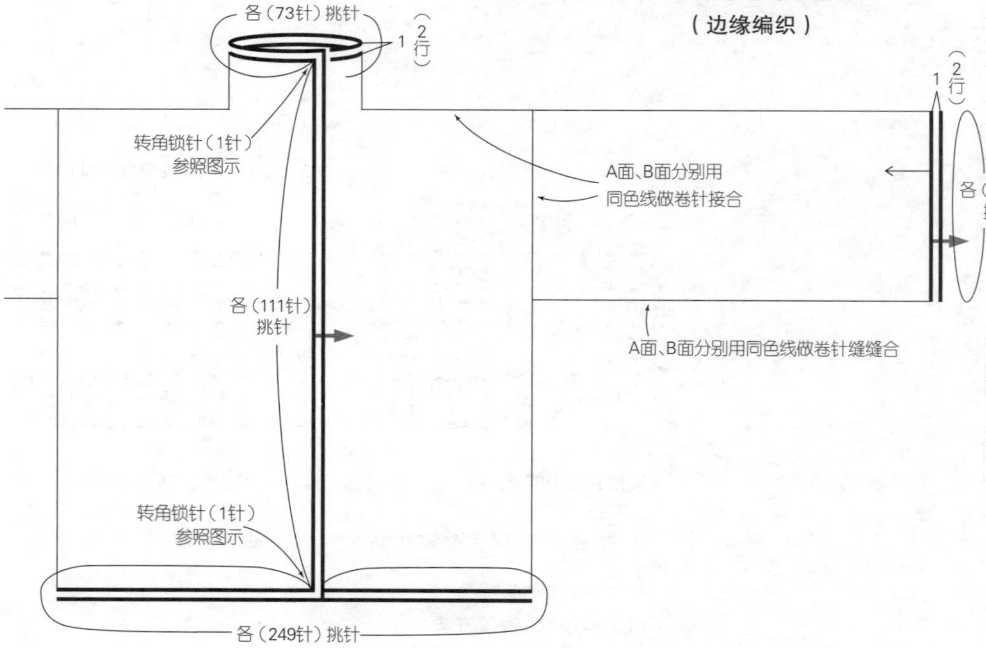

编织花样（从A面看到的编织图）

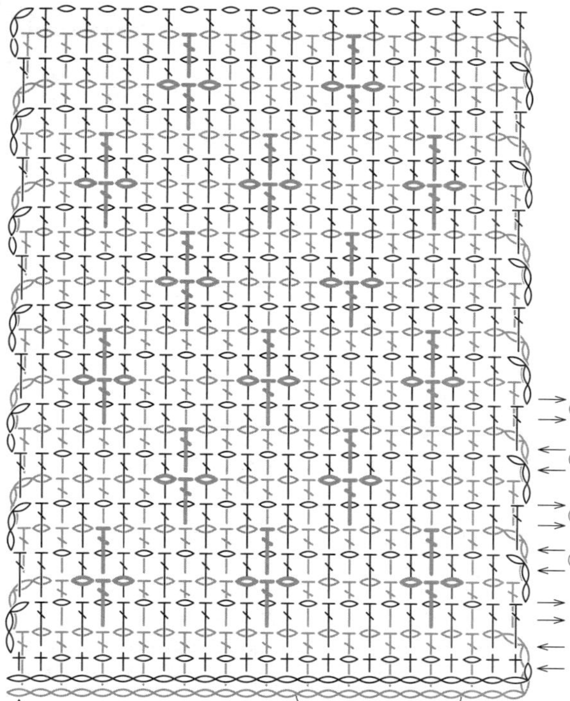

配色 { ——— =藏青色 / ═══ =灰色

边缘编织

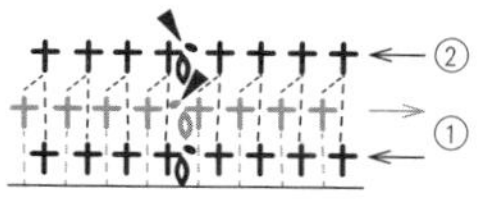

※ A面用藏青色线、B面用灰色线分别钩织1行短针，第2行看着A面用藏青色线在A、B两面第1行针目的头部一起挑针钩织

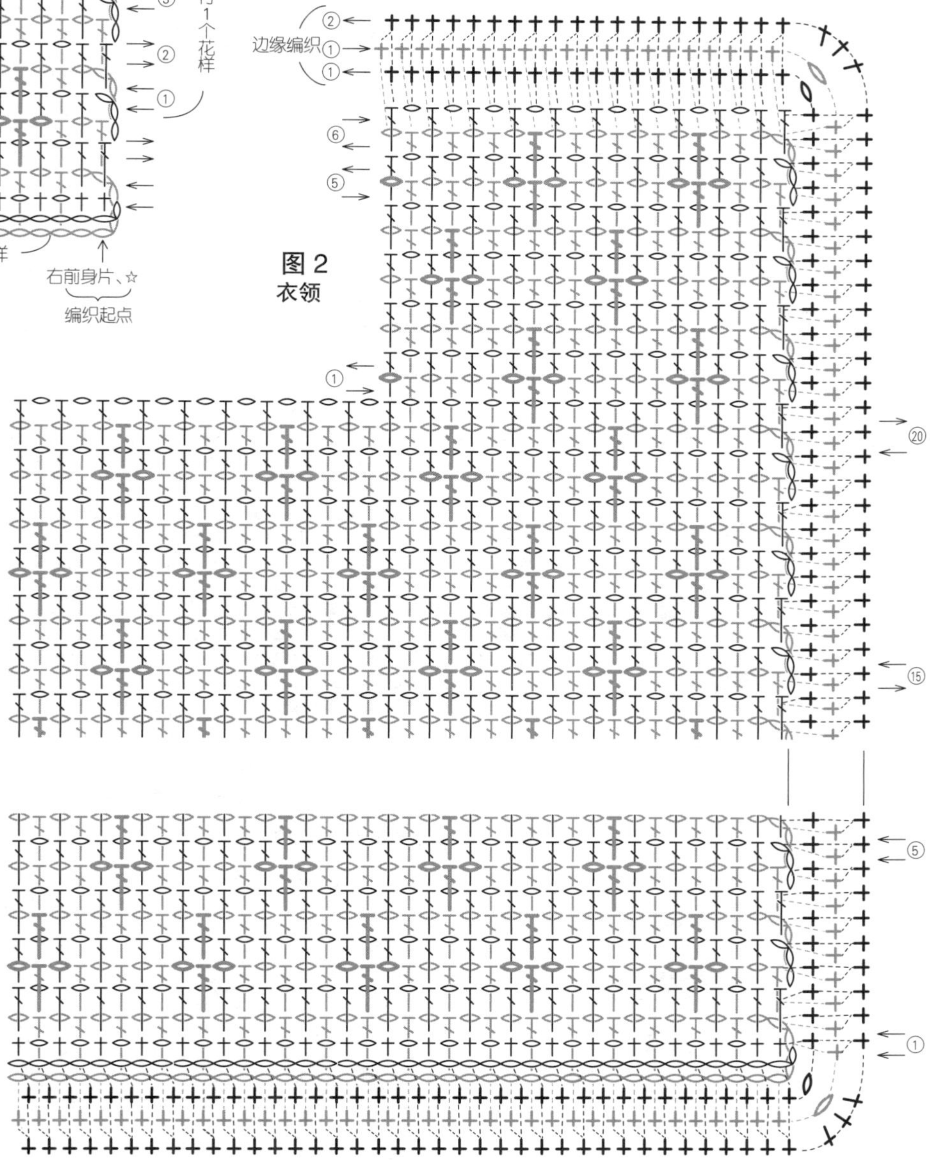

图 2 衣领

配色 { ——— =藏青色 / ═══ =灰色

图 1 右前下摆

反短针

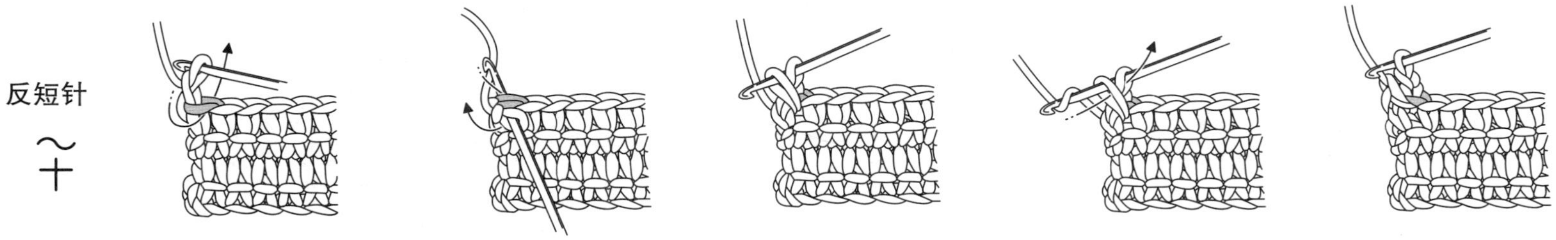

1 不要翻转织片，立织1针锁针，如箭头所示转动钩针在前一行针目头部的2根线里插入钩针。

2 从线的上方挂线，直接将线拉至前面。

3 将线拉至前面的状态。

4 在钩针上挂线，如箭头所示一次性引拔穿过2个线圈，钩织短针。

5 反短针完成。

材料

芭贝 Leafy 藏青色(763) 70g／团，绿色(739)、粉红色(740)各15g／各1团

工具

钩针7/0号

成品尺寸

宽33cm，深21.5cm

编织密度

10cm×10cm面积内：条纹花样16.5针，12.5行

编织要点

●环形起针后开始钩织。底部钩织短针，侧面钩织条纹花样和短针。提手钩织锁针起针后钩织短针。参照组合方法，将提手对折后做引拔接合，将包口部分向内侧翻折后做藏针缝缝合。最后用藏针缝将提手缝在指定位置。

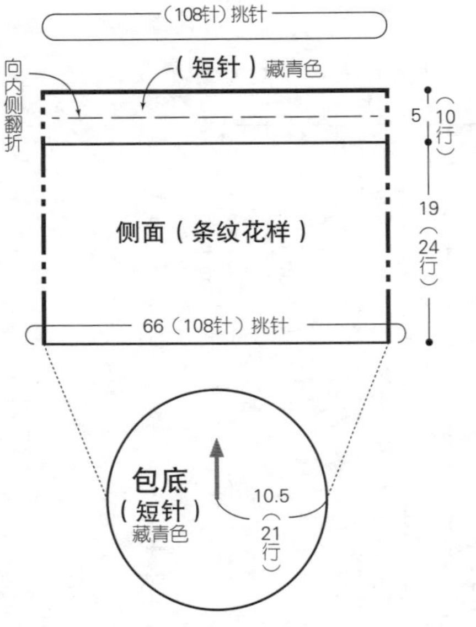

※ 全部使用7/0号针钩织

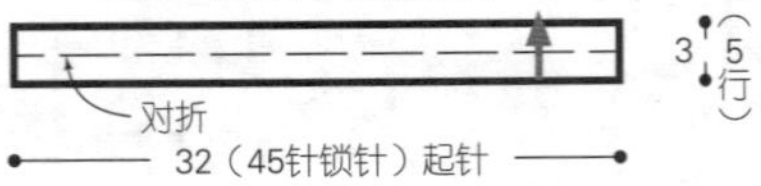

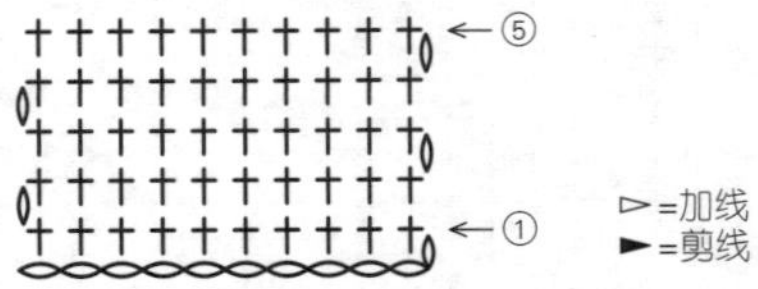

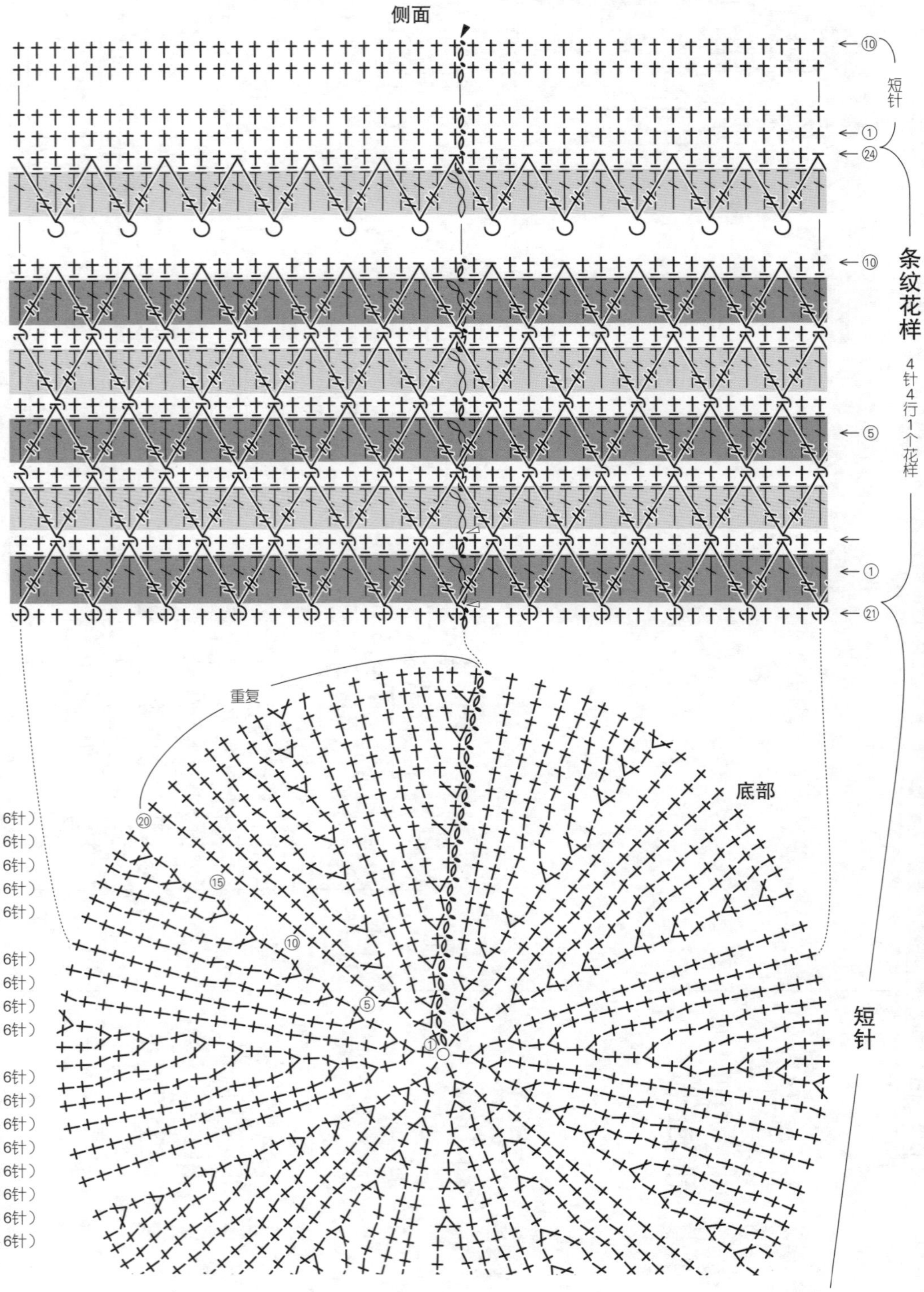

配色
- ─ = 藏青色
- ▬ = 绿色
- ▬ = 粉红色

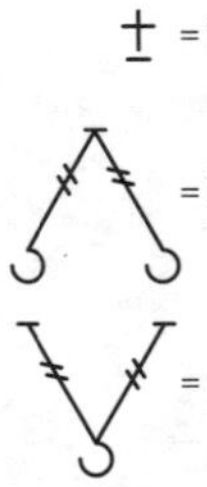

＝短针的条纹针 ※钩织方法请参照第101页

＝2针长长针的正拉针并1针 ※钩织方法请参照第107页

＝长长针的正拉针的1针放2针 ※钩织方法请参照第112页

※ 条纹花样的第4、8、12、16、20、24行的编织起点，立织1针锁针后钩织2针长长针的正拉针并1针

组合方法

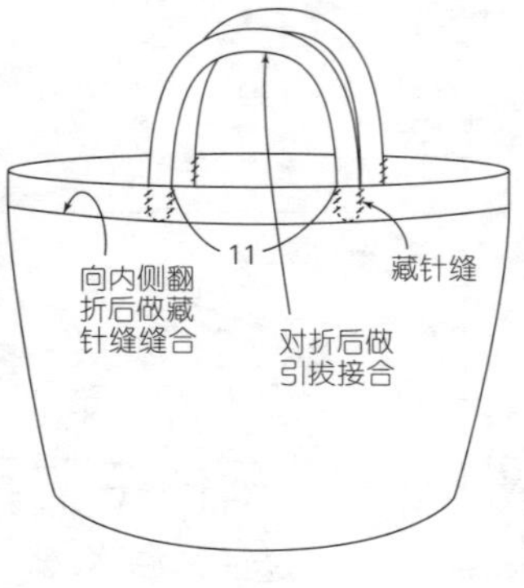

底部的加针

行数	针数	
第21行	108针	
第20行	108针	(+6针)
第19行	102针	(+6针)
第18行	96针	(+6针)
第17行	90针	(+6针)
第16行	84针	(+6针)
第15行	78针	
第14行	78针	(+6针)
第13行	72针	(+6针)
第12行	66针	(+6针)
第11行	60针	(+6针)
第10行	54针	
第9行	54针	(+6针)
第8行	48针	(+6针)
第7行	42针	(+6针)
第6行	36针	(+6针)
第5行	30针	(+6针)
第4行	24针	(+6针)
第3行	18针	(+6针)
第2行	12针	(+6针)
第1行	6针	

材料

芭贝 Julika Mohair 浅灰色(312) 185g / 5团

工具

钩针6/0号

成品尺寸

胸围96cm，衣长53cm，连肩袖长41cm

编织密度

编织花样的1个花样：6针2.5cm，8行10cm

编织要点

●身片…锁针起针后按编织花样开始钩织。胁部从预先用共线钩织好的锁针上挑取针目。领口参照图示钩织。最后一行的针法有变化，请参照图示钩织。

●组合…肩部钩织引拔针和锁针缝合。胁部钩引拔针和锁针接合。领窝、下摆、袖口分别环形编织边缘。

17 页的作品 ★★★

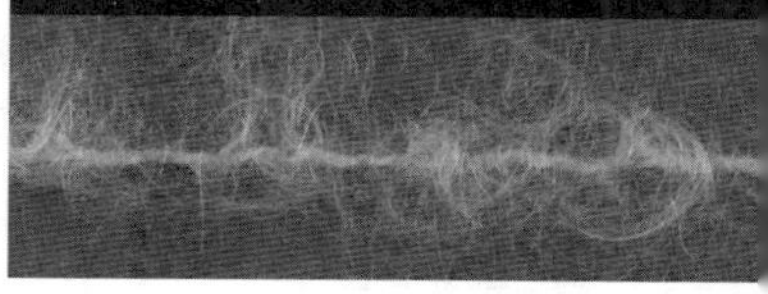

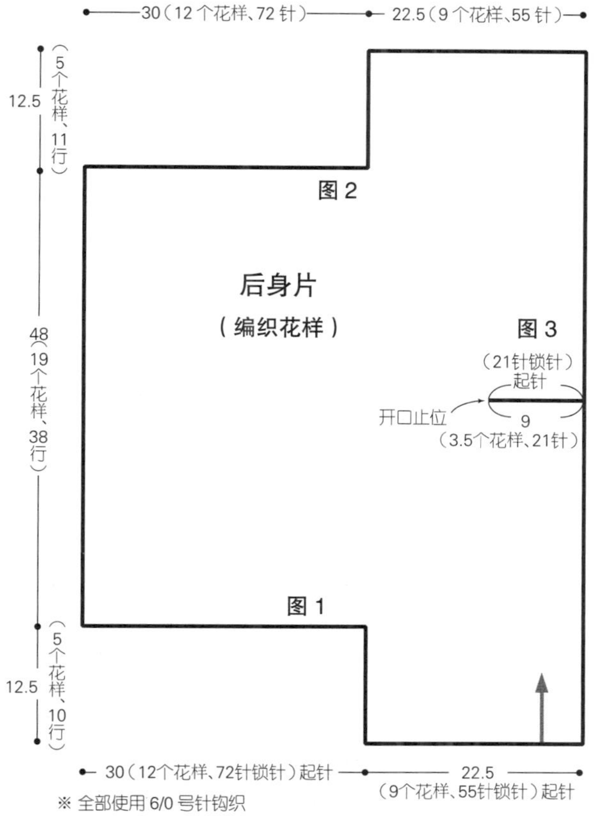

※ 全部使用6/0号针钩织

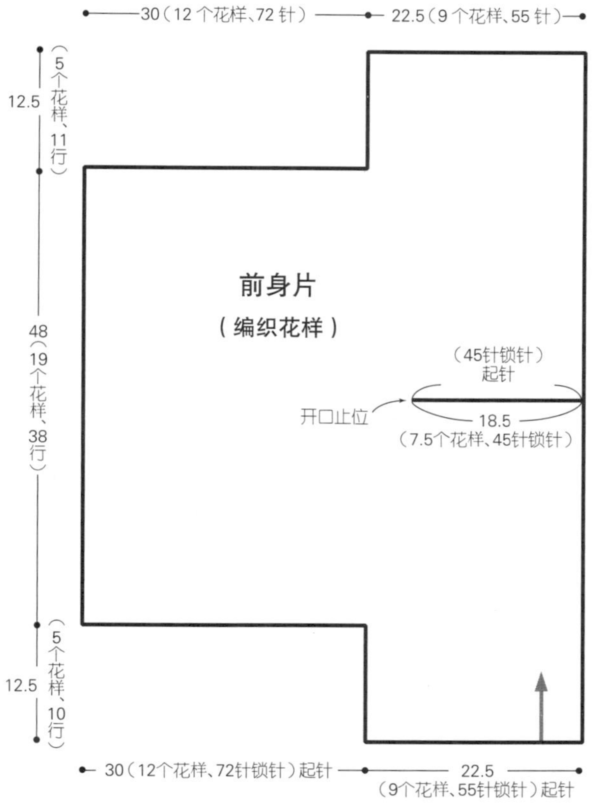

编织花样

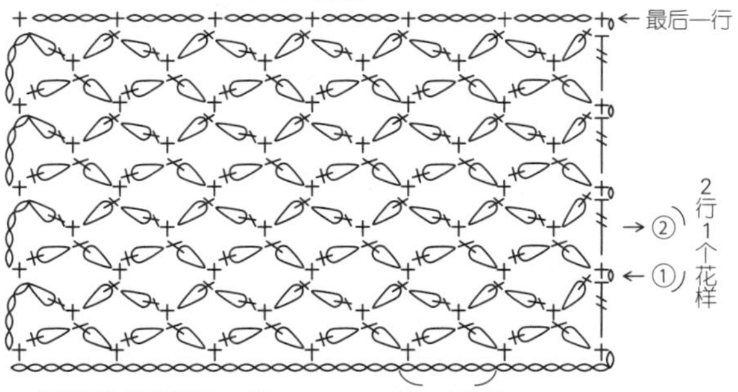

※ 钩织方法请参照第179页

领窝、下摆（边缘编织）

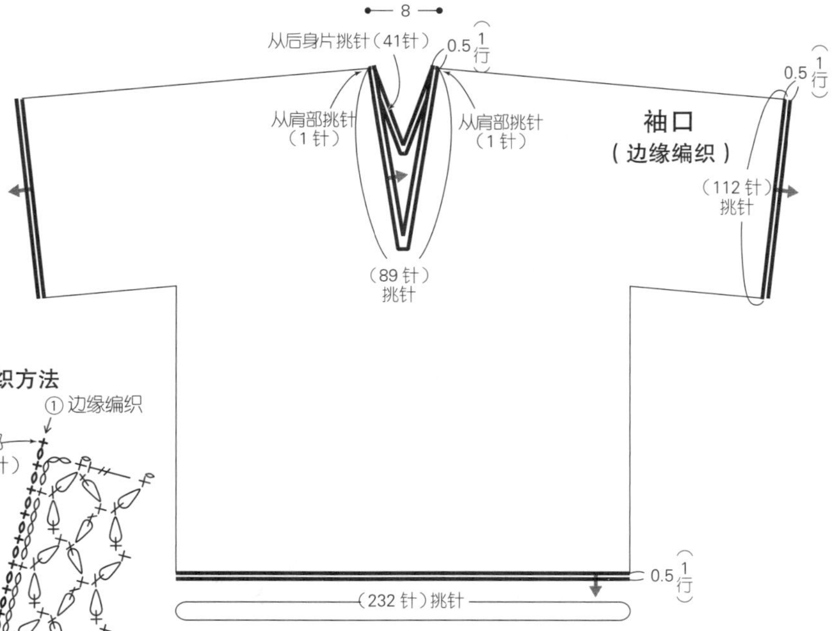

图3 后开口

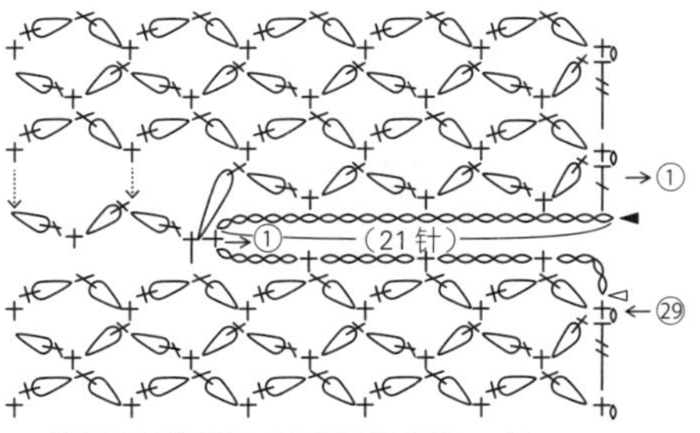

※ 钩织至衣领后开口止位后休针，在第29行加线钩织领口部分

※ 按相同要领钩织前领口

后领窝的钩织方法

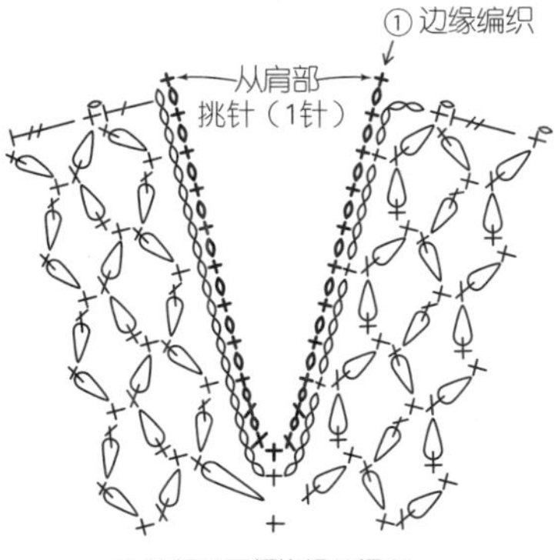

※ 按相同要领钩织前领窝

▷=加线

►=剪线

边缘编织

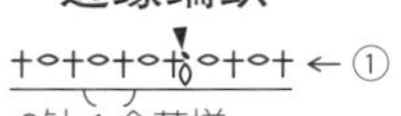

接第100页 ▶

材料

芭贝 Arabis 黄色(4616)、灰色(9475)各60g /各2团

工具

钩针4/0号

成品尺寸

宽158.5cm，长67cm

编织密度

编织花样的1个花样为1.9cm，9行10cm

编织要点

●用黄色线钩织锁针起针后钩织编织花样。每2行剩下1个花样不钩织进行减针。钩织至第70行后，按条纹边缘的第1行钩织35个花样，休针备用。接着用灰色线从起针行挑针，按相同要领钩织另一侧。参照条纹边缘的钩织方法说明，继续钩织剩下的条纹边缘。

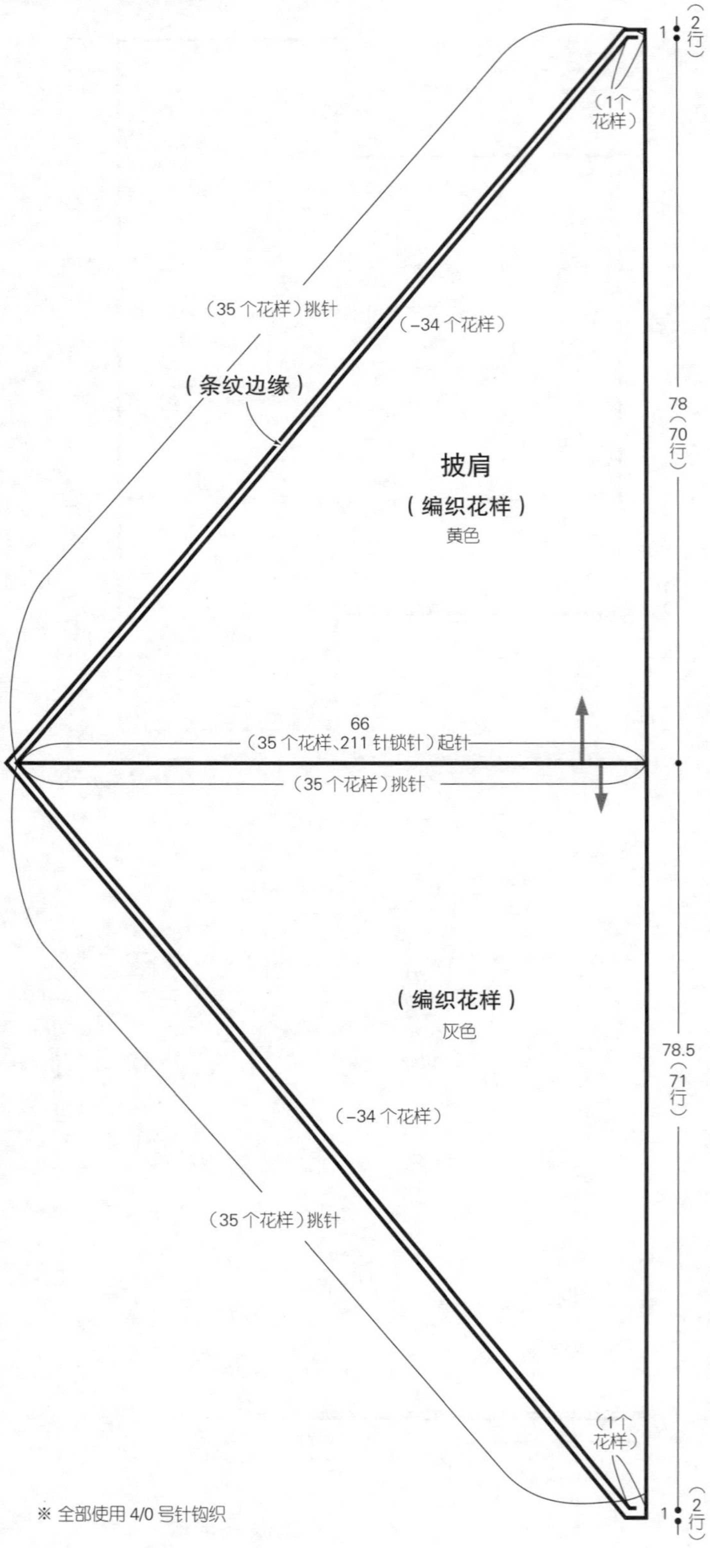

※ 全部使用4/0号针钩织

◀接第99页

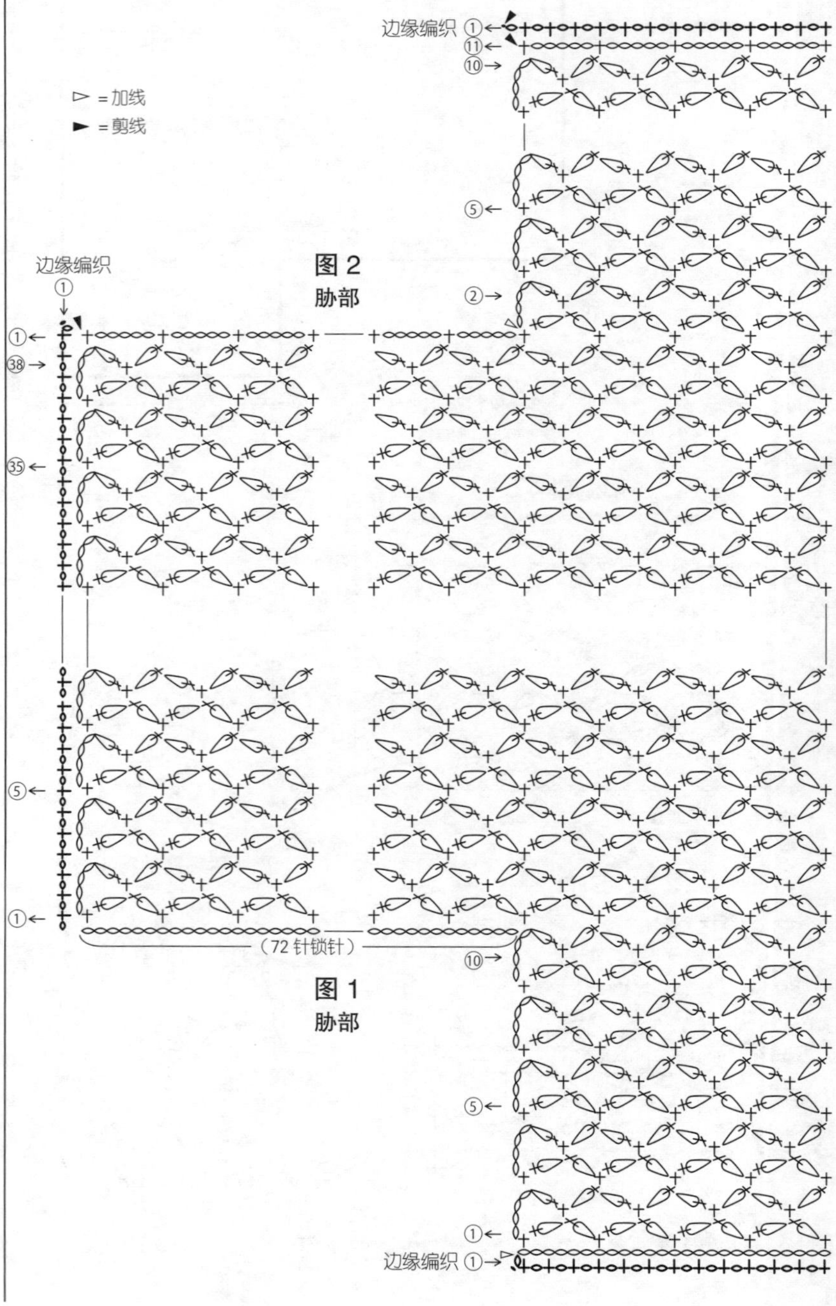

图2
胁部

图1
胁部

条纹边缘

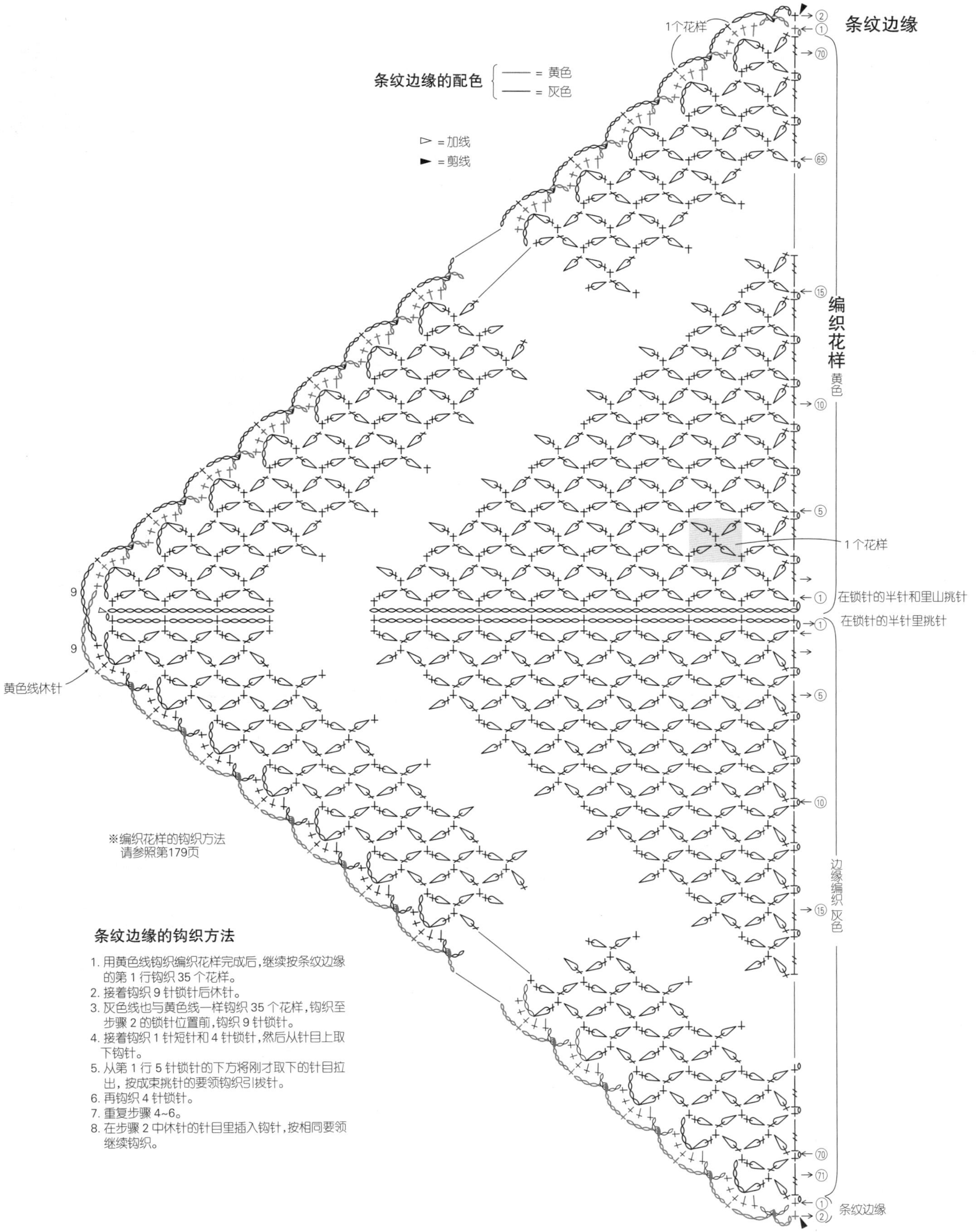

※编织花样的钩织方法
请参照第179页

条纹边缘的钩织方法

1. 用黄色线钩织编织花样完成后，继续按条纹边缘的第 1 行钩织 35 个花样。
2. 接着钩织 9 针锁针后休针。
3. 灰色线也与黄色线一样钩织 35 个花样，钩织至步骤 2 的锁针位置前，钩织 9 针锁针。
4. 接着钩织 1 针短针和 4 针锁针，然后从针目上取下钩针。
5. 从第 1 行 5 针锁针的下方将刚才取下的针目拉出，按成束挑针的要领钩织引拔针。
6. 再钩织 4 针锁针。
7. 重复步骤 4~6。
8. 在步骤 2 中休针的针目里插入钩针，按相同要领继续钩织。

短针的条纹针
（环形编织的情况）

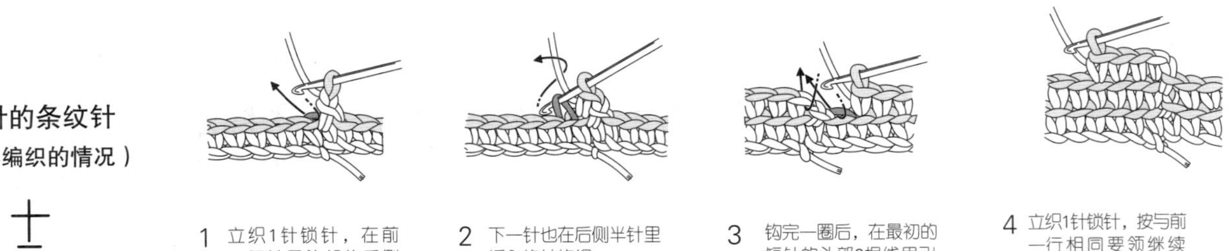

1 立织1针锁针，在前一行针目头部的后侧半针里插入钩针，钩织短针。

2 下一针也在后侧半针里插入钩针钩织。

3 钩完一圈后，在最初的短针的头部2根线里引拔。

4 立织1针锁针，按与前一行相同要领继续钩织。

材料

芭贝 Cotton Kona Fine 浅绿色（349）235g／10团；Senape 原白色（155）45g／2团

工具

钩针2/0号

成品尺寸

胸围102cm，衣长54cm，连肩袖长26.5cm

编织密度

10cm×10cm面积内：编织花样38针，16行

编织要点

●身片…锁针起针后钩织编织花样。编织花样请参照第22页进行钩织。

●组合…肩部钩织引拔针和锁针接合，胁部钩织引拔针和锁针缝合。下摆、衣领、袖窿分别挑取指定针数后，环形钩织边缘编织。

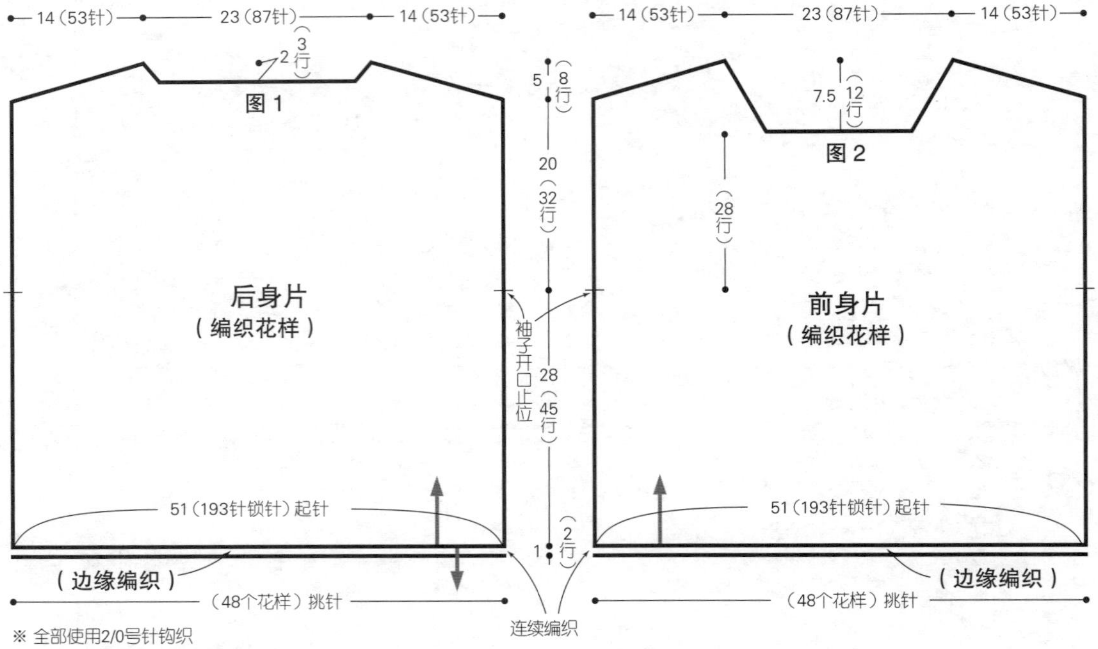

※ 全部使用2/0号针钩织

※ 除指定以外均用浅绿色线钩织

编织花样

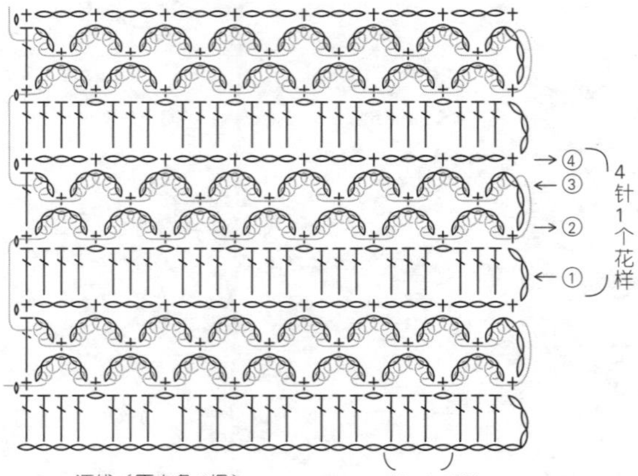

— =添线（原白色 2根）

※编织花样的钩织方法请参照第22页

边缘编织

▷ = 加线

► = 剪线

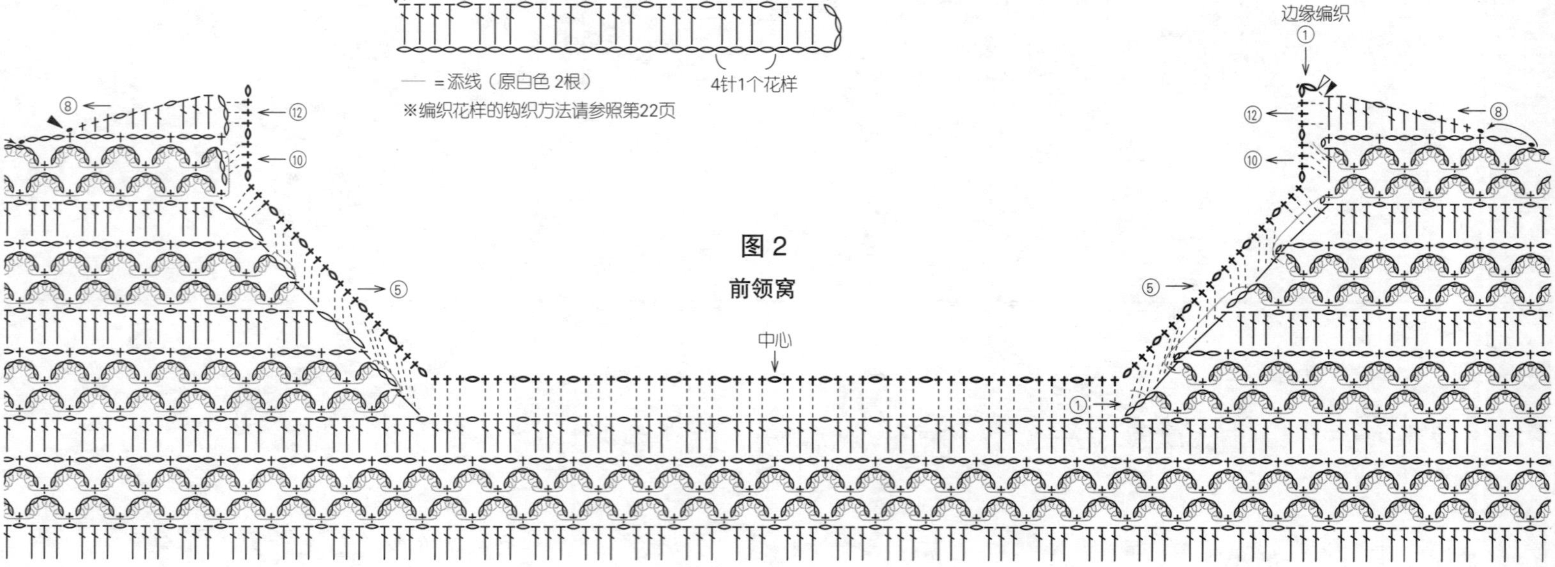

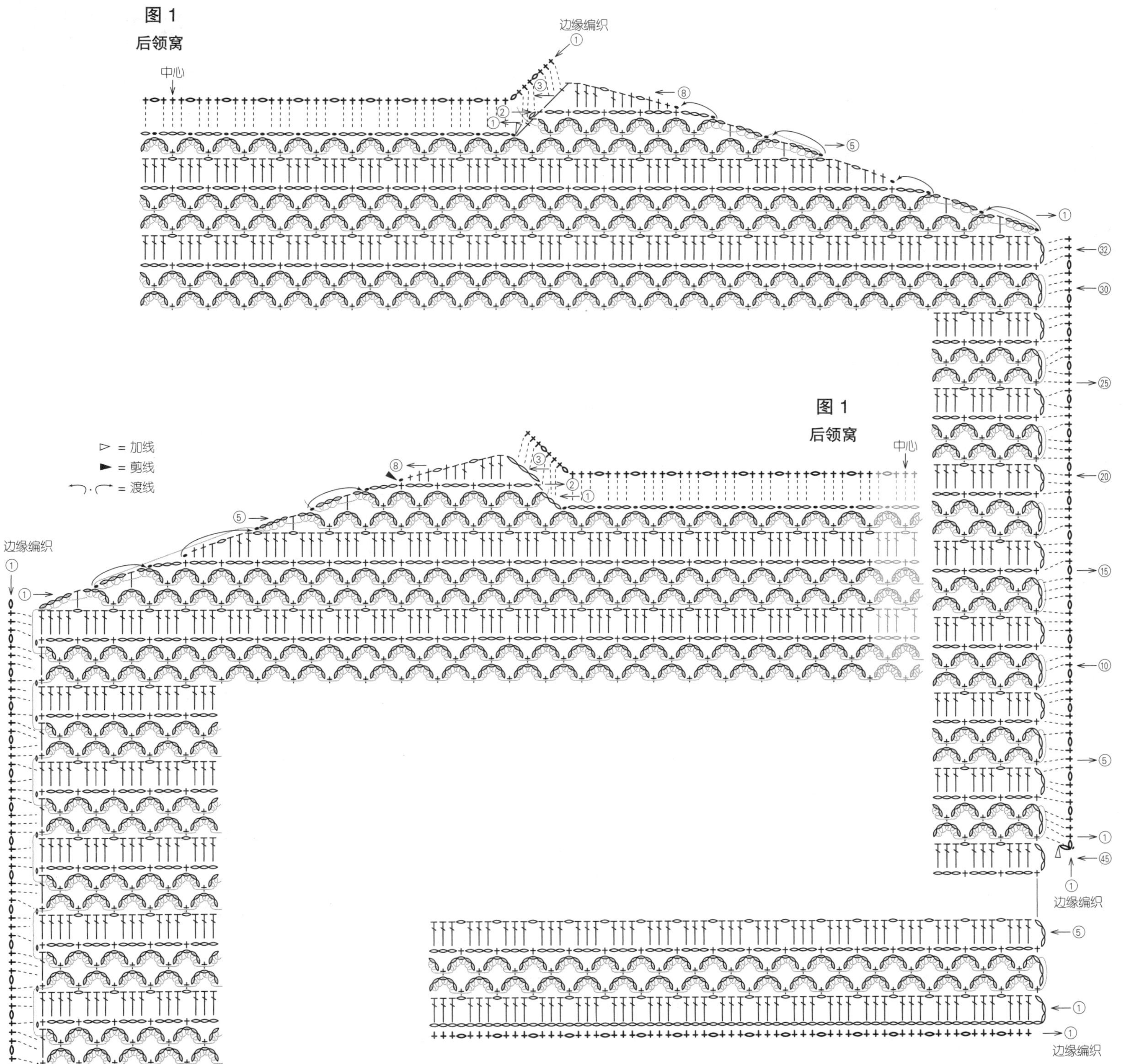
图 1
后领窝
中心
边缘编织
①
②
③
⑤
⑧
㉜
㉚
㉕
⑳
⑮
⑩
⑤
①
㊺
▷ = 加线
► = 剪线
渡线
图 1
后领窝
中心
边缘编织
①
边缘编织
①
边缘编织

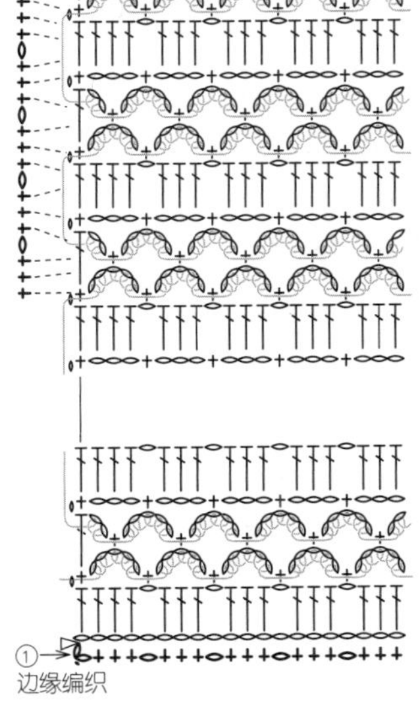

衣领、袖窿
（边缘编织）

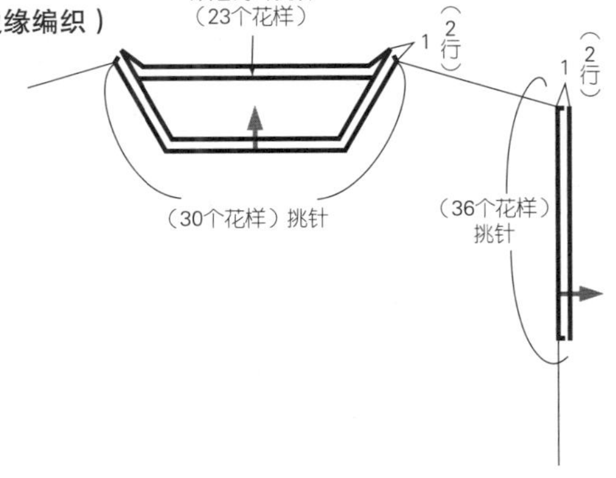
从后身片挑针
（23个花样）
1（2行）
1（2行）
（30个花样）挑针
（36个花样）
挑针

材料

芭贝 IYOWASHI 灰色（708）250g / 10团；Kid Mohair Multi 紫色、蓝绿色和灰色系段染（804）50g / 2团

工具

钩针4/0号

成品尺寸

胸围92cm，衣长50cm，连肩袖长49cm

编织密度

编织花样A的1个花样为2.4cm，编织花样B的1个花样为1.9cm，编织花样A、B均为10.5行10cm

编织要点

●身片、袖子…身片钩织锁针起针，参照符号图和第106页钩织编织花样A。肩部做卷针接合。袖子从身片挑针后钩织编织花样B，注意中心位置的挑针有变化。

●组合…胁部、袖下钩织引拔针和锁针缝合。下摆、衣领、袖口分别挑取指定针数后环形钩织边缘编织。

19 页的作品 ★★★

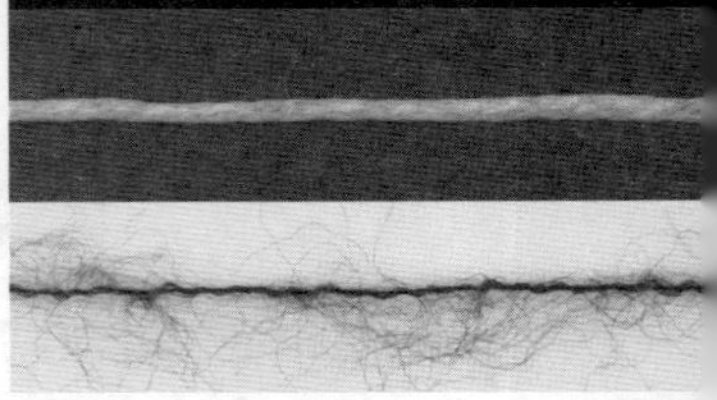

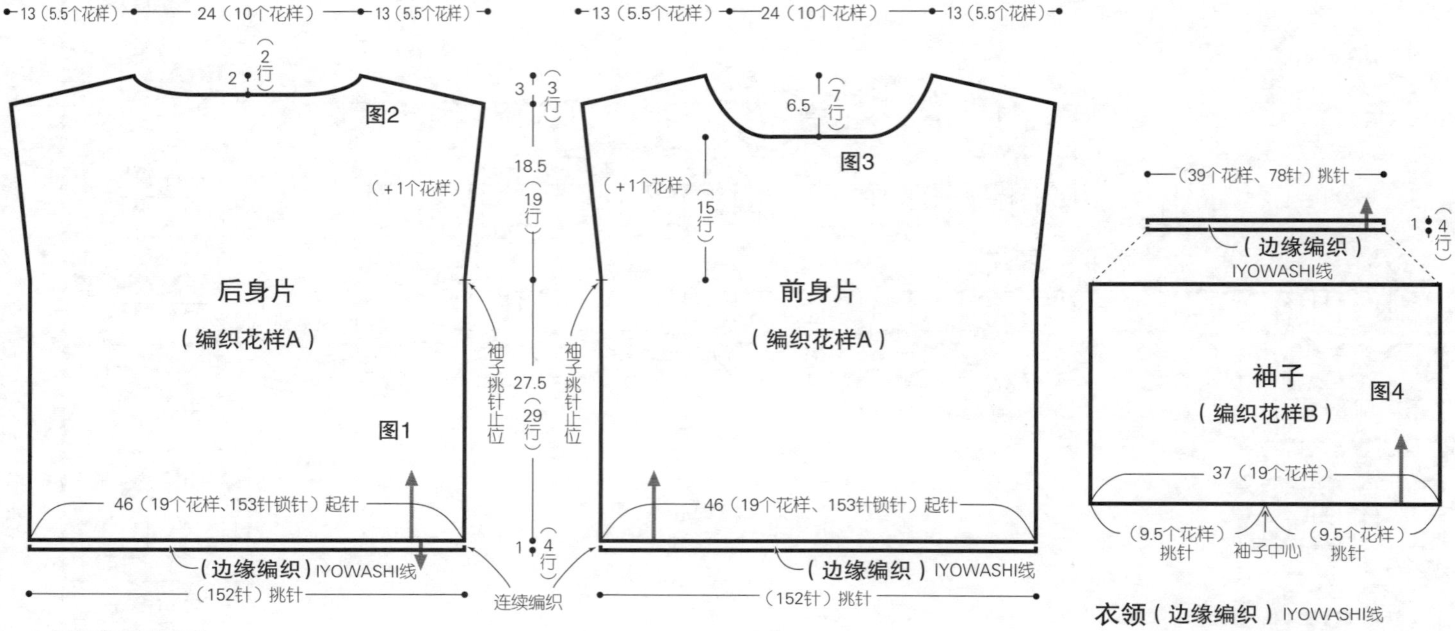

※ 全部使用4/0号针钩织

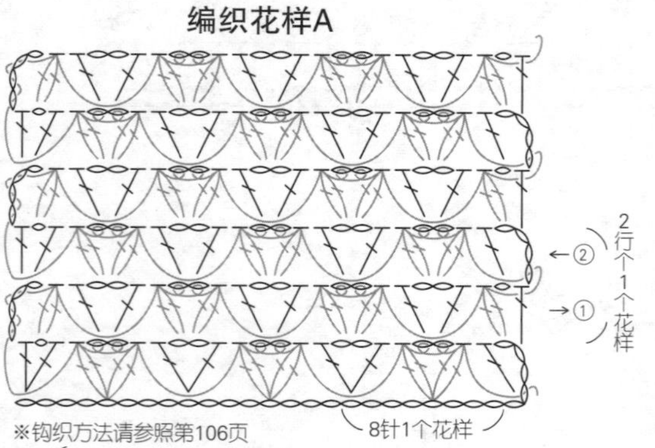

※钩织方法请参照第106页

配色 —— = IYOWASHI线 —— = Kid Mohair Multi线

= 将Kid Mohair Multi线包在针目里，用IYOWASHI线钩织

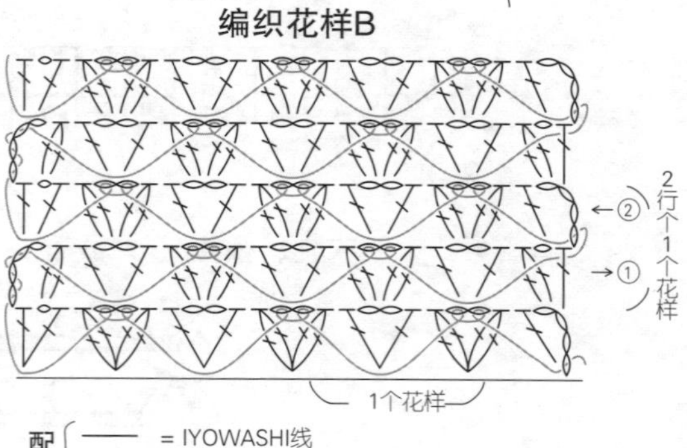

配色 —— = IYOWASHI线 —— = Kid Mohair Multi线

= 将Kid Mohair Multi线包在针目里，用IYOWASHI线钩织

= 将Kid Mohair Multi线放在前面渡线，用IYOWASHI线钩织

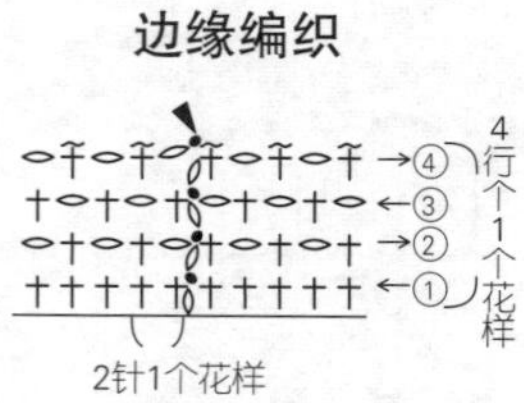

干 = 反短针

※钩织方法请参照第97页

► = 剪线

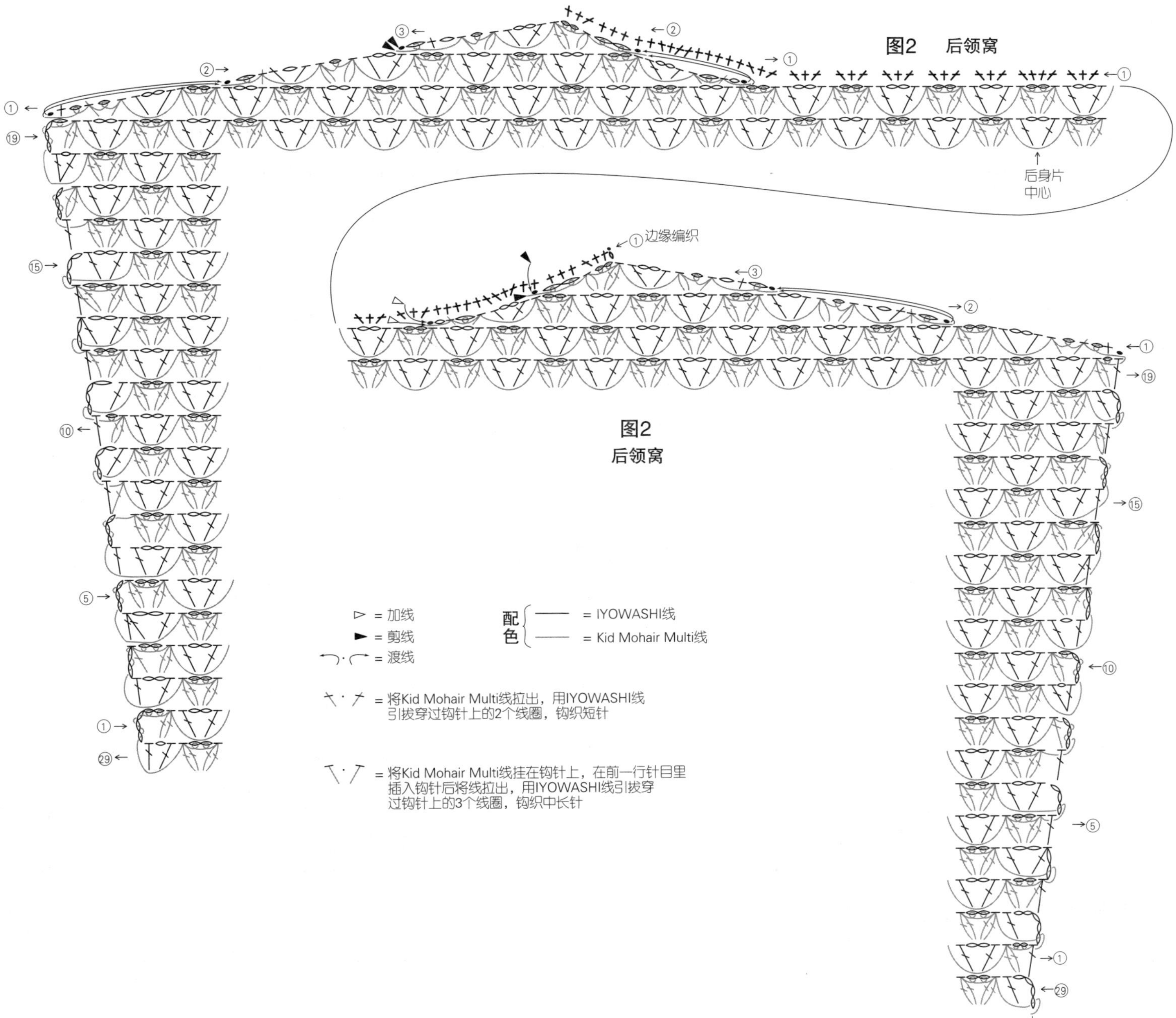

图2
后领窝

▷ = 加线
▶ = 剪线
⌒ · ⌒ = 渡线

配色 { —— = IYOWASHI线
  —— = Kid Mohair Multi线

= 将Kid Mohair Multi线拉出，用IYOWASHI线引拔穿过钩针上的2个线圈，钩织短针

= 将Kid Mohair Multi线挂在钩针上，在前一行针目里插入钩针后将线拉出，用IYOWASHI线引拔穿过钩针上的3个线圈，钩织中长针

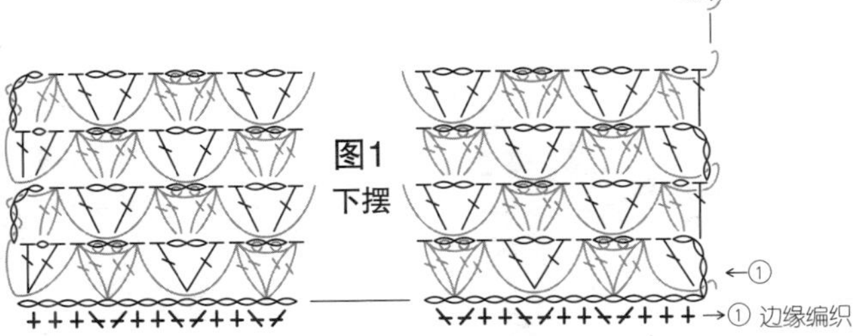

图1
下摆

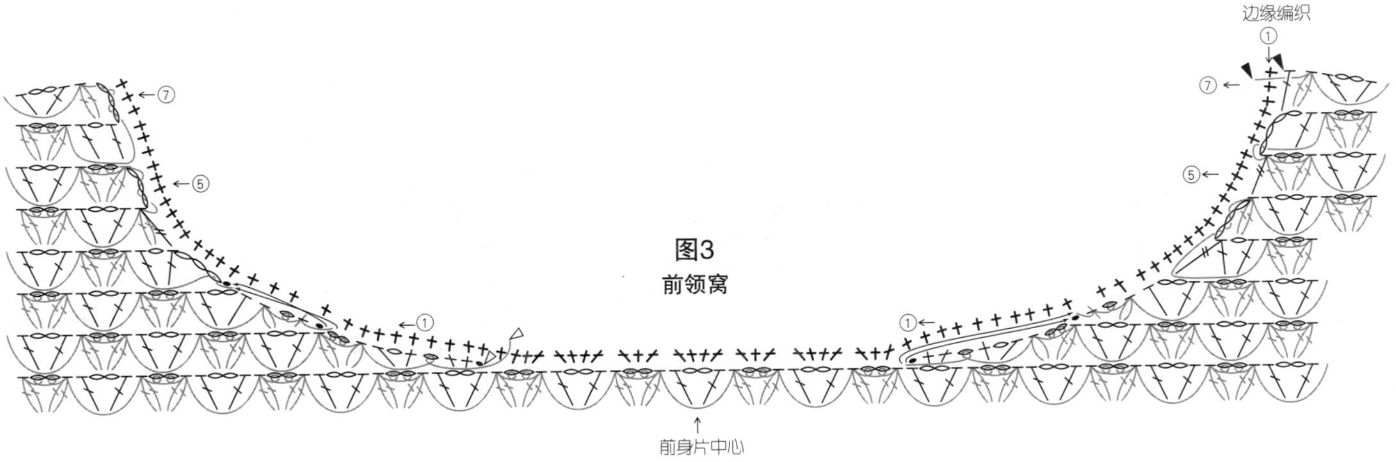

图3
前领窝

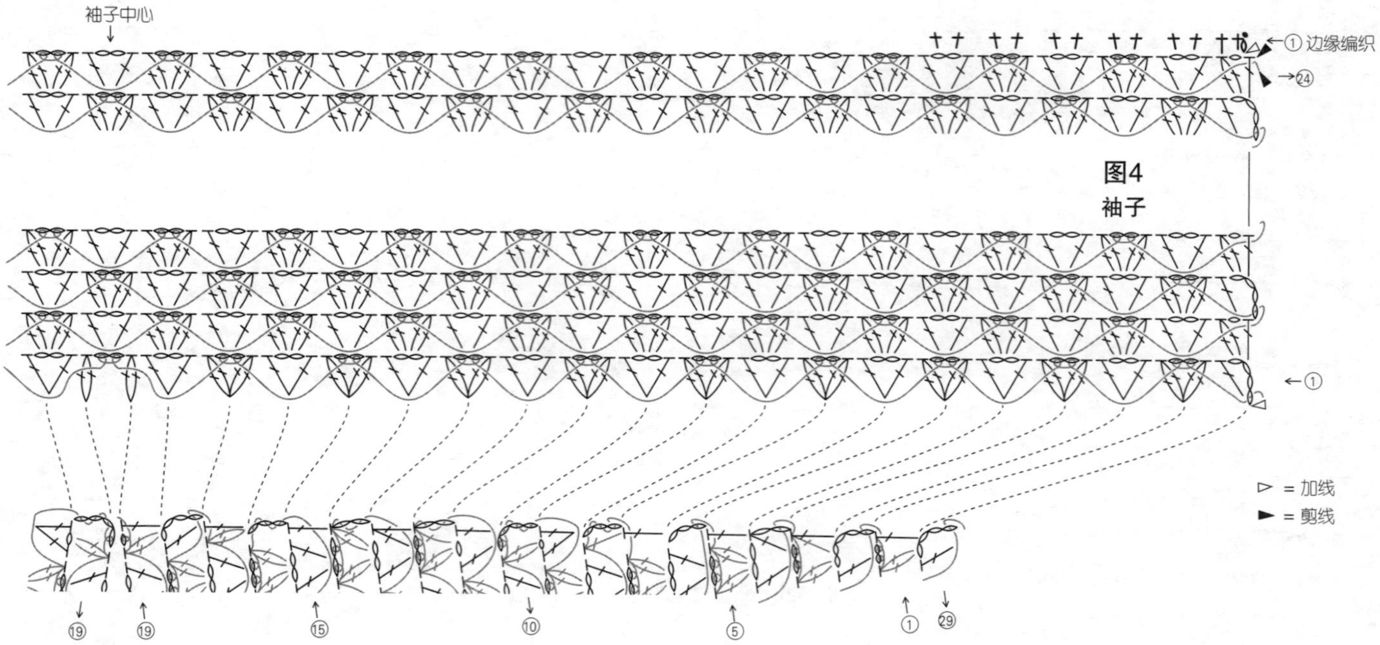

编织花样 A 的钩织方法

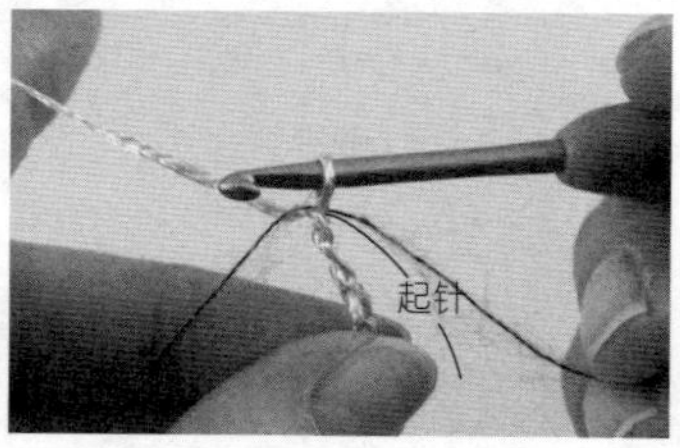

1 锁针起针后，夹住Kid Mohair Multi线立织 3 针锁针，再钩织 1 针花样中的锁针。

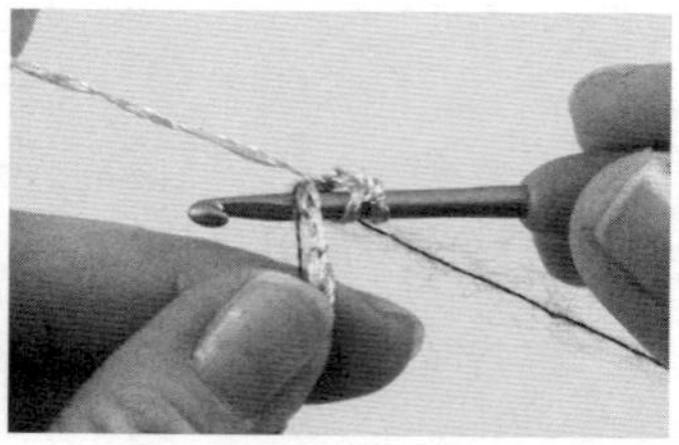

2 钩织后面的长针时，在起针的锁针里插入钩针，连同Kid Mohair Multi线也一起包在里面钩织。

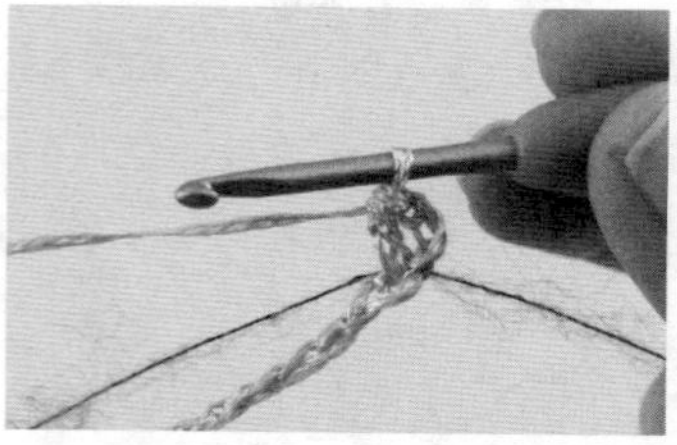

3 将IYOWASHI线放在后面暂停钩织，换成Kid Mohair Multi线。

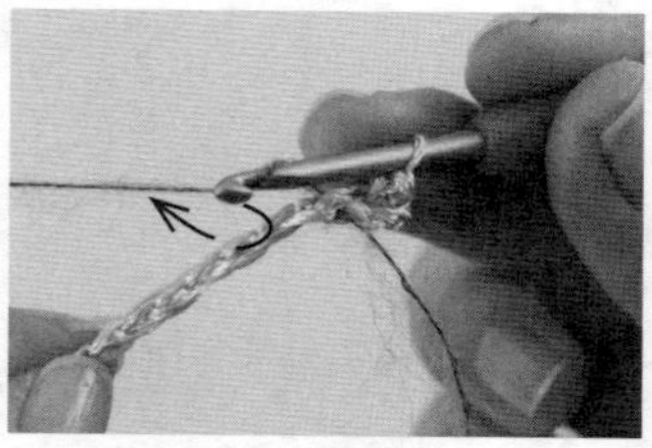

4 按住钩针上的线圈以免松开，用Kid Mohair Multi线钩织 2 针未完成的长针。

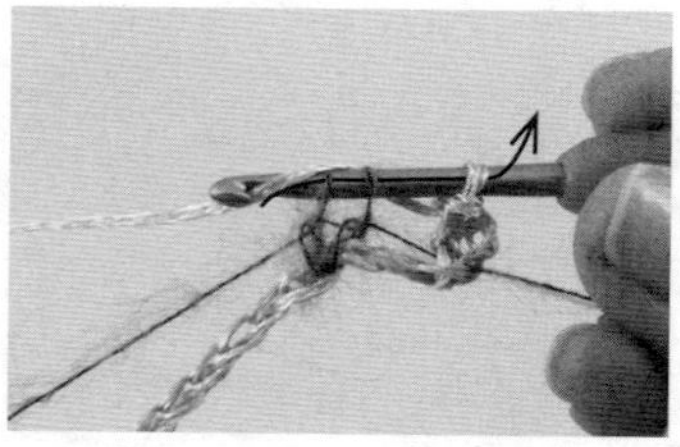

5 换成IYOWASHI线，一次性引拔穿过钩针上的 3 个线圈。

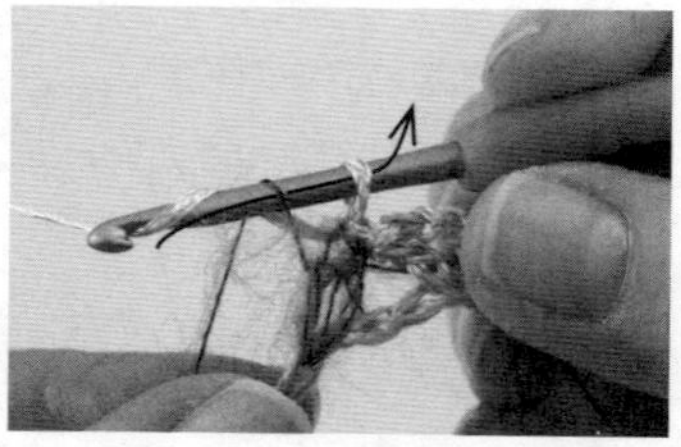

6 接着将Kid Mohair Multi线从前往后挂在钩针上，用IYOWASHI线引拔钩织锁针。

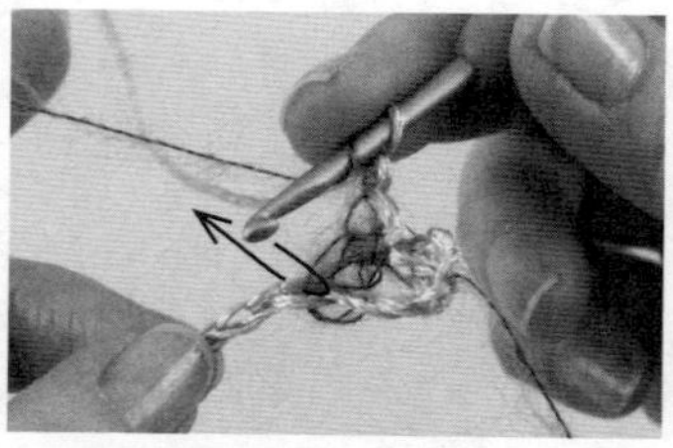

7 按相同的要领再钩织 1 针锁针。重复步骤 3 ~ 5，钩织枣形针。

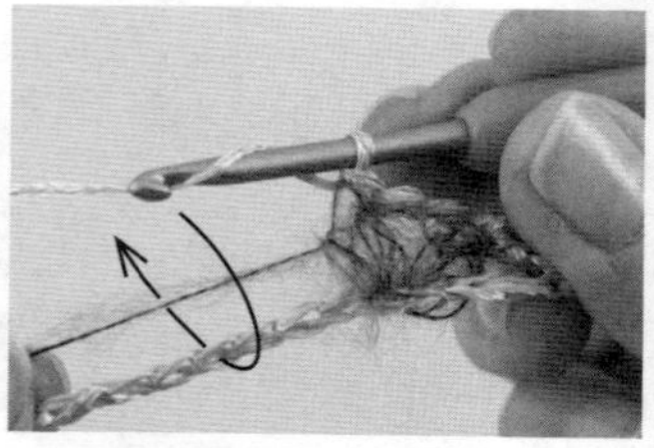

8 接下来将Kid Mohair Multi线包在里面钩织长针，仅用IYOWASHI线钩织锁针。

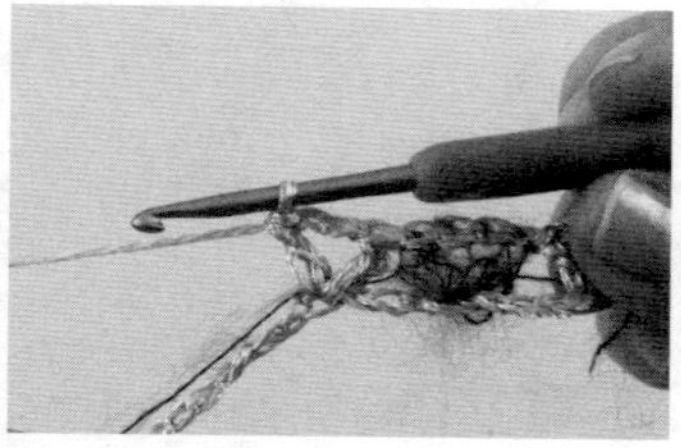

9 重复步骤 3 ~ 8。

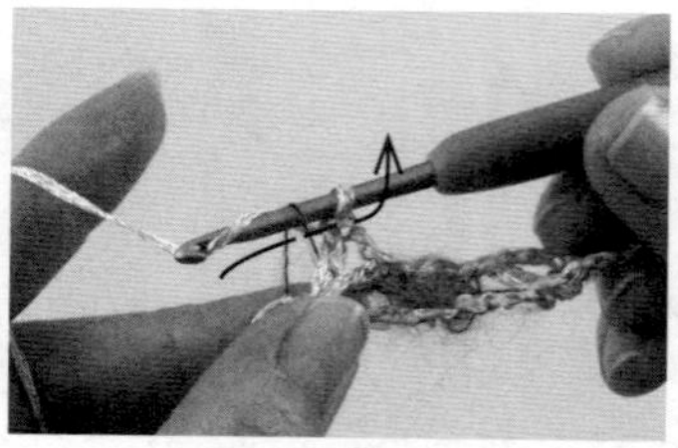

10 下一行立织的 3 针锁针也按与步骤 6 相同的要领，一边挂线一边钩织锁针。

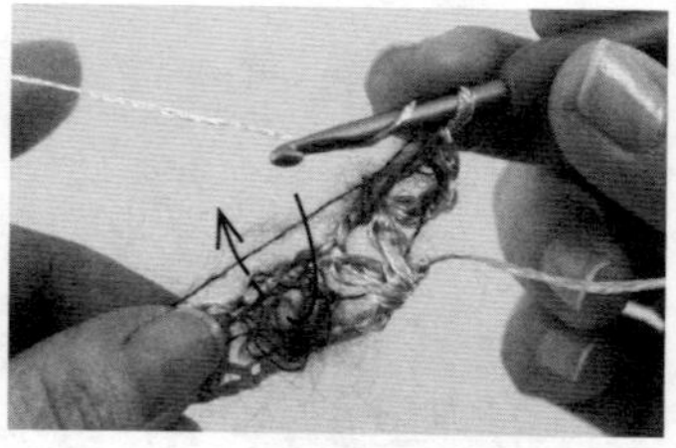

11 第 2 行以后的长针和枣形针在针目的空隙里成束挑针，按与第 1 行相同的要领钩织。

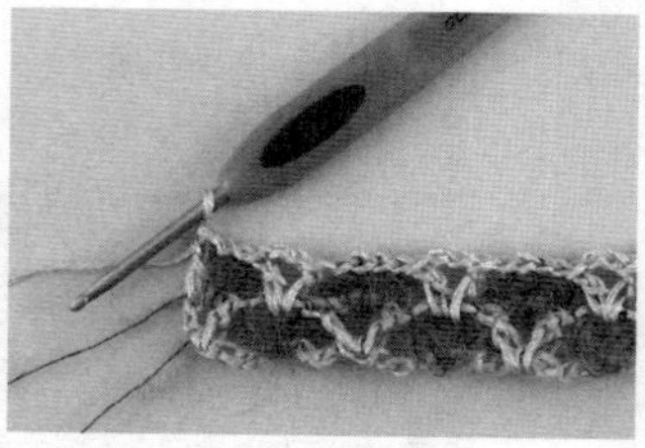

12 第 2 行钩织完成后的状态。

20 页的作品 ★★

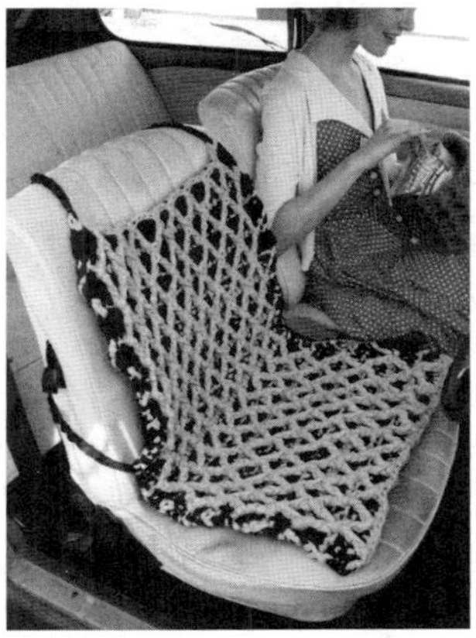

材料

DMC Hoooked Zpagetti 藏青色系（Mixblue）1260g/2团，浅蓝色（Blue）890g/1团。Hoooked Zpagetti系列毛线会因产品批次不同，在色彩深浅、粗细和1团重量方面略有不同

工具

钩针 10mm

成品尺寸

宽 46cm，长 78cm

编织密度

10cm×10cm 面积内：条纹花样 7.5 针，4.5 行

编织要点

●锁针起针，钩织条纹花样。在喜欢的位置用藏青色线钩织锁针细绳。

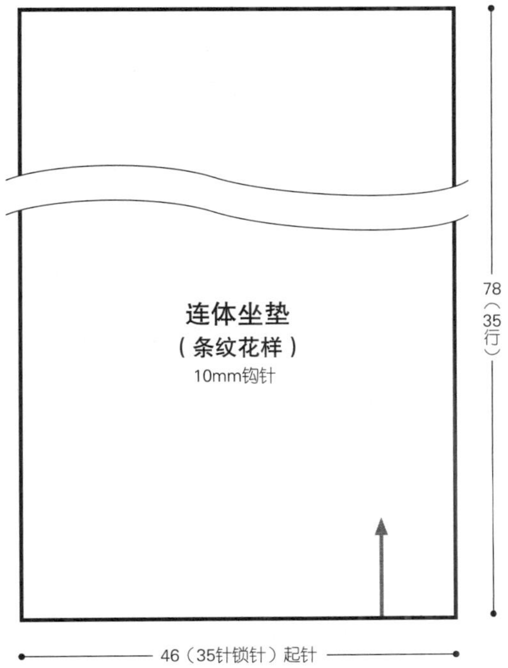

条纹花样

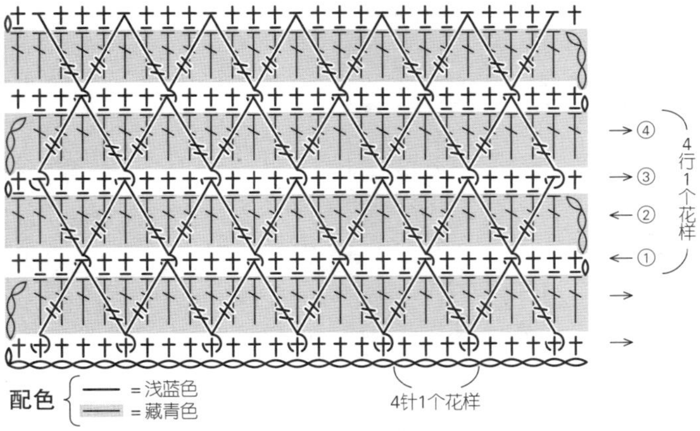

± =短针的条纹针
※为了使条纹出现在正面，挑取头部1根线钩织

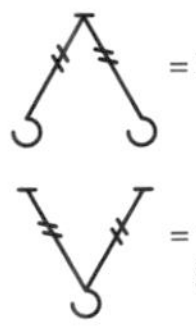

=2针长长针的正拉针并1针

=1针长长针的正拉针放2针
※编织方法请参照第112页

2针长长针的正拉针并1针

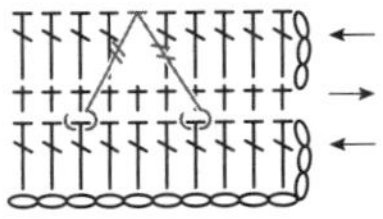

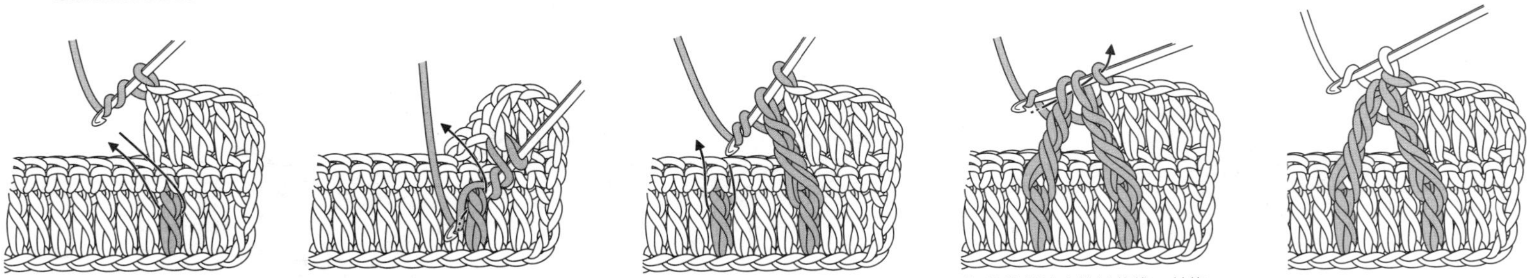

1 给钩针挂2次线，从前面将钩针插入前2行右侧1针长针的底部，全部挑起来。

2 挂线并拉出较长的线。从钩针上的2个线圈中引拔出，重复一次（未完成的长长针的正拉针）。

3 再次挂2次线，跳过左侧3针，按照相同要领将钩针插入第4针长针的底部。

4 挂线并拉出较长的线，从钩针上的2个线圈中引拔出，重复一次。再次挂线，从钩针上剩余的3个线圈中一次性引拔出。

5 2针长长针的正拉针并1针完成。

21 页的作品 ★★

材料

DMC Hoooked Zpagetti 毛线用量请参照图表。Hoooked Zpagetti 系列毛线会因产品批次不同，在色彩深浅、粗细和 1 团重量方面有所不同

工具

钩针 10mm（针轴笔直）

成品尺寸

长 40cm，宽 40cm

编织密度

花片边长 40cm

编织要点

●钩织一个锁针环，按照图示继续钩织。配色请参照图表。

材料

DMC Hoooked Zpagetti 红 色(Mixblue) 350g/1团。Hoooked Zpagetti系列毛线会因产品批次不同，在色彩深浅、粗细和1团重量方面略有不同

工具

钩针10mm

成品尺寸

宽26cm，深16cm

编织密度

10cm×10cm面积内：编织花样8针，5.5行

编织要点

●锁针起针开始钩织，包底钩织短针，主体做编织花样。

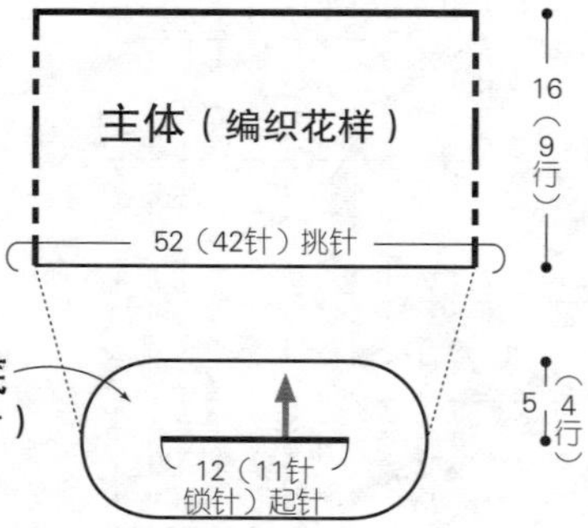

※ 全部使用10mm钩针钩织

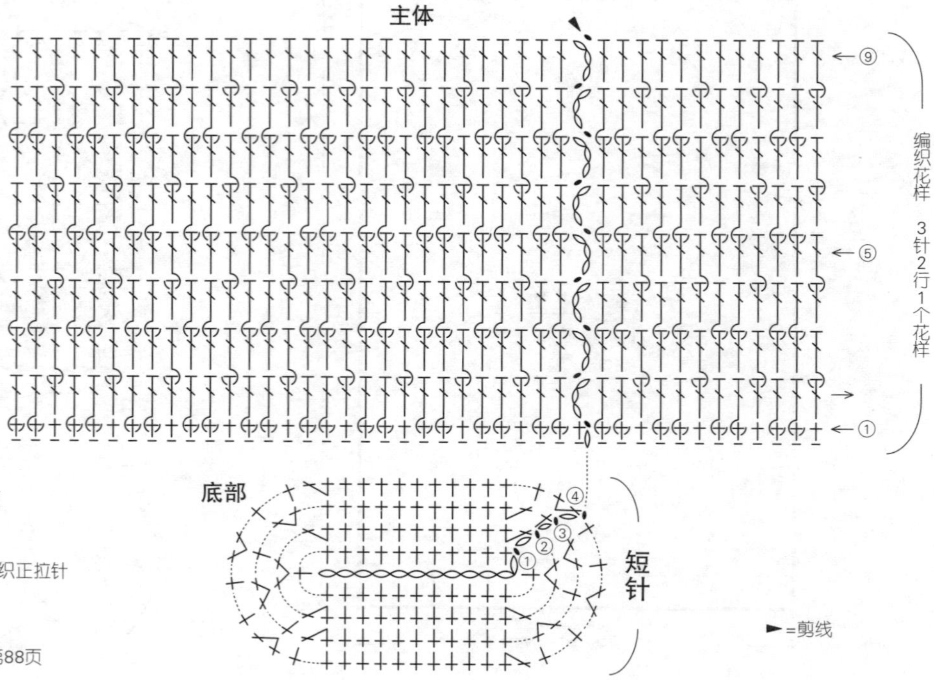

=短针的条纹针
※钩织方法见第101页

=长针的反拉针
※从反面钩织时，钩织正拉针

=长针的正拉针
※钩织方法请参照第88页

►=剪线

花片坐垫（花片）

10mm钩针

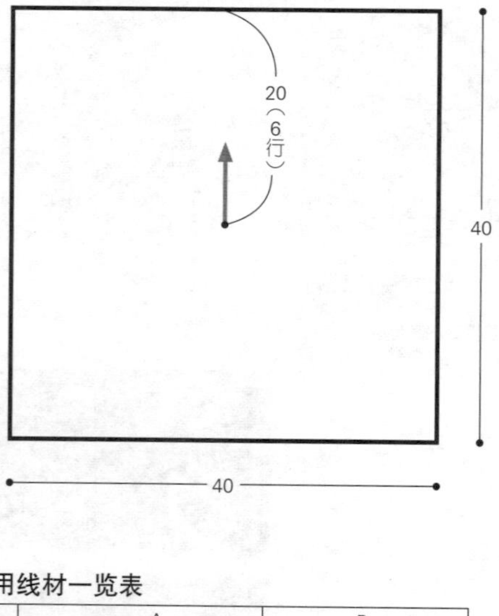

使用线材一览表

	A		B	
a色	灰色（Grey）	200g	灰色（Grey）	200g
b色	白色（White）	400g	白色（White）	400g
c色	深蓝色（Dark Blue）	305g	红色(Red)	190g

配色：
- ——=a色
- ——=b色
- ——=c色

▷=加线
►=剪线

=长长针的反拉针
※钩织方法请参照第92页

花片

材料

ISAGER TRIO 米色（LINEN）290g/6团

工具

棒针1号、3号

成品尺寸

胸围120cm，衣长53.5cm，连肩袖长33.5cm

编织密度

10cm×10cm面积内：编织花样A 28针，36.5行；下针编织27针，41.5行

编织要点

●后身片、前身片、胁部、袖子…全部取2根线并为1股编织。后身片、前身片手指起针，参照第110页做编织花样A。前领窝的编织方法参照图示，然后做编织花样B。编织终点一边减针，一边做伏针收针。胁部、袖子从后身片、前身片挑取指定数量的针目做编织花样C和下针编织。肩线减针和胁部的往返编织参照图示。编织终点做伏针收针。

●组合…胁部做下针的无缝缝合，袖下使用毛线缝针做挑针缝合。下摆挑取指定数量的针目，做编织花样B的环形编织。编织终点和胁部、袖子相同。

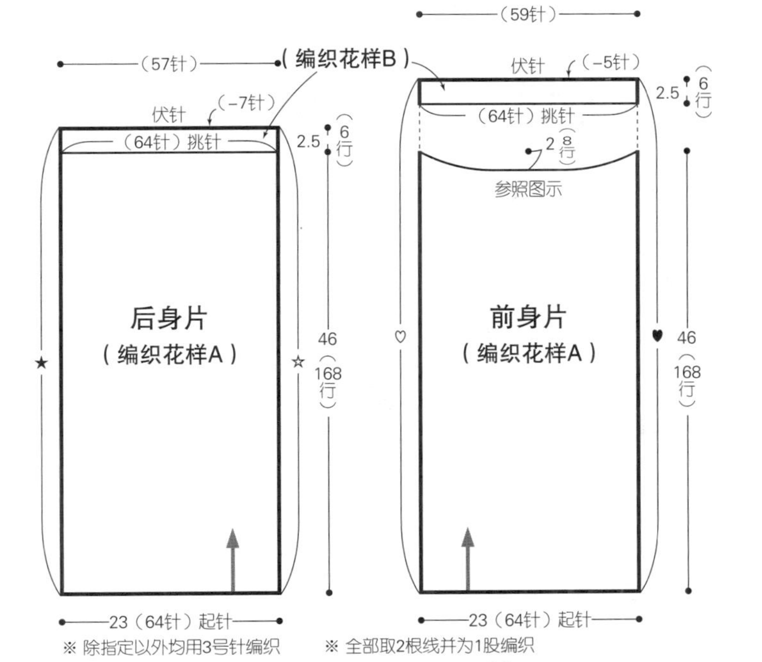

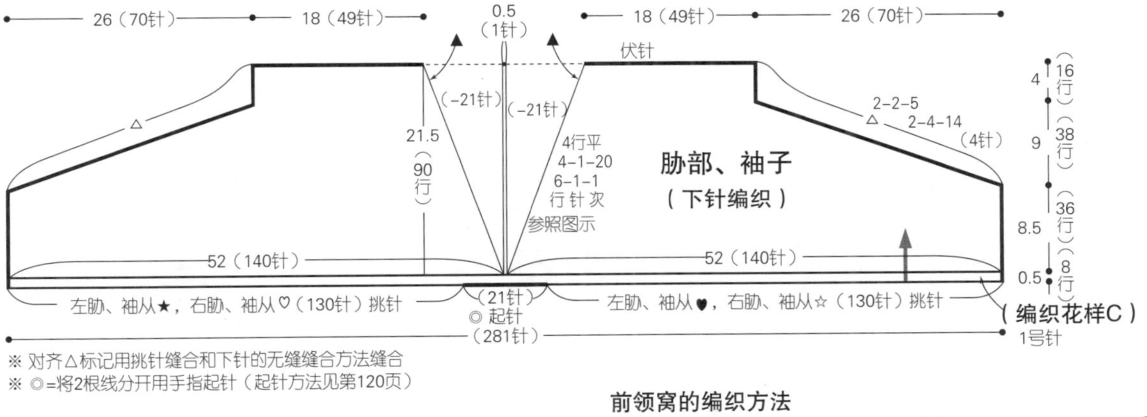

编织花样A

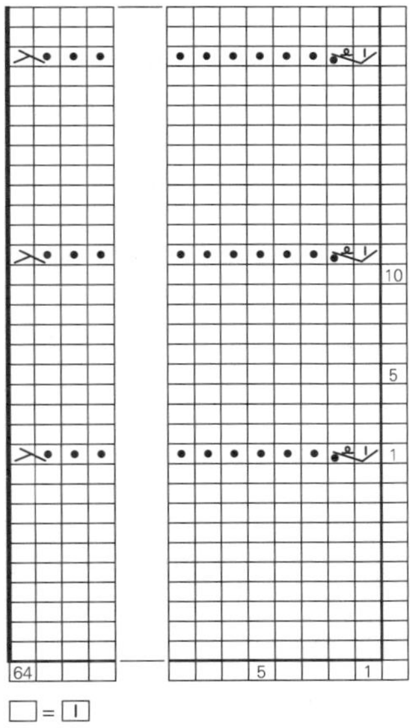

编织花样B（下摆）

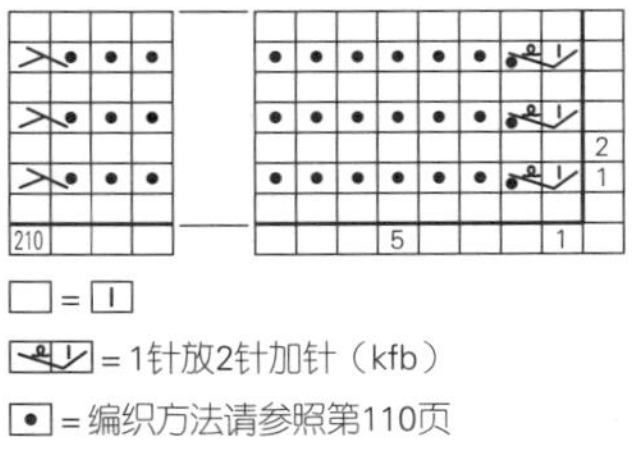

编织花样C

肩线的减针方法（▲）

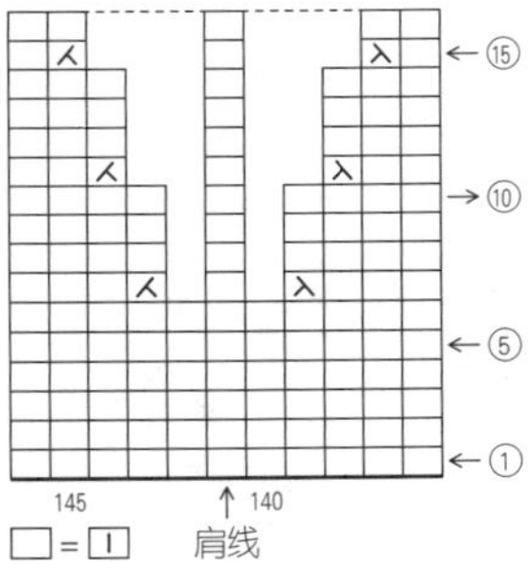

前领窝的编织方法

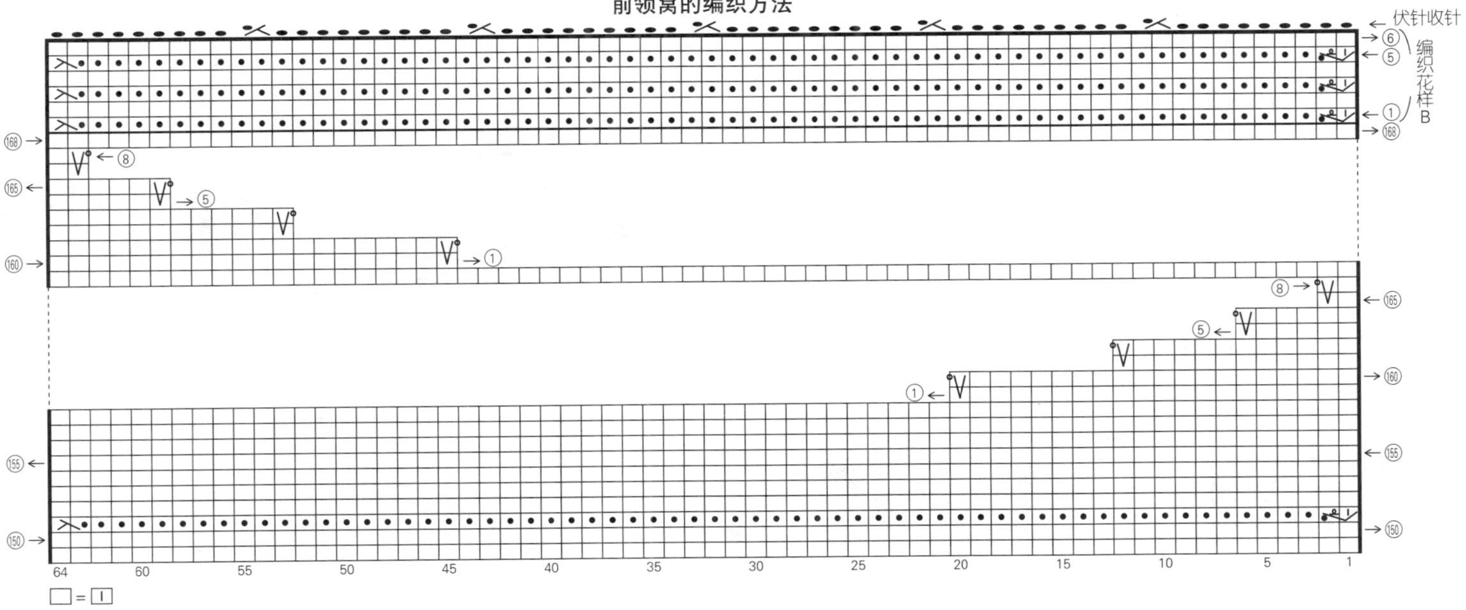

胁部、袖子的编织方法

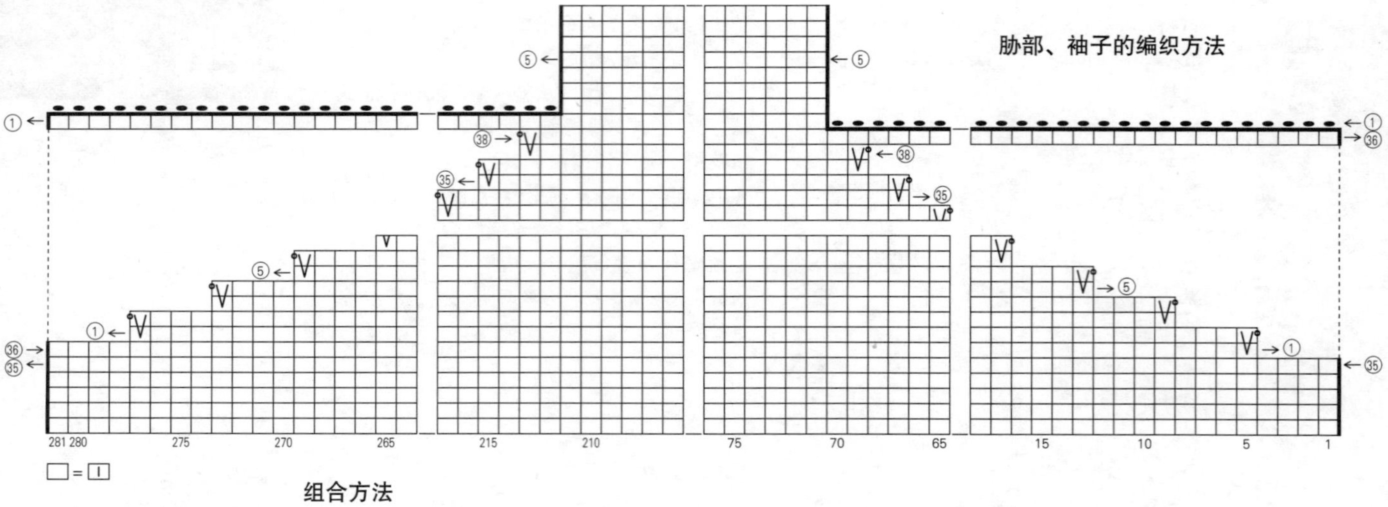

组合方法

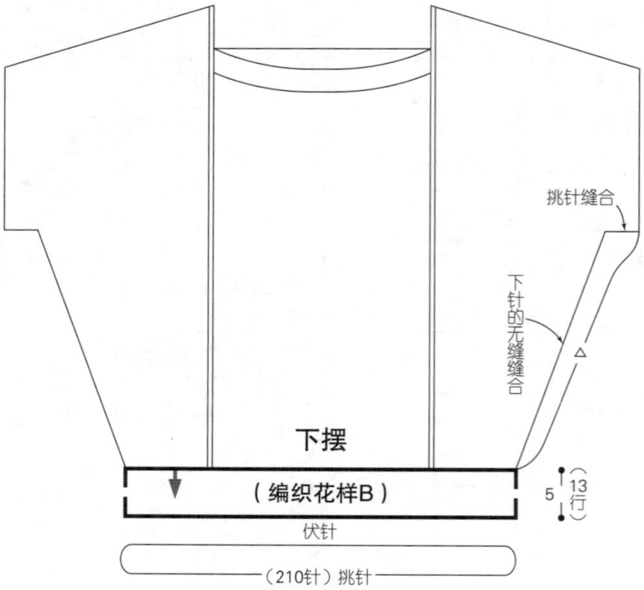

1针放2针下针的加针
（kfb）

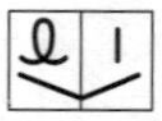

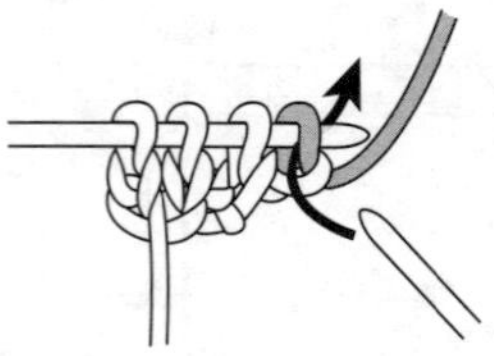

1 端头针目编织下针，将针目从左棒针上取下。

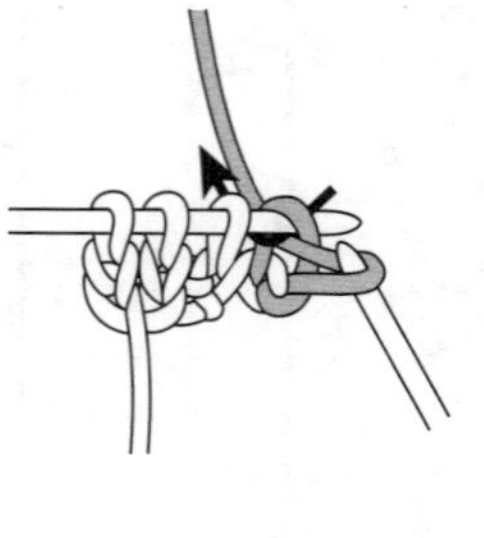

2 像将针目扭着那样将右棒针插入。

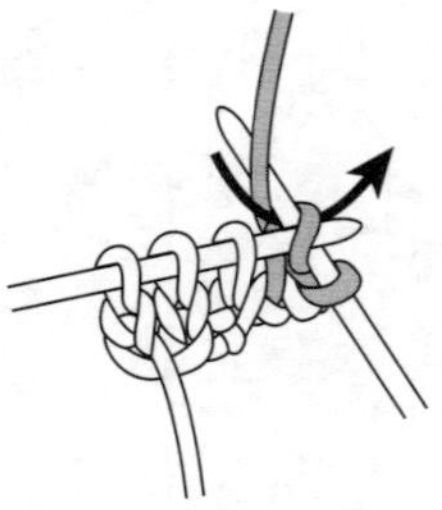

3 挂线并拉出。

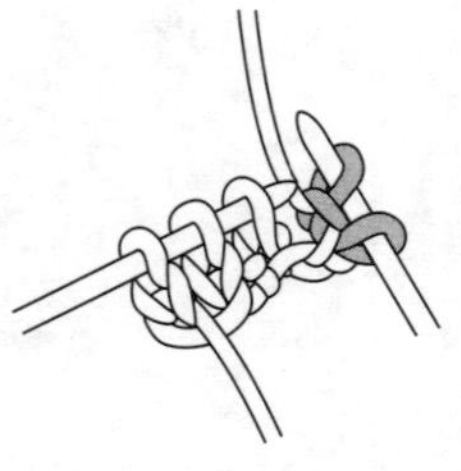

4 在1针中编织了2针下针。国外把这种针法叫作“kfb”。

⊡ 行的编织方法

1 右端针目编织下针，编织时不要将针目从左棒针上取下。如箭头所示将右棒针插入。

2 在 1 针中编织了 2 针。将左边的针目移至左棒针。

3 如箭头所示，从后侧将右棒针插入左棒针上的第 2 针。

4 挂线并拉出。

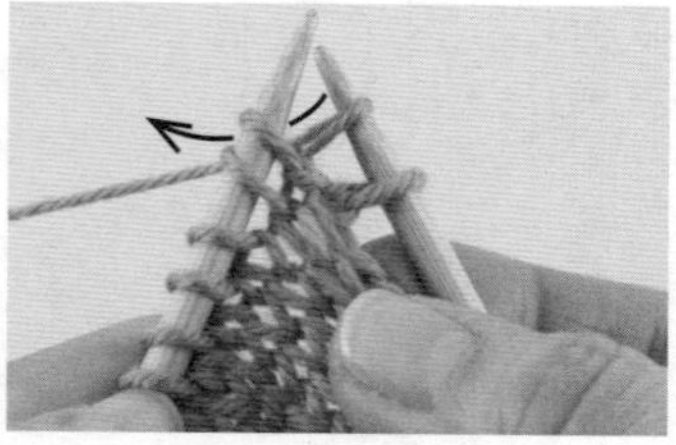

5 如箭头所示将右棒针插入左棒针上的第 1 针中，将线拉出。

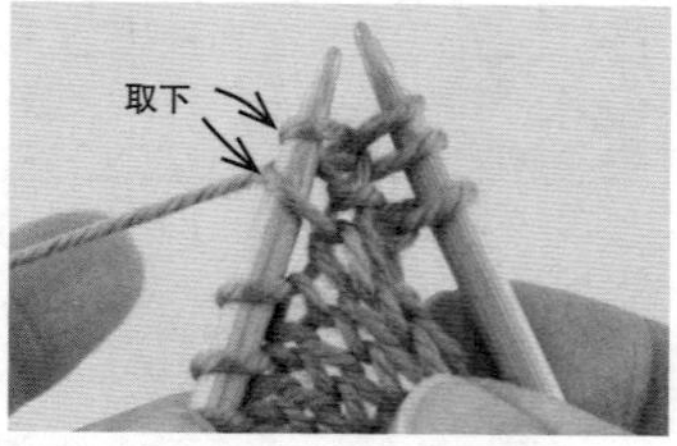

6 将左棒针上的 2 针取下来。

7 将右棒针上的 1 针移至左棒针。重复步骤 3 ~ 7 。

8 左棒针上的针目只剩 1 针时，如箭头所示将左棒针从右侧插入，将针目移至左棒针。

9 如箭头所示将右棒针插入，编织 2 针并 1 针。

10 完成。

材料

Lana Gatto Tender 原白色（978）85g/2团，灰色（3704）45g/1团；Keito UMIUSHI MOKOMOKO 粉红色系（205）40g/1桄

※不同批次的Tender线在粗细上有一定差异

工具

棒针13号，钩针10/0号

成品尺寸

宽117.5cm，长46cm

编织密度

10cm×10cm面积内：条纹花样A 16针，33行

编织要点

●手指挂线起针后开始编织。按条纹花样A、B编织。参照符号图，右端每行加针，中心1针的两侧和左端每2行加一次针。注意条纹花样B有的行一边减针一边编织。编织终点用钩针钩织引拔针和锁针收针。在指定位置钩织短针。最后制作毛绒球并缝在指定位置。

30 页的作品 ★★

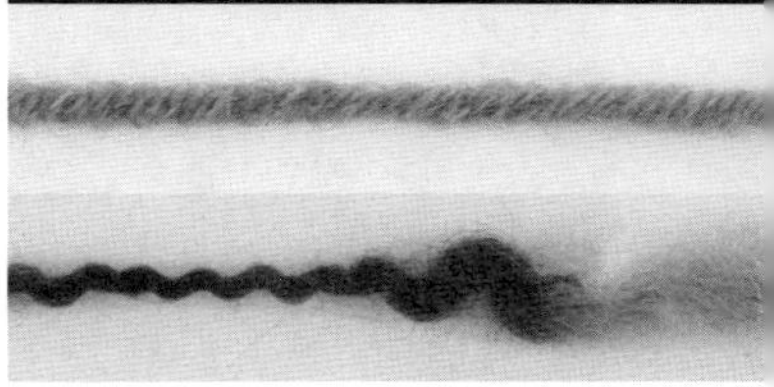

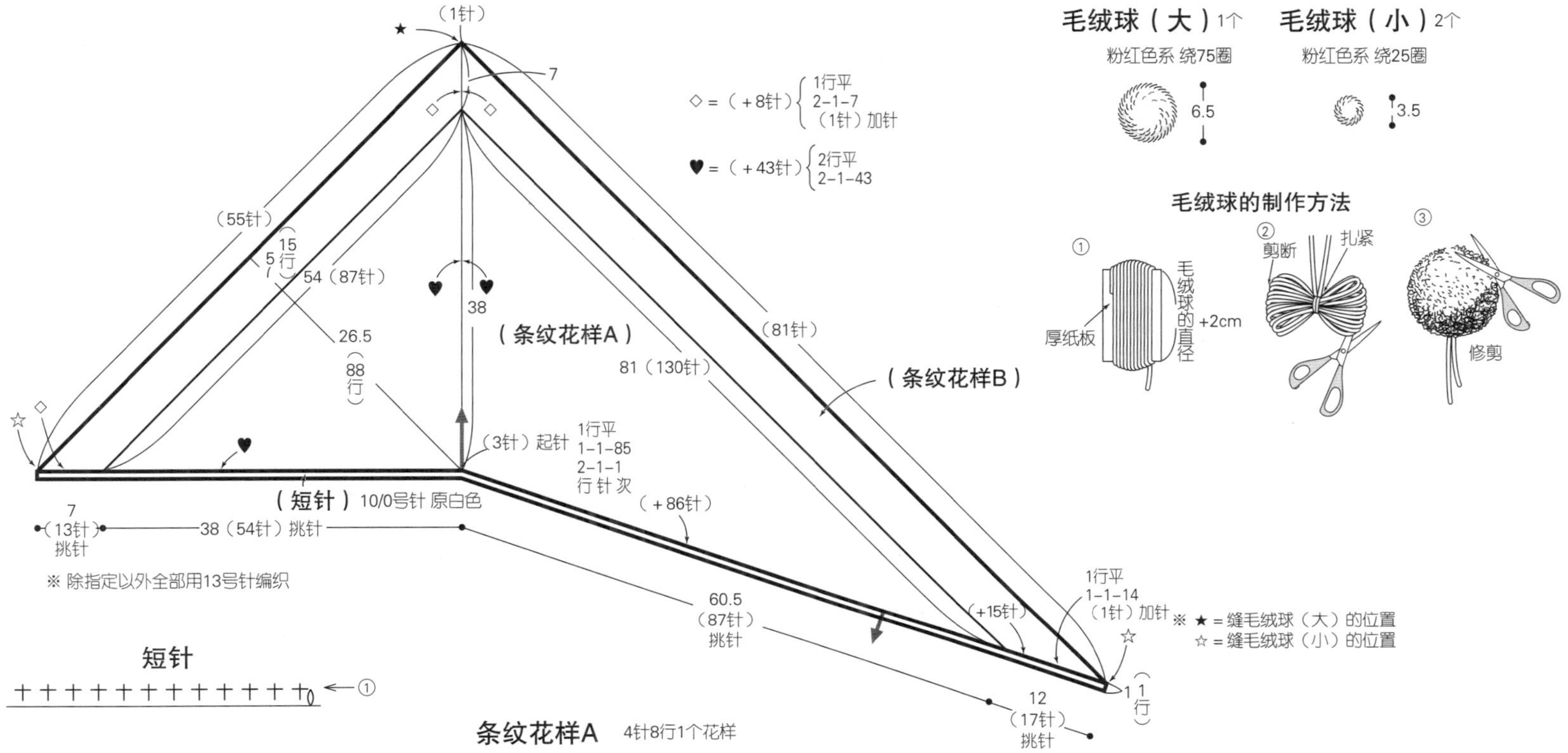

条纹花样A 4针8行1个花样

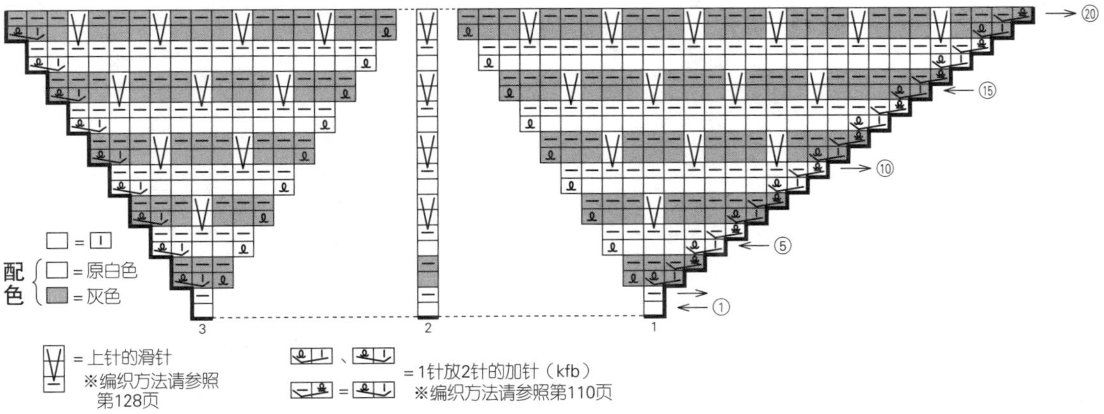

条纹花样B

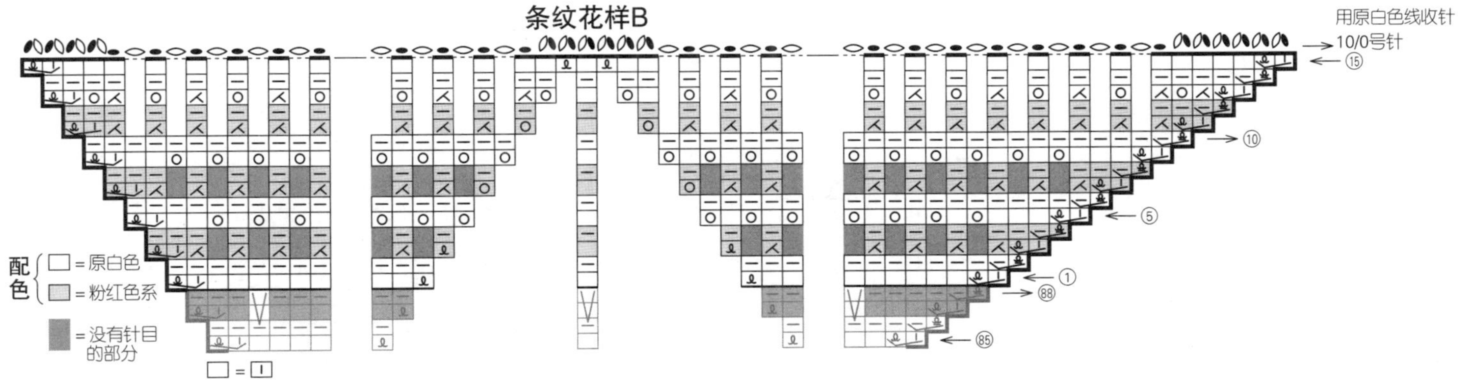

材料

Keito UMIUSHI POKOPOKO 蓝色和粉红色系（103）85g / 1 桄；Lana Gatto Tender 蓝色（20900）35g / 1 团；宽 16.5cm 的口金 1 个；长 100cm 的带龙虾扣的链子 1 条

※ 不同批次的 Tender 线在粗细上有一定差异

工具

钩针 10mm、6/0 号

成品尺寸

宽 23cm，深 18cm

编织密度

10cm×10cm 面积内：编织花样 18 针，14 行

编织要点

●环形起针后开始钩织。一边加针，一边环形编织中长针和编织花样。参照组合方法安装口金和链子。最后系上细绳，缝上小饰球。

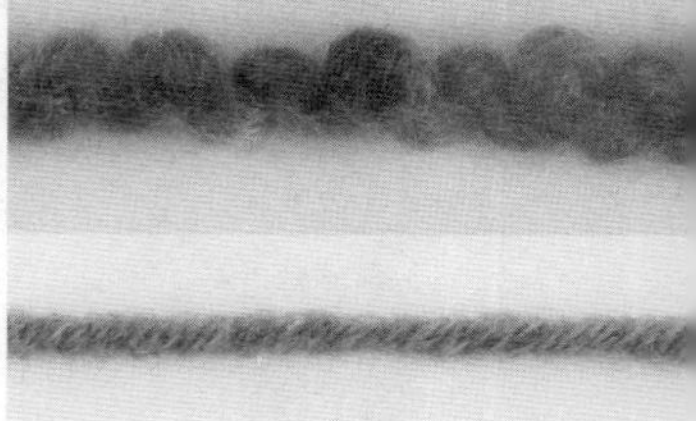

口金包的编织方法

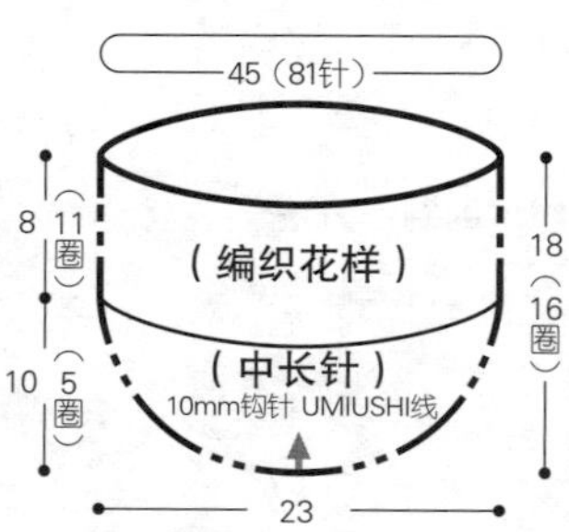

※ 除指定以外均用6/0号针和Tender线钩织

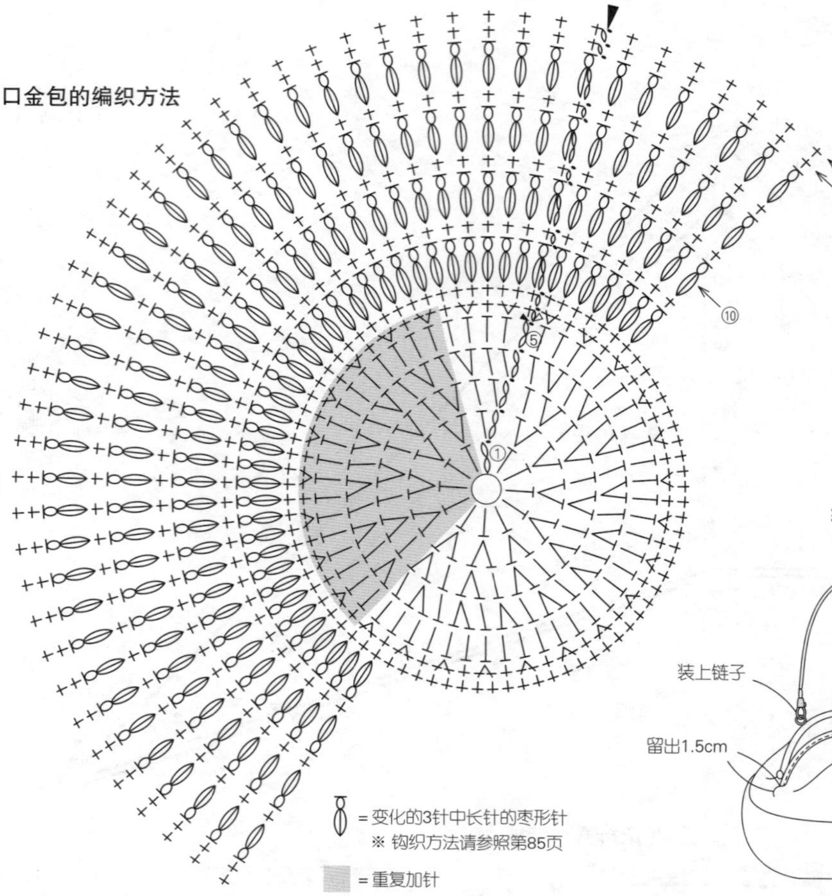

▷ = 加线
► = 剪线

圈数	针数	
第7~16圈	81针	
第6圈	81针	（+27针）
第5圈	54针	
第4圈	54针	（+18针）
第3圈	36针	（+12针）
第2圈	24针	（+12针）
第1圈	12针	

Tender线：第7~16圈
UMIUSHI线：第1~6圈

小饰球 2个 10mm钩针 UMIUSHI线

塞入剩下的线，在针目头部穿线后收紧

细绳 1根

= 变化的3针中长针的枣形针
※ 钩织方法请参照第85页
= 重复加针

组合方法

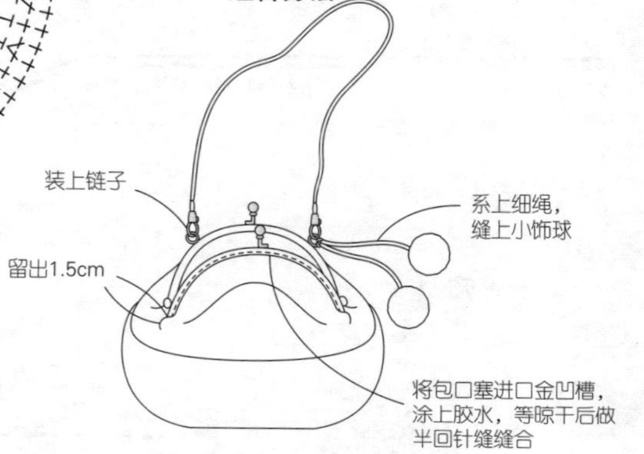

长针的正拉针的1针放2针

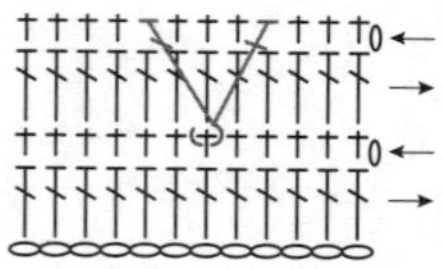

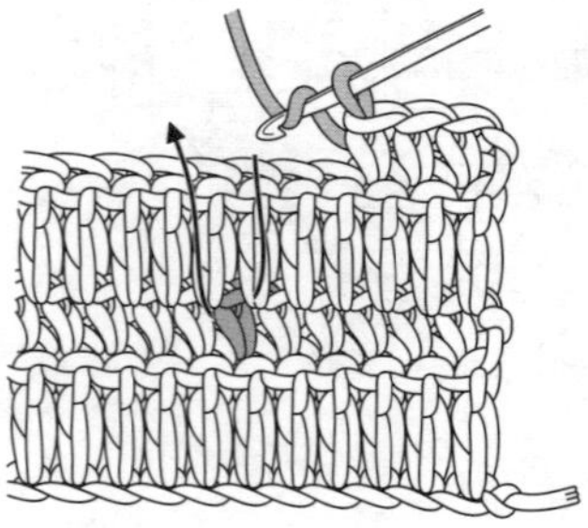

1 在钩针上挂线，跳过2针，在第3针的前面第2行针目的整个根部挑针，从前面插入钩针再将线拉出至前面。

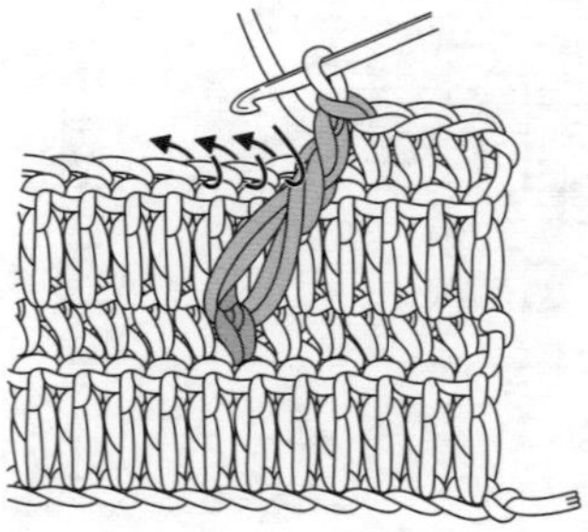

2 将线拉得长一点，钩织长针。在位于后侧的前一行针目上跳过1针钩织3针短针。

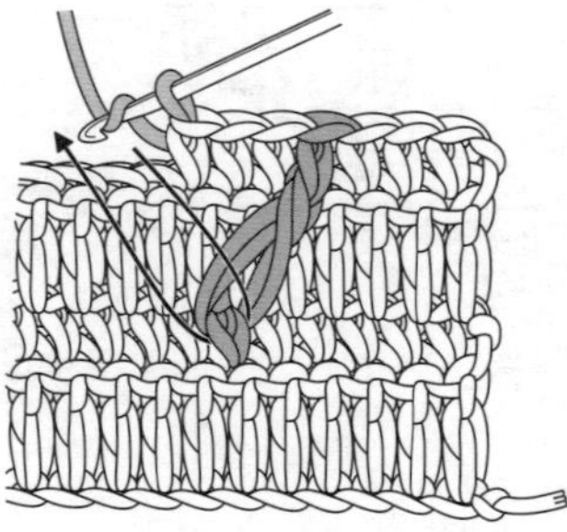

3 在钩针上挂线，在步骤1相同位置从前面插入钩针，将线挑出至前面。

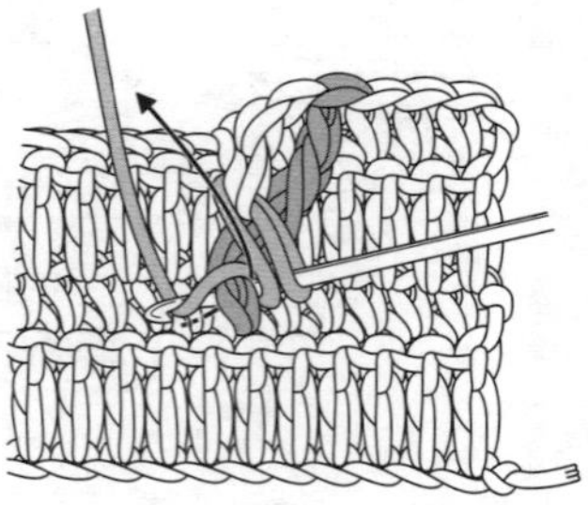

4 将线拉得长一点。

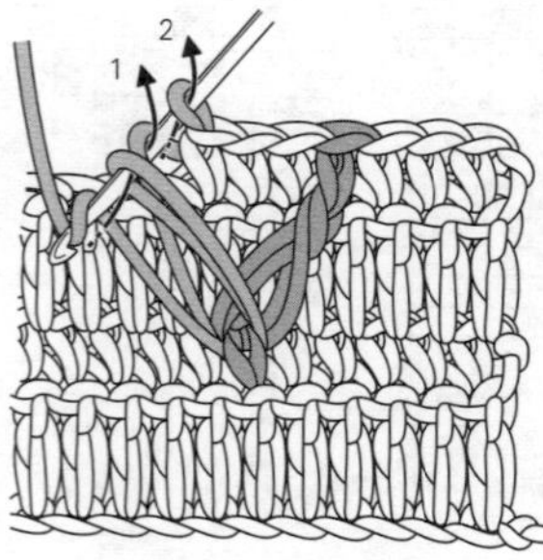

5 依次引拔穿过2个线圈。

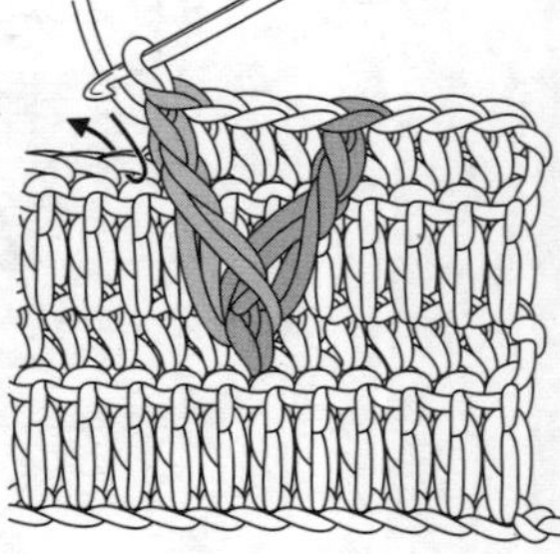

6 长针的正拉针的1针放2针完成。

材料

MIYUKI 线和串珠、辅助配件的色名、色号、使用量参照图表所示

工具

蕾丝针6号

成品尺寸

参照图示

编织要点

●按指定顺序预先在线上穿好串珠，参照第82页钩织。参照组合方法在作品A、B、E、F上安装金属配件，其他作品连接成环状。

※ 全部使用6号蕾丝针钩织

线的使用量一览表（A~J）

	线名、色号	使用量
A、B	串珠编织专用线 乳白色（K4966/#83）（#8，粗）	各11m
C、D		各10m
E、F		各9m
G、H		各7.5m
I、J		各12m

串珠、辅助配件一览表（A、B）

	A	B
■（灰）	小号圆珠 蓝色（#4217）594颗	小号圆珠 橘色（#4206）594颗
□（白）	古董珠 乳白色（DB732）358颗	古董珠 乳白色（DB732）358颗
调节链	金色（K565/G）各1条	
弹簧圆扣	金色（K518/G）各1个	
小圆环	金色（K539/G）各3个	

A、B

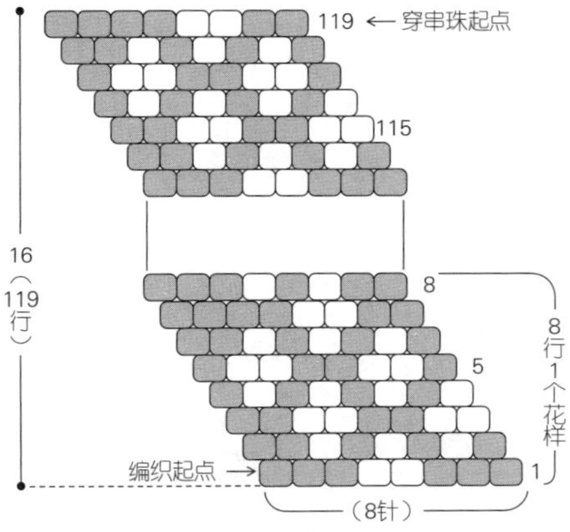

A、B的组合方法

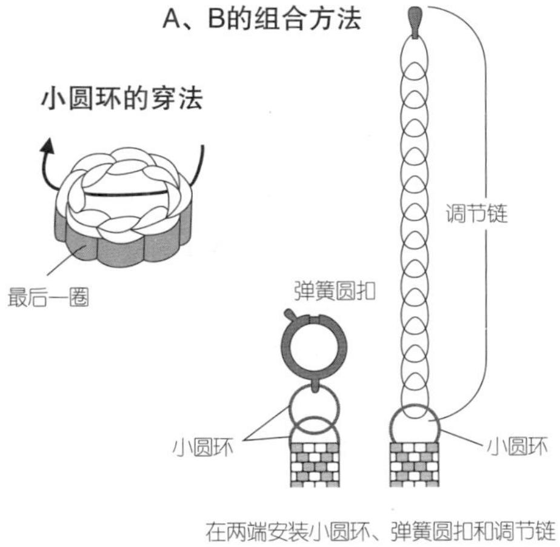

A、B的串珠穿法

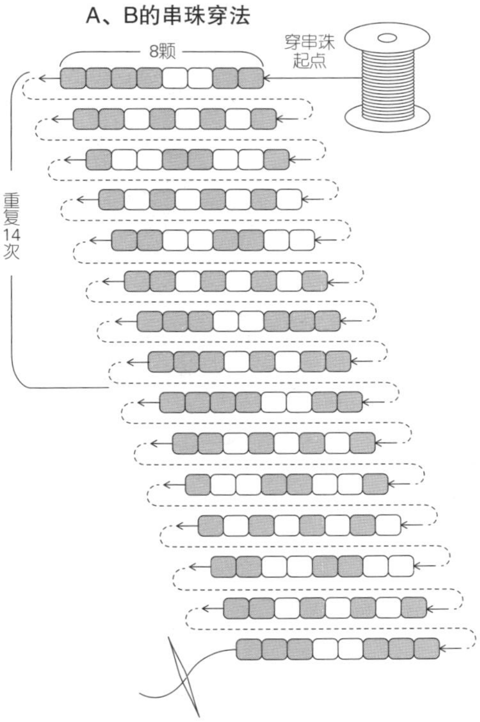

串珠使用量一览表（C、D）

	C	D
■（灰）	小号圆珠 蓝绿色（#4514）540颗	小号圆珠 灰色（#4558）540颗
□（白）	古董珠 米色（DB389）405颗	古董珠 黄色（DB1132）405颗

C、D

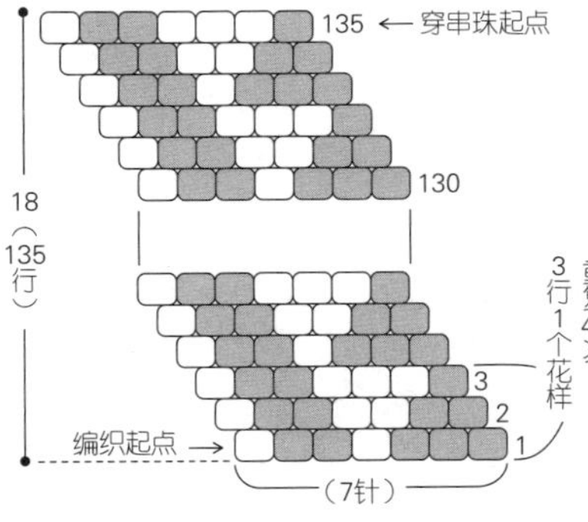

C、D的串珠穿法

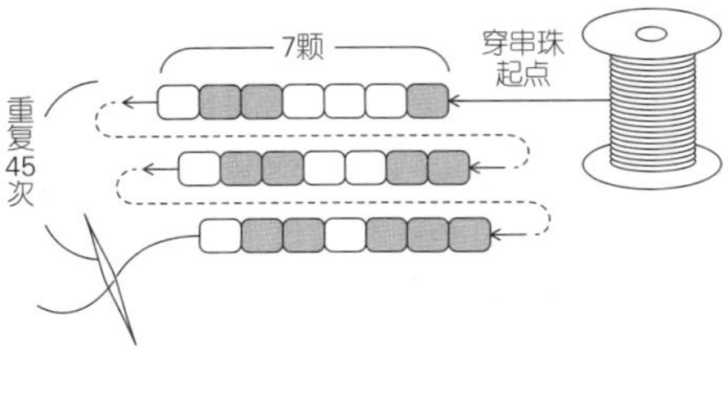

串珠、辅助配件使用量一览表（E、F）

	E	F
■（深色）	古董珠M 绿色（DBM724）301颗	古董珠M 白色（DBM200）301颗
□（白色）	古董珠M 乳白色（DBM883）467颗	古董珠M 深粉色（DBM362）467颗
调节链	金色（K565/G）各1条	
弹簧圆扣	金色（K518/G）各1个	
小圆环	金色（K539/G）各3个	

E、F

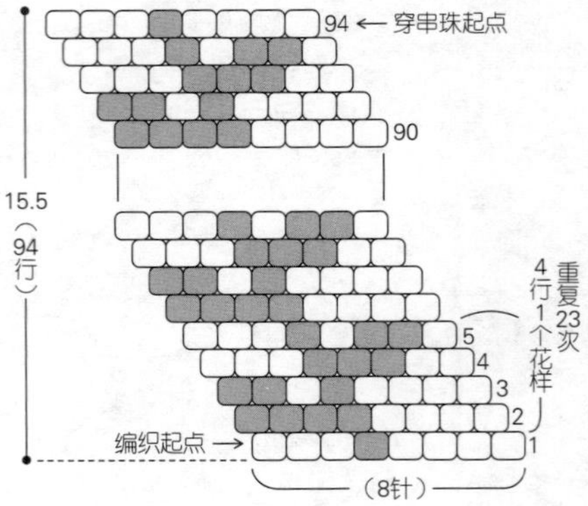

E、F的串珠穿法

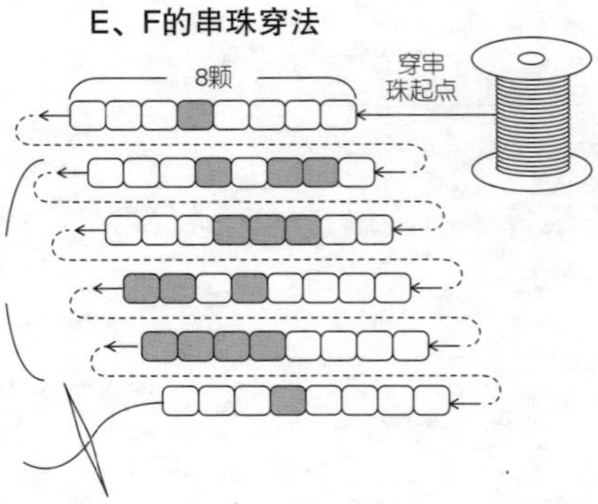

E、F的组合方法

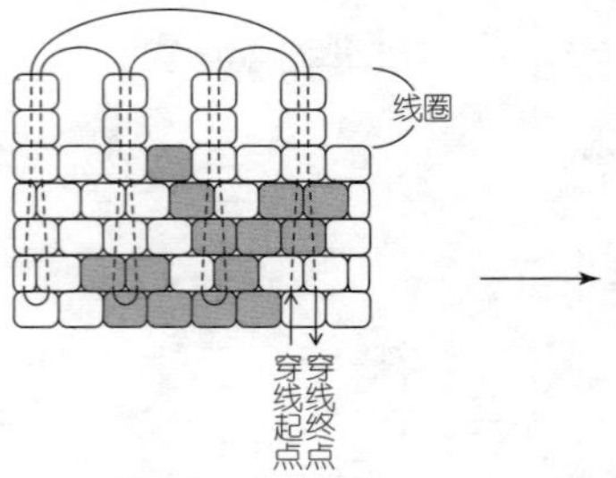

※使用可以穿入串珠的缝针穿线
※在两端穿上8颗串珠制作线圈

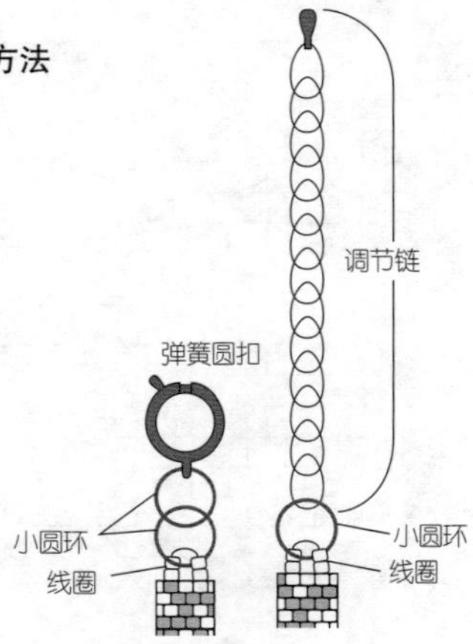

在两端安装小圆环、弹簧圆扣和调节链

串珠使用量一览表（G、H）

	G	H
■（深色）	方形珠 黄绿色（SB14 1.8mm×1.8mm×1.8mm）144颗	方形珠 白色（SB420 1.8mm×1.8mm×1.8mm）144颗
□（白色）	古董珠M 黄色（DBM721）480颗	古董珠M 浅蓝色（DBM878）480颗

G、H

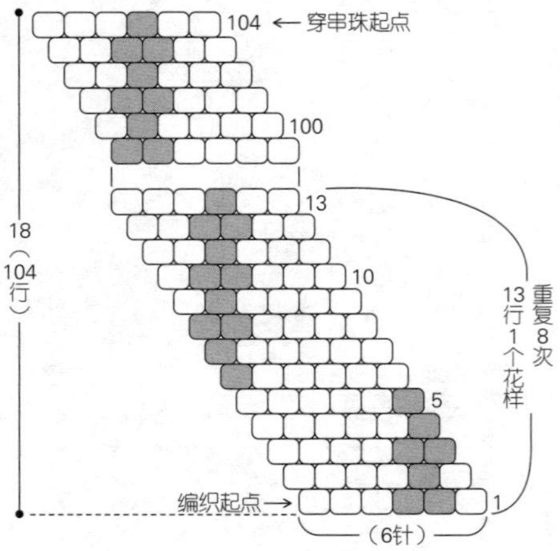

G、H的串珠穿法

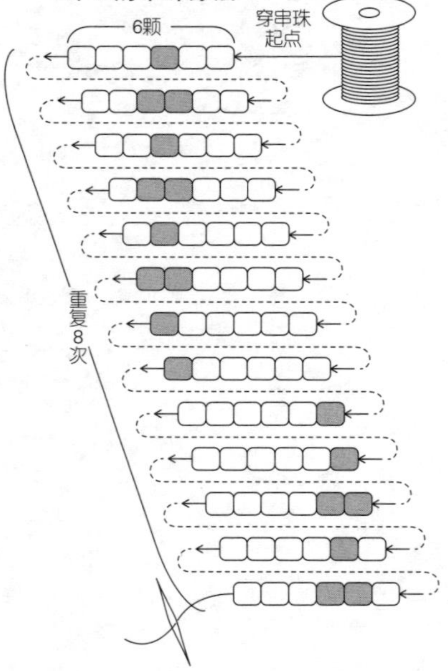

串珠使用量一览表（I、J）

	I	J
■（深色）	古董珠M 蓝色（DBM608）240颗	古董珠M 深粉色（DBM1849）240颗
□（白色）	古董珠 浅蓝色（DB1709）360颗	古董珠 粉红色（DB1434）360颗
◎	六角珠 古铜色（#457 8/0）120颗	六角珠 透明（#250 8/0）120颗
⊠	三角珠 金色（TR1133 10/0）240颗	三角珠 银色（TR2433 10/0）240颗

I、J

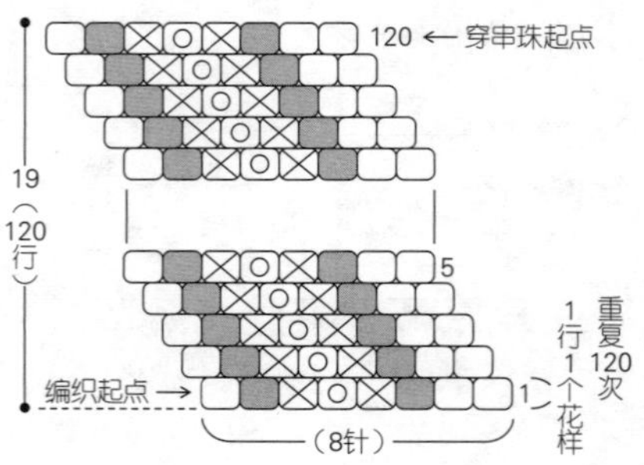

I、J的串珠穿法

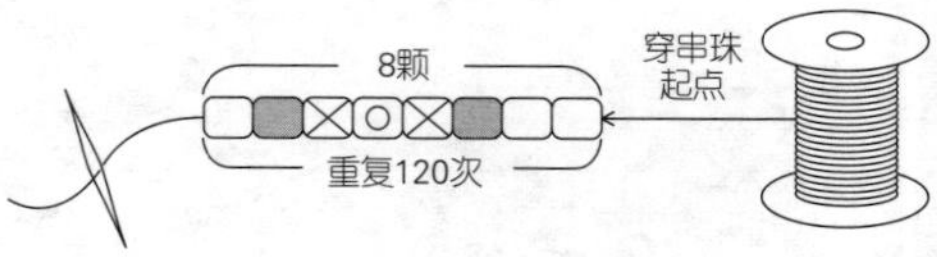

材料

奥林巴斯 Emmy Grande、Emmy Grande <Colors>、Emmy Grande <Baby>、Emmy Grande <Herbs> 线的色名、色号、使用量、辅助配件参照图表所示

工具

钩针 2/0 号

成品尺寸

参照图示

编织要点

●参照各图钩织各种挂件。参照组合方法进行组装。

外框
（短针的条纹针）

2/0号针　红色

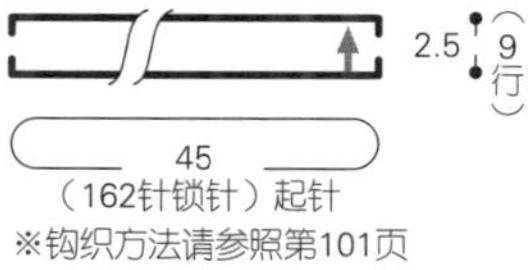

※钩织方法请参照第101页

短针的条纹针

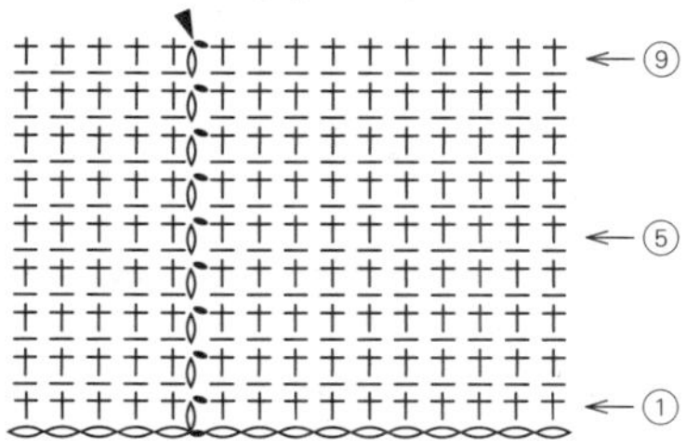

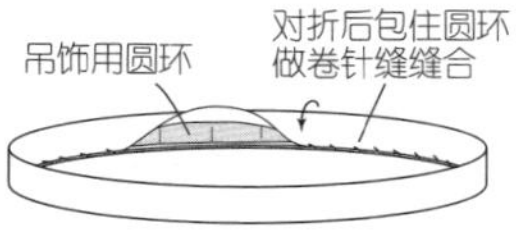

▷ = 加线
► = 剪线

吊绳

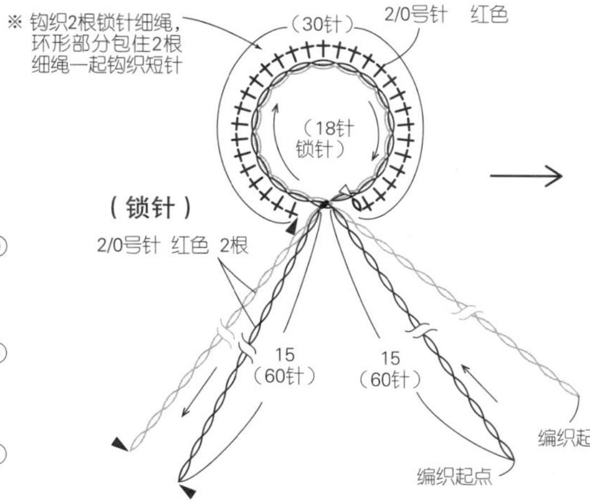

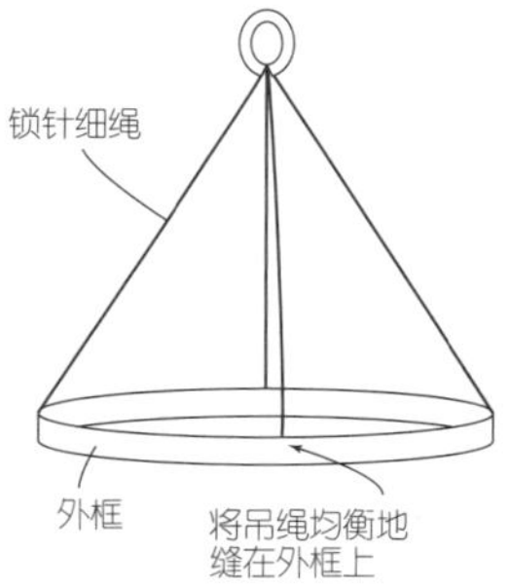

彩球的组合方法

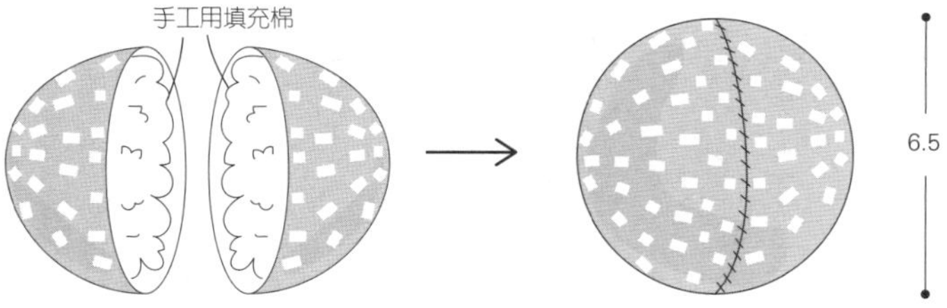

在中间塞入手工用填充棉后做卷针缝缝合

彩球
（配色花样）

2/0号针　2片

※ 横向渡线钩织长针的配色花样（将渡线包在针目里钩织）

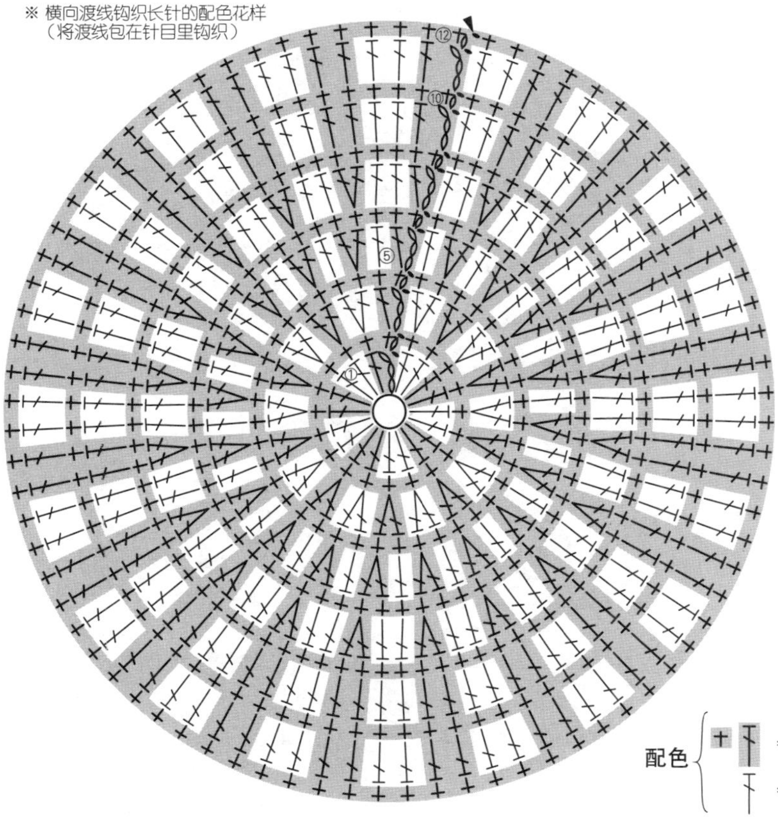

配色 ┼ ╀ =红色　╀ =黄色系混染

彩球挂绳
（锁针）

2/0号针　红色

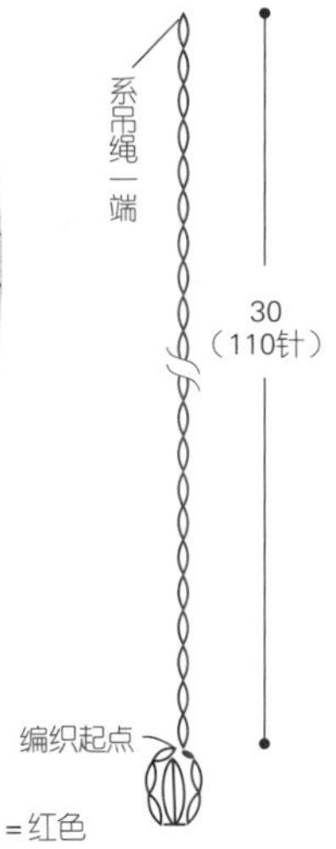

将彩球挂绳系在吊绳上，然后用红色线在根部缠绕固定

※在彩球的穿绳位置插入细棒针制作通道，然后穿入绳子

流苏的制作方法

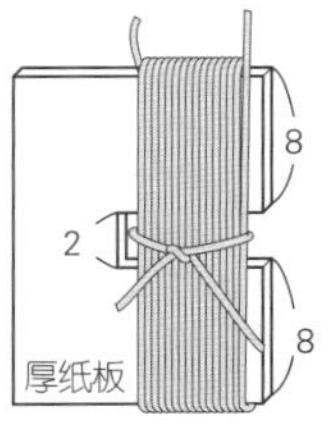

如图所示在厚纸板上绕30圈线，再用线在中间扎紧，将线从厚纸板上取下

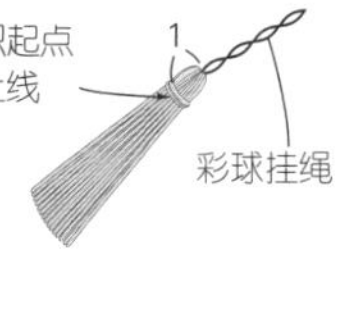

吊饰的材料使用量一览表

※除指定以外均为1个的分量

	使用线	色名（色号）	使用量	辅助配件
外框、吊绳	Colors	红色（188）	15g / 2团	直径约15cm的女儿节吊饰用圆环（竹制）1个
彩球	Colors	红色（188）	9g / 1团	手工用填充棉适量
	Baby	黄色系混染（B6）	4g / 1团	
鸽子	Colors	原白色（804）	2.5g / 1团	直径4mm的插入式眼睛（黑色）2个，手工用填充棉适量
		浅蓝色（371）	1g / 1团	
		黄色（543）	少量 / 1团	
黄莺（2只）	Herbs	浅绿色（252）	5g / 1团	直径4mm的插入式眼睛（黑色）4个，手工用填充棉适量
	Colors	绿色（265）	2g / 1团	
		黄色（543）	少量 / 1团	
兔子（2只）	Colors	原白色（804）	3g / 1团	手工用填充棉适量
		红色（188）	1g / 1团	
金鱼（2条）	Colors	红色（188）	5.5g / 1团	手工用填充棉适量

	使用线	色名（色号）	使用量	辅助配件
山茶花（3朵）	Colors	红色（188）	4.5g / 1团	
		绿色（265）	2.3g / 1团	
		原白色（804）	少量 / 1团	
		黄色（543）	少量 / 1团	
梅花（2个）	Herbs	灰粉色（141）	3g / 1团	手工用填充棉适量
	Colors	黄色（543）	少量 / 1团	
七宝球（蓝色系）（2个）	Colors	黄色（543）	3.5g / 1团	手工用填充棉适量
		浅蓝色（371）	2.6g / 1团	
七宝球（粉红色系）	Colors	黄色（543）	1.7g / 1团	手工用填充棉适量
		粉红色（127）	1.3g / 1团	

鸽子、黄莺的主体

2/0号针　鸽子　原白色 2片　黄莺　浅绿色 4片

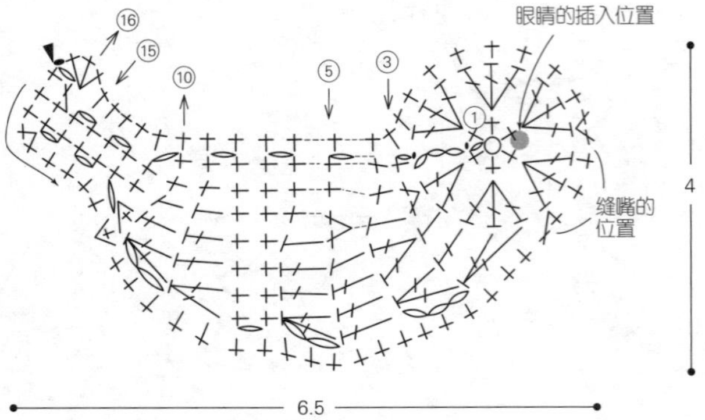

鸽子、黄莺的嘴

2/0号针　黄色

鸽子　1片　黄莺　2片

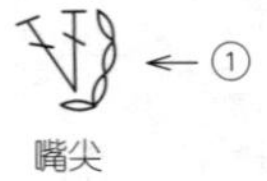

鸽子、黄莺的羽毛

2/0号针

鸽子　浅蓝色 2片　黄莺　绿色 4片

▷ = 加线
◀ = 剪线

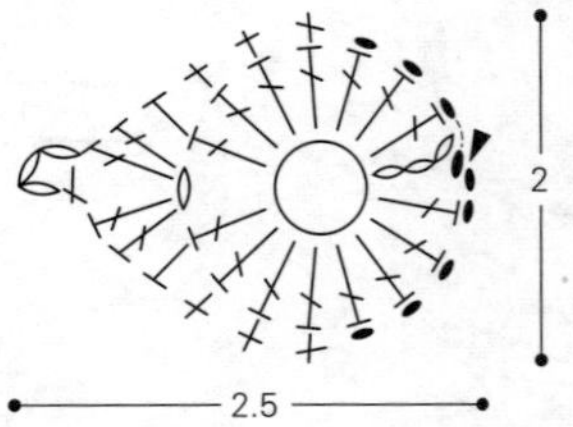

鸽子、黄莺的组合方法

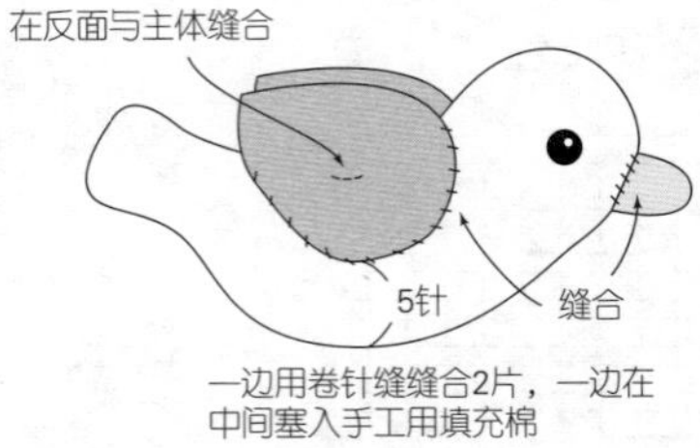

兔子的主体

2/0号针　原白色 2片

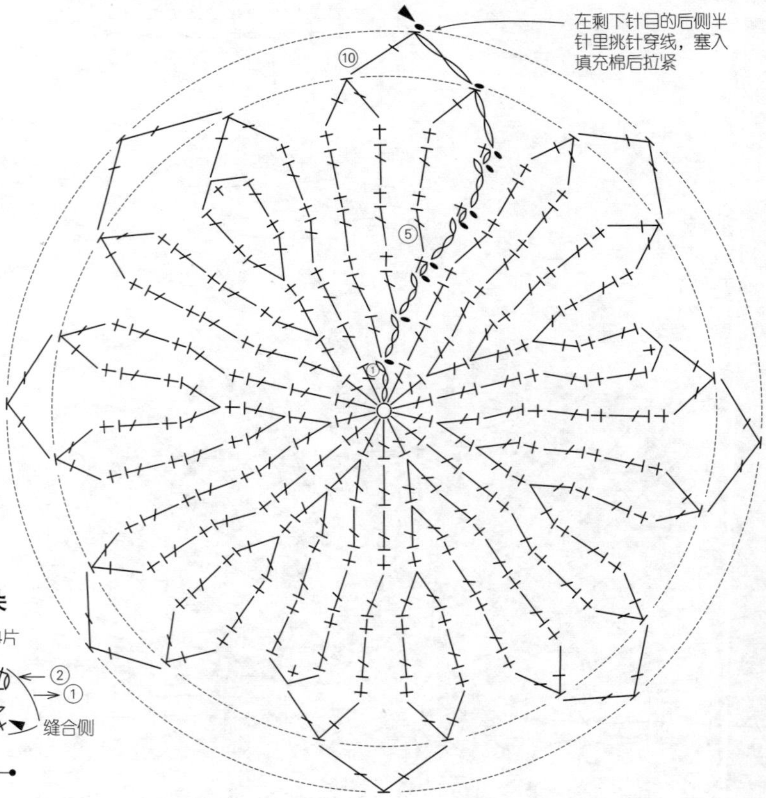

金鱼的主体

2/0号针　红色 2片

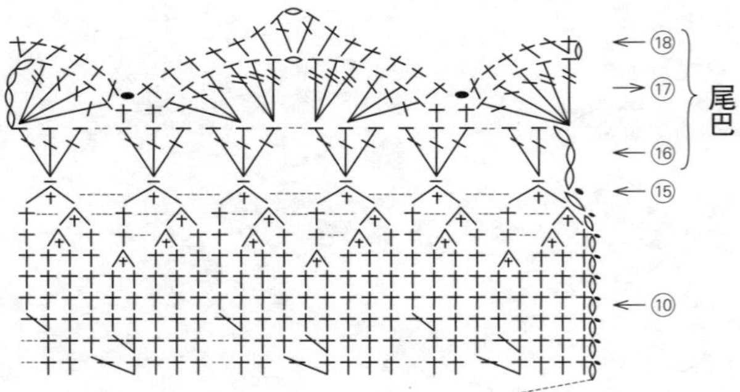

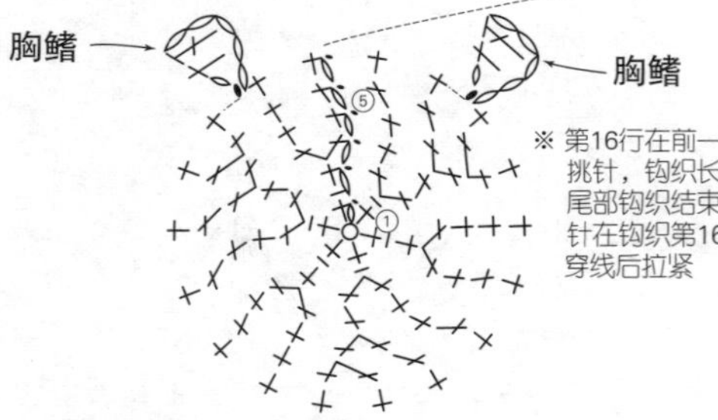

※ 第16行在前一行针目头部的前侧半针里挑针，钩织长针
尾部钩织结束后塞入填充棉，然后用缝针在钩织第16行时剩下的半针里挑针，穿线后拉紧

兔子的耳朵

2/0号针　红色 4片

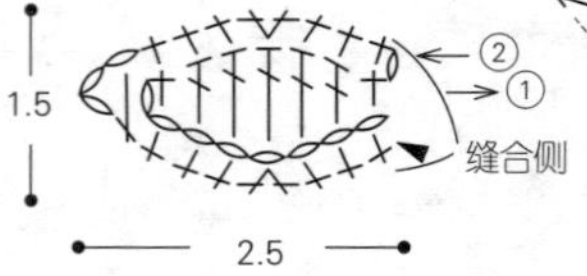

金鱼的背鳍

2/0号针　红色 2片

※第2圈在前一行针目的后侧半针里挑针钩织

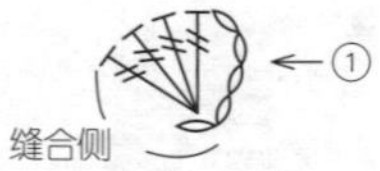

金鱼的组合方法

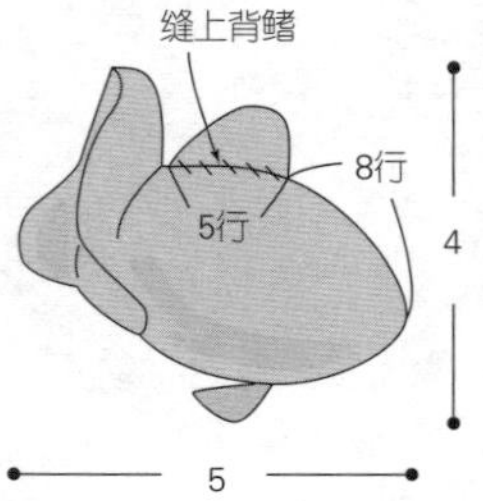

兔子的尾巴

2/0号针　原白色 2片

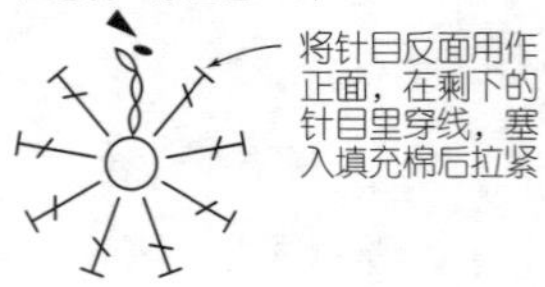

兔子的组合方法

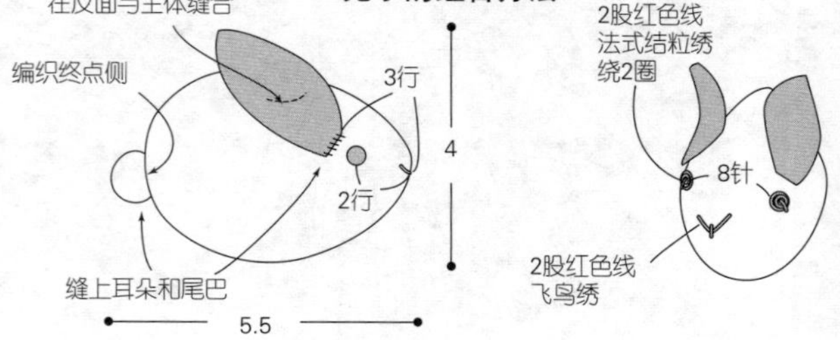

山茶花的花芯

2/0号针　3片

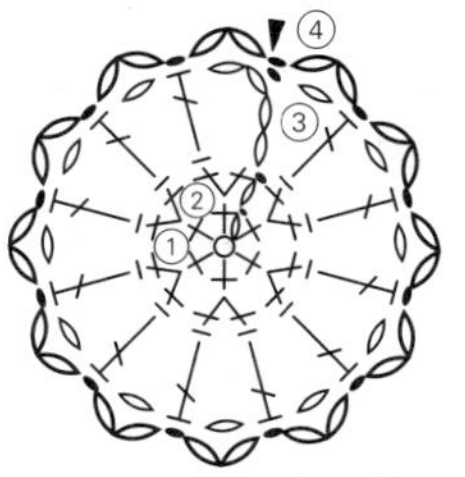

※第3圈在前一行针目头部的前面半针里挑针钩织

花芯的配色 { ── =原白色 ── =黄色

山茶花的内层花瓣

2/0号针　红色　3片

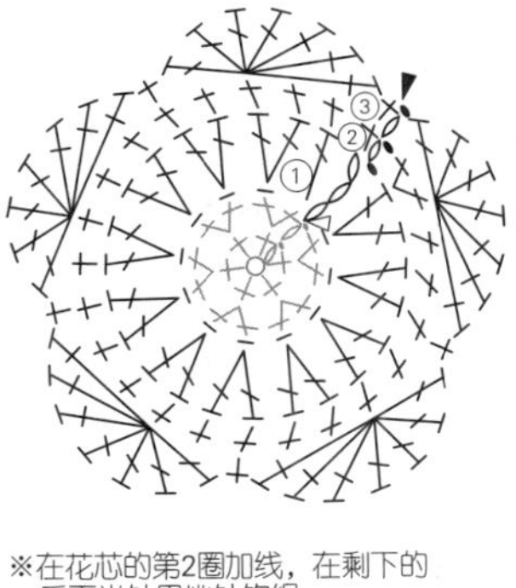

※在花芯的第2圈加线，在剩下的后面半针里挑针钩织

山茶花的外层花瓣

2/0号针　红色　3片

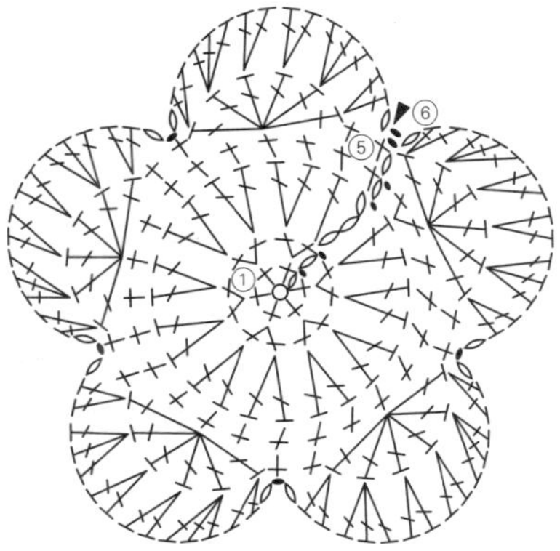

▷ = 加线
▶ = 剪线

山茶花的叶子

2/0号针　绿色　6片

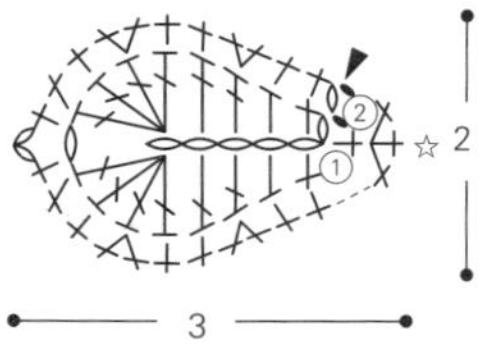

山茶花的组合方法

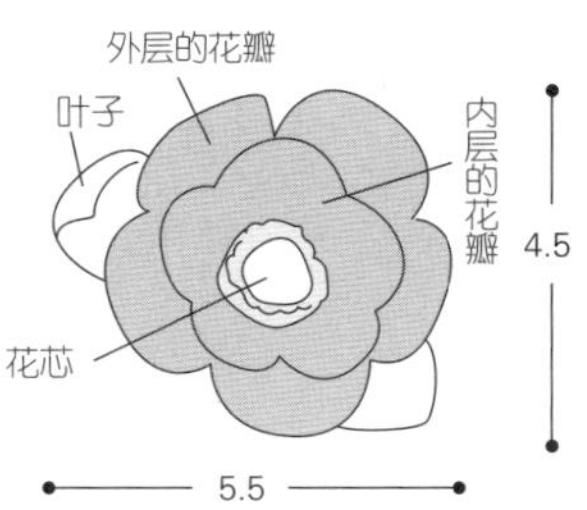

将内层花瓣重叠在外层花瓣上缝合固定

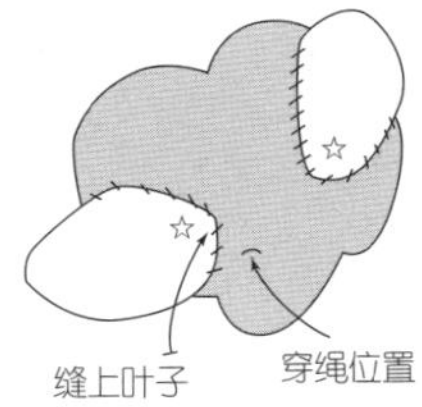

※绳子从外层和内层花瓣的中间穿出

梅花

2/0号针　4片

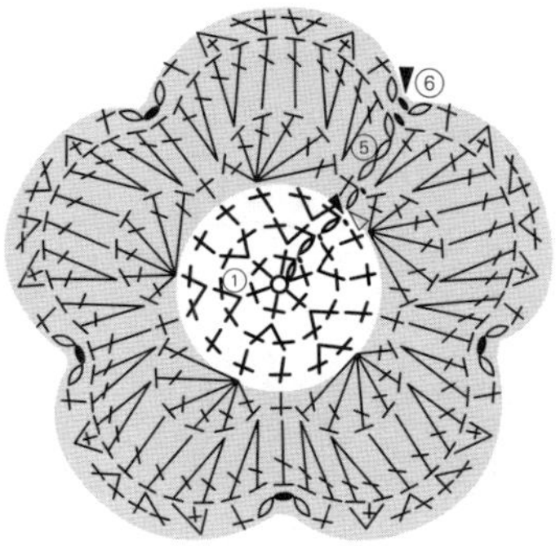

※将2片花片反面相对，一边做卷针缝缝合一边塞入填充棉

梅花的配色 { ── =黄色 ── =灰粉色

梅花的组合方法

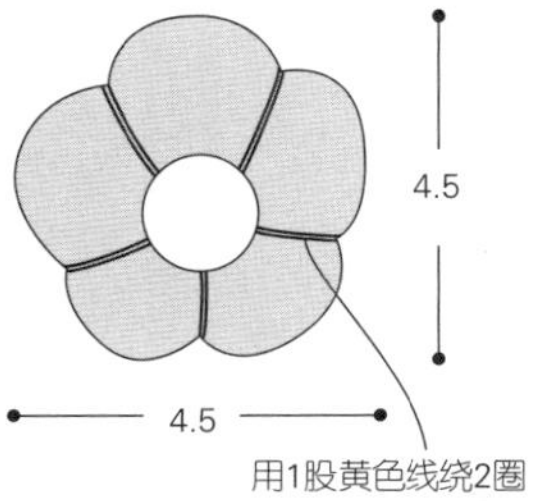

七宝球

2/0号针　蓝色系　4片　粉红色系　2片

※将渡线包在里面钩织

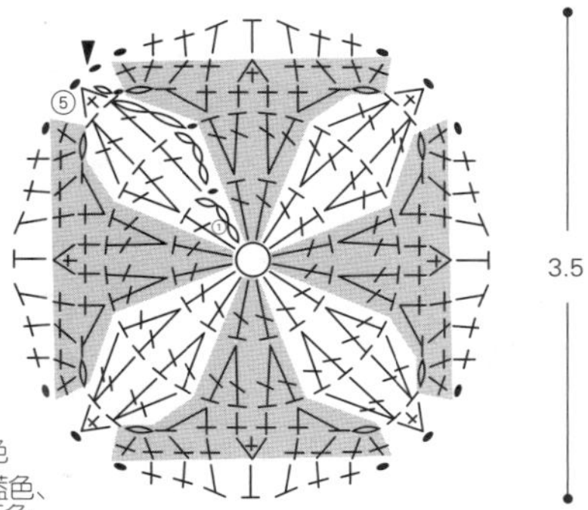

梅花的配色 { ── =黄色 ── =浅蓝色、粉红色

※将2片反面相对，一边做卷针缝缝合，一边塞入填充棉

挂绳　5根

（锁针）

2/0号针　红色

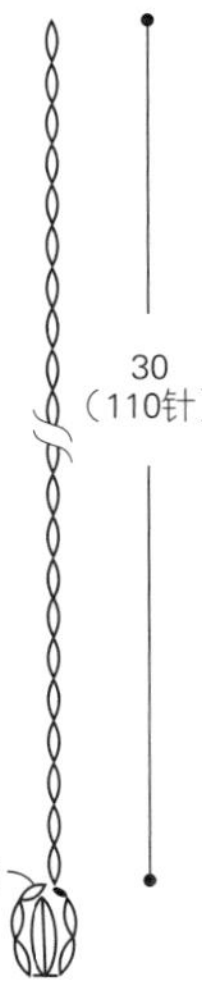

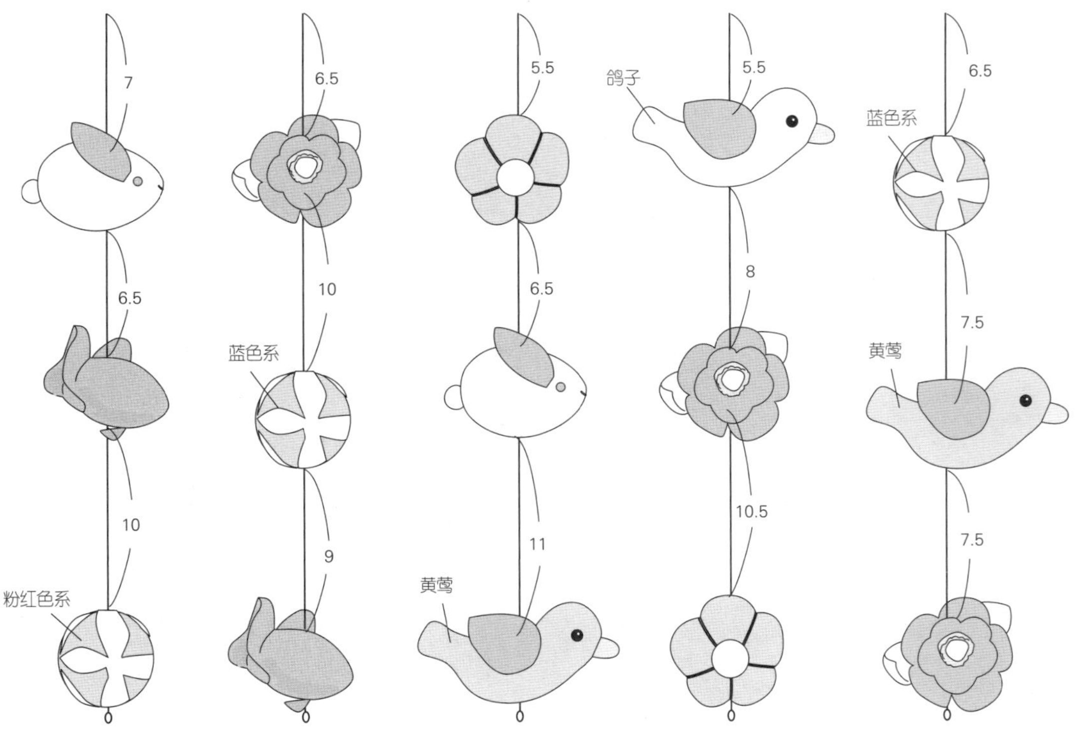

挂绳的组合方法

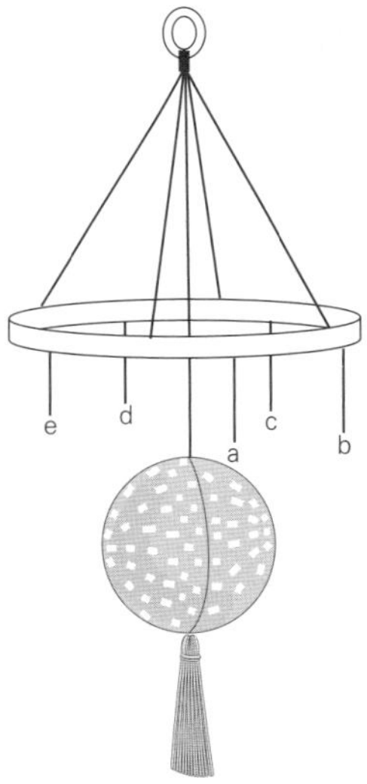

将穿好挂件的绳子缝在外框的下侧

※挂件之间的尺寸供参考。可一边把握平衡，一边调整位置　※在挂件的穿绳位置插入细棒针制作通道，然后穿入绳子（无须固定）

法式结粒绣（绕2圈）

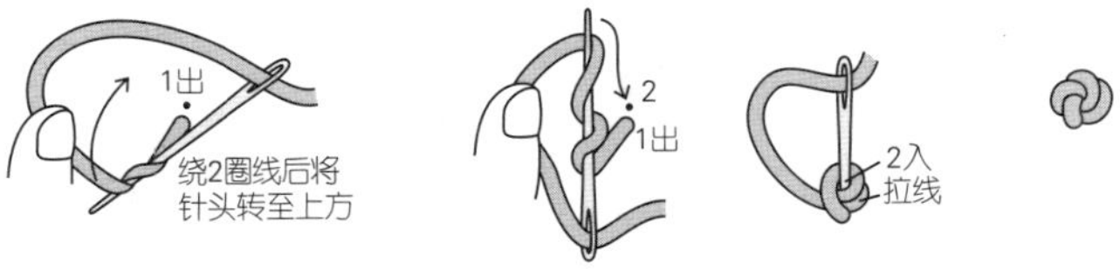

飞鸟绣

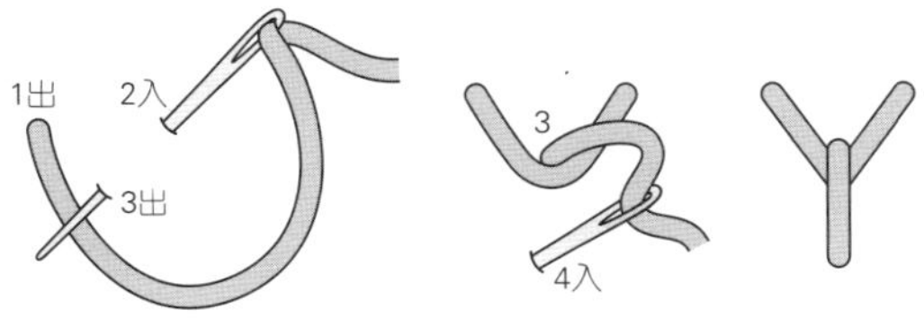

桃花的材料使用量一览表（3枝的分量）

使用线	色名（色号）	使用量	辅助配件
Emmy Grande	驼色（736）	15g / 1团	铝丝 #16 48cm×3根
Emmy Grande	粉红色（104）	15g / 1团	
Emmy Grande <Colors>	黄色（543）	少量 / 1团	
Emmy Grande <Herbs>	黄绿色（273）	3g / 1团	

内侧的花瓣

2/0号针　粉红色 9片

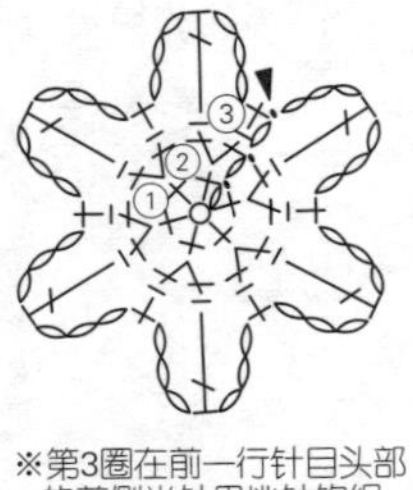

※第3圈在前一行针目头部的前侧半针里挑针钩织

外侧的花瓣

2/0号针　粉红色 9片

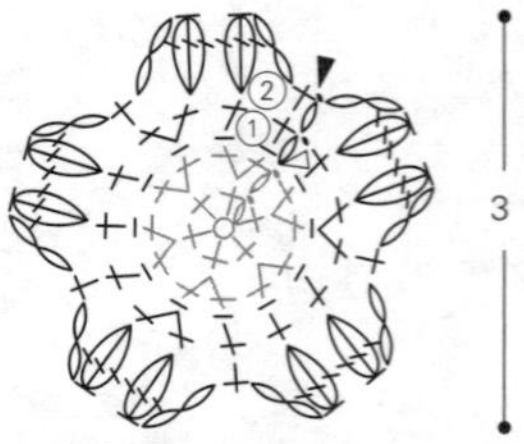

※在内侧花瓣的第2圈加线，在剩下的后侧半针里挑针钩织

花朵的组合方法

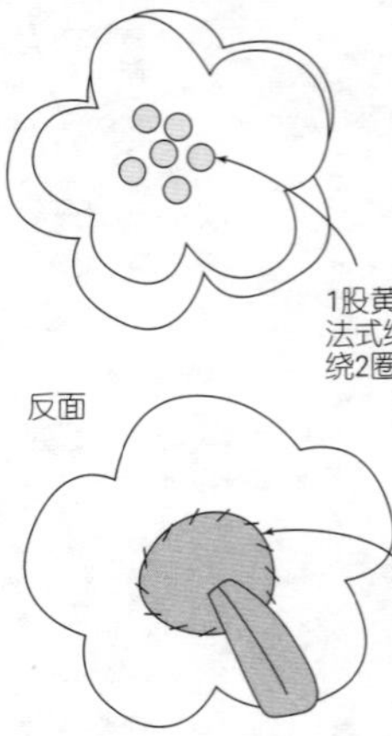

花萼和茎部

2/0号针　驼色 9片

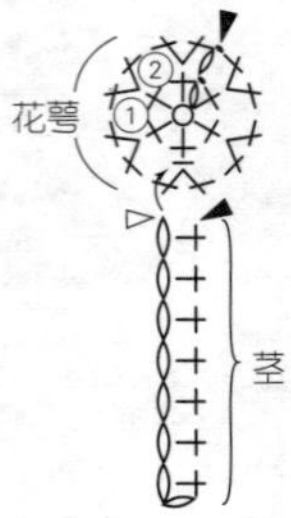

= 在第1圈针目头部的前侧半针挑针钩织

※在第1圈针目头部剩下的后侧半针加线后开始钩织

花萼和茎部的组合方法

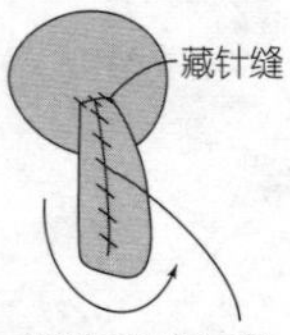

叶子

2/0号针　黄绿色 15片

花蕾

2/0号针　15片

配色 { — =粉红色　— =驼色

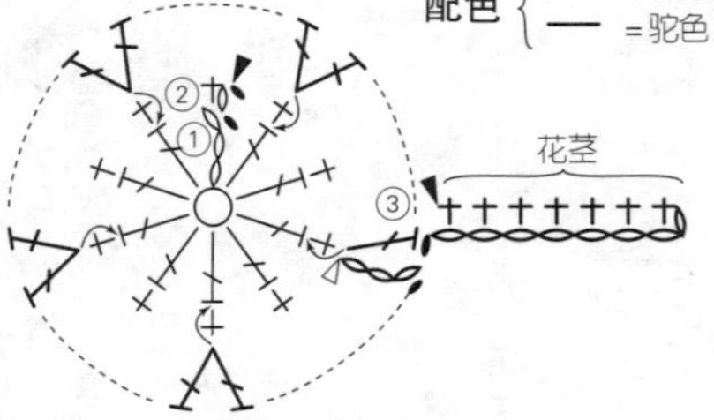

※ 钩织第3圈时，在第1圈的长针里插入钩针，将第2圈针目包在里面钩织

※ 在第3圈针目的半针里穿线后收紧

※ 花茎部分按"花萼和茎部"相同要领组合

枝条

2/0号针　驼色 3片

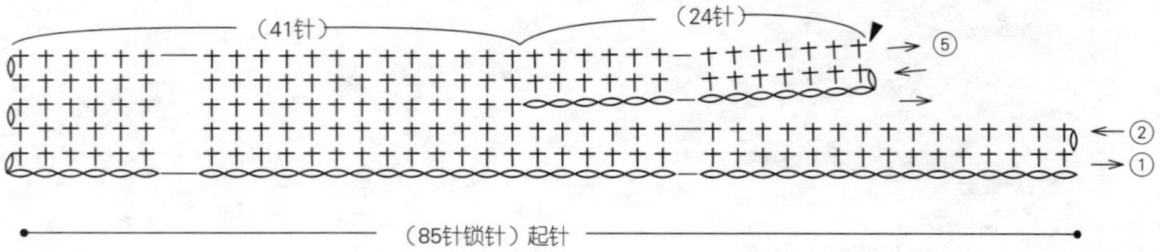

拉针

（拆开已织针目的方法）

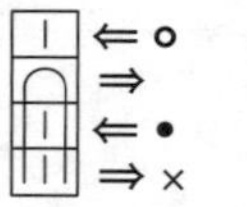

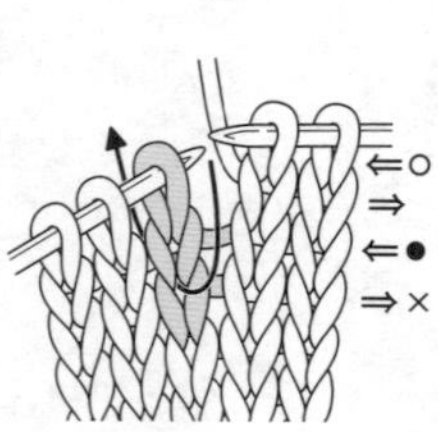

1 在前面第3行的针目里插入右棒针，挂线后拉出。

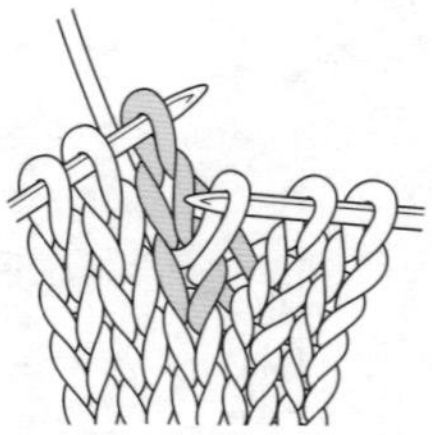

2 拉出线后的状态。

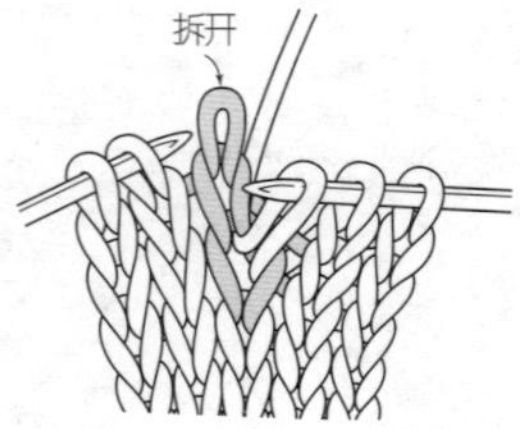

3 将左棒针上的1针取下，拆开针目。

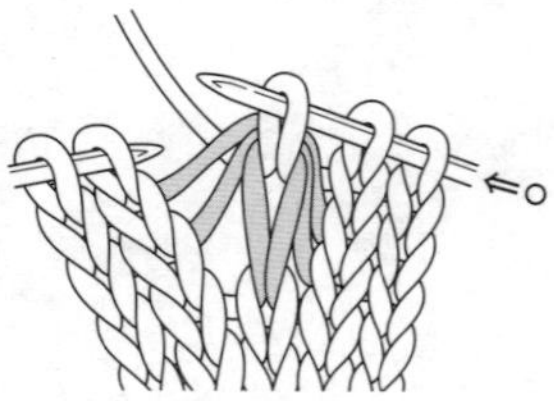

4 拆开已织针目的拉针完成。

枝条的组合方法

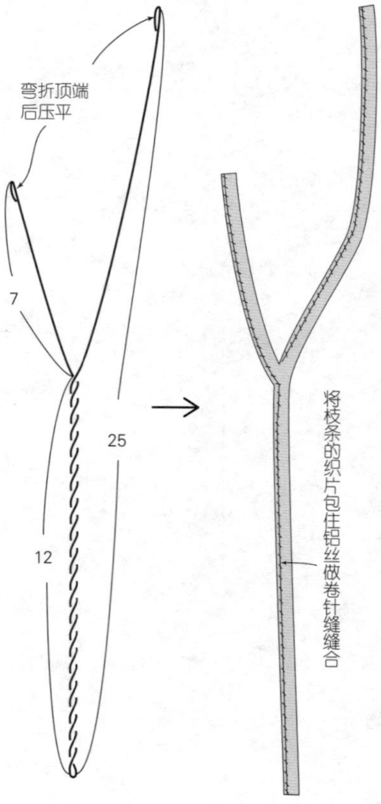

按尺寸将铝丝折出形状

桃花的组合方法

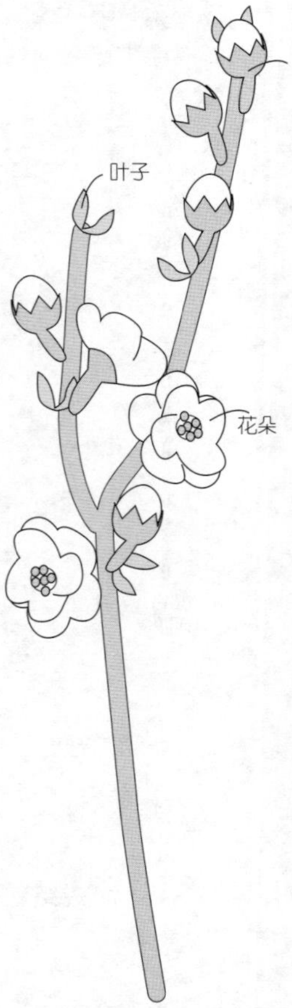

分别在每根枝条上错落有致地缝上3朵桃花、5个花蕾和5片叶子

材料

[开衫] 钻石线COSTA LUNA 浅灰色(9203) 240g/7团

[背心] 钻石线COSTA LUNA 浅灰色(9203) 170g/5团

工具

棒针3号、5号

成品尺寸

[开衫] 衣长60.5cm，连肩袖长51.5cm

[背心] 胸围94cm，肩宽37cm，衣长52.5cm

编织密度

10cm×10cm面积内：下针编织21针，27行；编织花样B 19.5针，29.5行；编织花样A 1个花样5针2.5cm，10cm27行

编织要点

●开衫…共线锁针起针，编织起伏针、下针编织和编织花样A。参照图示做分散加、减针。衣袖挑针位置编入另线。从开衩止位开始，向左右两侧分开编织。编织终点做伏针收针。衣袖拆开另线挑针，环形编织下针编织和起伏针。参照图示减针。编织终点的处理方法和身片相同。

●背心…手指起针，编织起伏针、编织花样B。减针时，2针及以上时做伏针减针，1针时立起侧边1针减针。挂针和2针并1针如果有缺针的情况，另一侧也不要编织。3针并1针和挂针的地方，挂针如果缺1针则编织2针并1针。肩部做盖针接合，胁部使用毛线缝针做挑针缝合。挑取指定数量的针目，衣领做编织花样C和起伏针，袖窿编织起伏针。编织终点均做伏针收针。

开衫

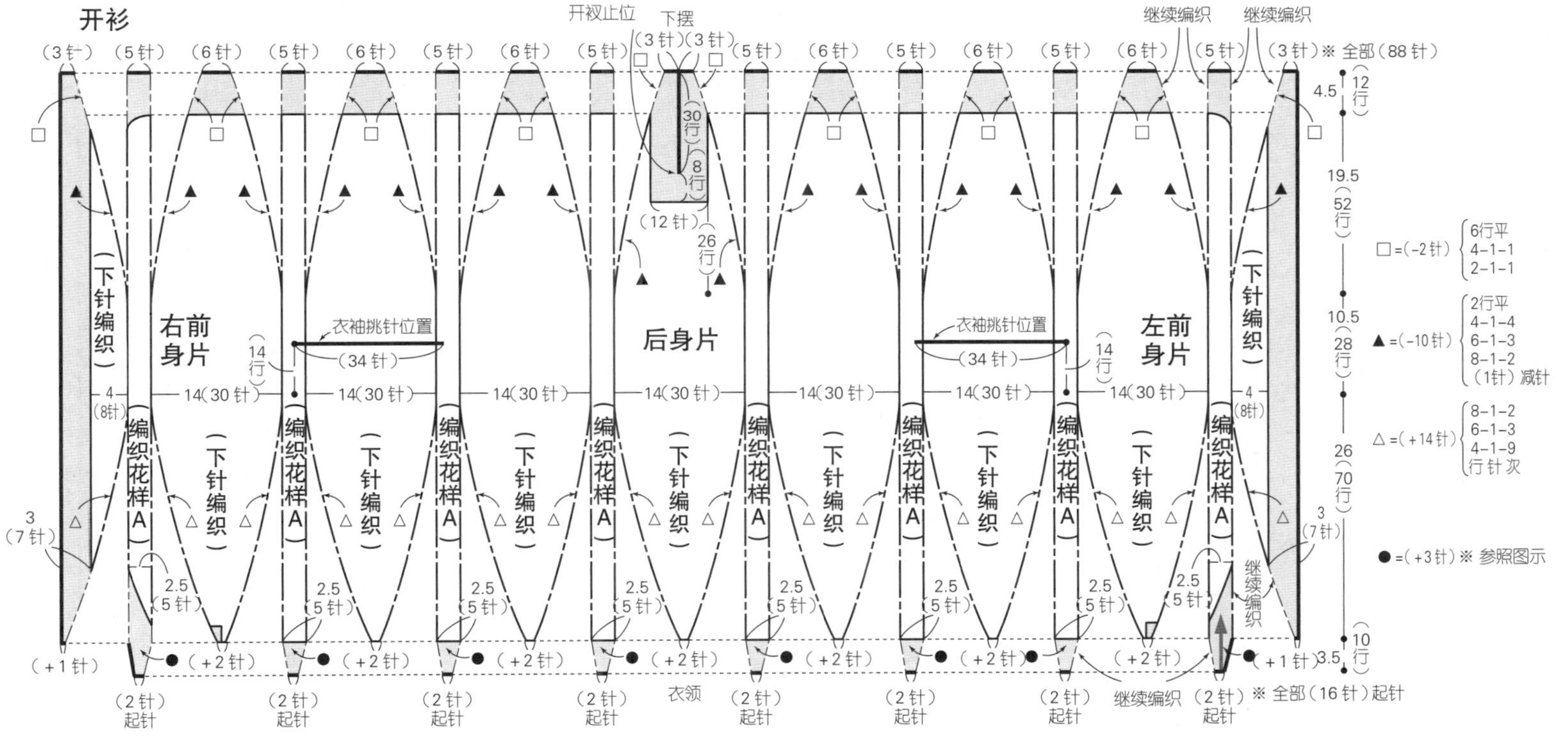

※ 除指定以外均用5号针编织

▭ =（起伏针）

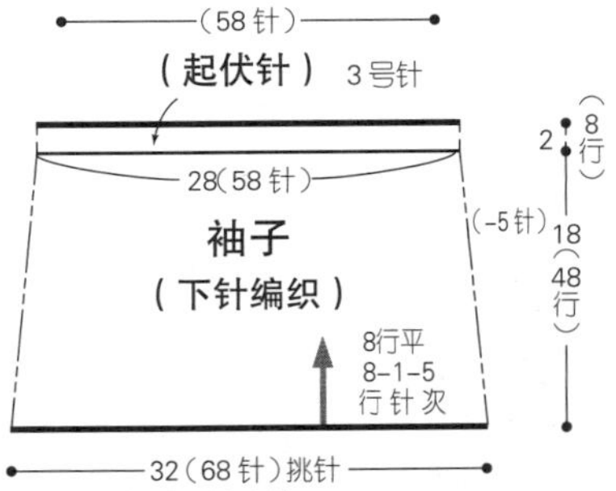

※ 从后侧加线开始编织

编织花样A

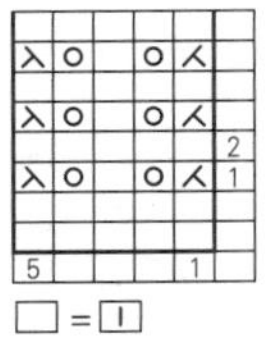

□ = □

起伏针

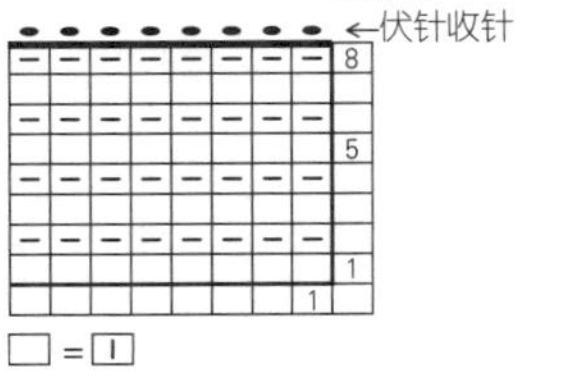

□ = □

袖下减针

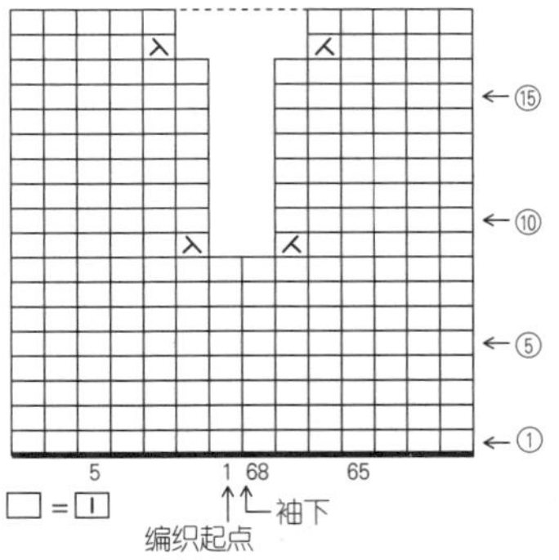

□ = □

开衫分散减针

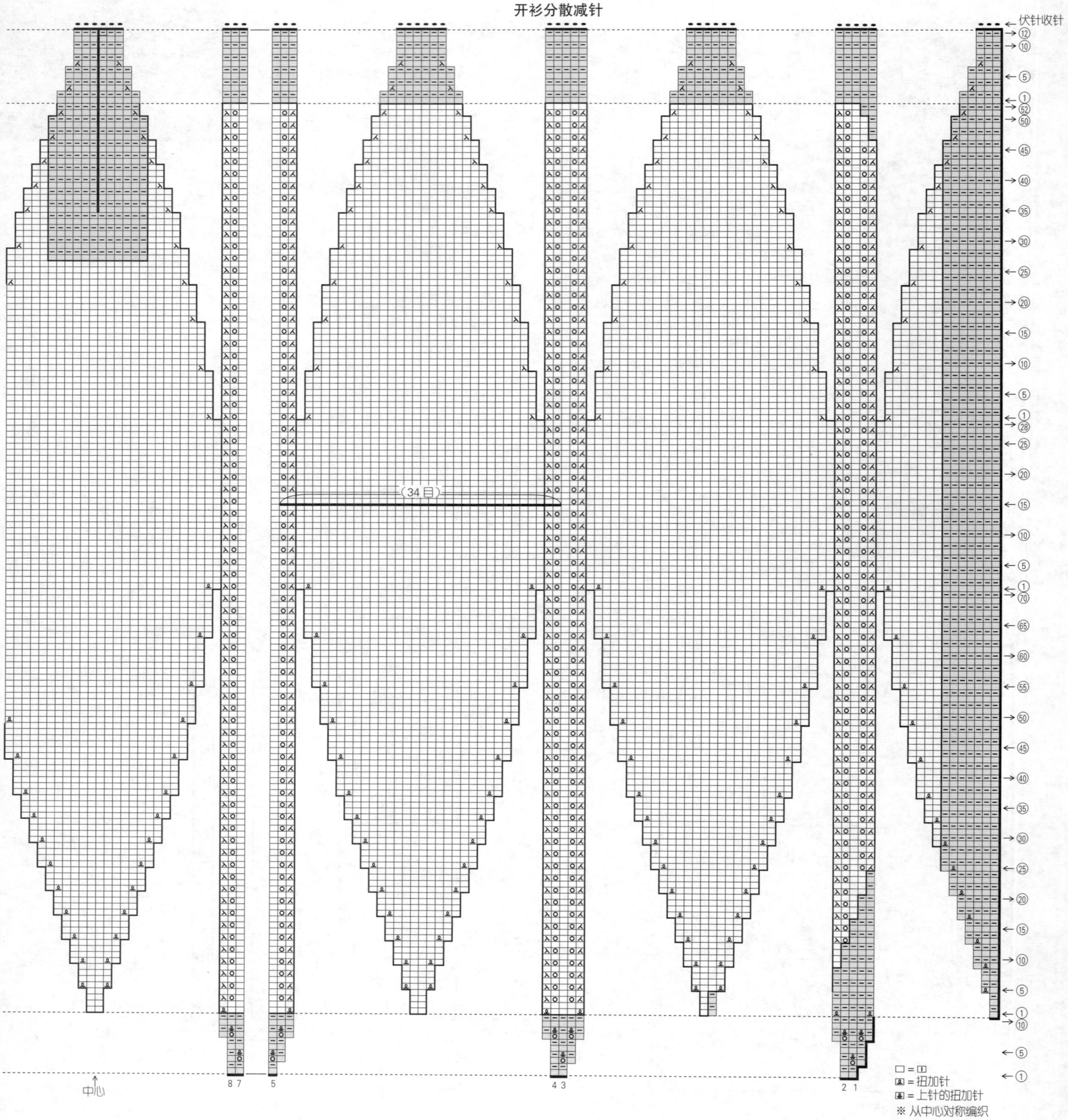

分开 2 根线手指起针的方法

1 将2根线分别挂在食指和拇指上。

2 按照手指起针的要领运针。

3 将线拉出。

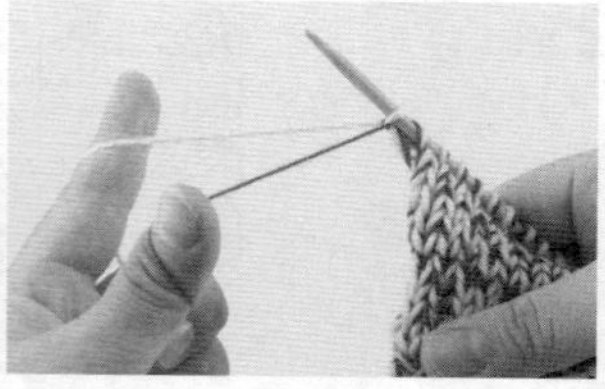
4 将左手的线拉紧，收紧针目。

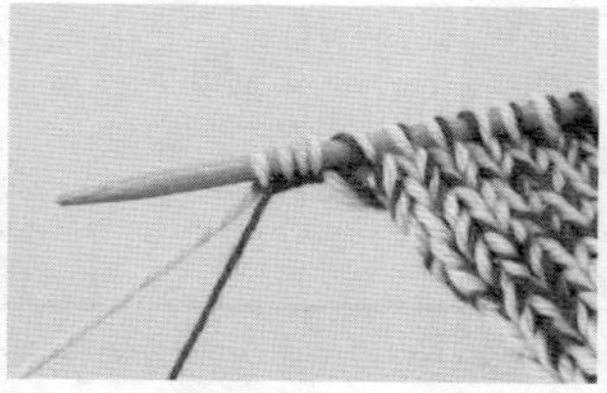
5 重复编织至所需要的针数。

背心

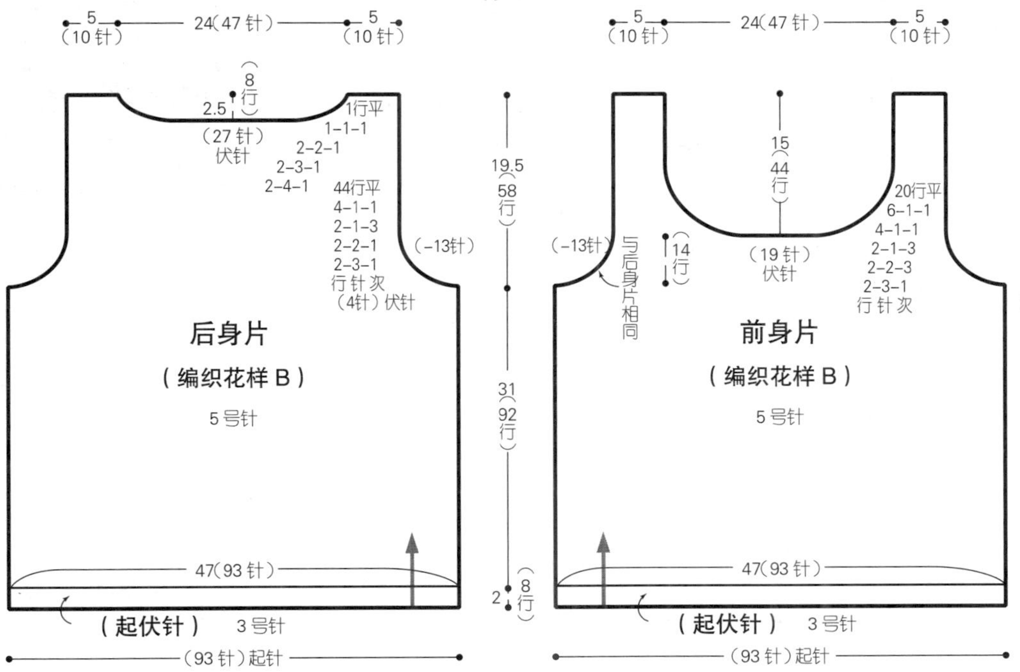

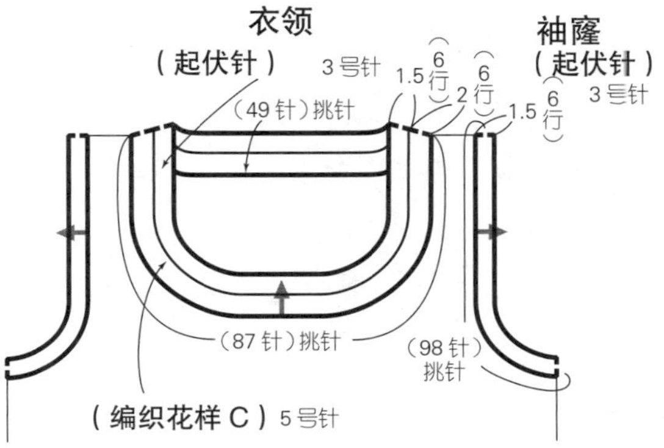

编织花样 C

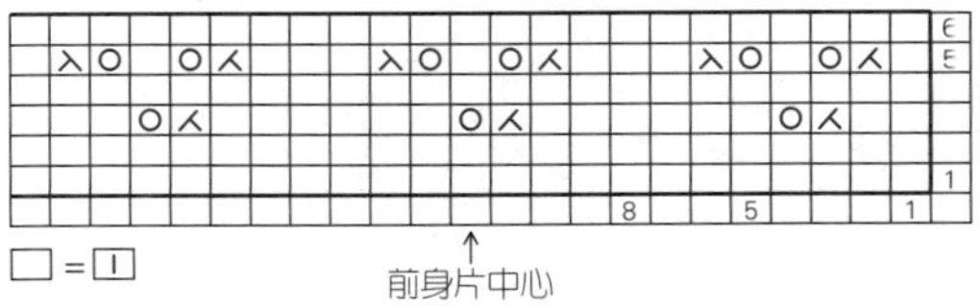

编织花样 B

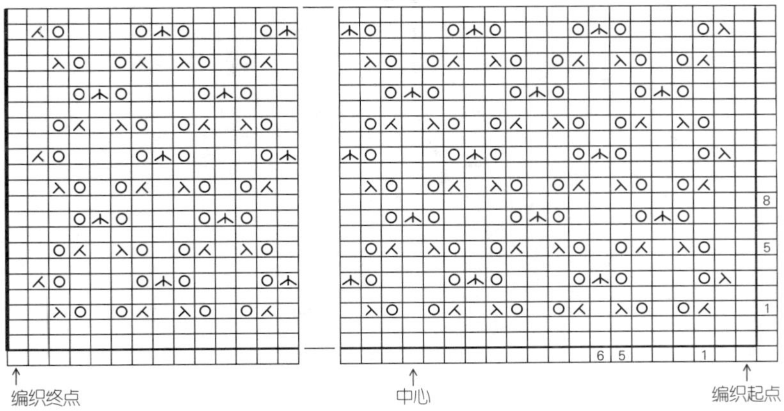

起伏针 （衣领、袖窿）

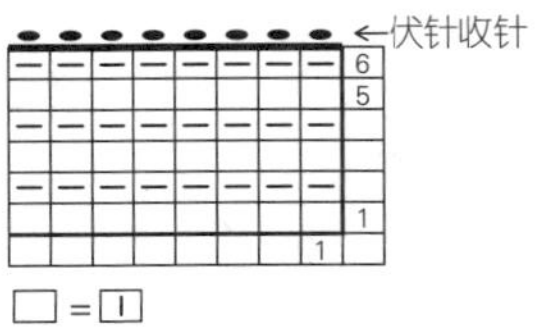

起伏针 （下摆）

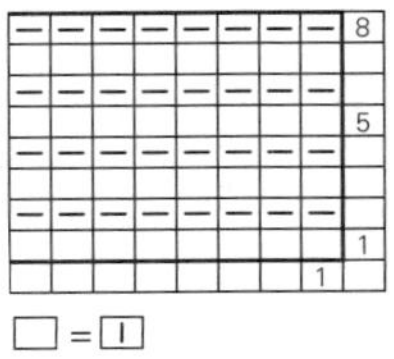

接第122页 ▶

后领窝和开衩的减针

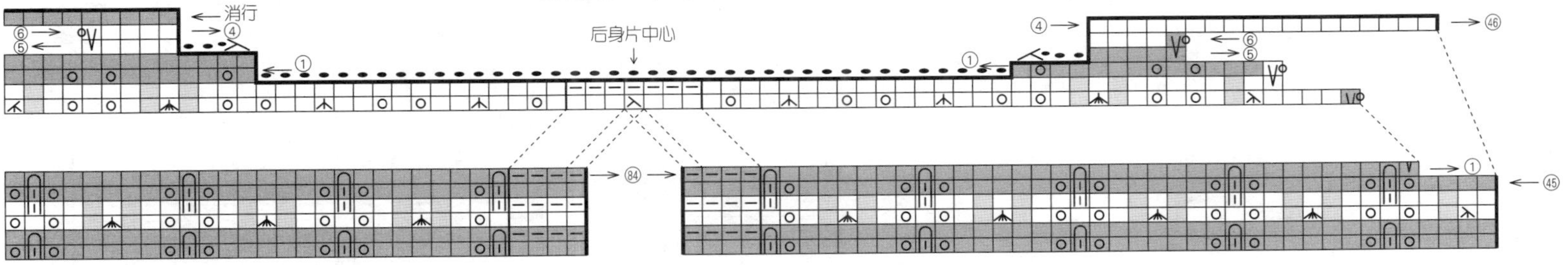

□ = 丨

= 中上5针并1针
※编织方法请参照144页

= 拉针
（拆开针目的方法）
※编织方法请参照118页

= 无针目处

配色 { ■ = 藏青色 □ = 原色

后开衩的加针 （后身片）

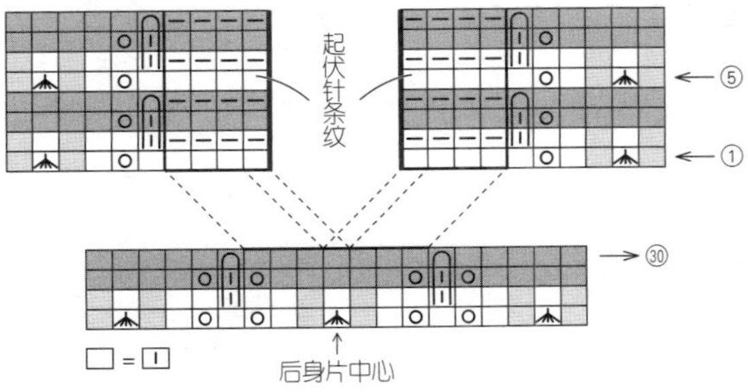

袖窿的编织方法

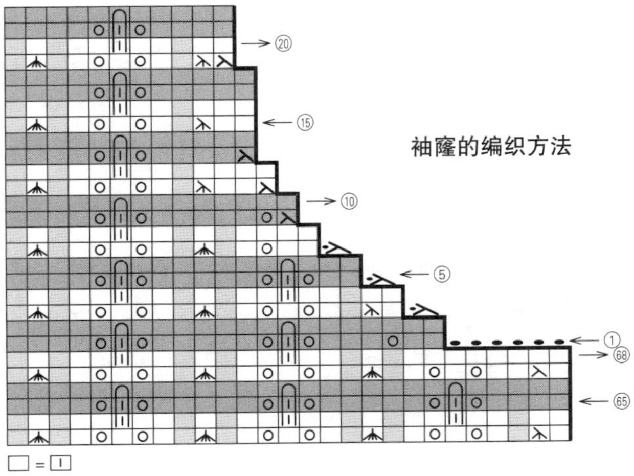

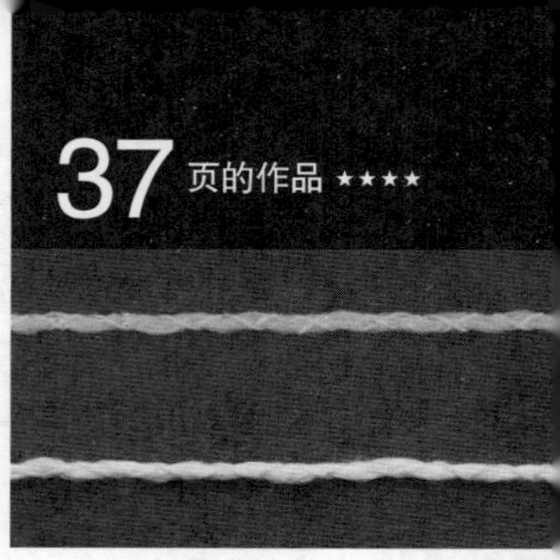

材料

钻石线DIA COSTA LUNA 藏青色（9210）165g/5团；DIA COSTA LUNA 原白色（501）95g/3团

工具

棒针4号、5号、6号，钩针6/0号

成品尺寸

胸围100cm，肩宽36cm，衣长54.5cm，袖长40cm

编织密度

10cm×10cm面积内：条纹花样23针，25.5行（5号针）；条纹花样21针，25行（6号针）

编织要点

●身片、袖子…另线锁针起针，编织条纹花样。身片需要调整编织密度，后身片编织30行后，左右两边分开编织，并在后中缝的两边缘编织84行起伏针条纹。第85行开始，左、右身片连在一起编织。袖窿、领窝、袖山减针时，2针及以上时做伏针减针，1针时立起侧边1针减针。条纹花样挂针和减针位置分开，不同的行编织的针数也不一样，需要注意。下摆拆开锁针起针挑针，编织扭针的单罗纹针。编织终点做单罗纹针收针。袖口和下摆的挑针方法相同，做下针编织，编织终点做伏针收针。

●组合…肩部做盖针接合，胁、袖下使用毛线缝针做挑针缝合。袖口折回内侧，做藏针缝缝合。衣领挑取指定数量的针目，编织边缘编织A。边缘编织A上下颠倒过来拿好，挑取第1行剩下的1根线，编织饰边。钩织引拔针将衣袖连接在身片上。

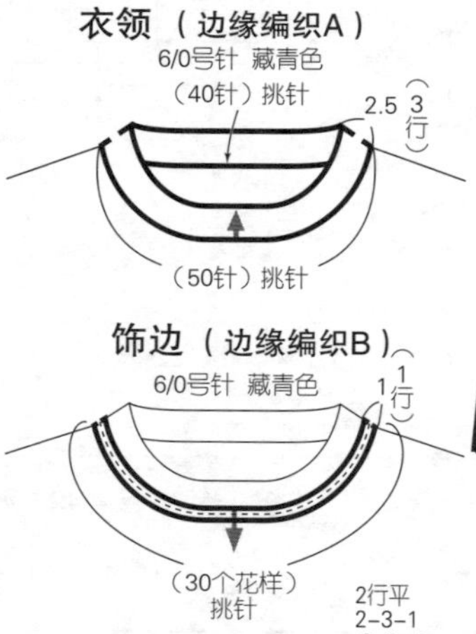

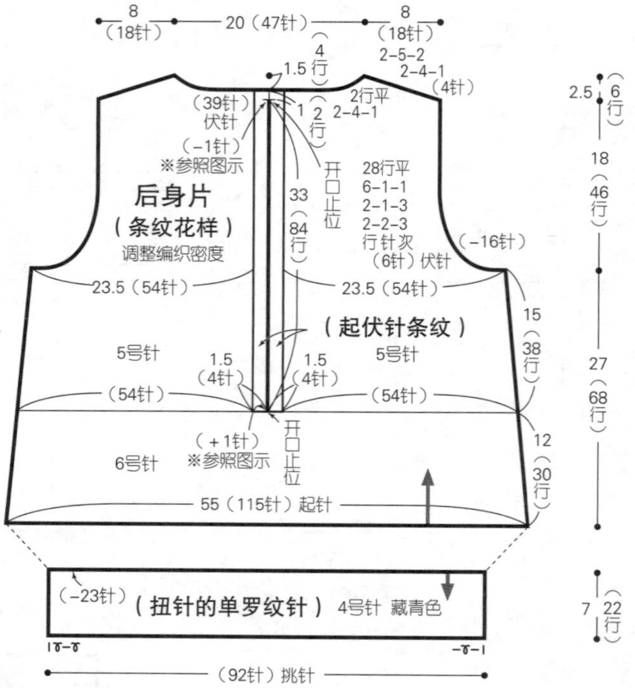

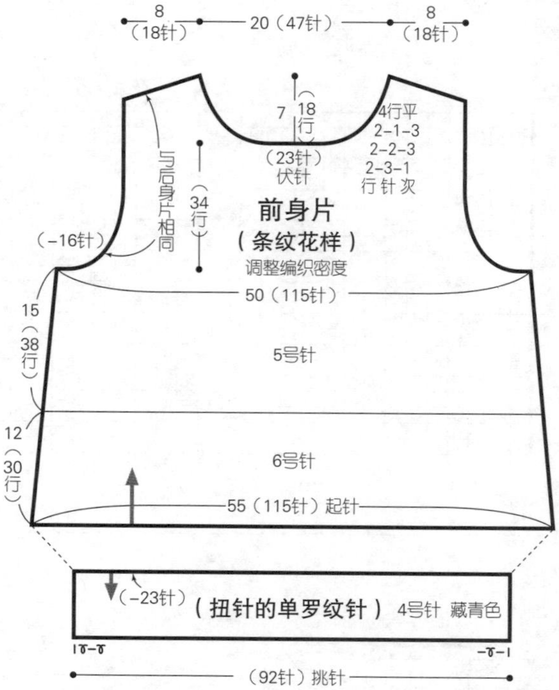

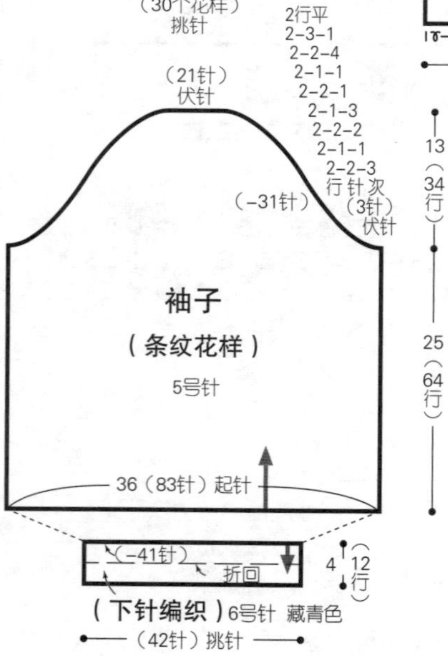

条纹花样

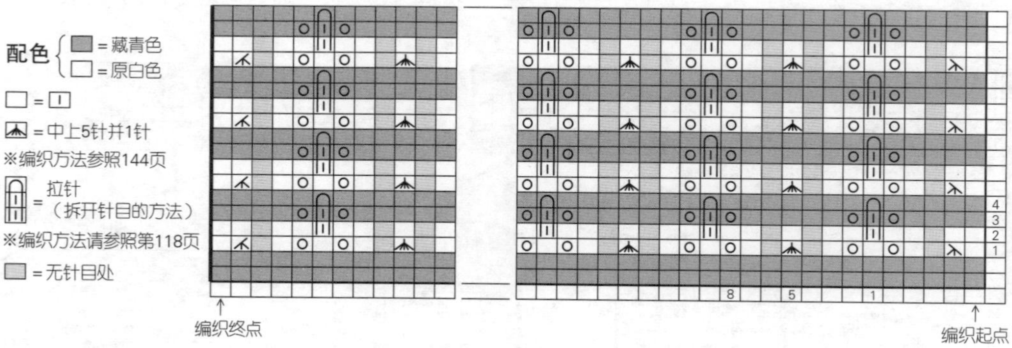

边缘编织A

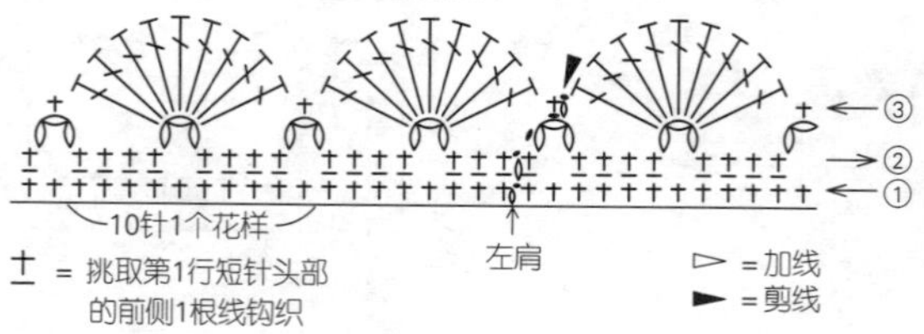

起伏针条纹

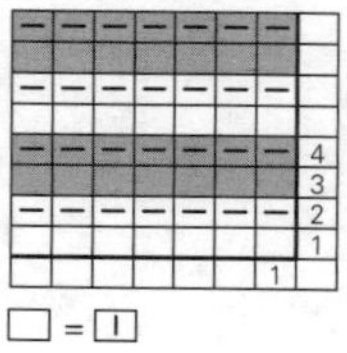

扭针的单罗纹针

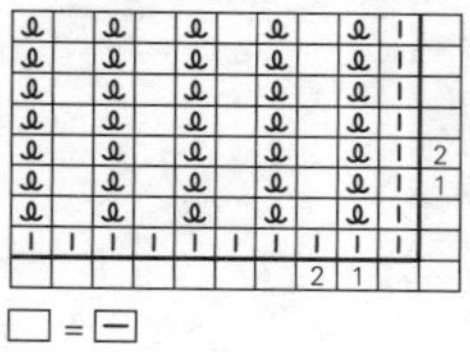

边缘编织B

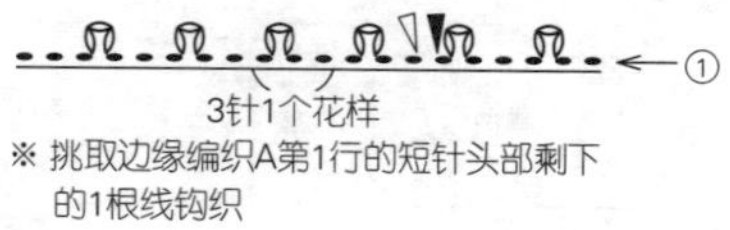

◀接第121页

材料

钻石线DIA COSTA NUOVA粉色系段染（718）245g/7团；DIA PIXY黄色系混合（9305）140g/5团

工具

钩针4/0号、5/0号

成品尺寸

胸围94cm，衣长48.5cm，连肩袖长45.5cm

编织密度

10cm×10cm面积内：编织花样A20.5针，14行；编织花样C29针，13.5行

编织要点

●身片、袖子…锁针起针，参照编织图钩织。前、后身片用COSTA NUOVA线做编织花样A，袖子用PIXY线做编织花样C。前育克用PIXY线挑针，一边分散减针，一边做编织花样B，并钩上荷叶边。袖口做编织花样B，钩上荷叶边。

●组合…插肩线、胁部、袖下对齐行与行使用毛线缝针做挑针缝合，腋下对齐针与针缝合。袖口的荷叶边用引拔针将头部连接成环形。下摆钩织边缘编织A，领窝环形编织边缘编织B。钩织2根细绳，固定在指定位置。

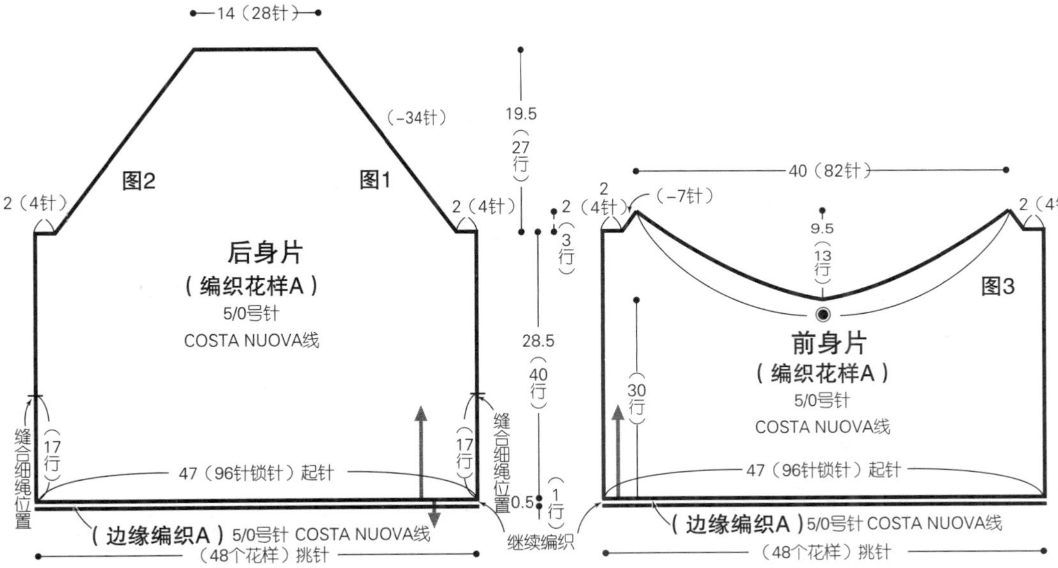

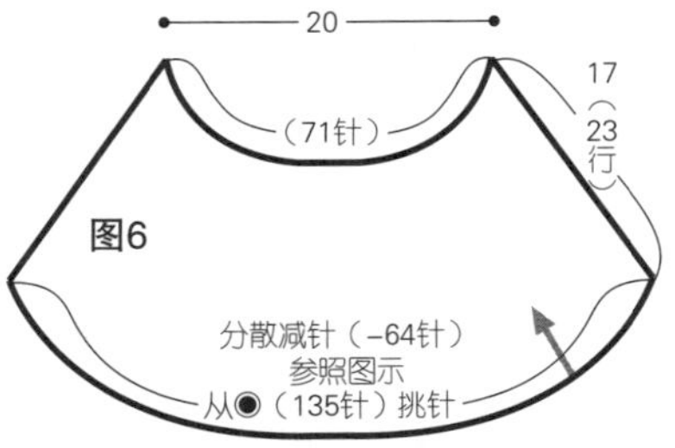

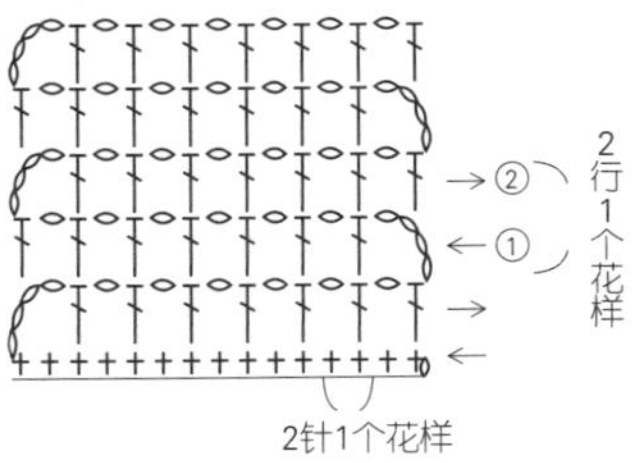

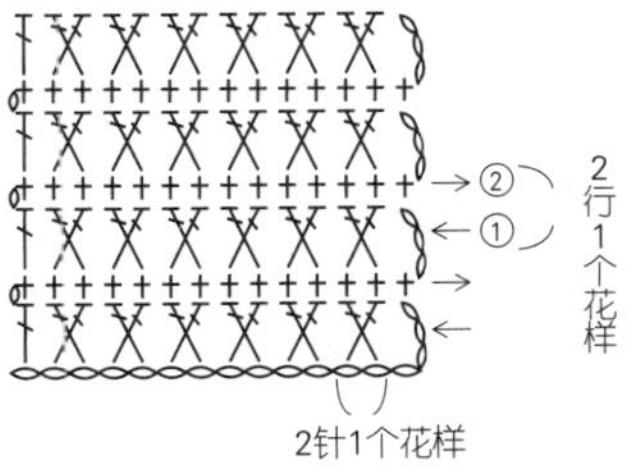

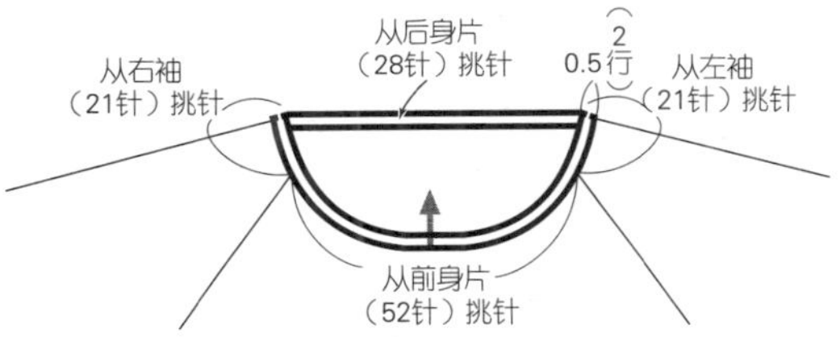

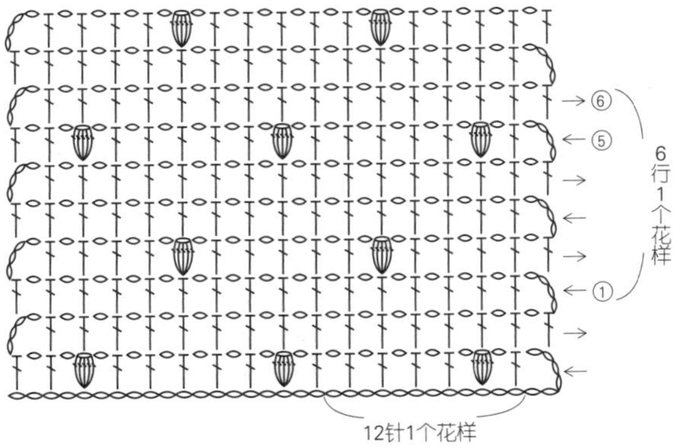

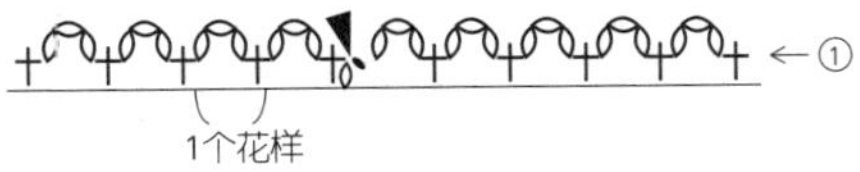

丅 = 反短针

※钩织方法请参照第97页

1针长针交叉

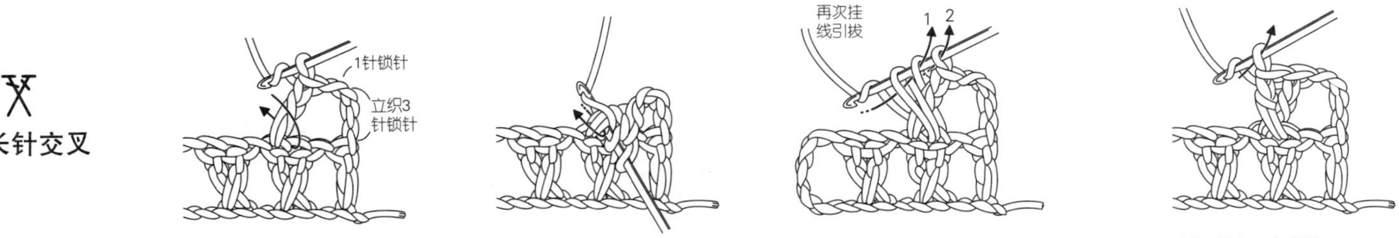

1 跳过1针钩织长针，将钩针插入前一行右侧的长针头部。

2 包住先前钩织的长针，将线拉出。

3 挂线，分别从钩针上的2个线圈中拉出，钩织长针。

4 1针长针交叉完成了。

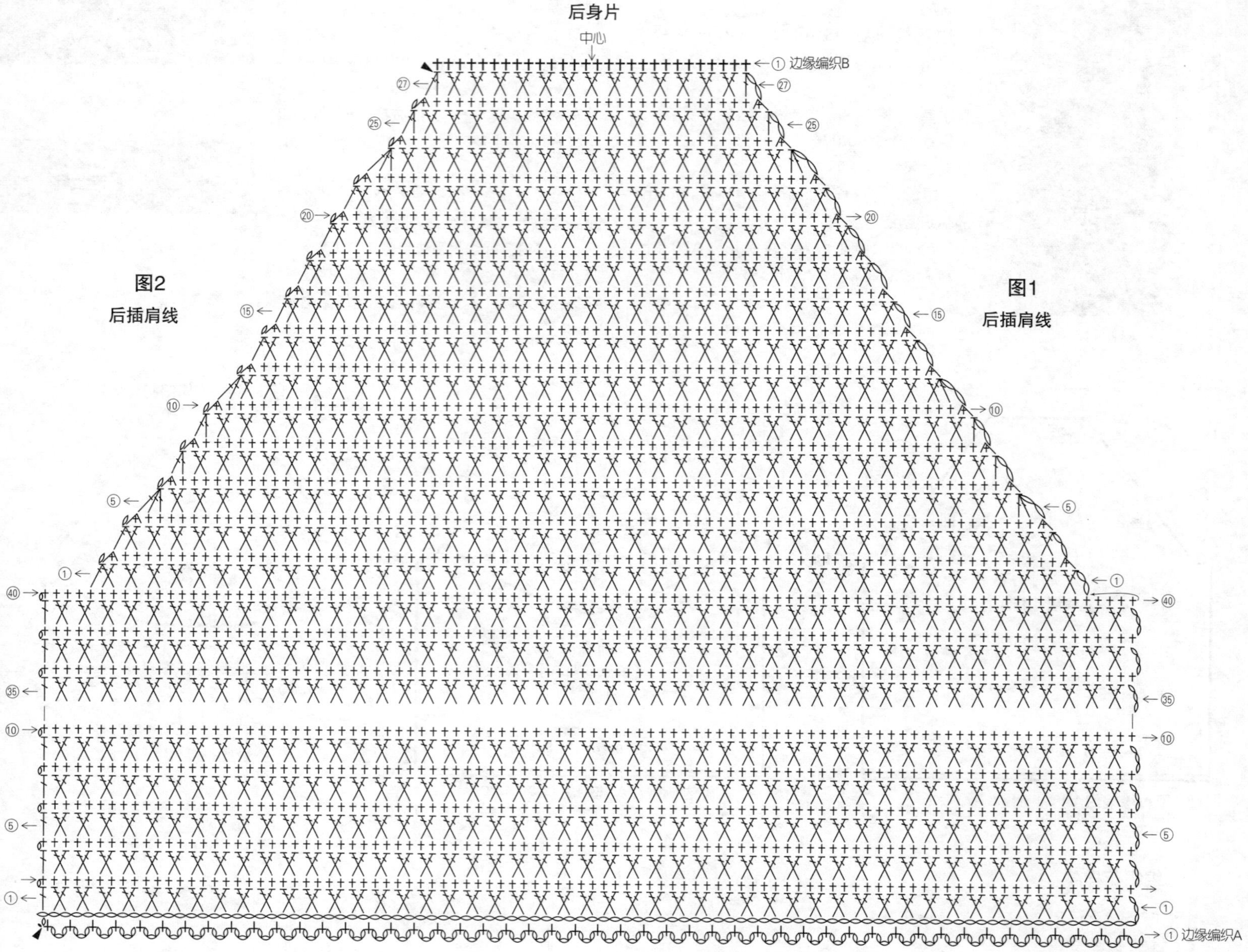

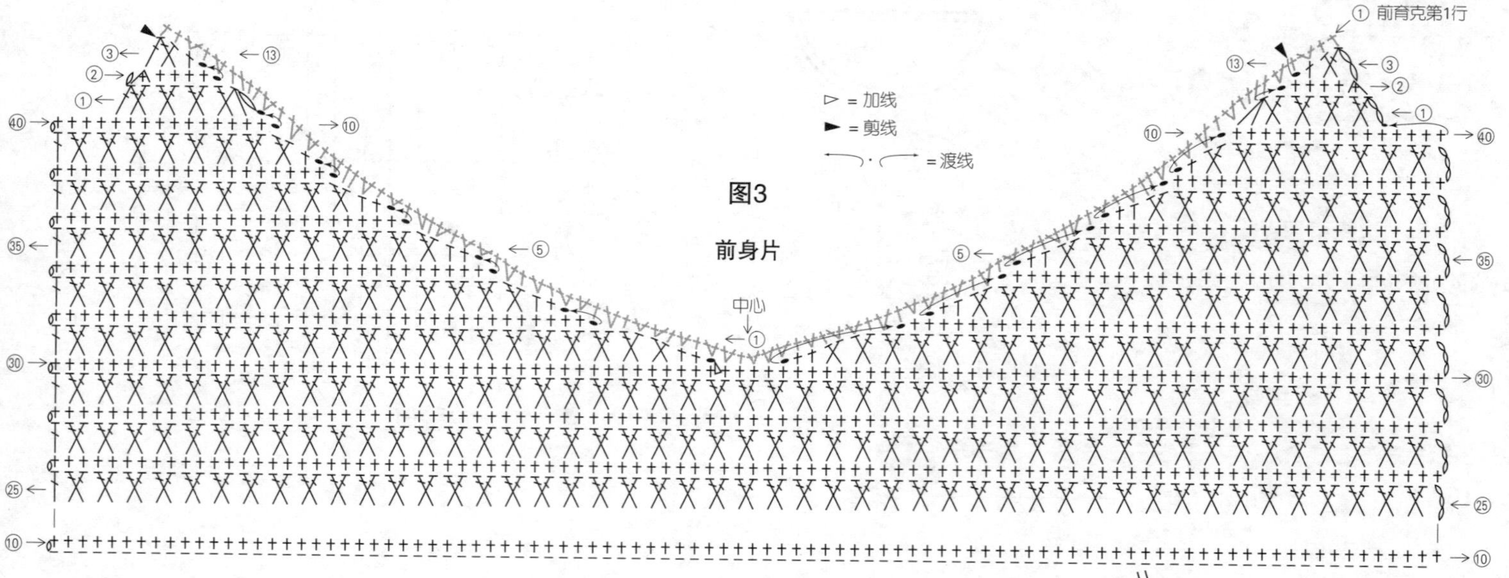

5针长针的爆米花针

（从1针上挑针）

1 在1针上钩织5针长针，然后抽出钩针，插入第1针长针的头部和抽出的针目中。

2 将抽出的针目从第1针长针的头部拉出。

3 再钩织1针锁针将针目收紧。5针长针的爆米花针（从1针上挑针）完成。

荷叶边的编织方法
（育克）

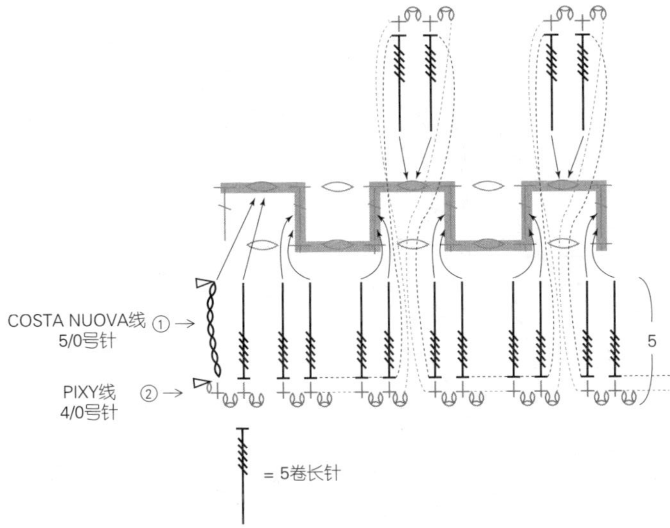

= 荷叶边位置

荷叶边的编织方法
（袖口）

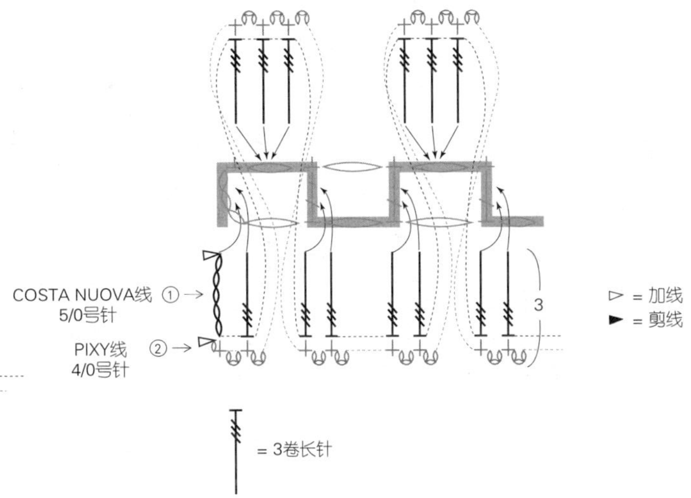

图6 编织花样B 育克

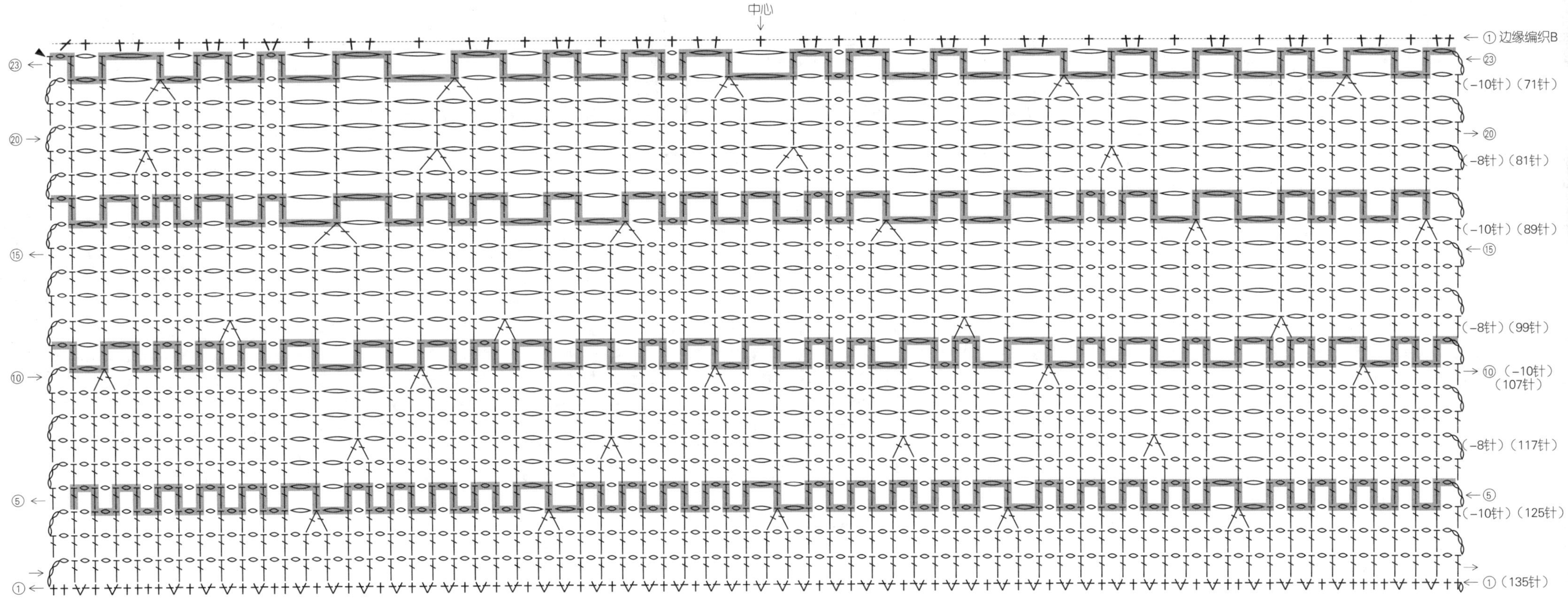

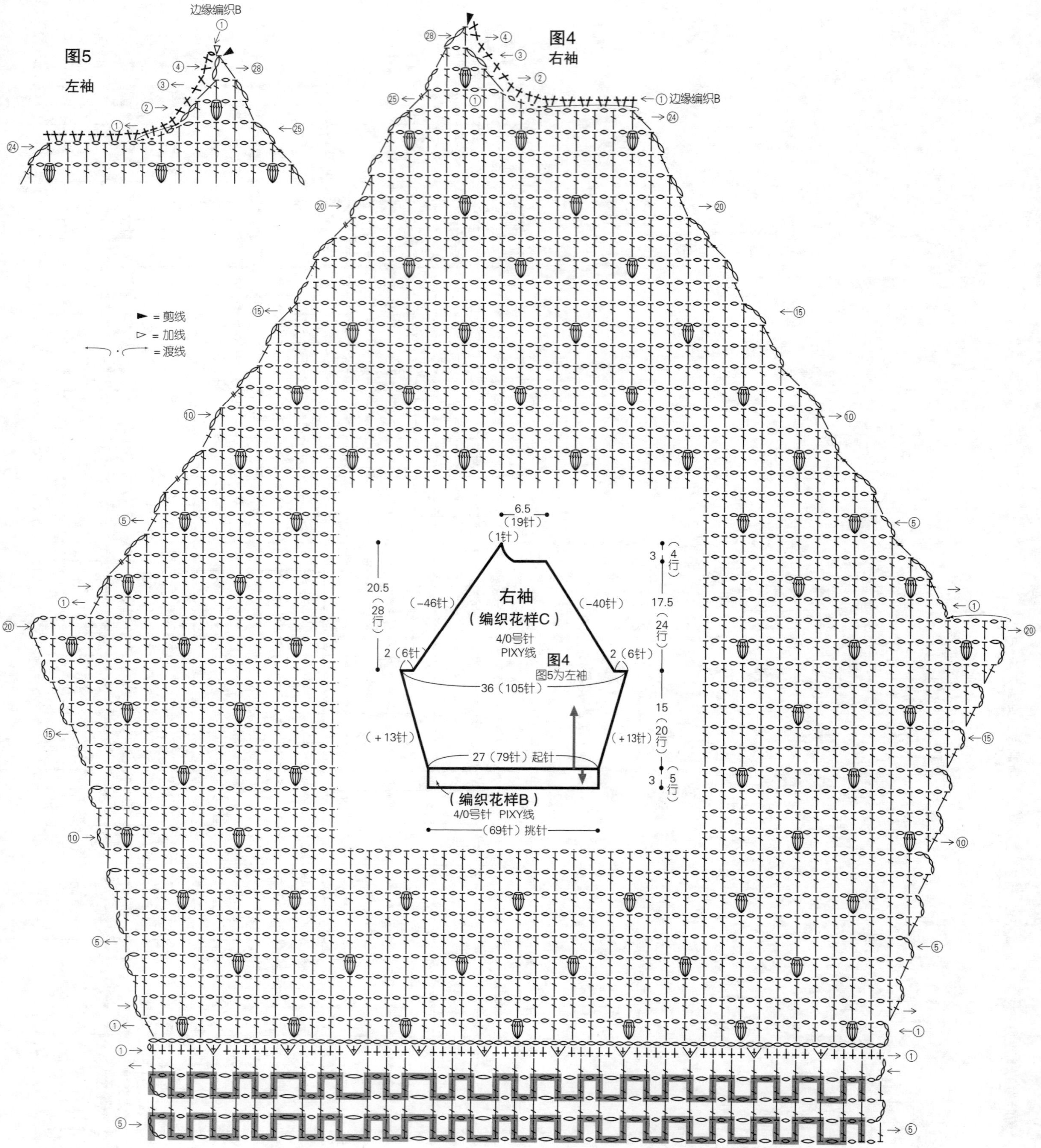

5针长针的爆米花针（反面）

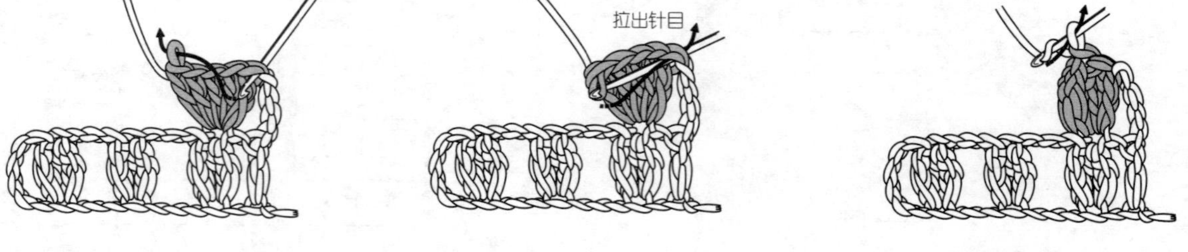

1 在前一行的头部钩织5针长针，然后抽出钩针，从后侧插入第1针长针的头部和抽出的针目中。

2 将抽出的针目从第1针长针的头部拉出。

3 再钩织1针锁针将针目收紧。从反面钩织的5针长针的爆米花针完成。针目向后侧突出。

材料
钻石线DIA COSTA LUNA 灰粉色(9209) 270g/8团;DIA MIO 米色(803) 135g/6团;直径18mm的纽扣7颗

工具
棒针4号、5号

成品尺寸
胸围95cm，肩宽35cm，衣长53cm，袖长52cm

编织密度
10cm×10cm面积内：条纹花样A 26针，80行；条纹花样B 26针，36行

编织要点
●身片、袖子…另线锁针起针，环形编织条纹花样A、B。减针时，2针及以上时做伏针减针，1针时立起侧边1针减针。加针时，在1针内侧编织扭针加针。下摆、袖口拆开起针的锁针挑针，编织起伏针条纹。编织终点从反面做伏针收针。

●组合…肩部做盖针接合，胁、袖下使用毛线缝针做挑针缝合。衣领、前门襟挑取指定数量的针目，编织起伏针条纹。右前门襟开扣眼。编织终点的处理方法和下摆相同。钩织引拔针连接衣袖和身片。缝上纽扣。

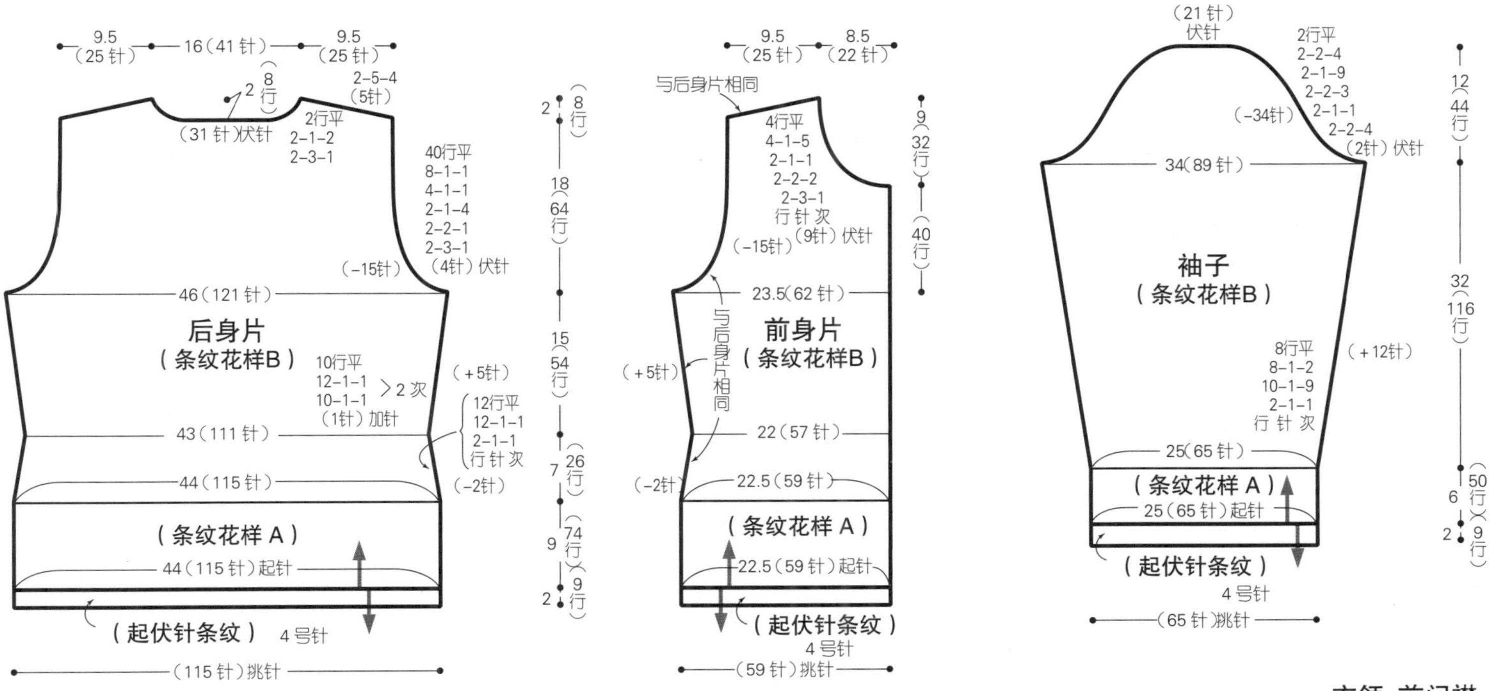

※ 除指定以外均用5号针编织

起伏针条纹

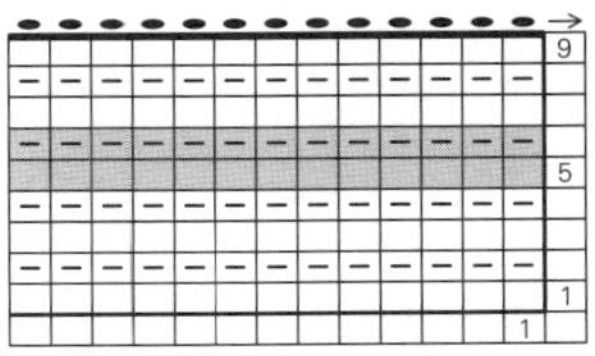

□=□

配色 { □ = 灰粉色 / ▨ = 米色 }

= 上针的浮针（2行的情况）

※编织方法请参照第130页

= 上针的滑针（2行的情况）

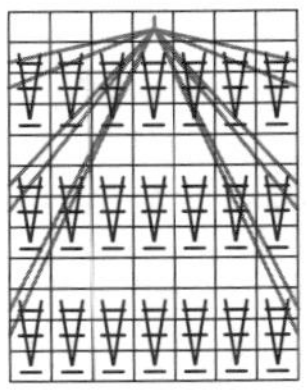

= 在浮针中心编织拉针

※编织方法请参照第153页

条纹花样A

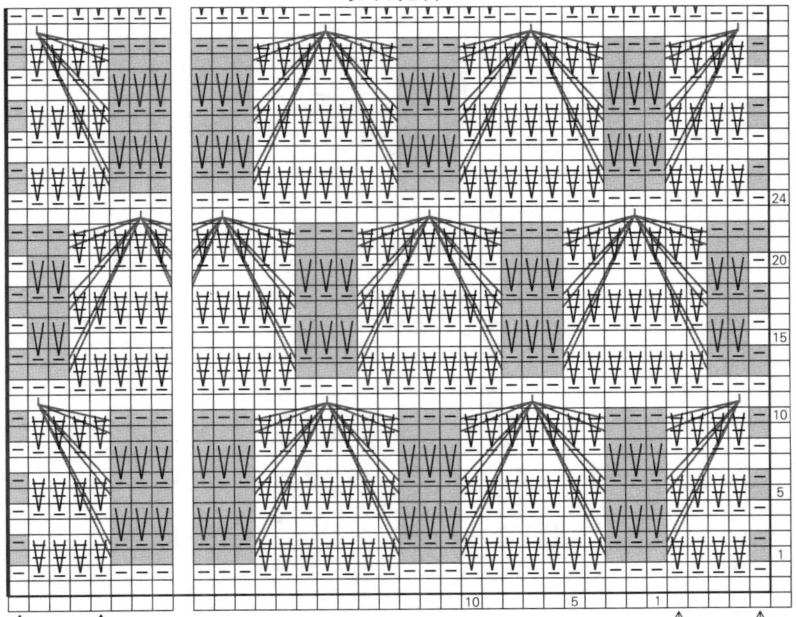

□=□

配色 { □ = 灰粉色 / ▨ = 米色 }

衣领、前门襟
(起伏针条纹) 4号针

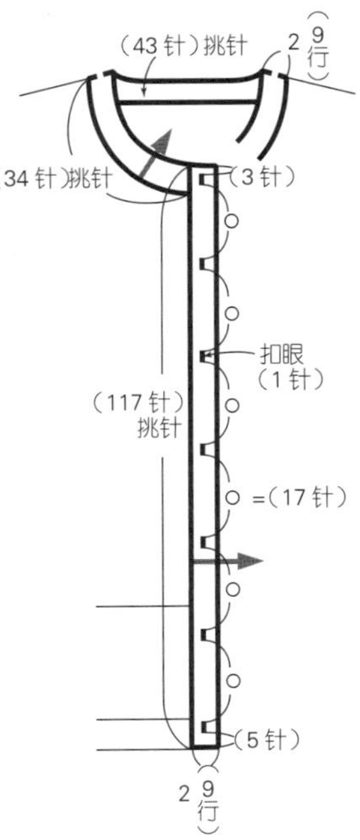

上针的滑针
（2行的情况）

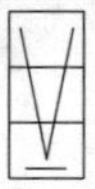

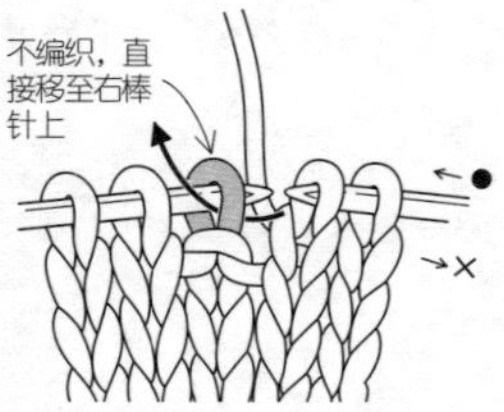

1 编织时使×行成为上针。●行将线放在织片后侧，左棒针上的针目不编织直接移至右棒针上。

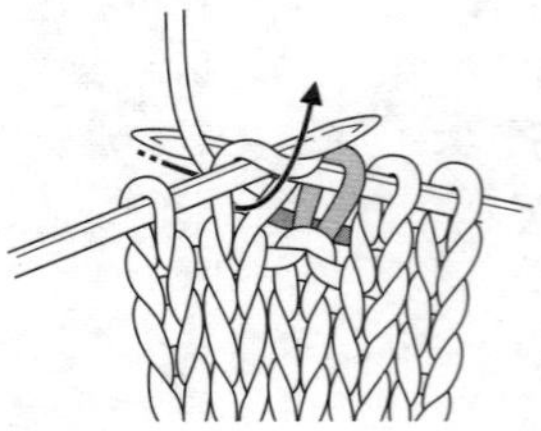

2 然后将右棒针插入下一个针目中，编织下针。

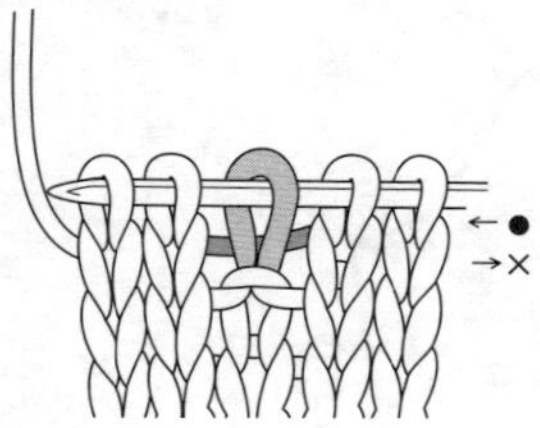

3 1行的上针的滑针完成。

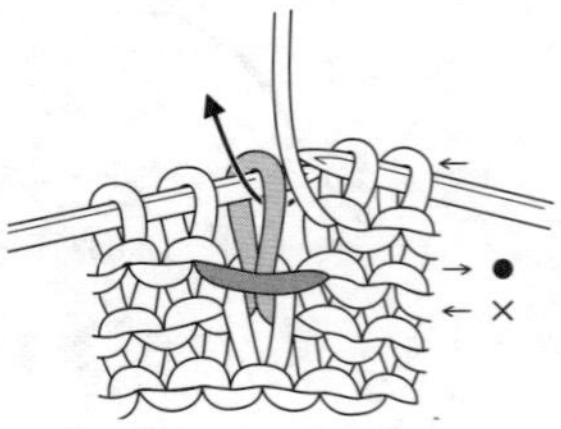

4 从反面编织时，将线放在织片前侧，不编织直接移至右棒针上。下一针从后侧入针编织上针。

条纹花样B

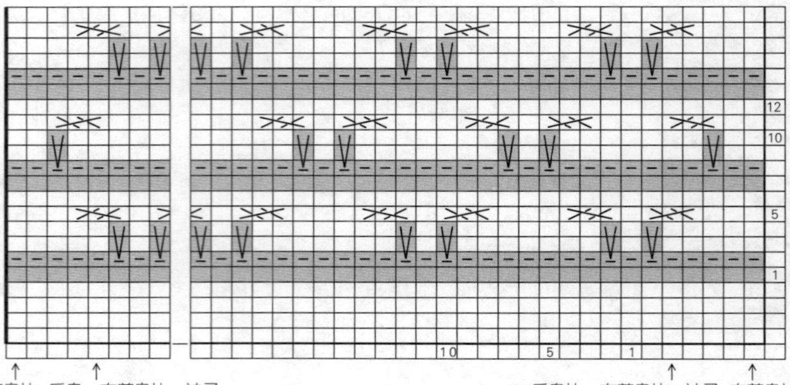

□ = ▯

配色 { □ = 灰粉色 / ▩ = 米色 }

= 上针的滑针

扣眼（右前门襟）

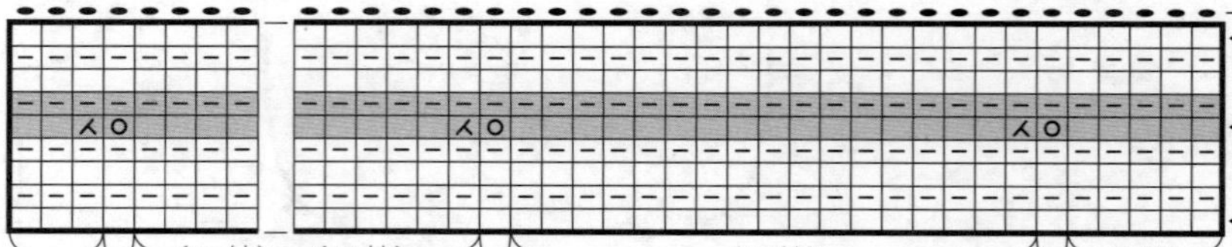

□ = ▯

图 1
右前身片

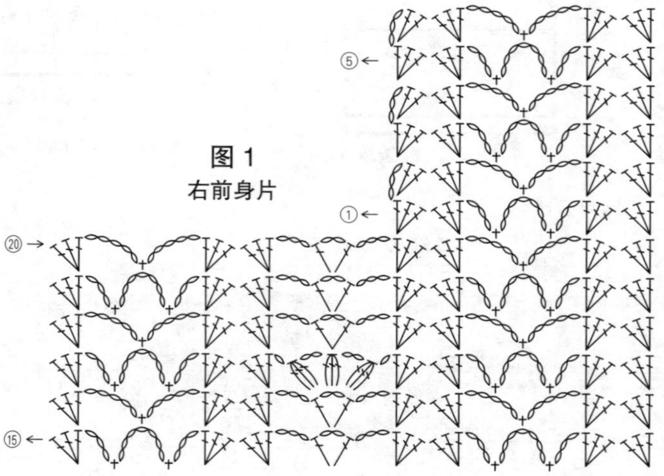

▷ = 加线

图 2
左前身片

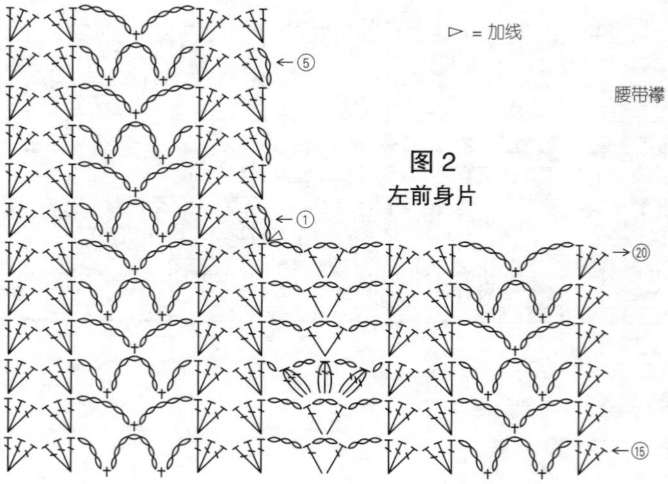

组合方法

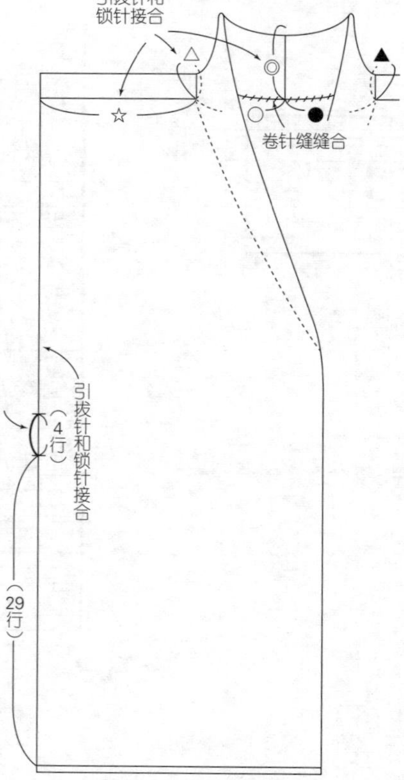

接第129页▶

材料

Ski毛线　Ski Quartz 浅灰色(1726) 305g/11团

工具

钩针 5/0 号

成品尺寸

胸围104cm，衣长73cm，连肩袖长26cm

编织密度

10cm×10cm面积内：编织花样A 27针，9行；编织花样B(肩部育克)1个花样13针5cm，10cm 9.5行

编织要点

●身片…锁针起针，钩织短针和编织花样A，前身片接着衣领钩织。肩部育克的起针方法和身片相同，钩织短针和编织花样B。

●组合…对齐相同标记，钩织引拔针和锁针接合。衣领折回内侧，将后身片的○、●标记对齐，做卷针缝缝合。胁部钩织引拔针和锁针接合。钩织腰带襻，固定在指定位置。钩织腰带，穿在腰带襻中。

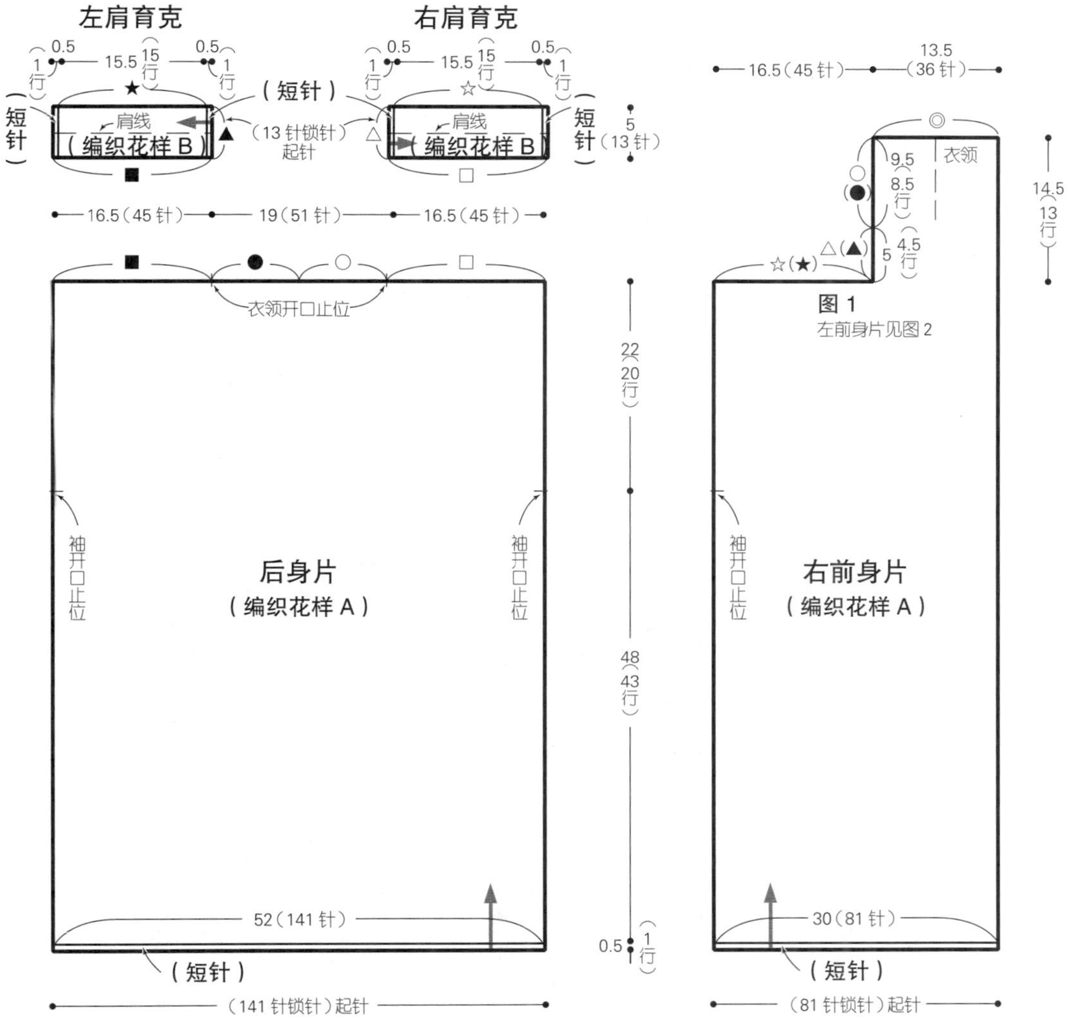

※ 全部用 5/0 号针钩织

※ 对称钩织左前身片

※( )内是左前身片的对齐标记

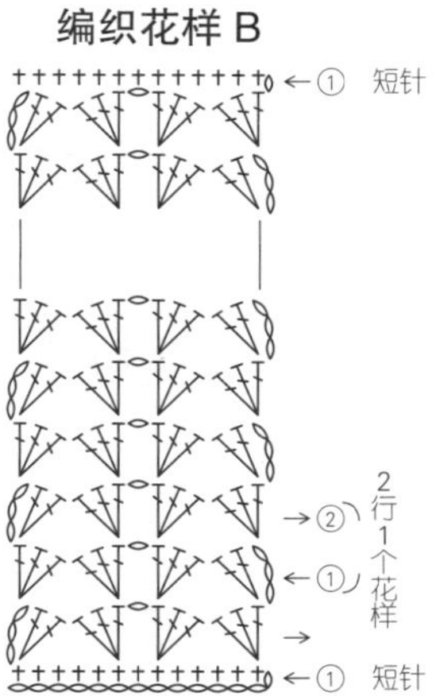

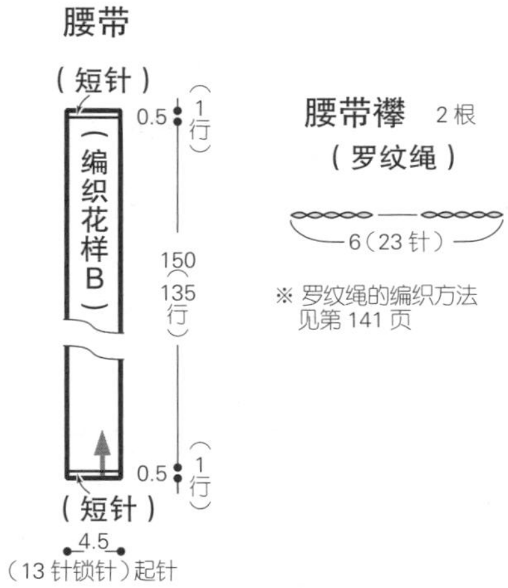

※ 罗纹绳的编织方法见第141页

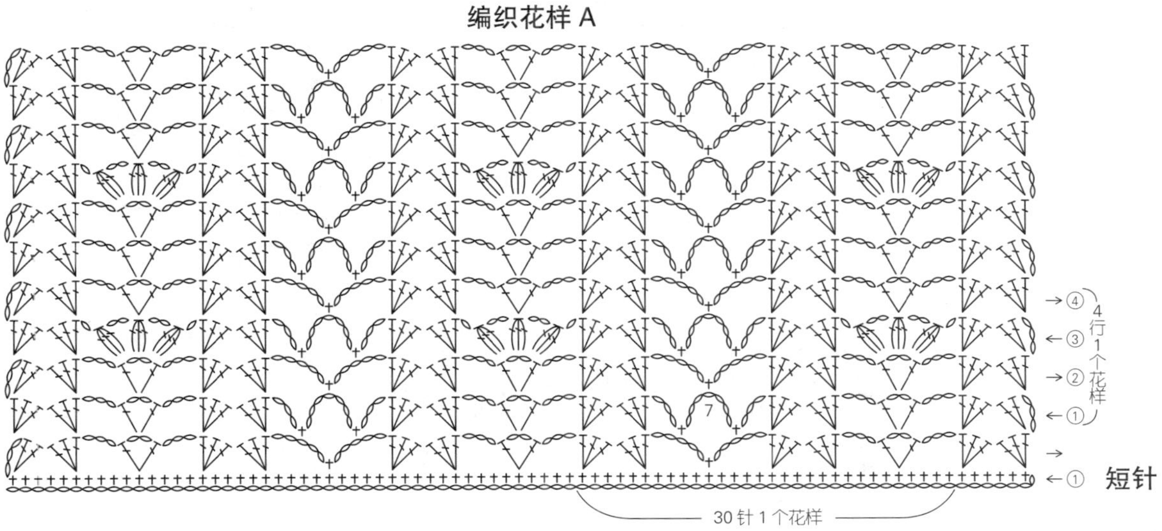

◀接第128页

材料

Ski毛线 Ski Quartz薄荷色(1727) 245g/9团

工具

棒针3号

成品尺寸

衣长46cm，连肩袖长51.5cm

编织密度

10cm×10cm面积内：编织花样A、A'、B均为23针，34行

编织要点

●事先用共线钩织2条48针的另线锁针。身片处手指起针，做编织花样A、B、A'。衣袖挑针位置做伏针收针，下一行从事先钩织好的另线锁针上挑针。编织终点做伏针收针。身片边缘另线锁针起针，一边和身片连在一起，一边做边缘编织。转角参照图示做往返编织。编织终点和编织起点做下针的无缝缝合。袖子从身片挑取指定数量的针目，环形做编织花样A。编织终点的处理方法和身片相同。袖口的编织方法和身片边缘相同。完成后按照尺寸展开，用珠针固定，用蒸汽熨斗熨烫定型。

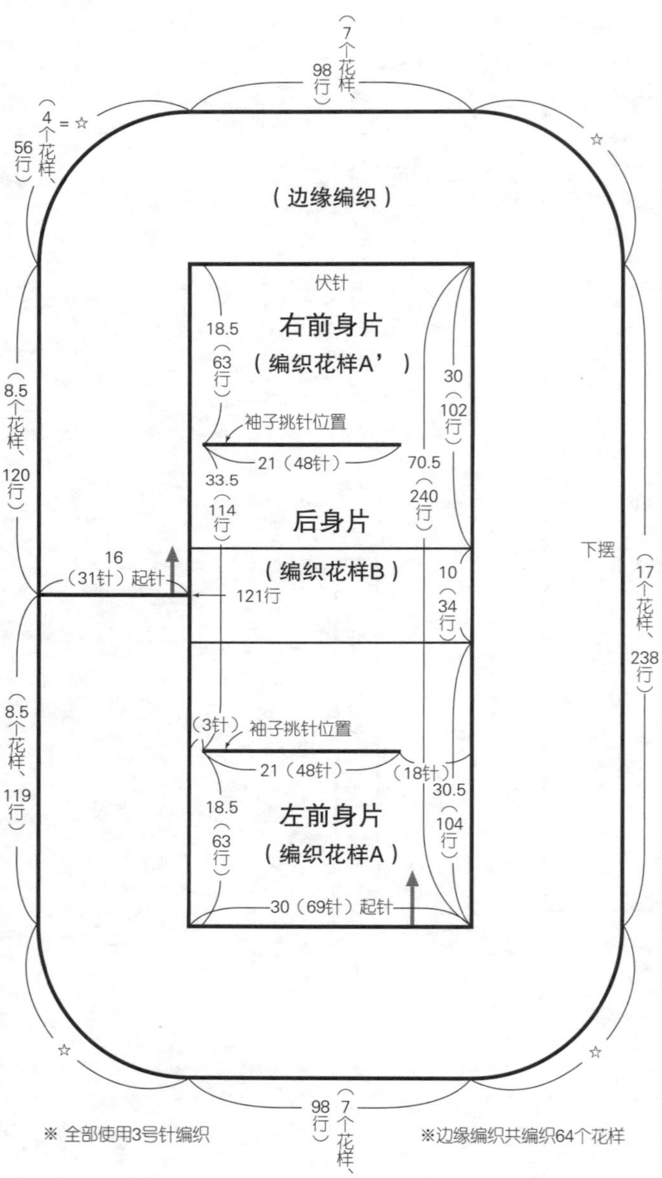

※ 全部使用3号针编织

※边缘编织共编织64个花样

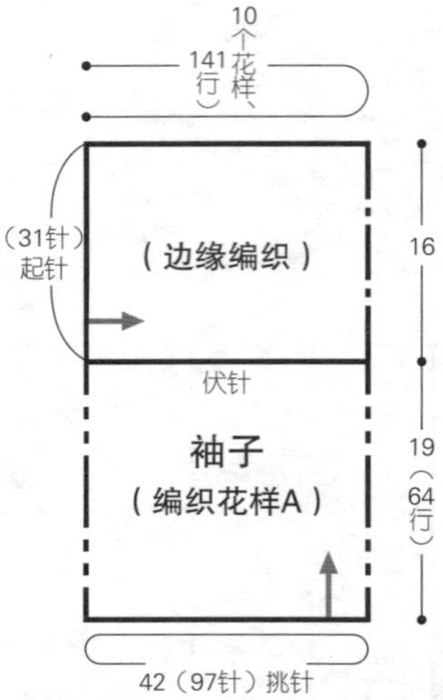

边缘编织

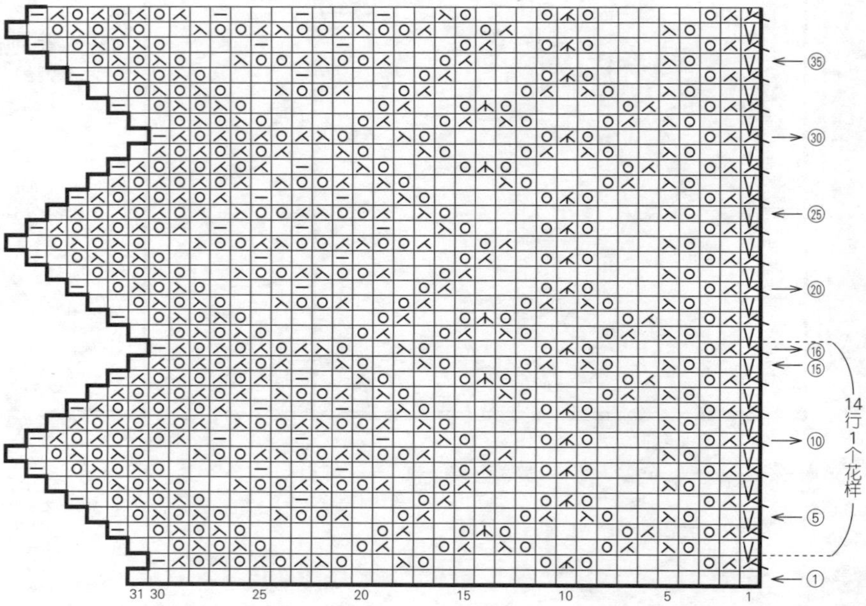

□ = ⊟

从反面编织时

⋌ = ⋌ 上针的左上2针并1针

⋋ = ⋋ 上针的右上2针并1针

⋀ = ⋀ 上针的左上3针并1针

V ← 编织的针目直接滑针

← 编织边缘编织端头的针目时，身片端头要从正面依次入针编织上针的左上2针并1针

上针的浮针（2行的情况）

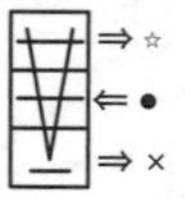

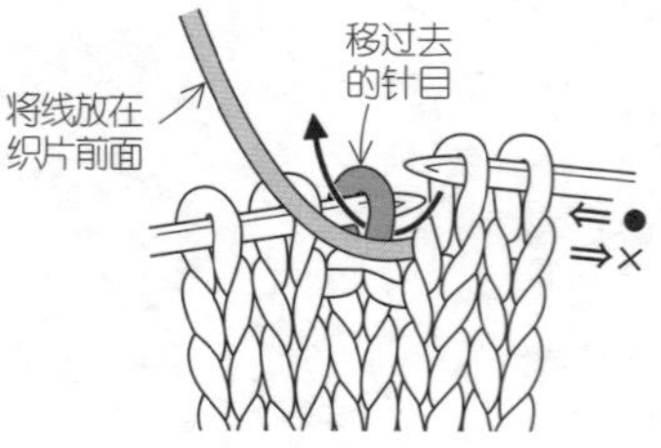

1 将线放在织片前面，不编织直接移至右棒针上。

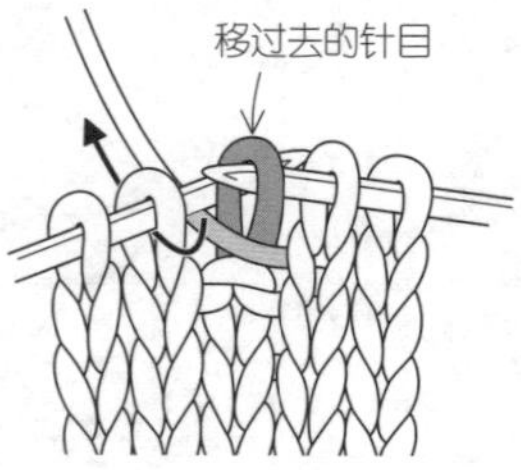

2 编织下一针。

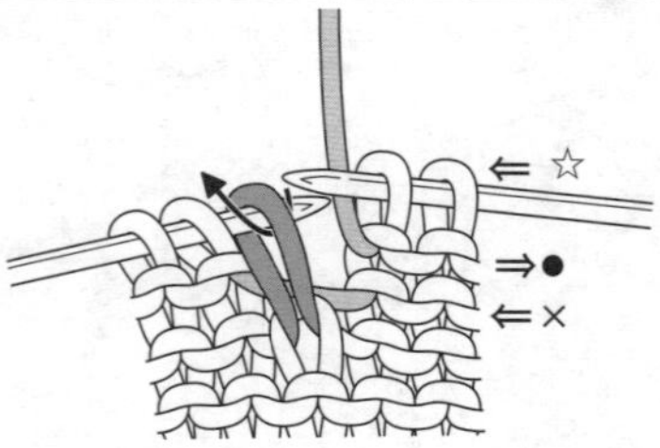

3 从反面编织时，将线放在织片后面，不编织直接移至右棒针上。

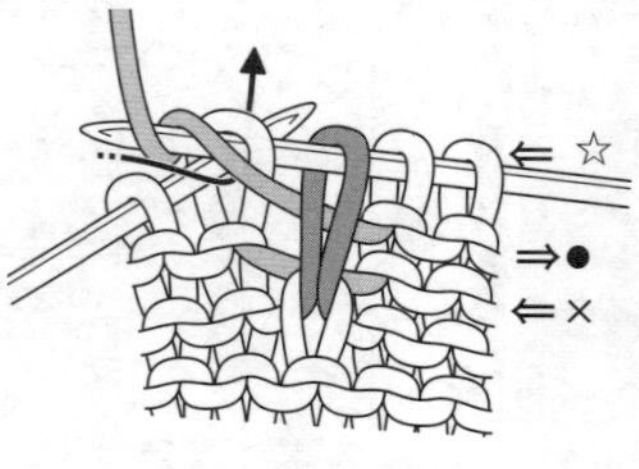

4 编织下一针。上针的浮针（2行的情况）完成。

编织花样A、A'

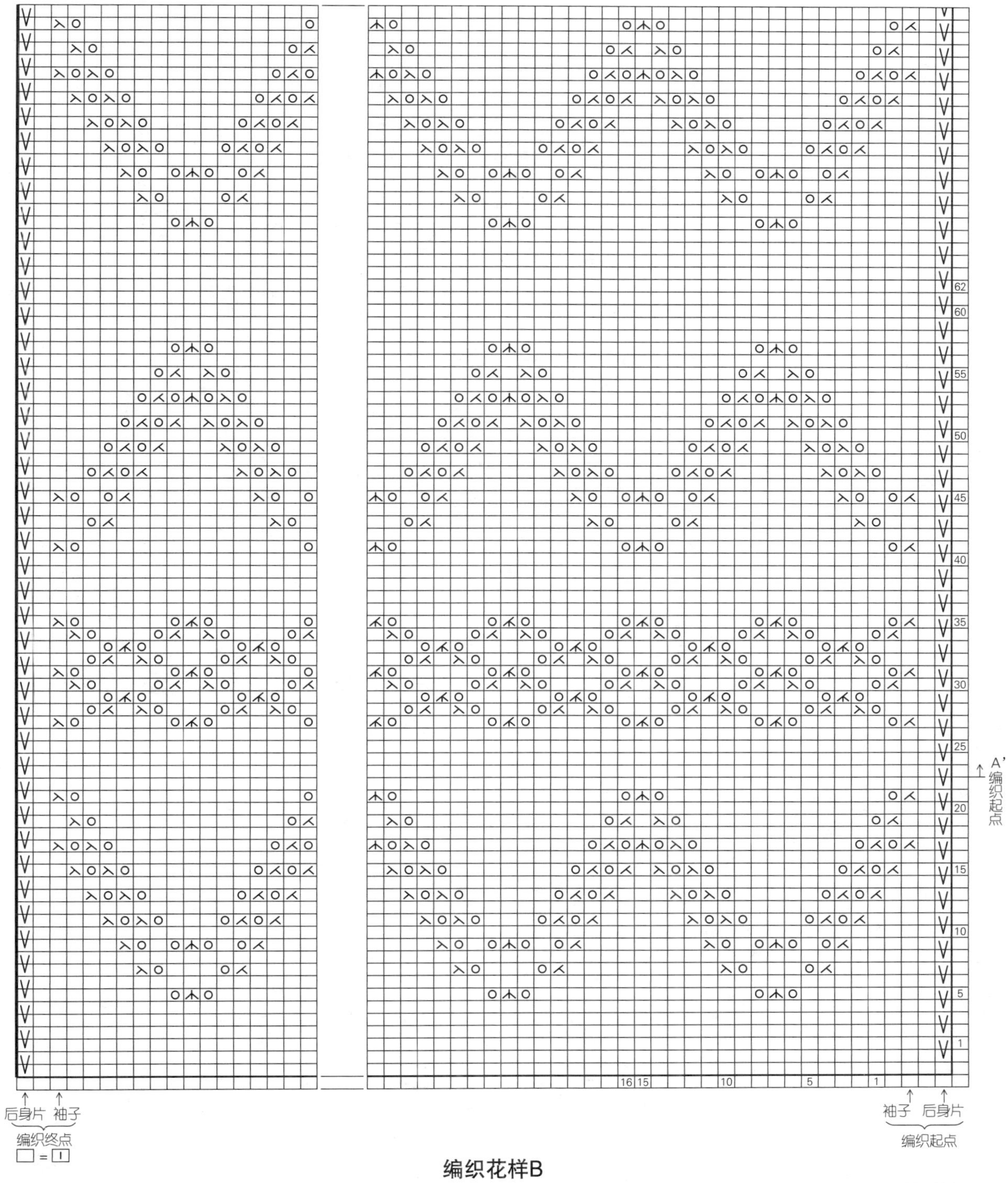

□ = 丨

编织花样B

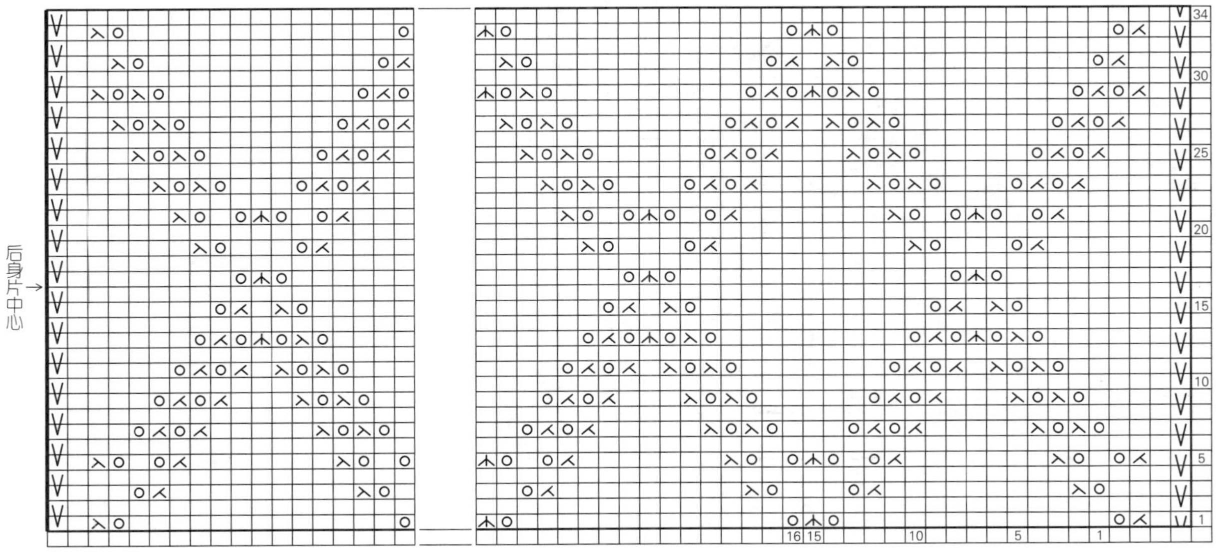

□ = 丨

中上3针并1针
（从反面编织的情况）

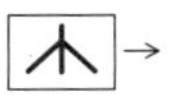

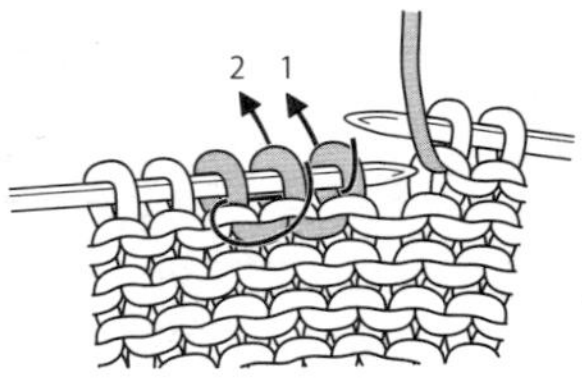

1 如箭头所示，按照1、2的顺序将右棒针插入，不编织直接移过去。

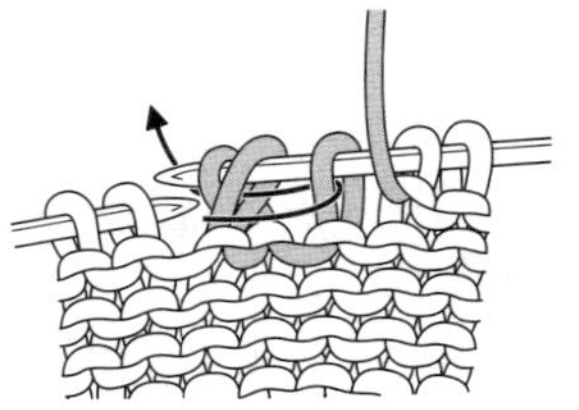

2 如箭头所示将左棒针插入，直接将针目移过去。

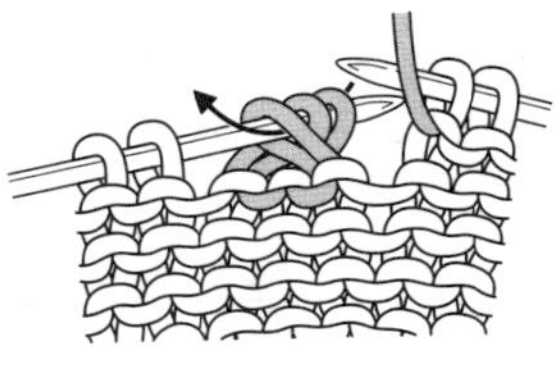

3 如箭头所示将右棒针插入。

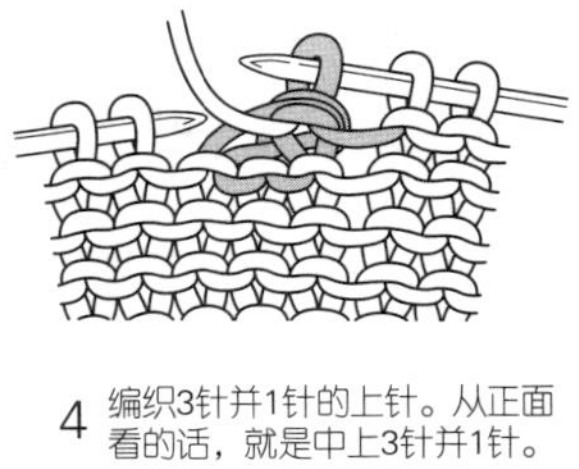

4 编织3针并1针的上针。从正面看的话，就是中上3针并1针。

边缘编织的连接方法和转角的编织方法

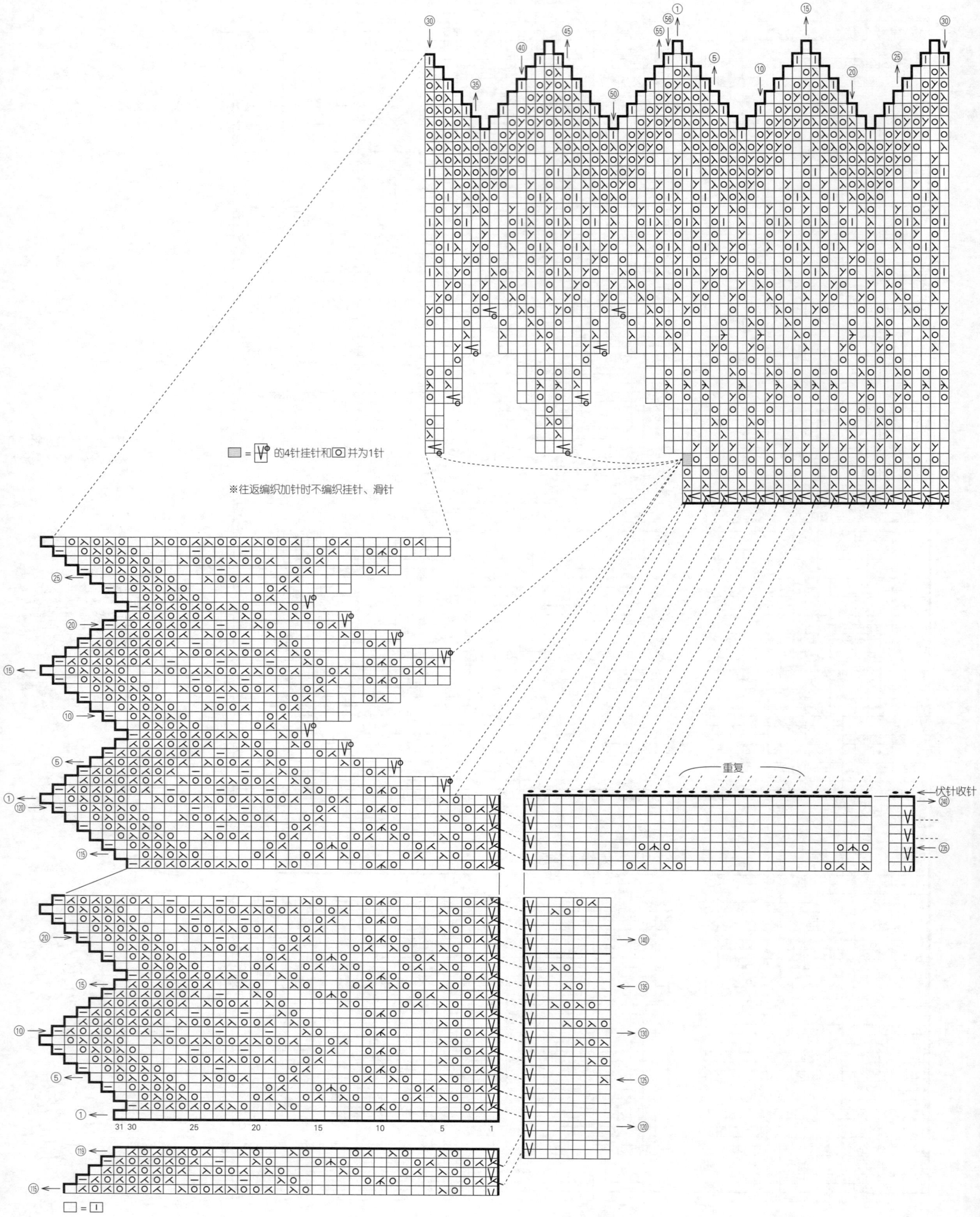

材料

Ski毛线 Ski Cagall紫色、深蓝色、绿色系段染（1907）255g/9团；Ski Yusari 红豆色（905）

工具

钩针4/0号

成品尺寸

胸围96cm，肩宽36cm，衣长54cm，袖长41cm

编织密度

10cm×10cm面积内：编织花样25针，11行

编织要点

●身片、袖子…锁针起针，做编织花样。参照图示加、减针。后衣领和前身片连在一起钩织。

●组合…肩部对齐针与针钩织引拔针和锁针接合，肋部对齐行与行钩织引拔针和锁针缝合。下摆、前襟、领周钩织短针条纹。袖口按照相同的方法做环形编织。钩织引拔针和锁针连接衣袖和身片。

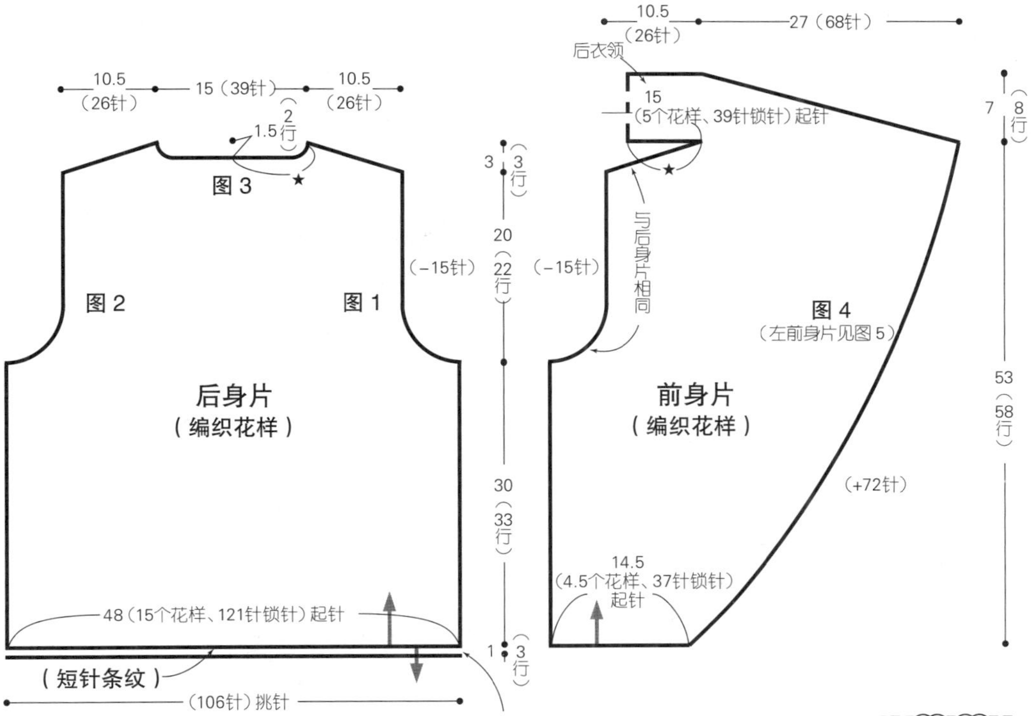

※ 除指定以外均用紫色、深蓝色、绿色系段染线钩织

※ 全部使用4/0号针钩织

※对齐★标记做卷针缝缝合

短针条纹

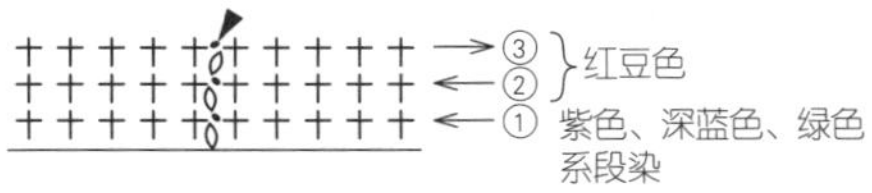

编织花样

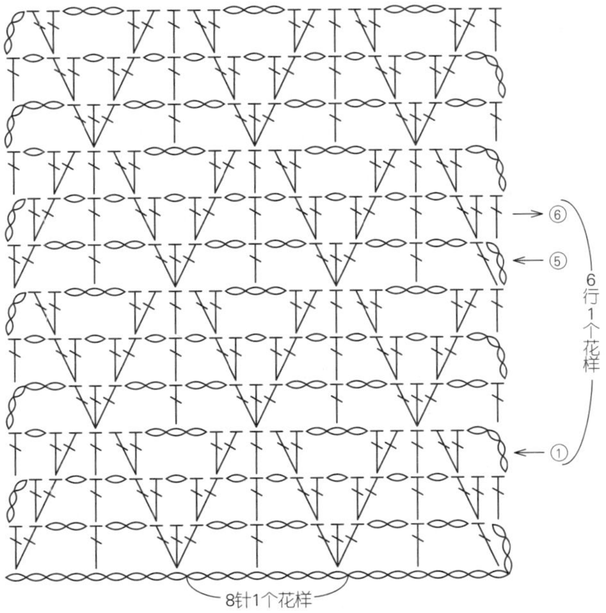

图2 袖窿

图1 袖窿

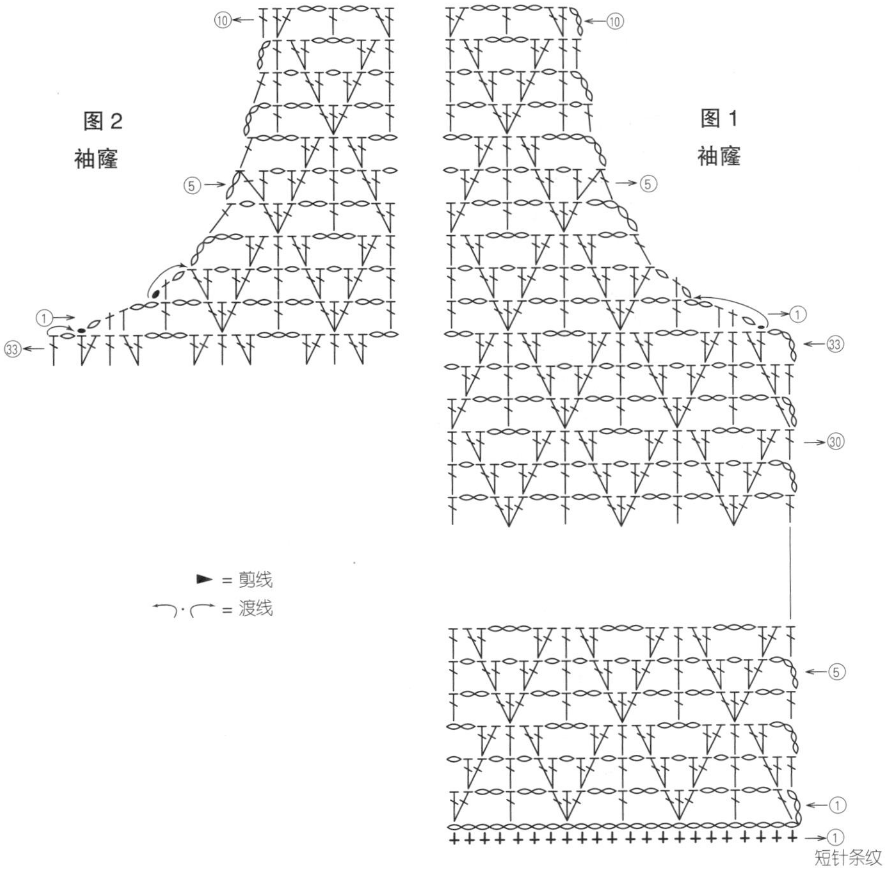

► = 剪线

⌒·⌒ = 渡线

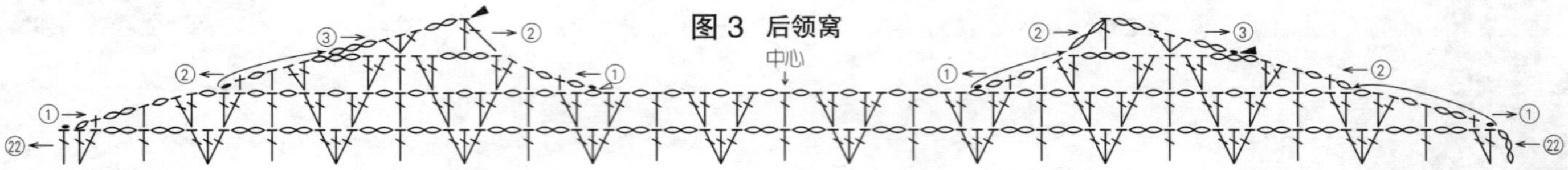
图3 后领窝
中心
①
②
③
㉒

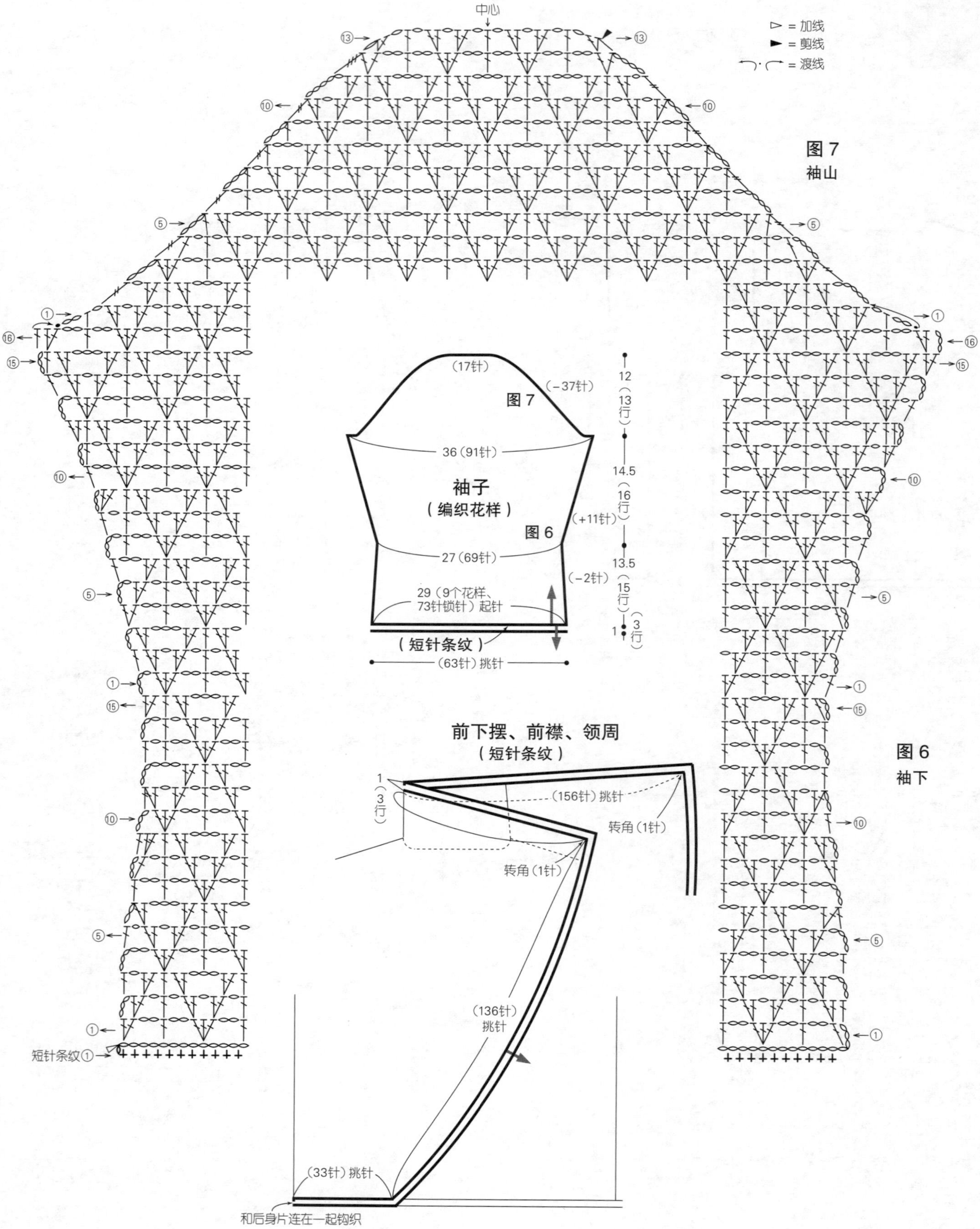
中心
⊳ = 加线
◄ = 剪线
渡线
图7
袖山
图6
袖下
⑬
⑩
⑤
①
⑯
⑮
短针条纹①
(17针)
(-37针)
图7
12
(13行)
36(91针)
14.5
(16行)
袖子
(编织花样)
(+11针)
图6
27(69针)
13.5
(15行)
(-2针)
29(9个花样、
73针锁针)起针
1
(3行)
(短针条纹)
(63针)挑针
前下摆、前襟、领周
(短针条纹)
1
(3行)
(156针)挑针
转角(1针)
转角(1针)
(136针)
挑针
(33针)挑针
和后身片连在一起钩织

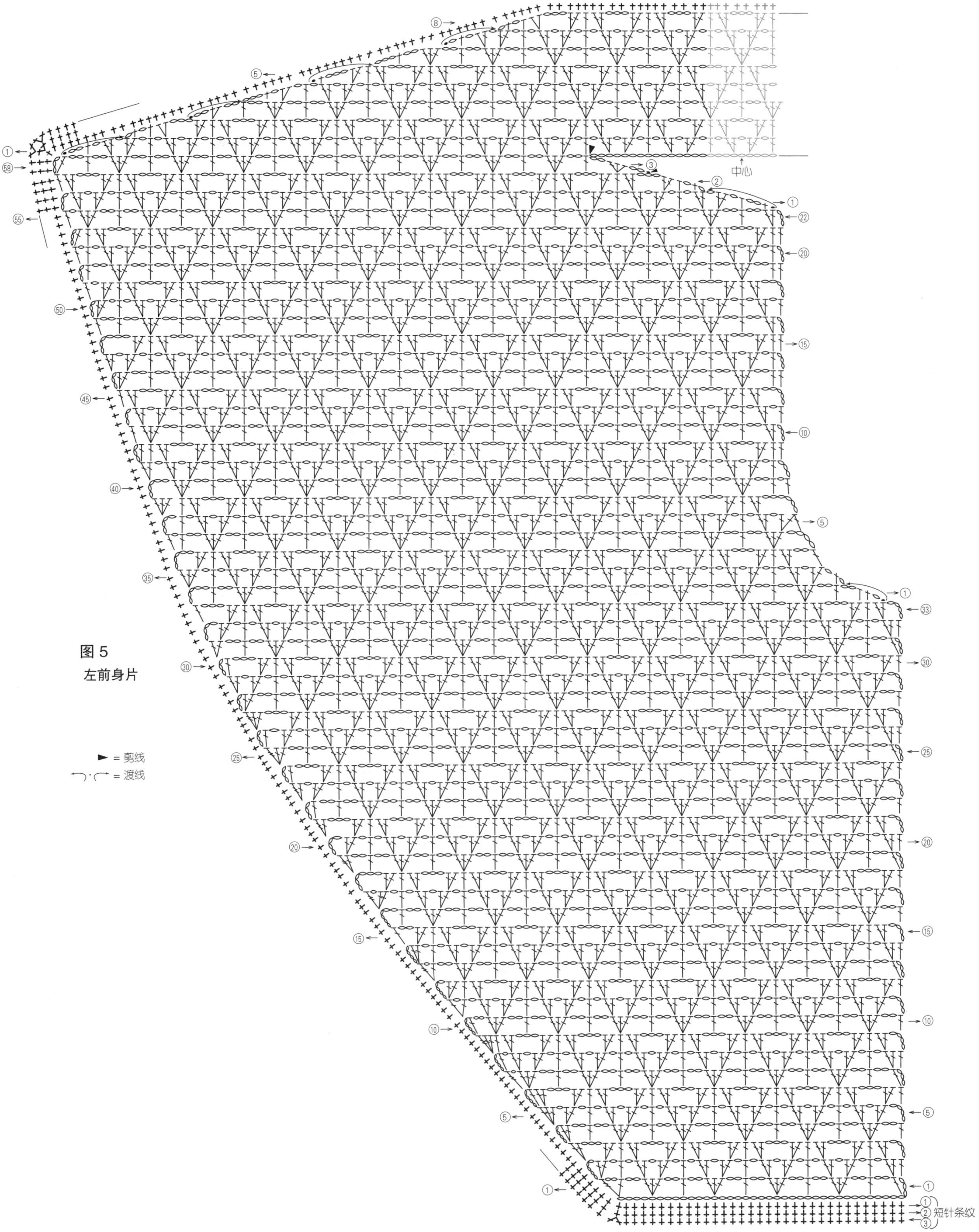

图 5
左前身片

► = 剪线
⌒·⌒ = 渡线

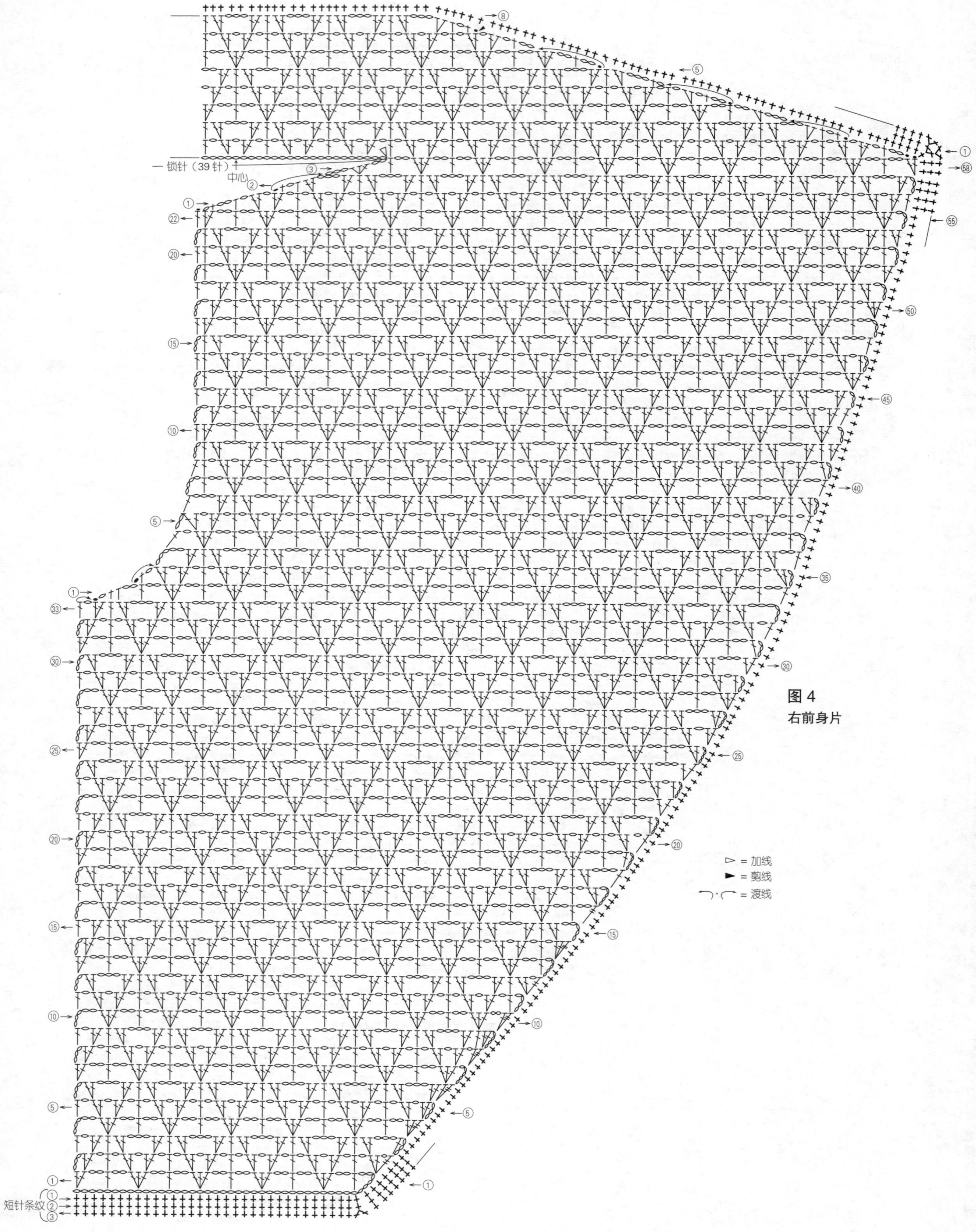

图 4
右前身片

材料

Ski毛线Ski Quartz沙米色(1722) 215g/8团

工具

棒针4号、5号

成品尺寸

胸围90cm，肩宽32cm，衣长52.5cm，袖长39.5cm

编织密度

10cm×10cm面积内：编织花样25.5针，32行

编织要点

●身片、袖子…手指起针，编织起伏针和编织花样。第1行将成为反面行，需要注意。参照图示减针。

●组合…肩部做盖针接合，胁、袖下使用毛线缝针做挑针缝合。领窝挑取指定数量的针目，环形编织起伏针。编织终点做伏针收针。钩织引拔针缝合衣袖和身片。

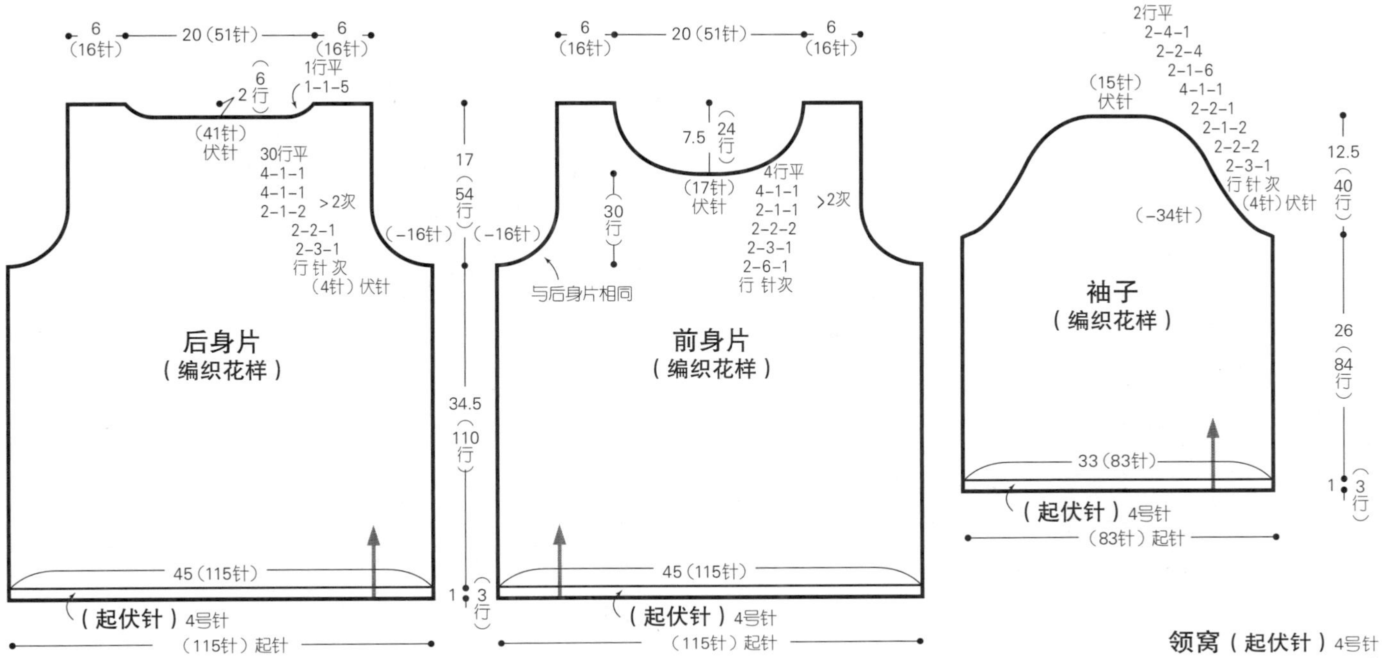

※ 除指定以外均用5号针编织

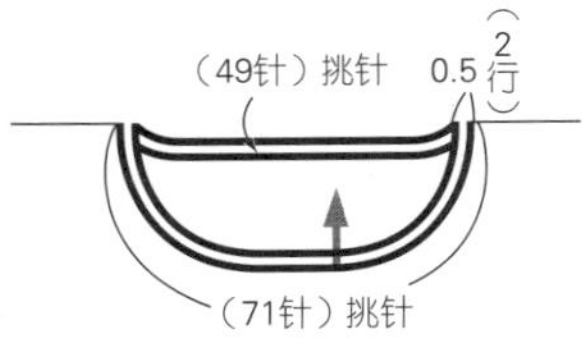

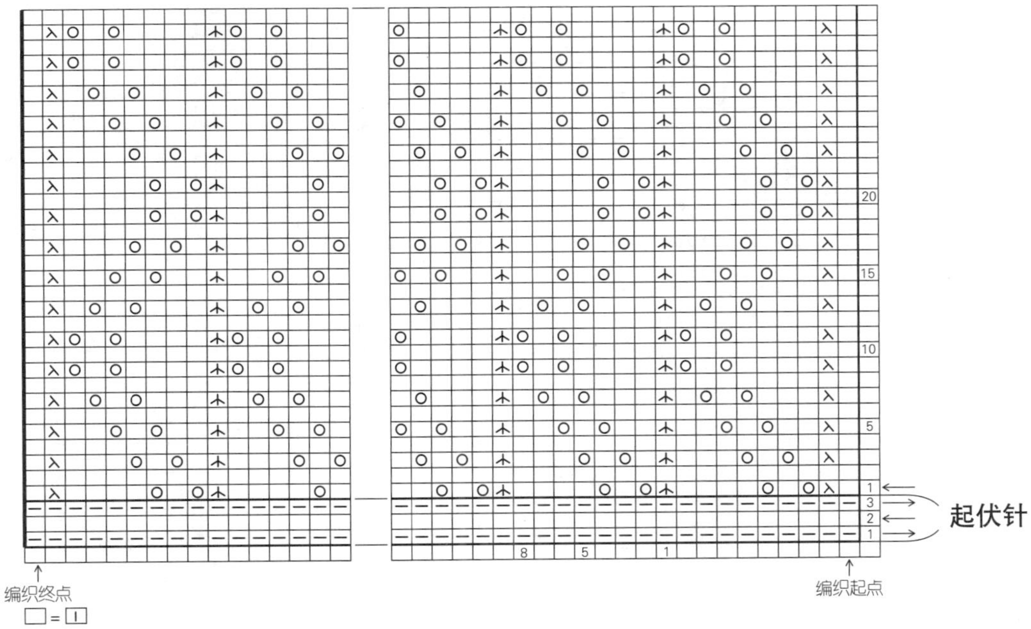

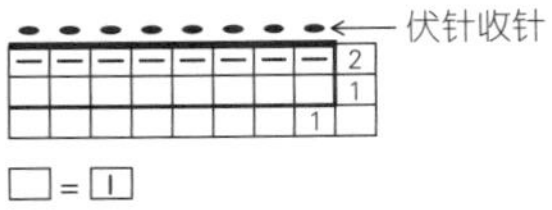

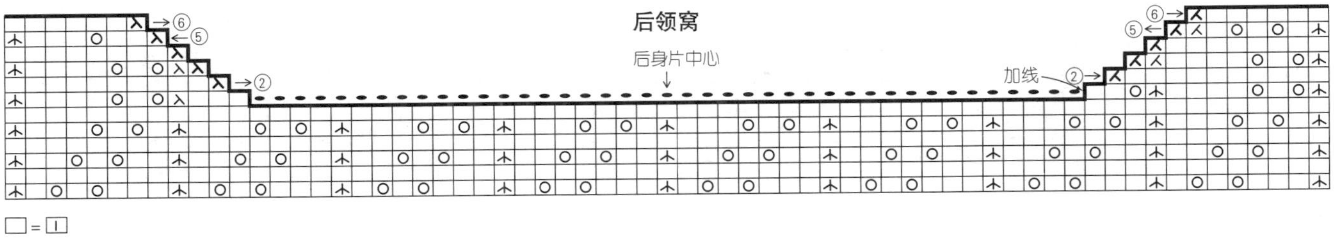

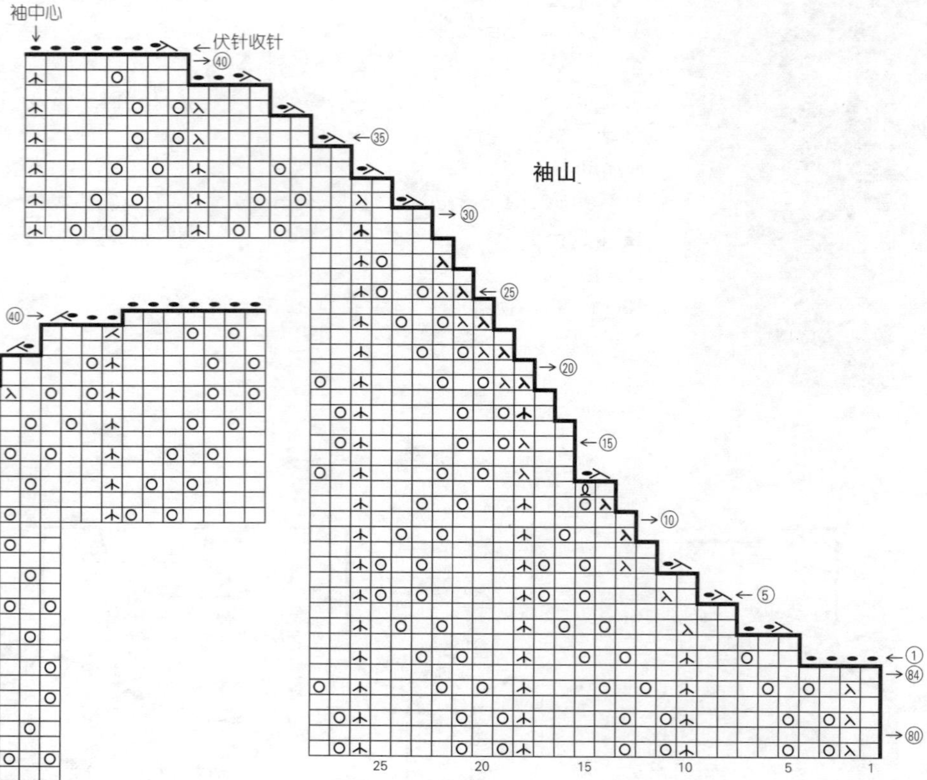
袖中心
伏针收针
袖山

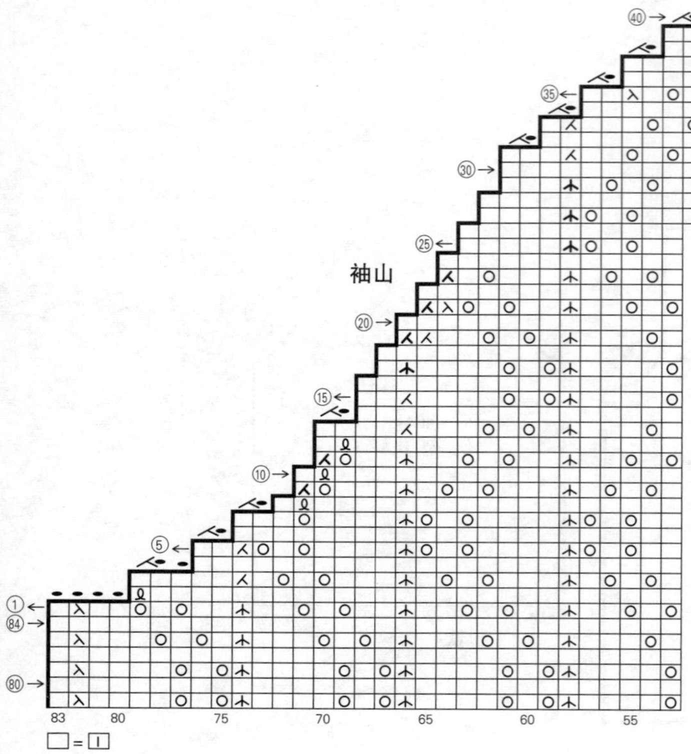
袖山
□ = 丨

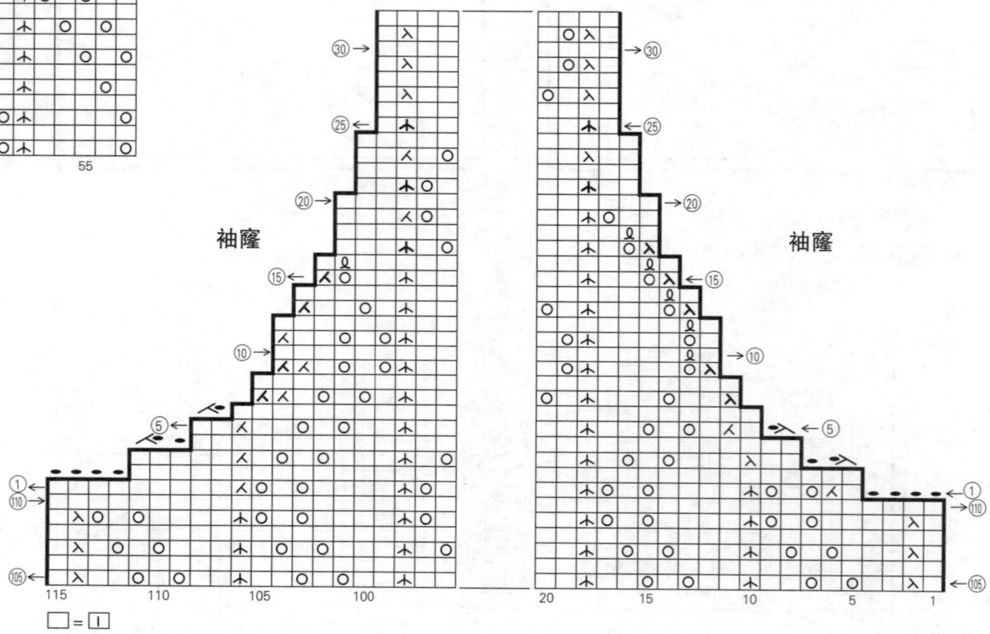
袖窿
袖窿
□ = 丨

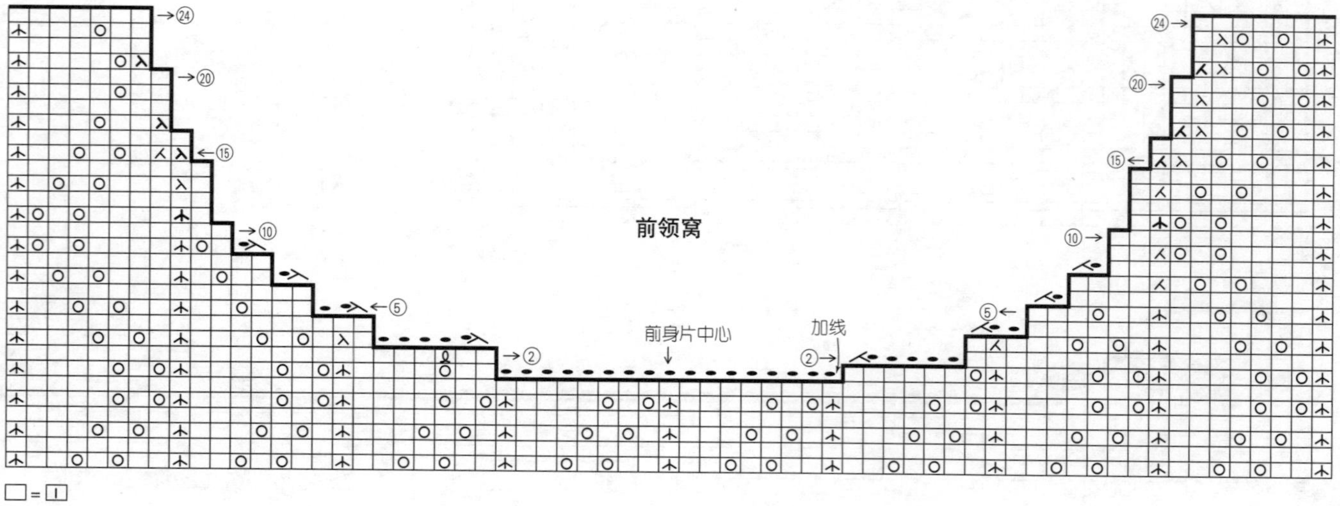
前领窝
前身片中心
加线
□ = 丨

45 页的作品 ★★★★

材料

野吕英作　Nebuta 灰绿色系(1) 300g/6团

工具

棒针6号

成品尺寸

胸围84cm，衣长76cm，连肩袖长50cm（实测）

编织密度

10cm×10cm面积内：编织花样A、B、C、D、D' 均为19针，33.5行

编织要点

●身片、袖子…前下身片、后下身片另线锁针起针，环形做编织花样A、B、C、D。编织91行后休针。后上身片、袖子从共线的另线锁针和后下身片的对齐标记上挑针，往返做编织花样D'。参照图示加、减针，编织终点做伏针收针。前上身片、袖子从对齐标记上挑针，做编织花样D'。编织34行后，前领中心左右分开编织，编织终点休针。

●组合…左肋使用毛线缝针做挑针缝合，肩部、袖做下针的无缝缝合。下摆拆开锁针起针，环形编织起伏针。编织终点做上针的伏针收针。衣领从对齐标记处挑针，按照和下摆相同的方法编织。

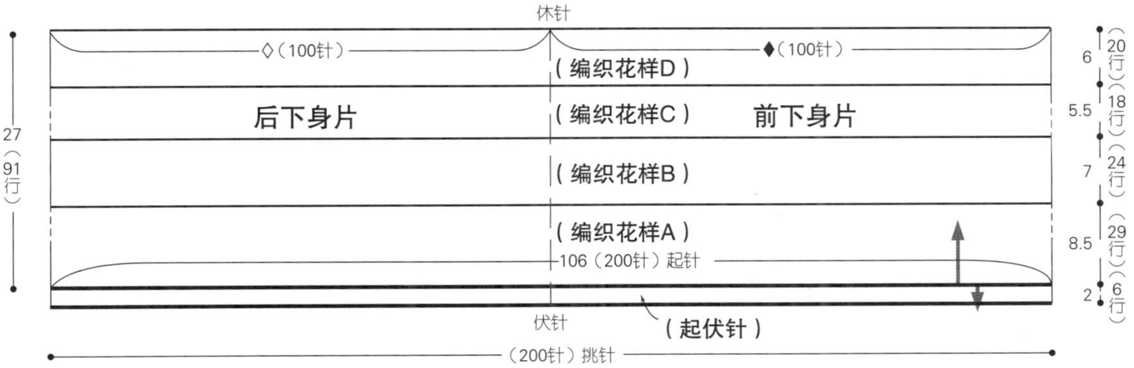

※ 全部使用6号针编织

起伏针（下摆）

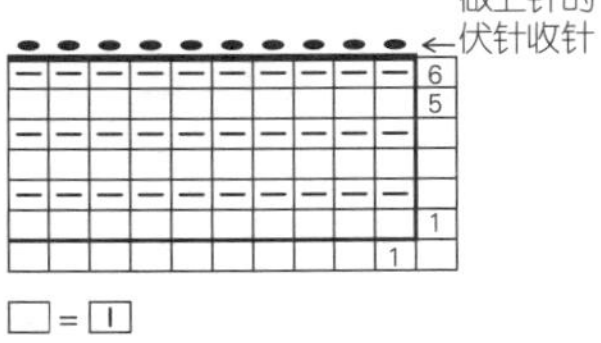

编织花样

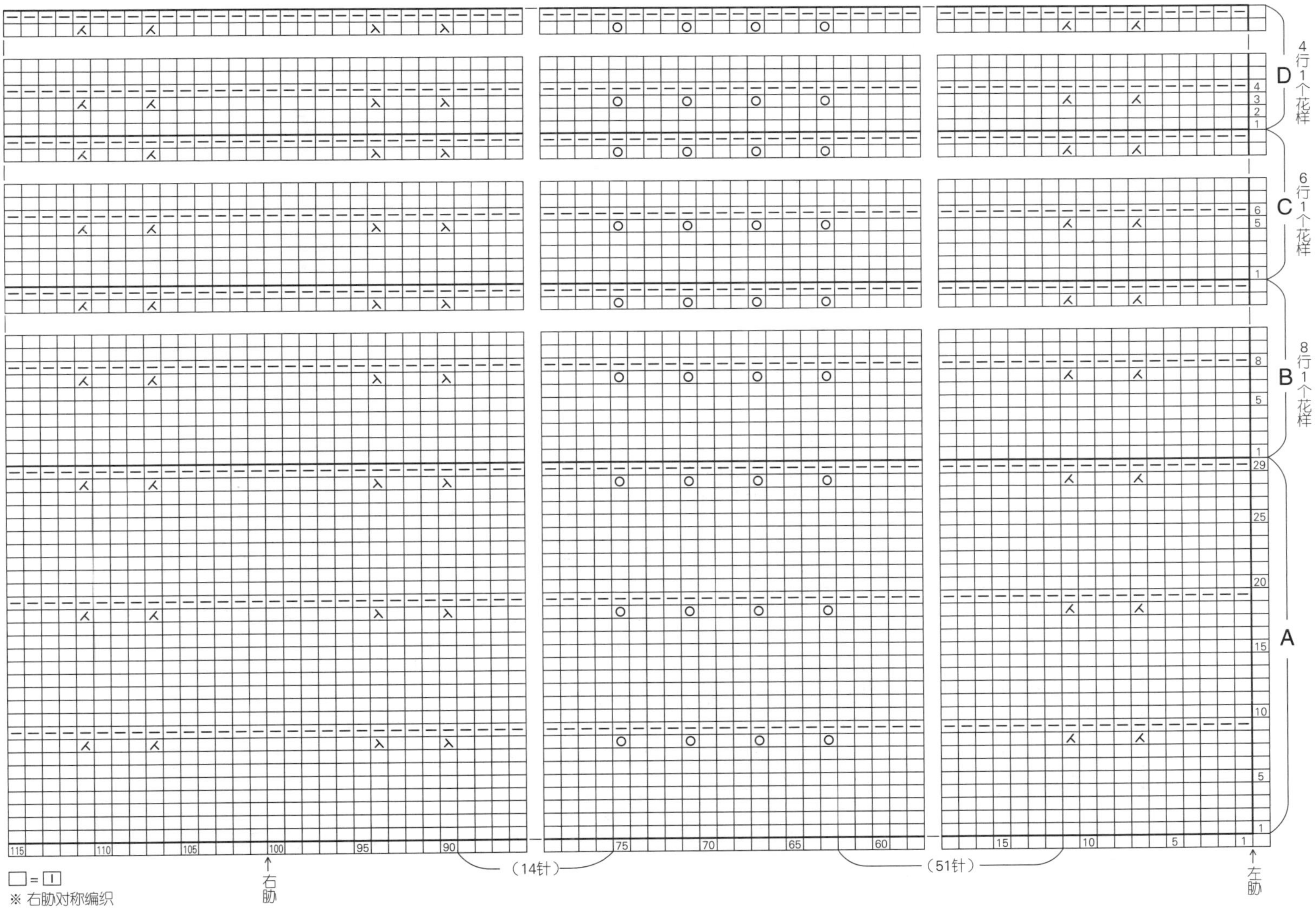

※ 右肋对称编织

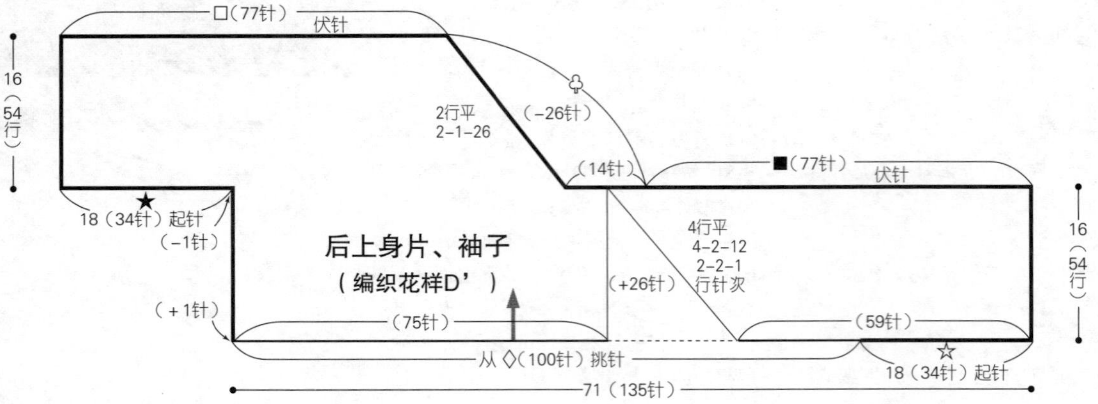

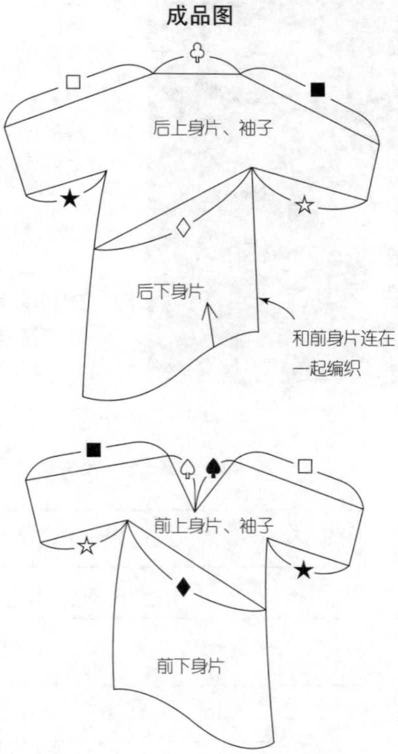

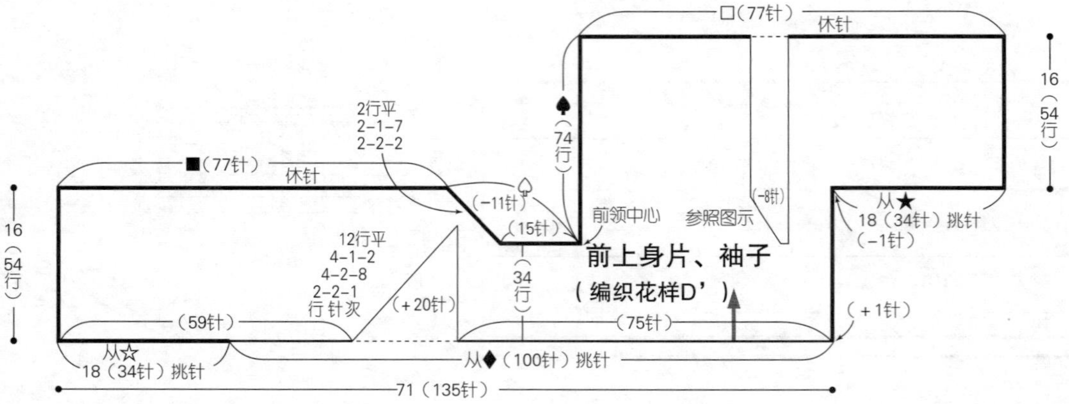

※对齐■、□标记做下针的无缝缝合

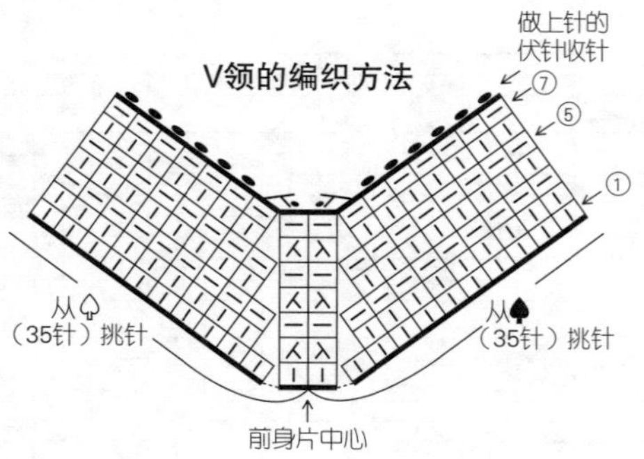

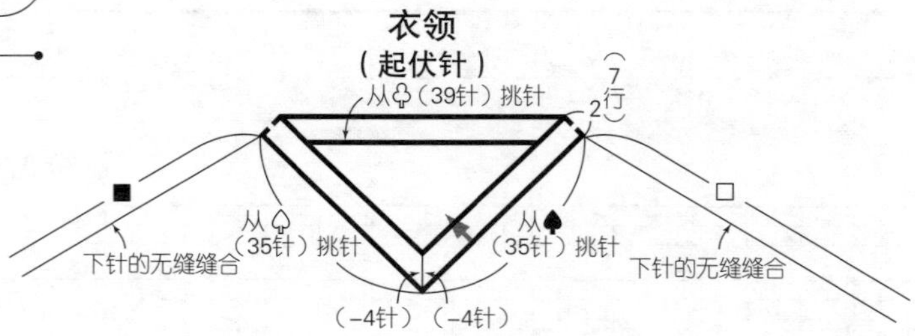

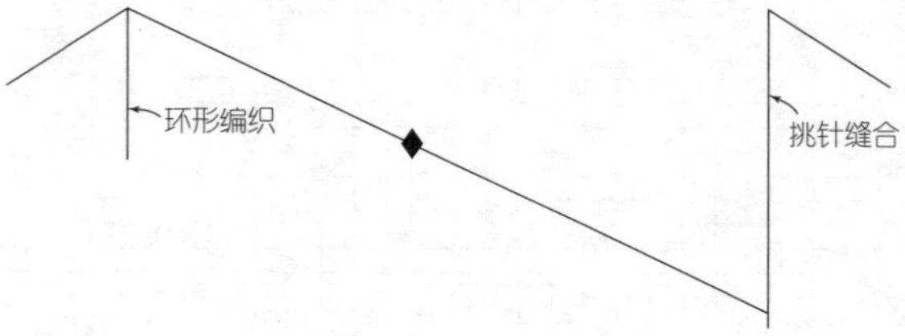

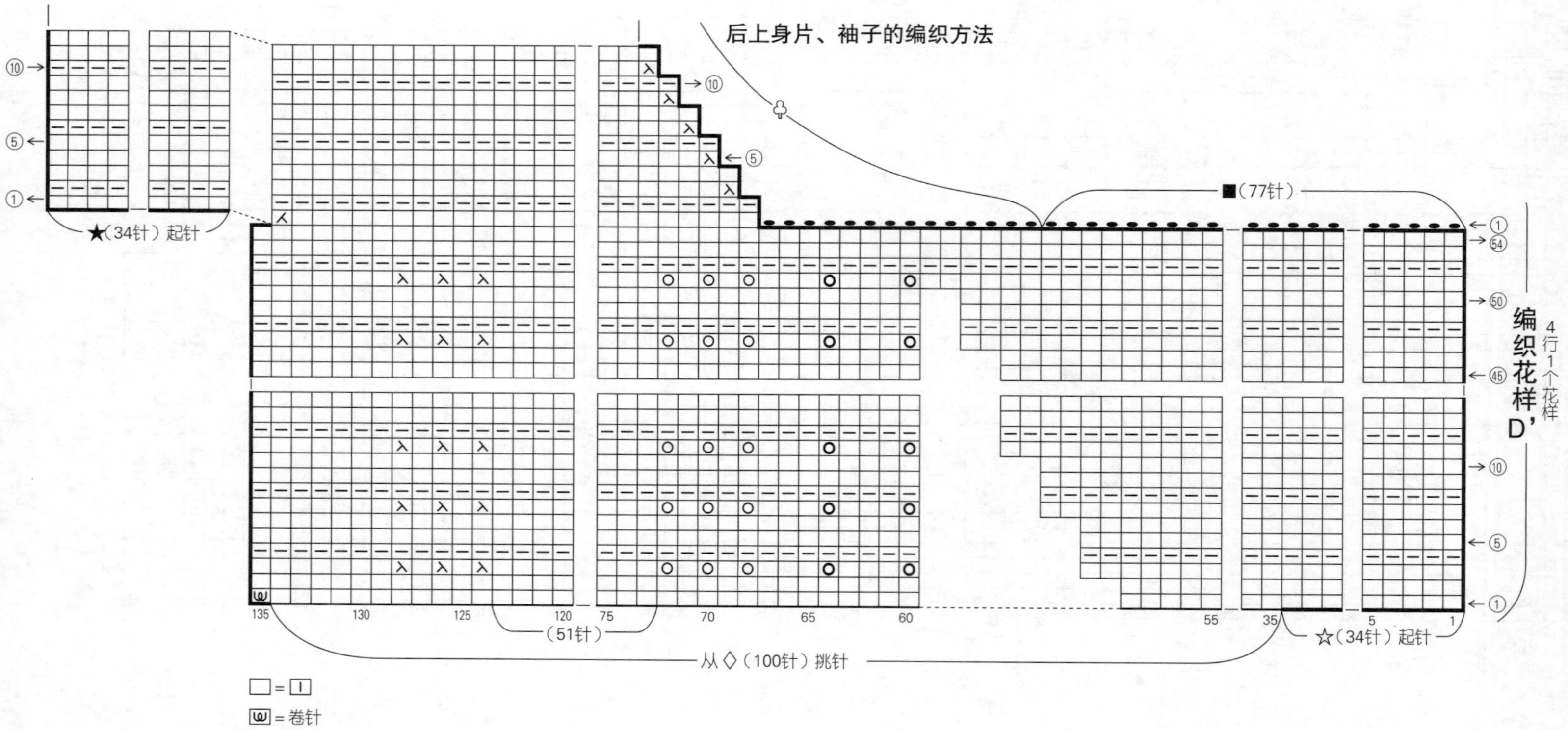

前上身片、袖子的编织方法

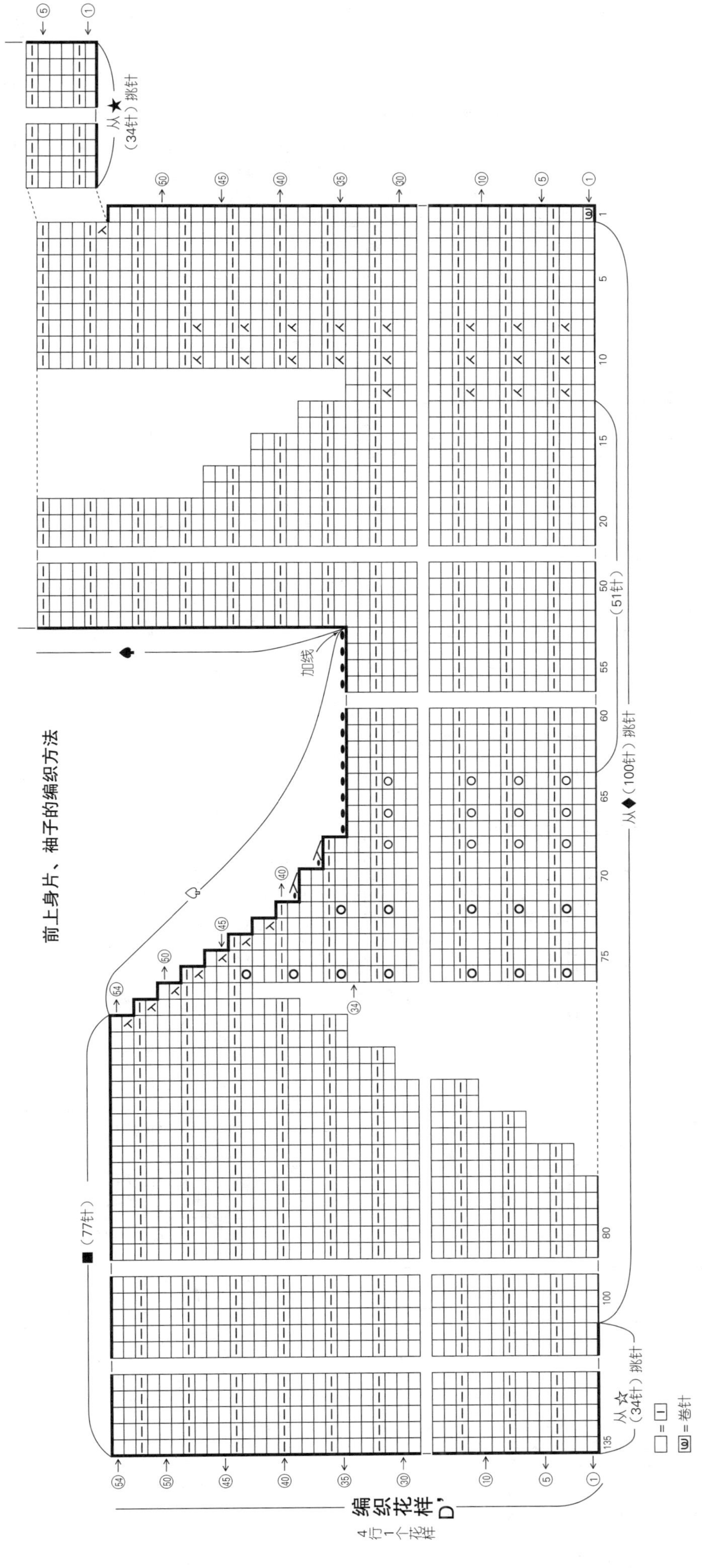

罗纹绳

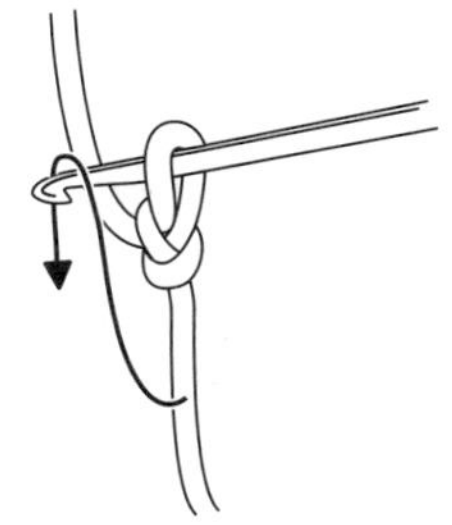

1 线头留所需罗纹绳长度的3倍，锁针起针钩织端头的针目。将线头从前向后挂在钩针上。

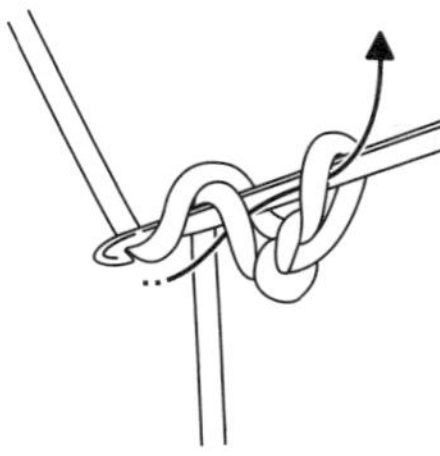

2 挂线，从钩针上的线头和1个线圈中引拔出。

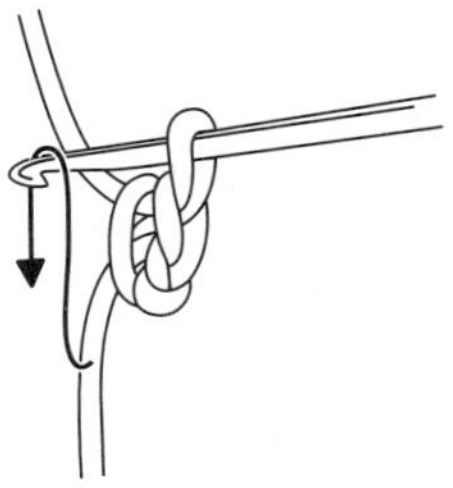

3 第1针完成了。下一针将线头从前向后挂在钩针上。

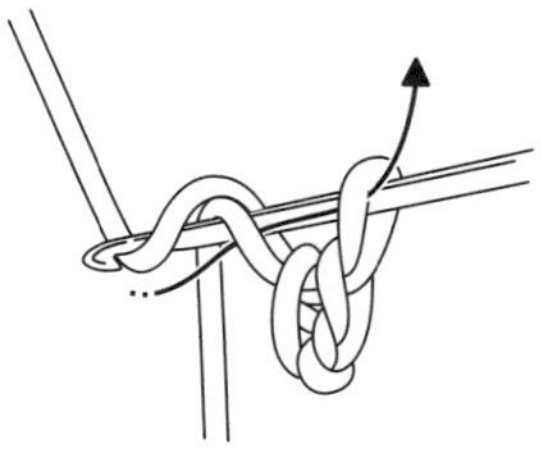

4 从钩针上的线头和1个线圈中引拔出。

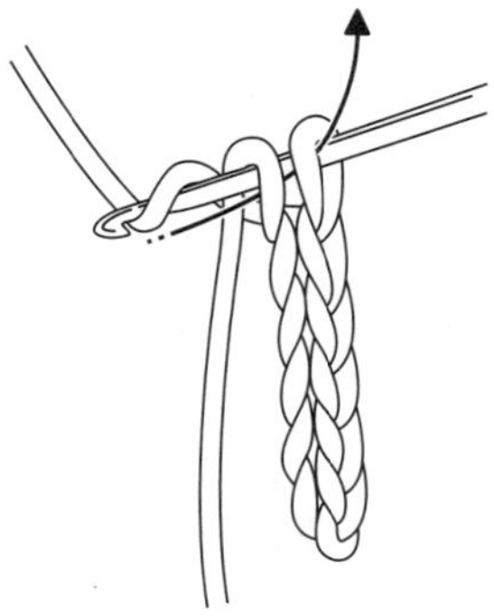

5 重复步骤3、4，最后引拔出锁针。

材料

手织屋 Wool N 草绿色(41)295g，黄色(42)60g、灰色(32)45g；Morley 绿色、深蓝色系混合(07)25g；直径18mm的纽扣7颗

工具

棒针4号、5号

成品尺寸

胸围91cm，衣长52cm，连肩袖长69cm

编织密度

10cm×10cm面积内：下针编织21针，32行；条纹花样21针，37行

编织要点

●育克、身片、袖子…育克另线锁针起针，编织条纹花样。参照图示加针。后身片比前身片多编织8行。继续从腋下的另线锁针和育克挑针，编织下针编织、条纹花样和起伏针条纹。编织终点从反面做伏针收针。衣袖拆开育克的休针和腋下另线锁针挑针，环形编织下针编织、条纹花样和起伏针条纹。编织终点的处理方法和下摆相同。

●组合…衣领、前门襟挑取指定数量的针目，编织起伏针条纹。右前门襟开扣眼。编织终点的处理方法和下摆相同。缝上纽扣。

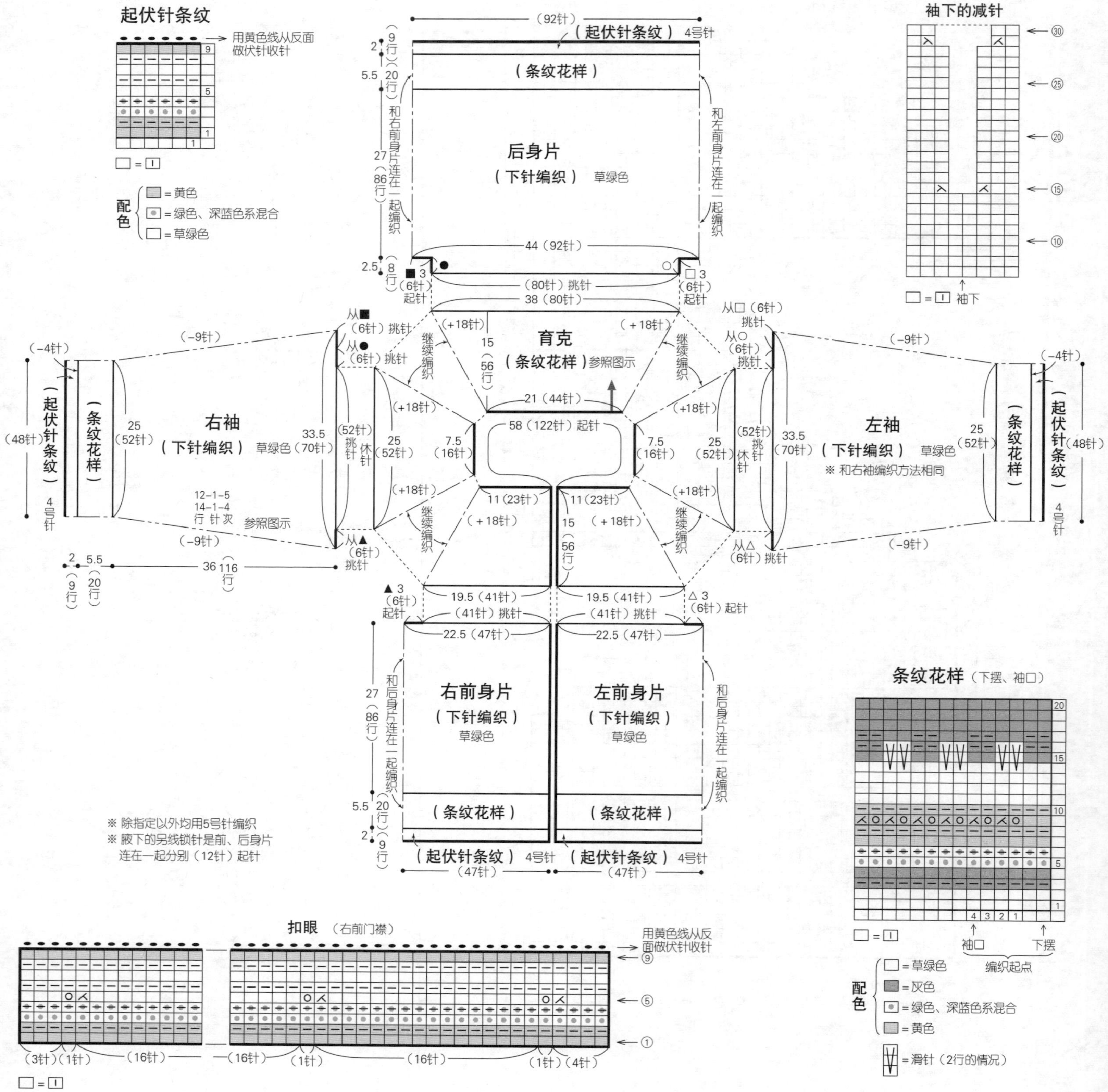

育克的编织方法

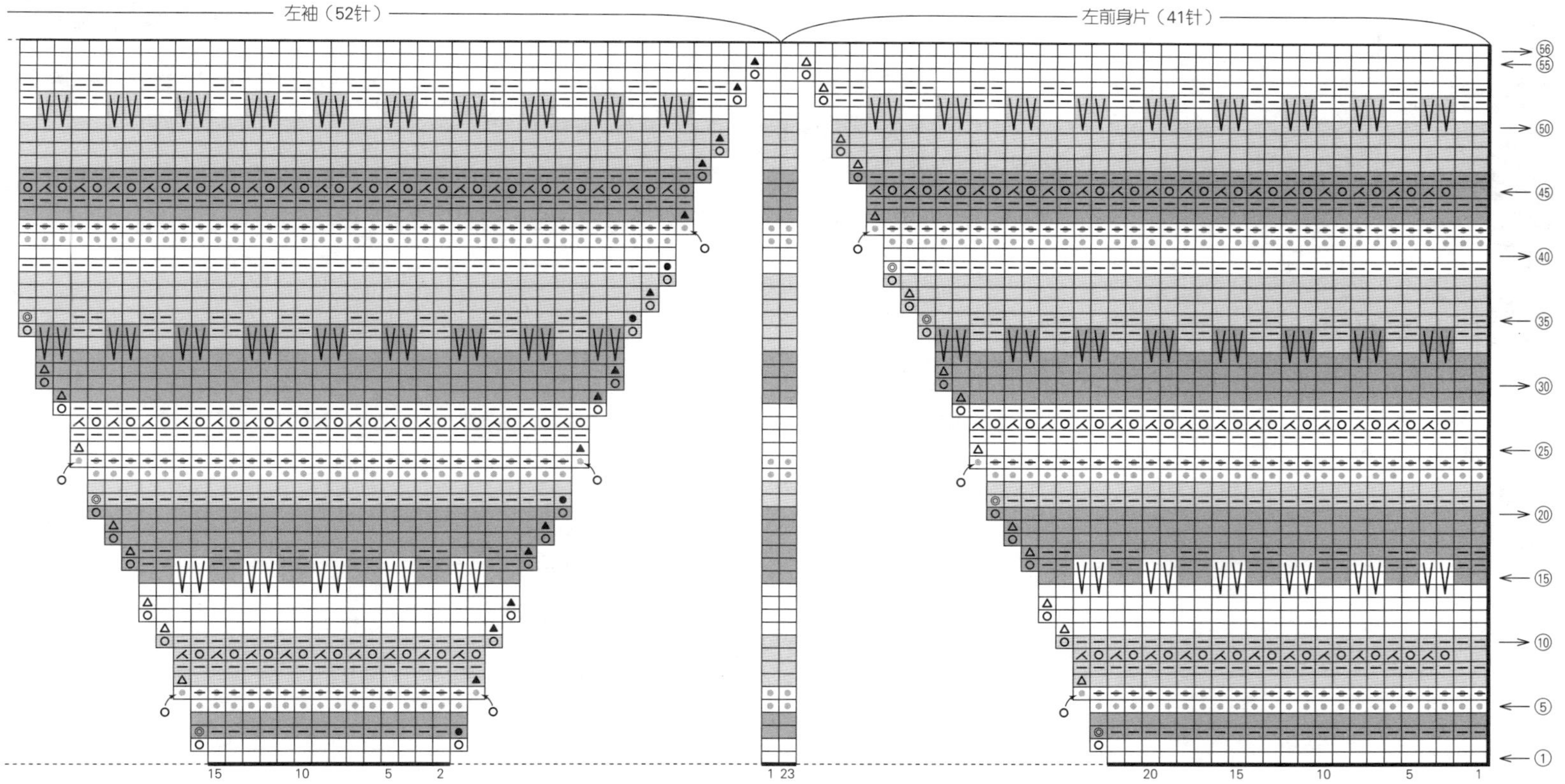

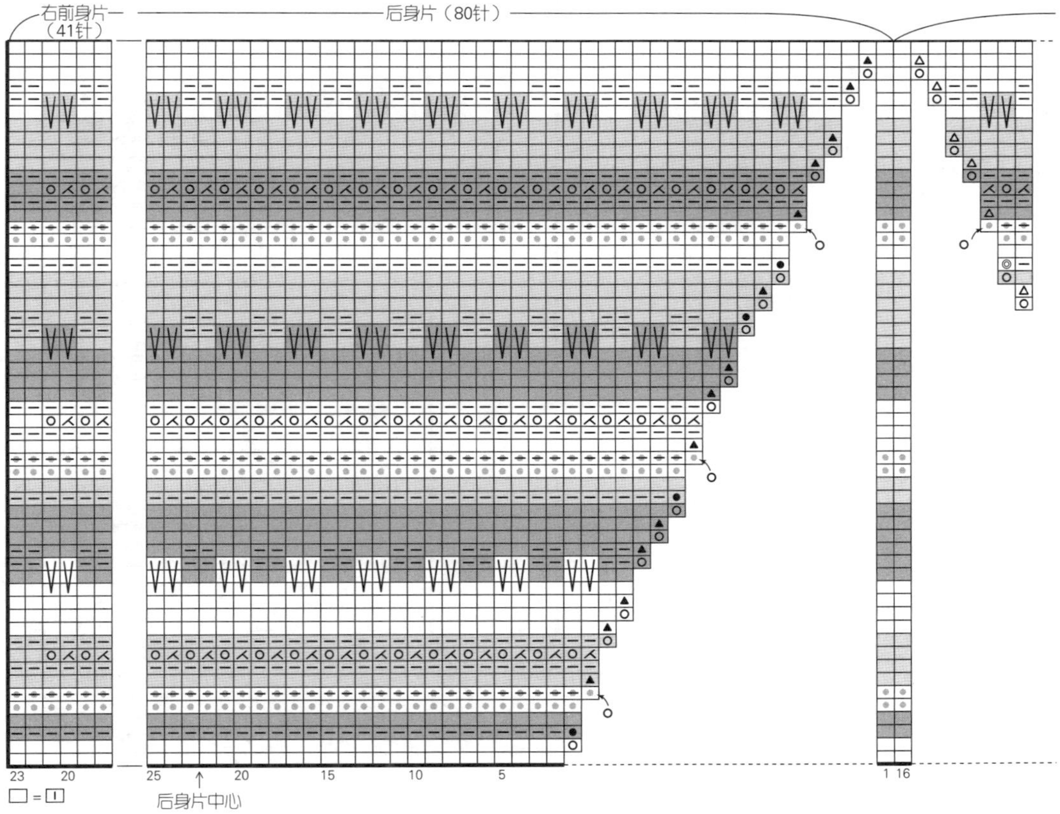

□ = ⊟

衣领、前门襟（起伏针条纹）

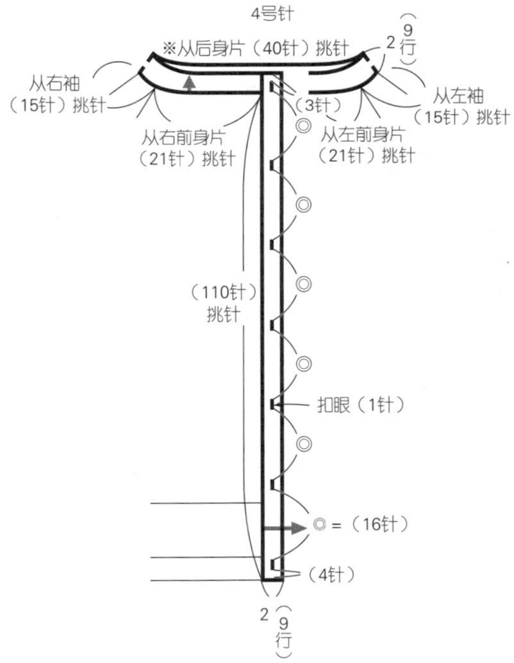

配色
- □ = 草绿色
- ▒ = 灰色
- ⊡ = 绿色、深蓝色系混合
- ░ = 黄色

- △ = 右扭加针
- ◎ = 上针的右扭加针
- ▲ = 左扭加针
- ● = 上针的左扭加针

左、右扭加针

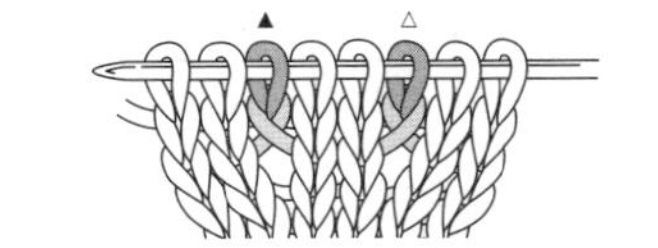

▲ 左扭加针
（向左侧扭的加针）

△ 右扭加针
（向右侧扭的加针）

材料

奥林巴斯手编线　SouFFLE <粗>原白色（201）60g/3团

工具

钩针7/0号

成品尺寸

宽13cm，长101cm

编织密度

10cm×10cm面积内：编织花样22.5针，20行

编织要点

●锁针起针，做编织花样。钩织指定行数后，另一侧也按照相同方法钩织。

小围巾

7/0号针

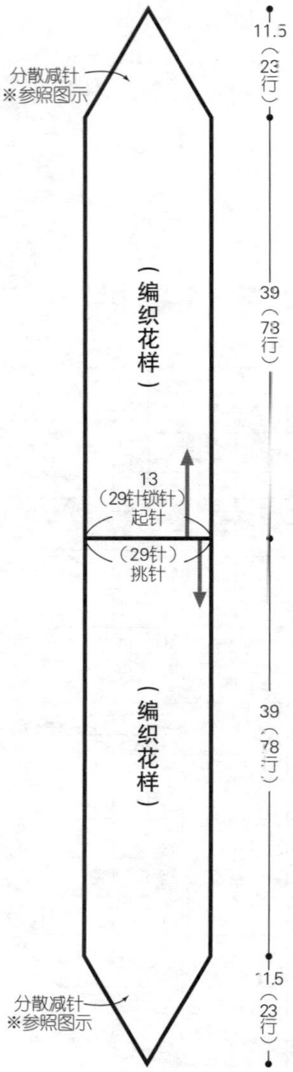

编织花样

2行1个花样

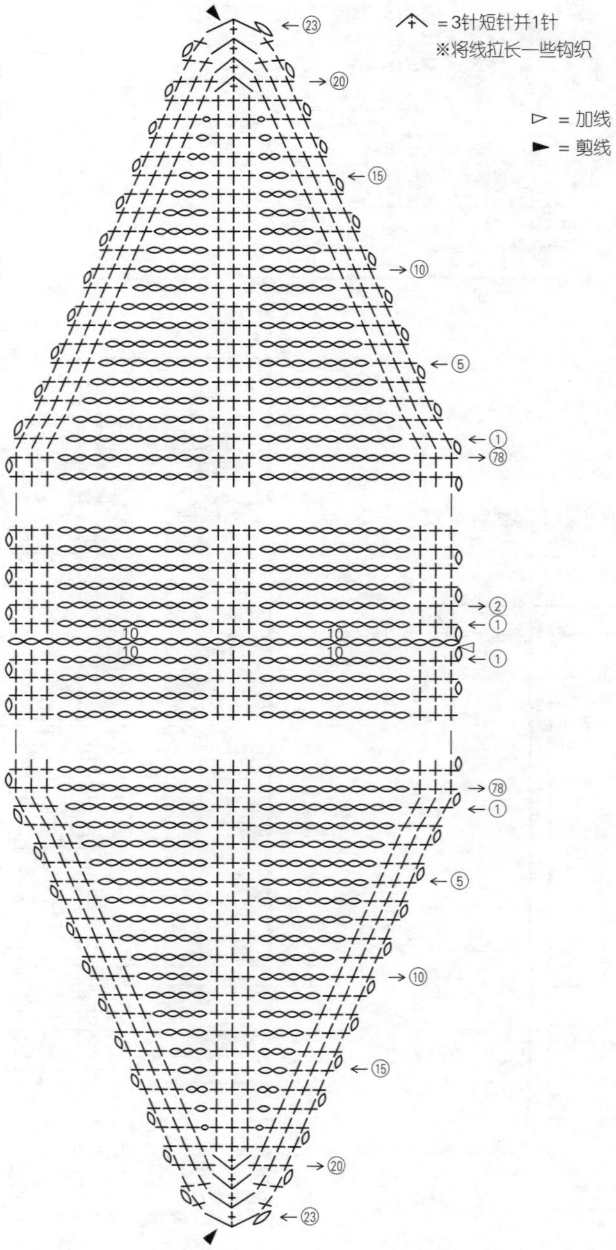

中上5针并1针

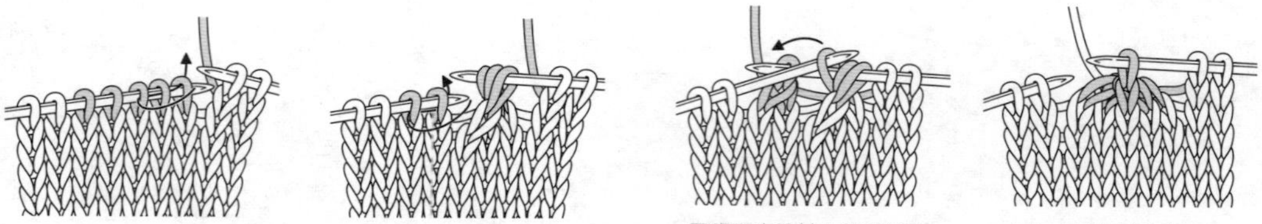

1 如箭头所示，将右侧3针移至左棒针上。

2 如箭头所示将右棒针插入后面的2针中，一起编织下针。

3 用移至右棒针上的3针逐针盖住刚编织的针目。

4 中上5针并1针完成。

材料

手织屋　T Silk 胭脂红色（14）260g；直径15mm的纽扣5颗

工具

棒针4号、5号

成品尺寸

胸围118cm，衣长60cm，连肩袖长63cm

编织密度

10cm×10cm面积内：编织花样C 22.5针，29.5行

编织要点

●育克、身片、袖子…手指起针，衣领做编织花样A，育克做编织花样B。育克参照图示做分散减针。后身片、前身片从育克和腋下的另线锁针挑针，做编织花样C和单罗纹针。编织终点做下针织下针、上针织上针的伏针收针。衣袖拆开育克的休针和另线锁针挑针，一边分散减针，一边环形做编织花样C。然后编织单罗纹针，编织终点的处理方法和下摆相同。

●组合…前门襟挑取指定数量的针目，编织单罗纹针。右前门襟开扣眼。编织终点的处理方法和下摆相同。缝上纽扣。

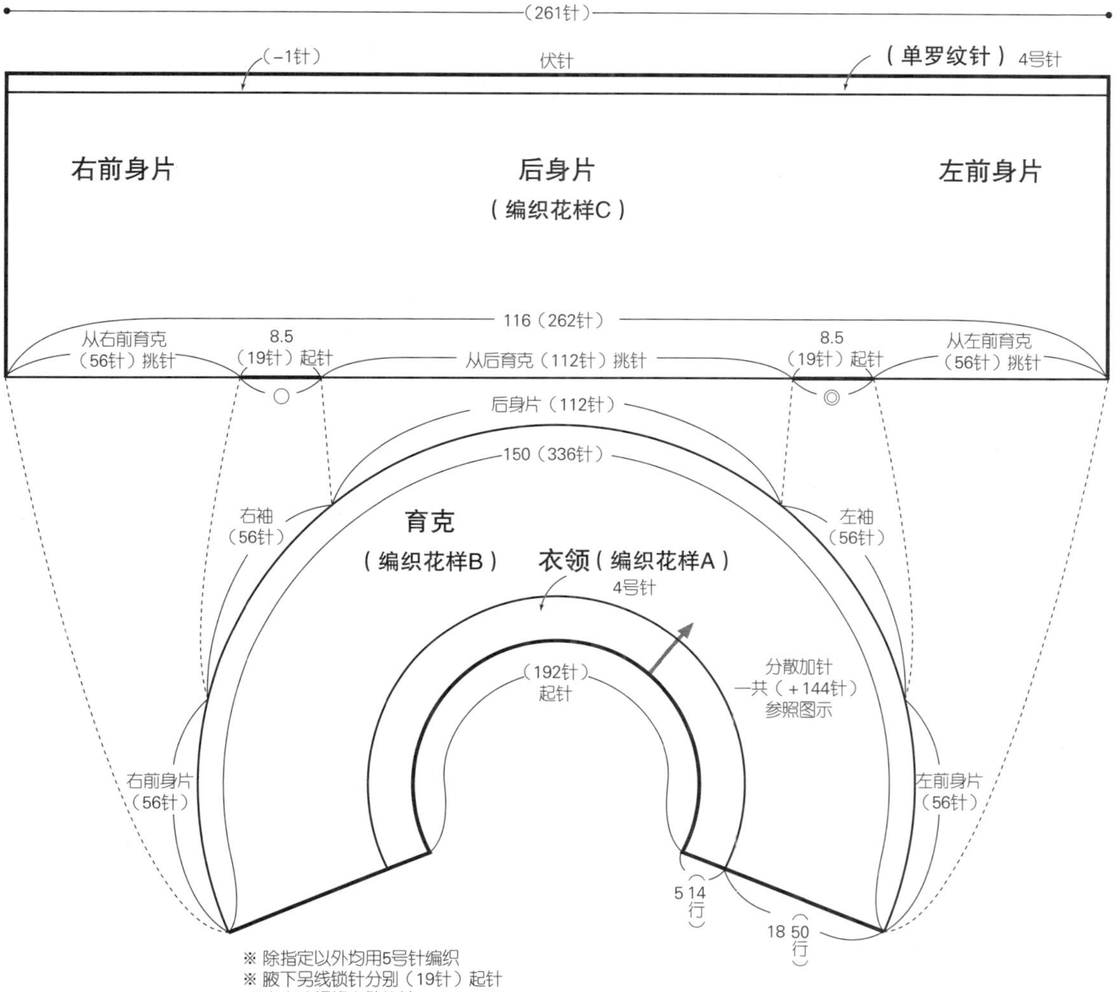

※ 除指定以外均用5号针编织
※ 腋下另线锁针分别（19针）起针
※ 育克编织终点处休针

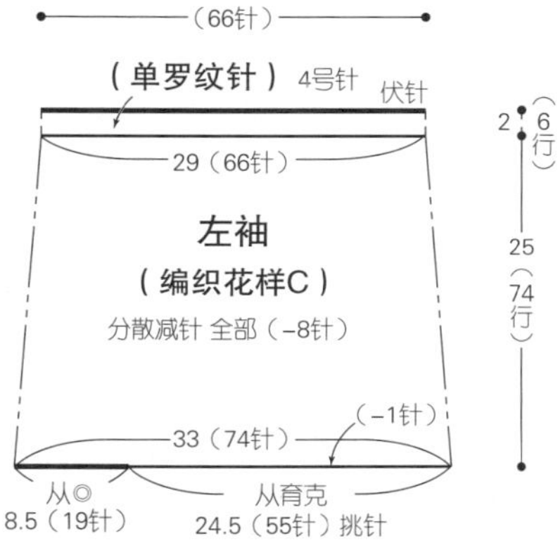

※ 右袖对称挑针编织

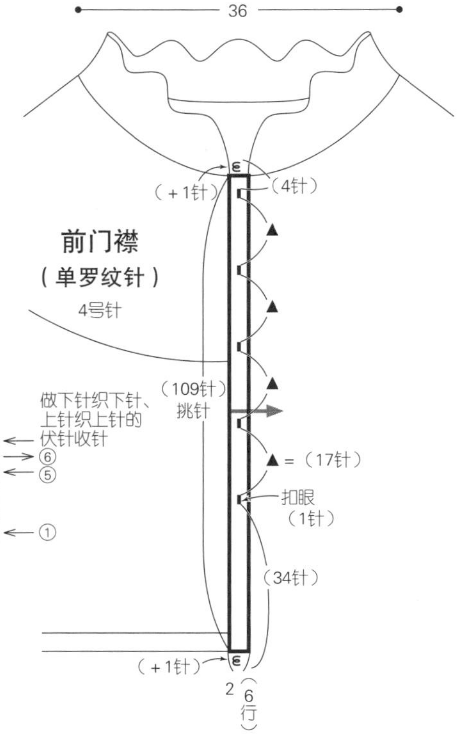

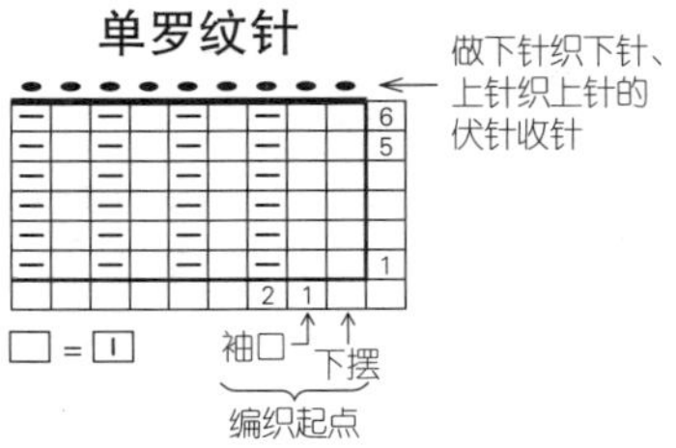

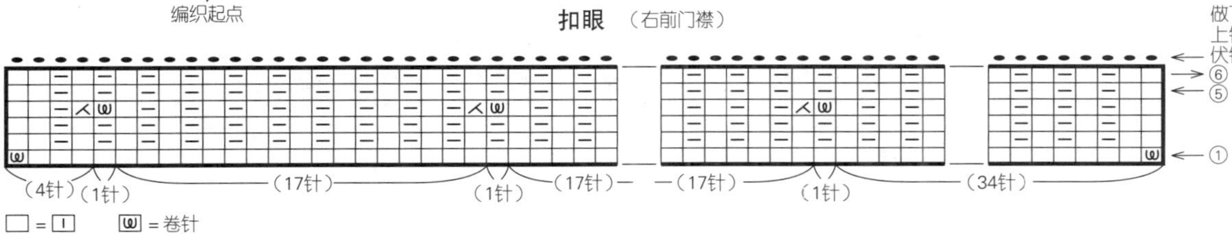

衣领和育克的分散加针

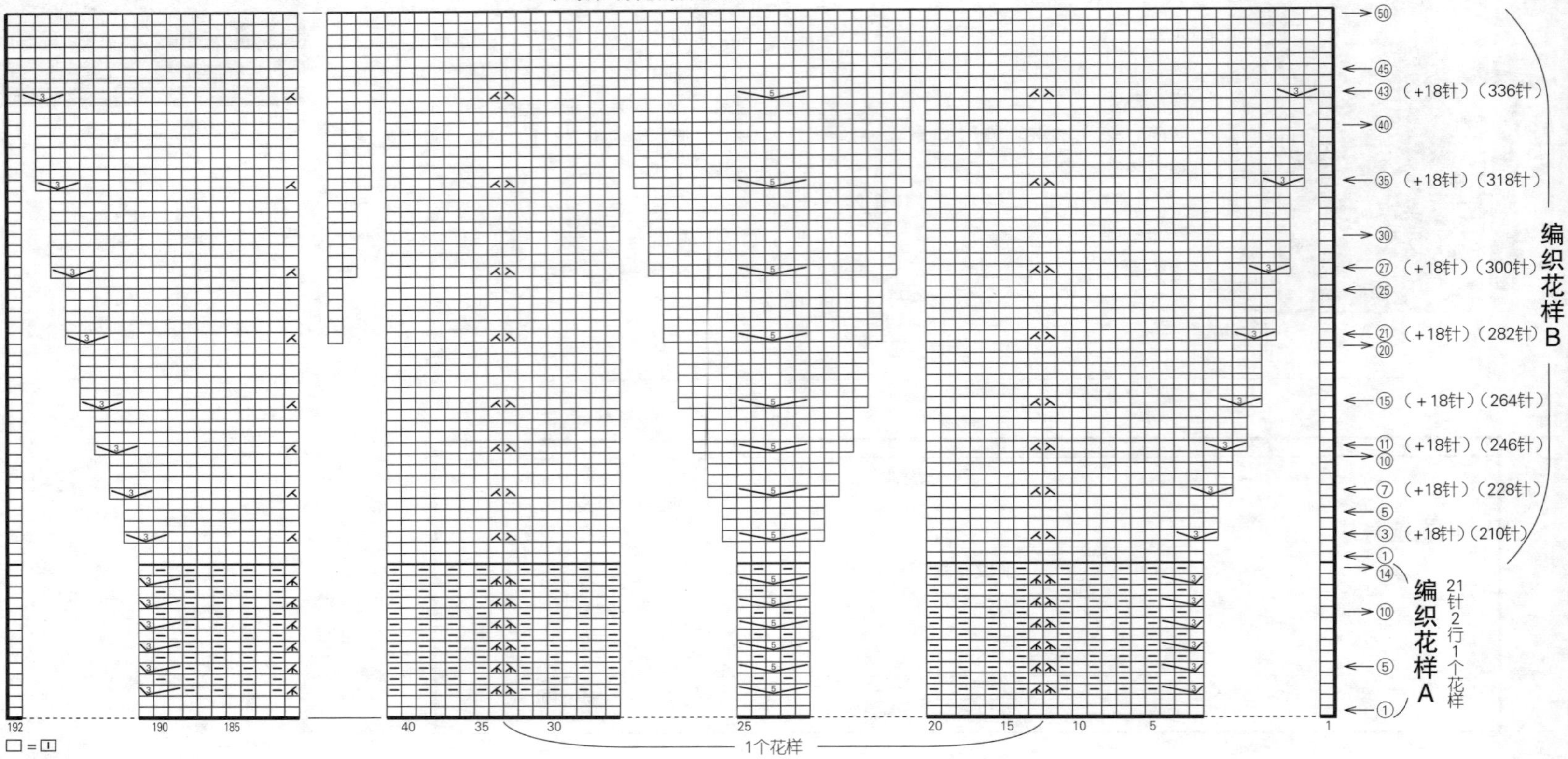

编织花样C（身片）

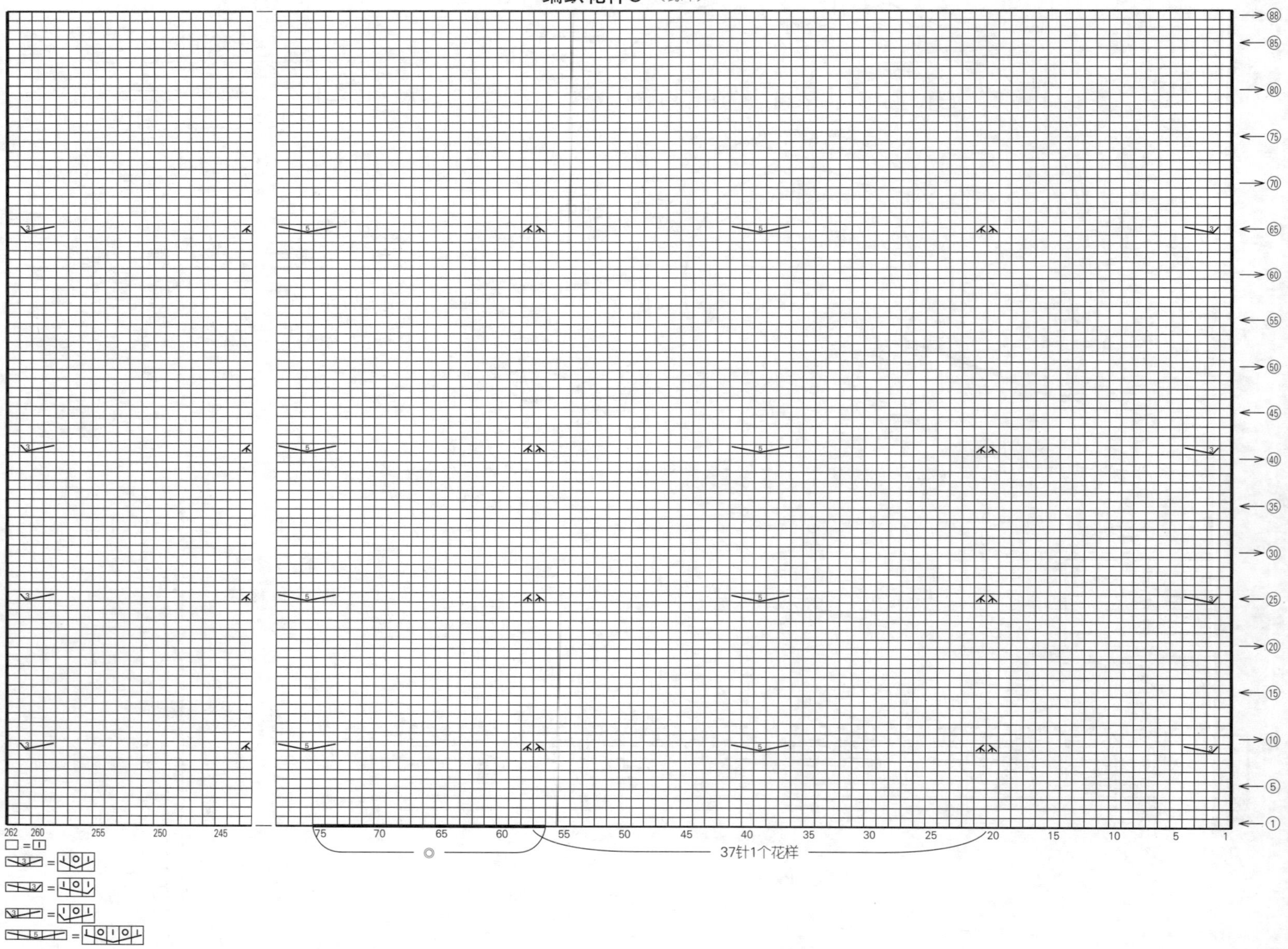

编织花样C（左袖）

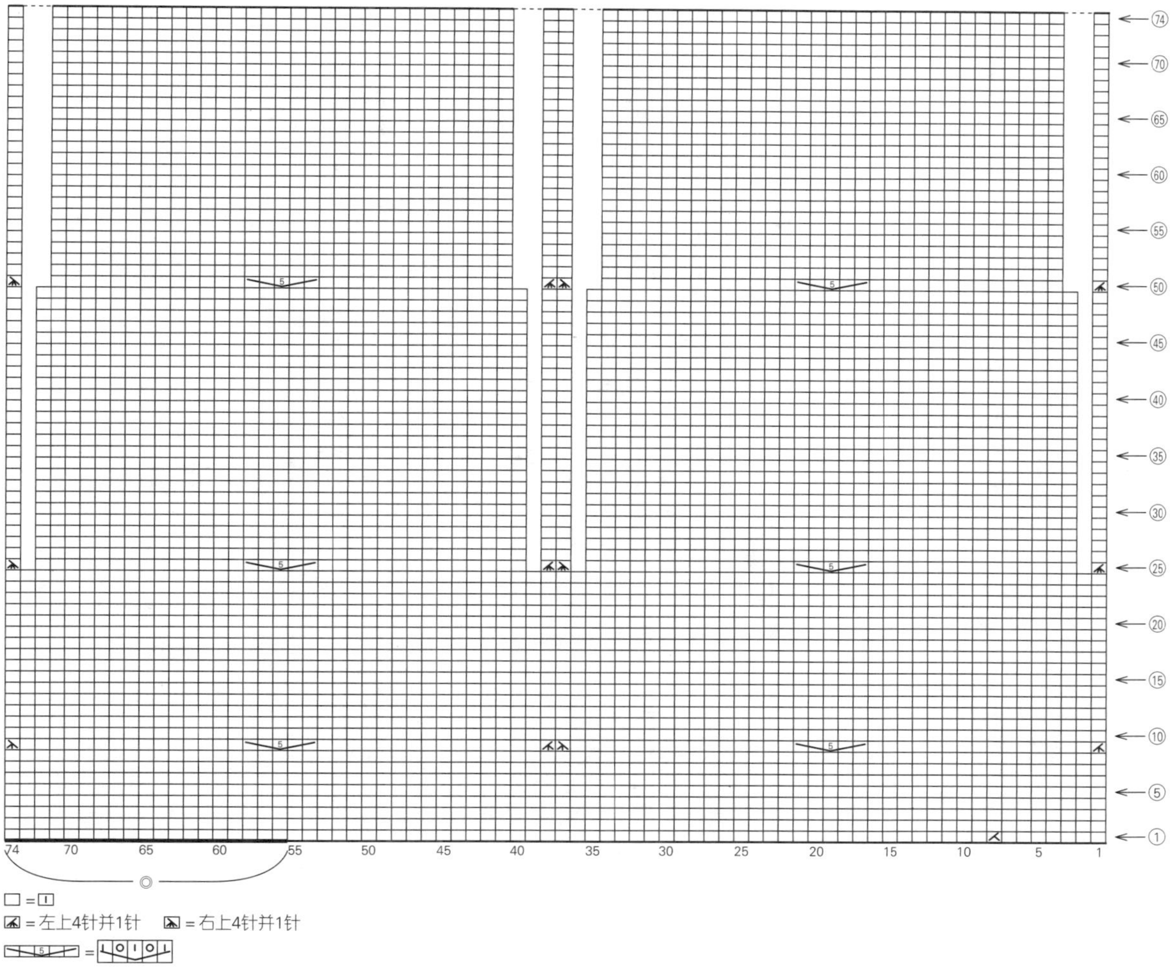

穿过左针的盖针（金钱花）（3针的情况）

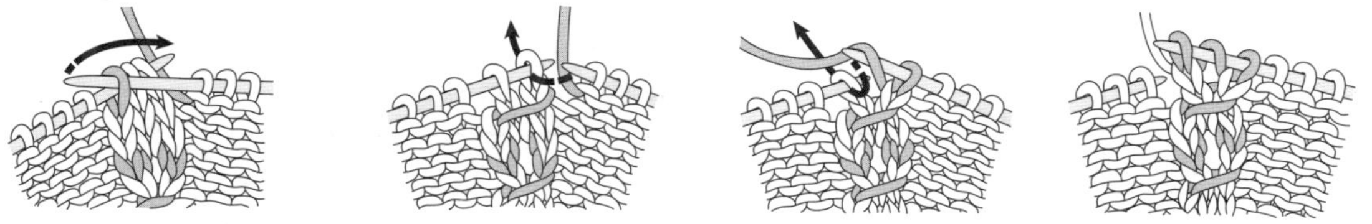

1 如箭头所示，将右棒针插入左棒针的第3针中，盖住右侧的2针。

2 将右棒针从织片前面插入左棒针右侧的针目，编织下针。

3 挂针，将右棒针插入左侧的针目，编织下针。

4 穿过左针的盖针完成。

材料

野吕英作　云朵小姐系列　粉色(28) 305g/7团

工具

棒针3号、6号

成品尺寸

胸围108cm，衣长60.5cm，连肩袖长58cm

编织密度

10cm×10cm面积内：下针编织、编织花样A均为22针，29行；起伏针22针，38.5行（袖）；编织花样B 1个花样4针2cm，10cm 29行

编织要点

●育克…手指起针，环形编织下针编织、起伏针、编织花样A和编织花样B。参照图示加针。

●身片、袖子…后身片比前身片多编织12行。后身片、前身片从腋下的另线锁针和育克挑针，环形编织下针编织、编织花样B和双罗纹针。编织终点做下针织下针、上针织上针的伏针收针。衣袖从拆开的腋下另线锁针，前、后身片差和育克的休针挑针，环形编织起伏针。编织终点做伏针收针。

●组合…衣领挑取指定数量的针目，环形编织双罗纹针和编织花样C。编织终点的处理方法和下摆的相同。

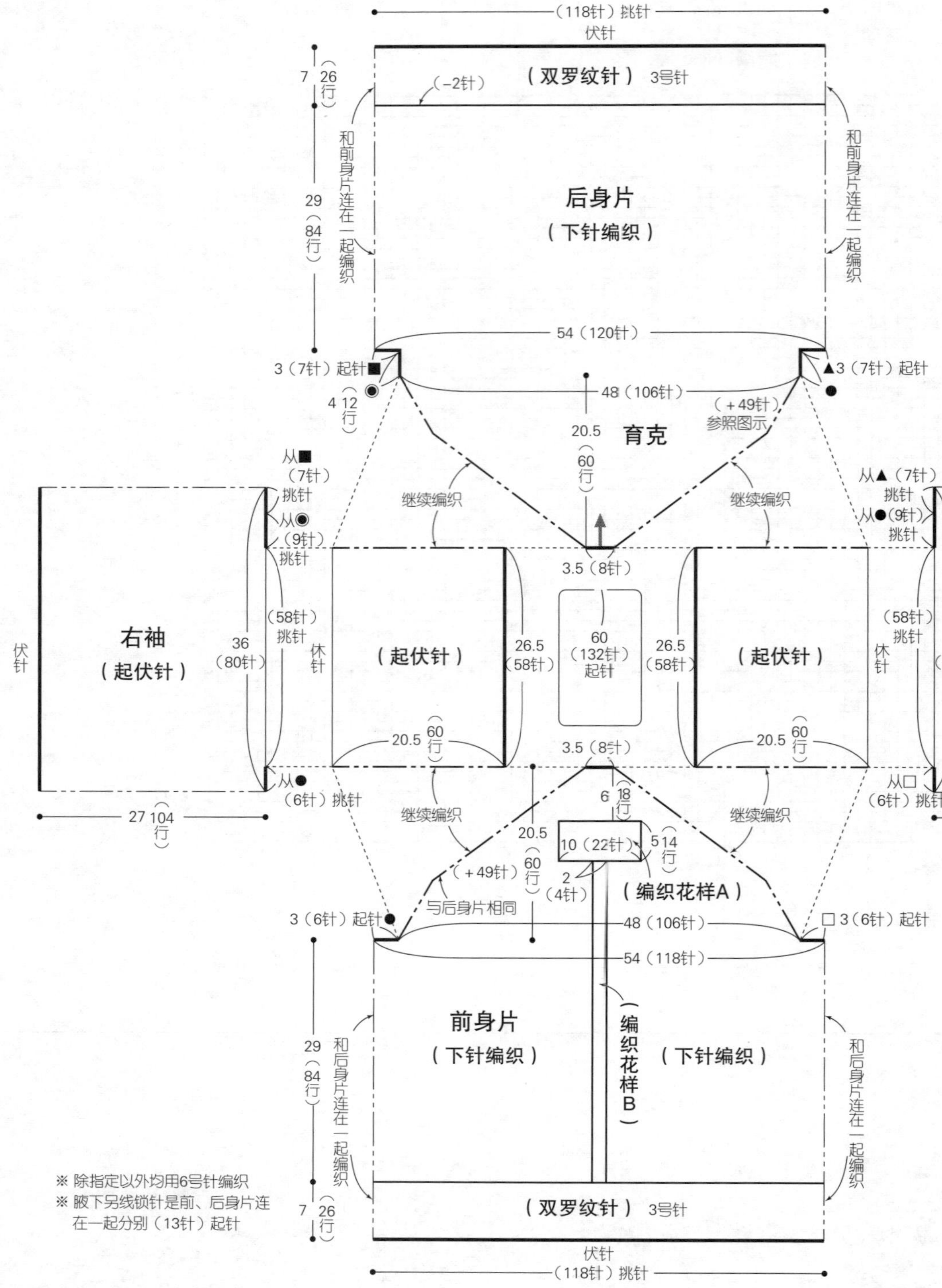

※ 除指定以外均用6号针编织
※ 腋下另线锁针是前、后身片连在一起分别(13针)起针

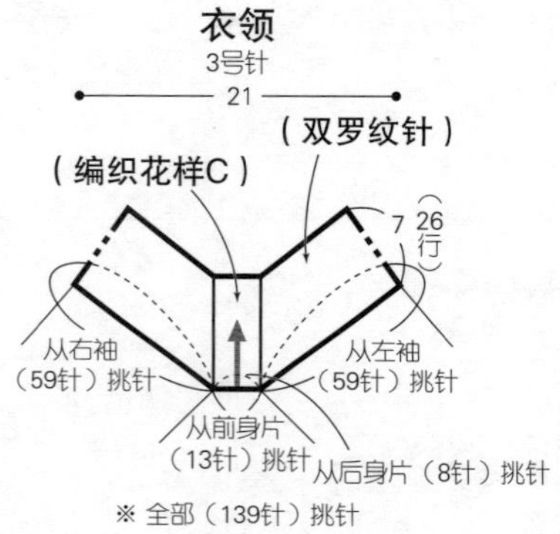

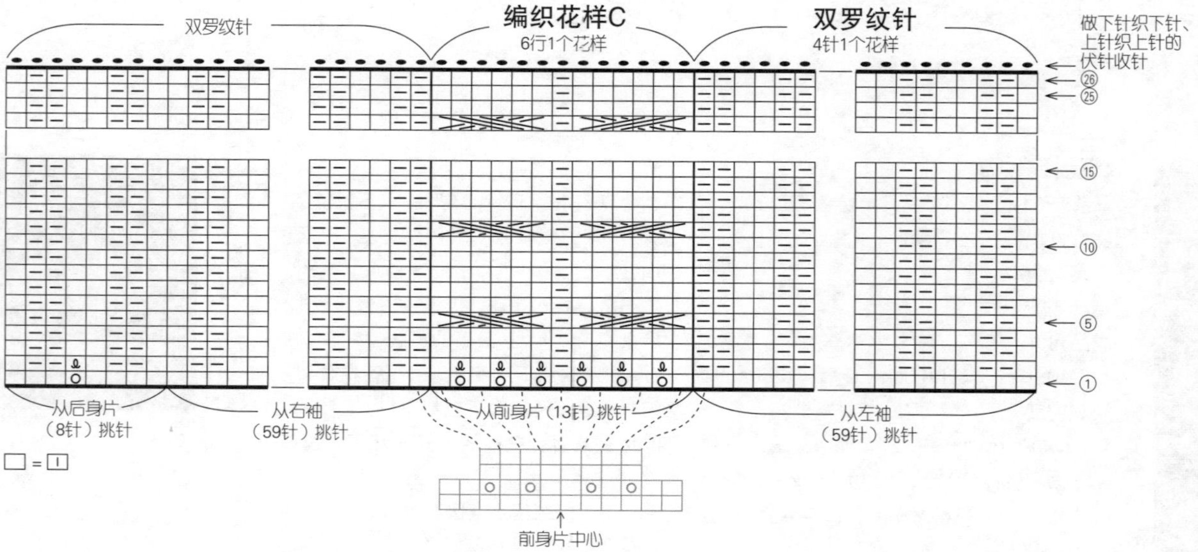

育克的编织方法

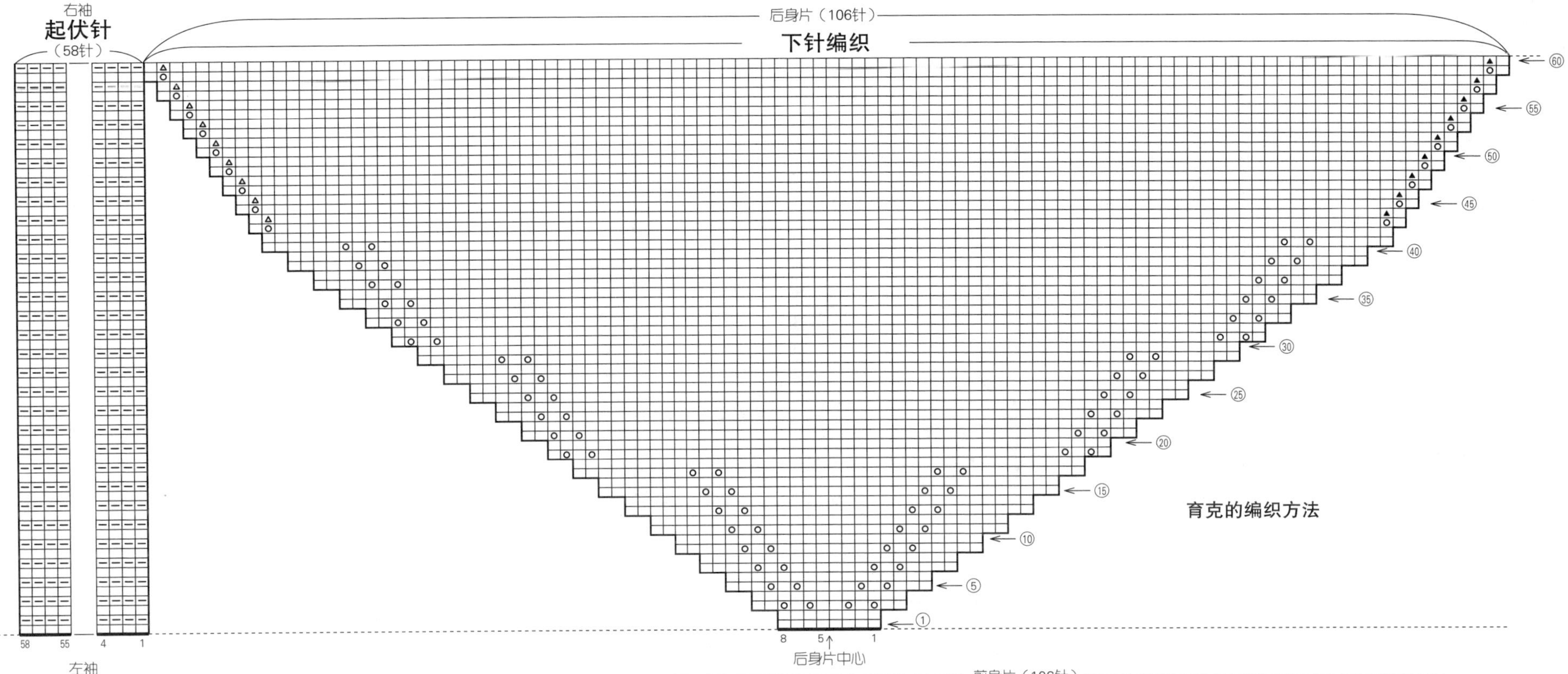

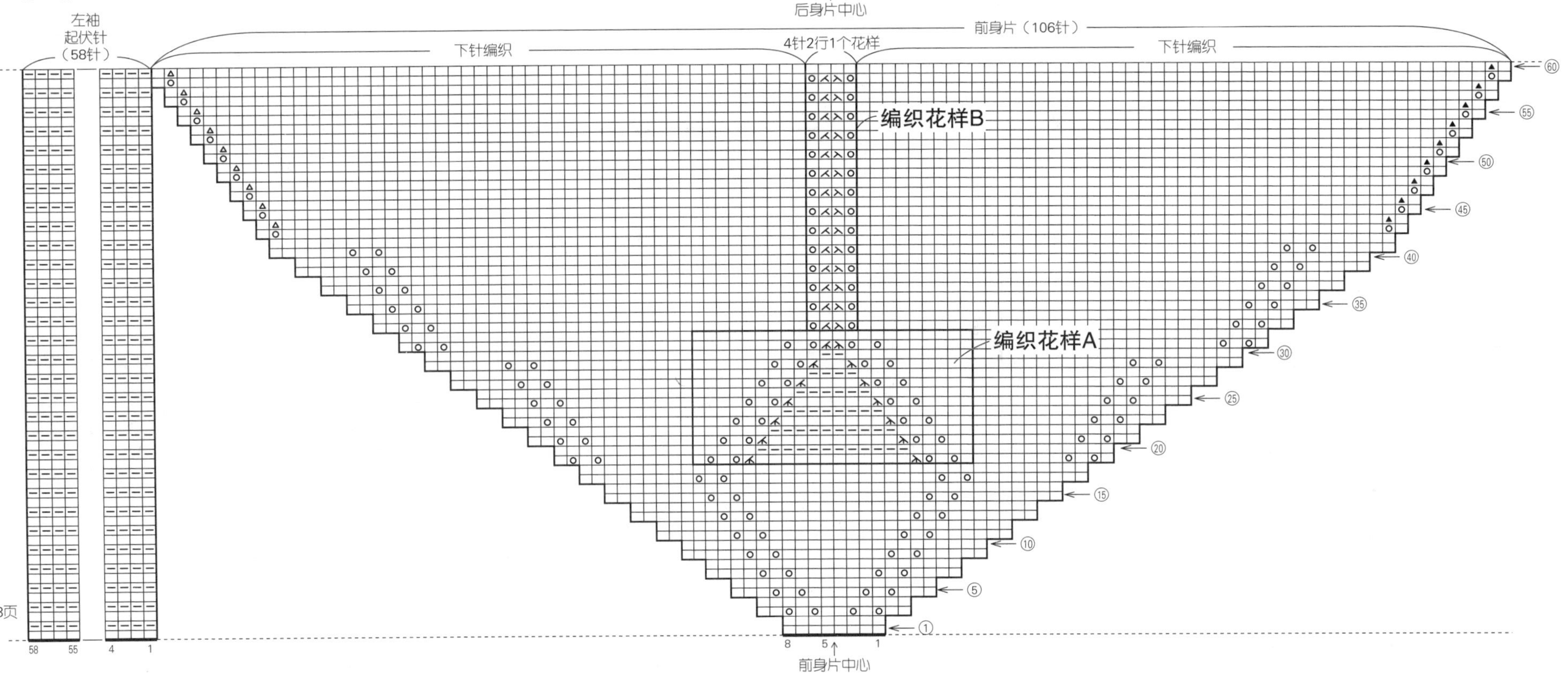

□ = ⊟
▲ = 左扭加针
△ = 右扭加针
※ 编织方法请参照第143页

材料

[套头衫] 芭贝 Romanza 浅蓝色(108) 320g/7团

[狗狗毛衫] 芭贝 Romanza 绿色(104) 40g/1团

工具

钩针 6/0 号，棒针 3 号

成品尺寸

[套头衫] 胸围 96cm，衣长 56cm，连肩袖长 44.5cm

[狗狗毛衫] 腰围 33cm，衣长 26cm

编织密度

10cm×10cm 面积内：编织花样 19 针，9.5 行

编织要点

●套头衫…后身片、前身片锁针起针，做编织花样。参照图示加、减针。下摆挑取指定针数，编织双罗纹针。编织终点做双罗纹针收针。肩部做卷针缝缝合。袖口的编织方法和下摆的相同。肋部钩织引拔针和锁针接合，还要使用毛线缝针做挑针缝合。袖下对齐针与针做卷针缝缝合，还要对齐行与行做挑针缝合。衣领挑取指定数量的针目，环形编织双罗纹针。编织终点的处理方法和下摆的相同。

●狗狗毛衫…锁针起针，参照图示做编织花样。下摆挑取指定数量的针目，编织双罗纹针。编织终点做双罗纹针收针。对齐相同标记缝合。衣领、袖口挑针，环形编织双罗纹针。编织终点的处理方法和下摆的相同。

套头衫

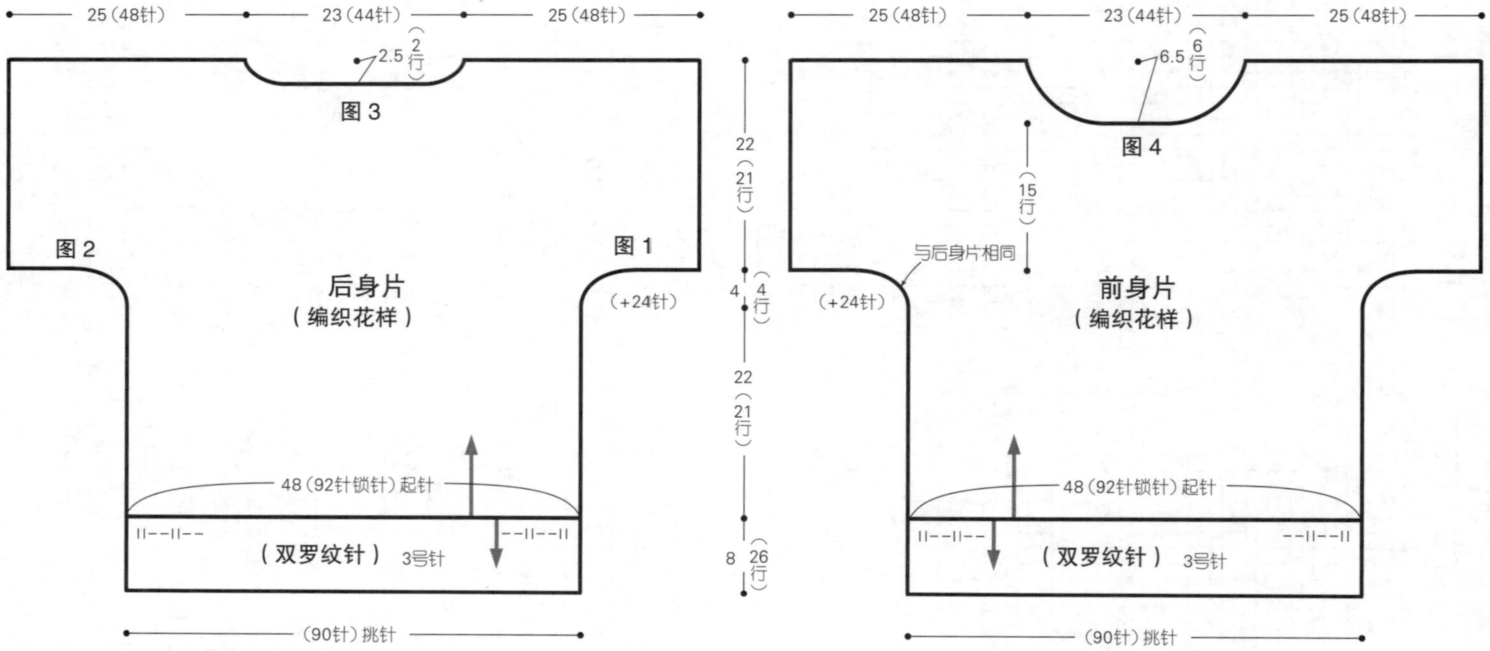

※ 除指定以外均用6/0号针钩织

编织花样

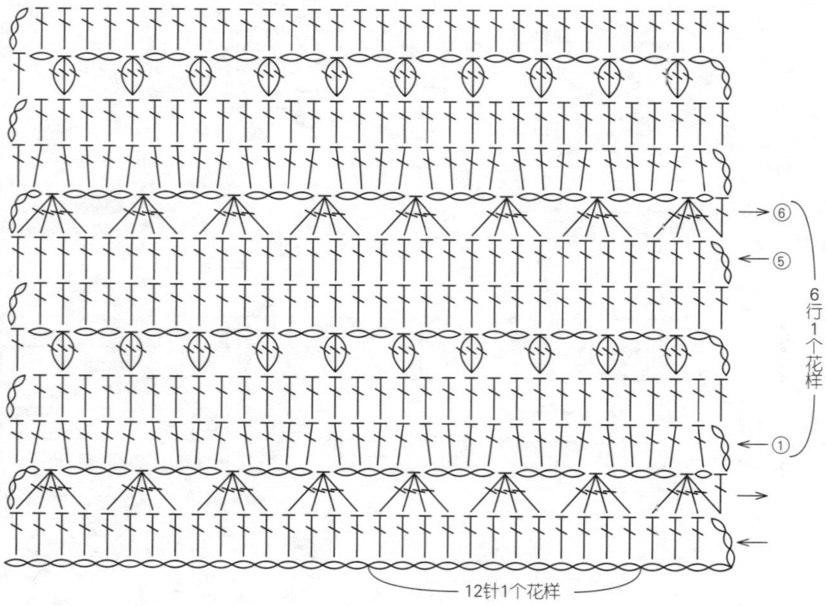

衣领、袖口

（双罗纹针） 3号针

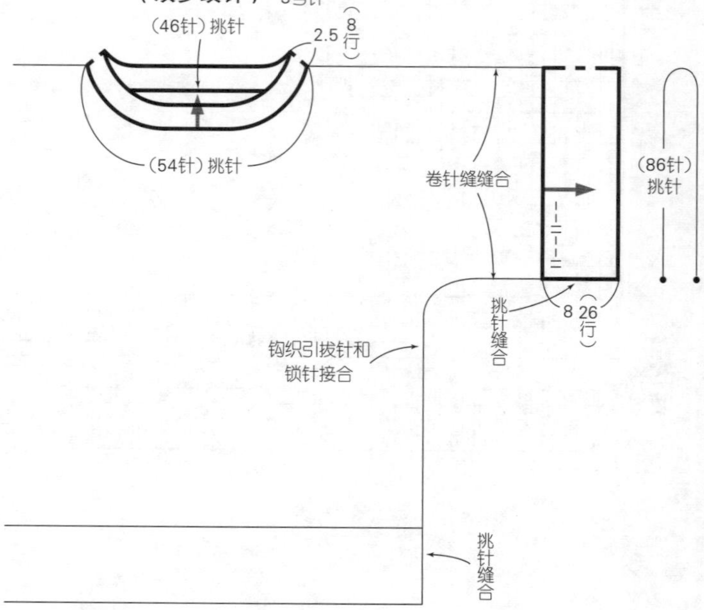

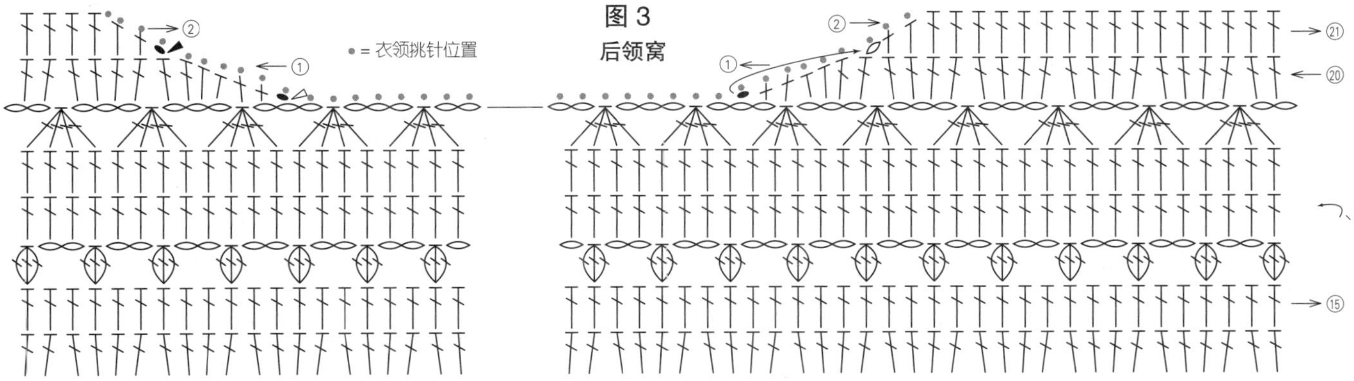

图 3
后领窝

▷ = 加线
▶ = 剪线
⌒、⌒ = 渡线

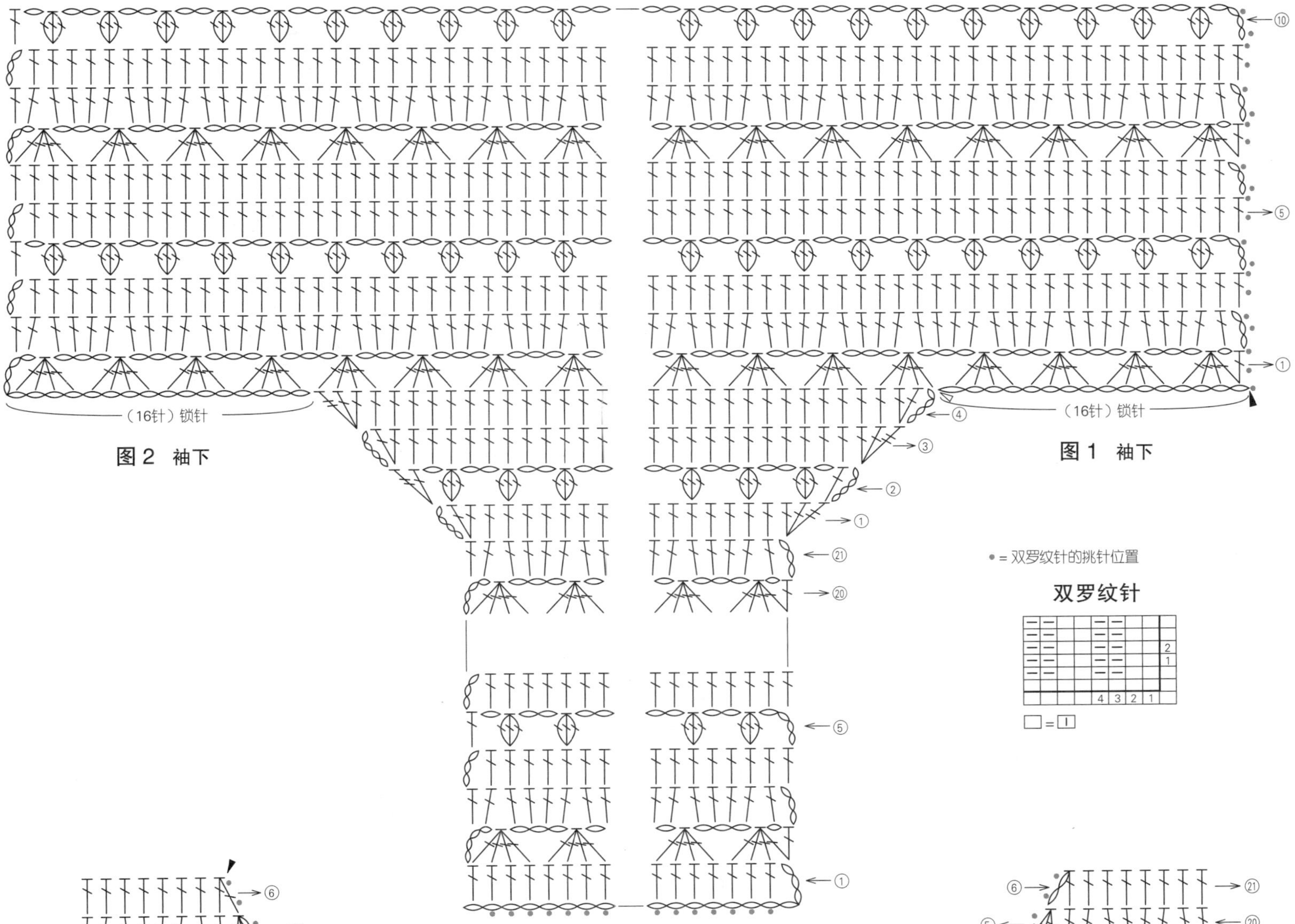

图 2 袖下

图 1 袖下

● = 双罗纹针的挑针位置

双罗纹针

□ = 丨

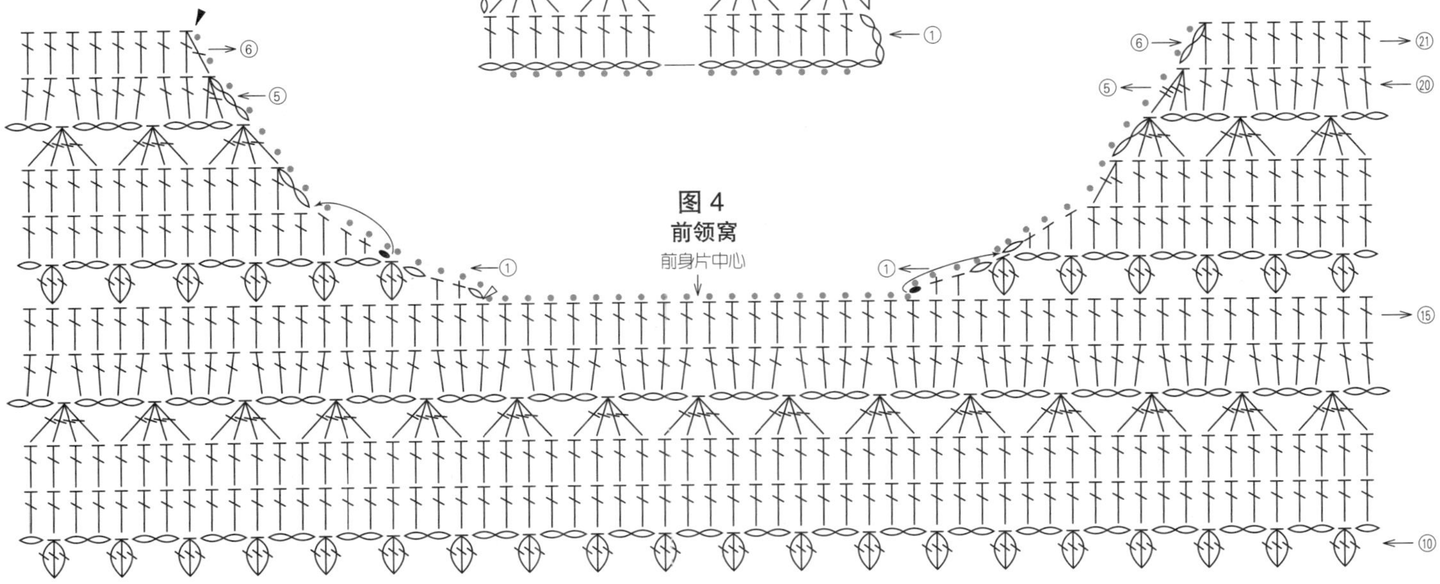

图 4
前领窝

狗狗毛衫

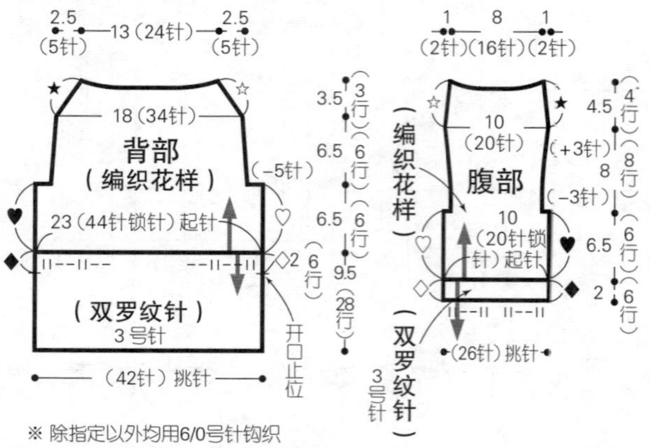

※ 除指定以外均用6/0号针钩织

※ 对齐◇、◆标记，并使用毛线缝针做挑针缝合

※ 对齐♡、♥标记，并使用引拔针和锁针接合

※ 对齐☆、★标记，并做卷针缝缝合

狗狗各部位尺寸

颈围	23cm
腰围	32cm
身长	26cm

衣领、袖口
(双罗纹针)

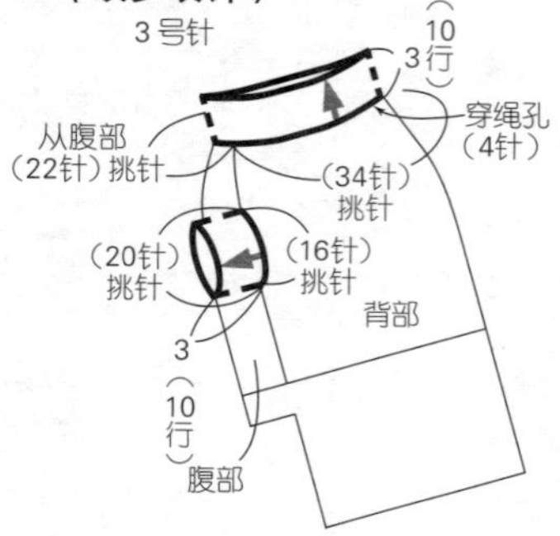

腹部的编织方法

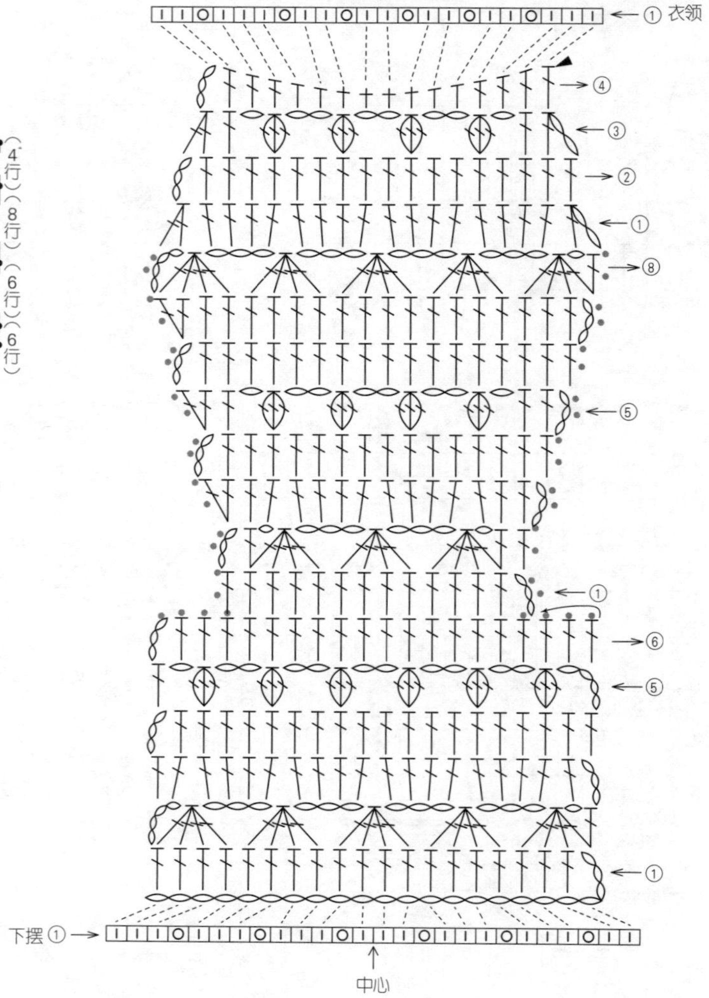

► = 剪线

⌒ = 渡线

• = 双罗纹针的挑针位置

背部的编织方法

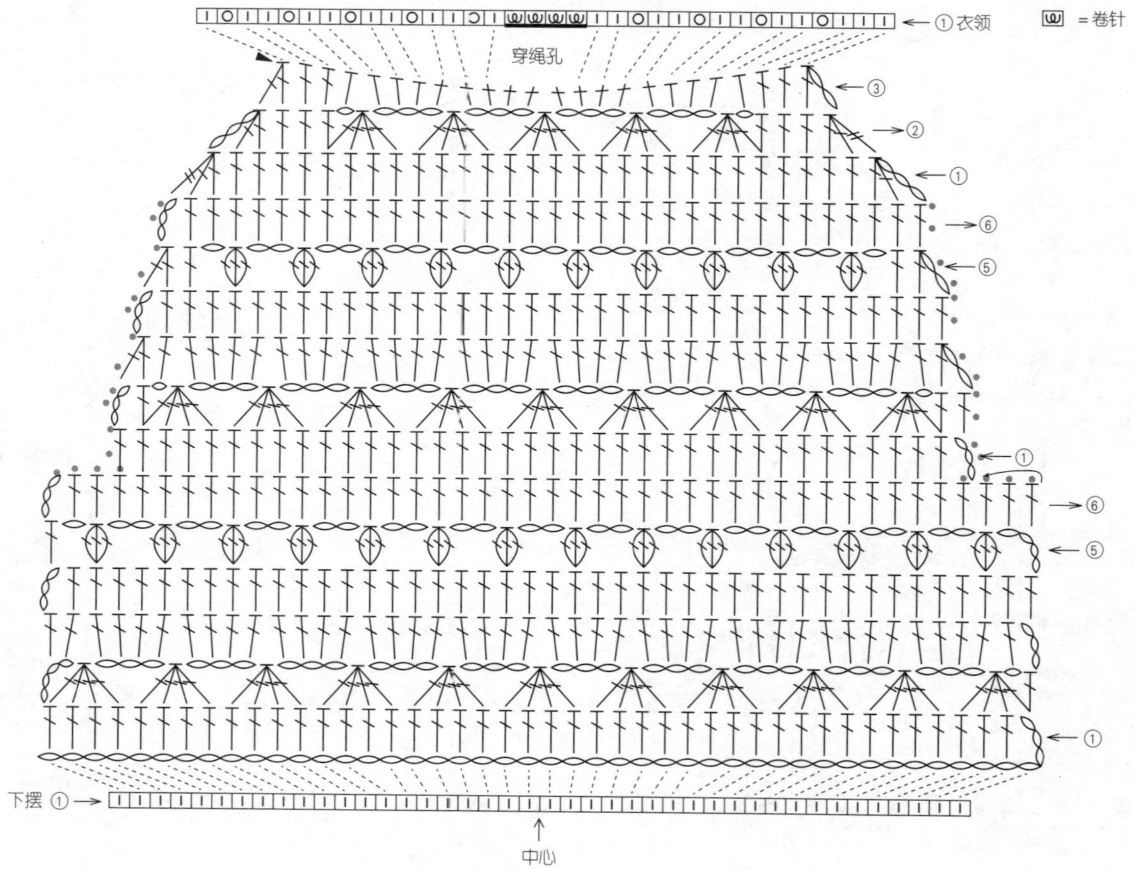

▣ = 卷针

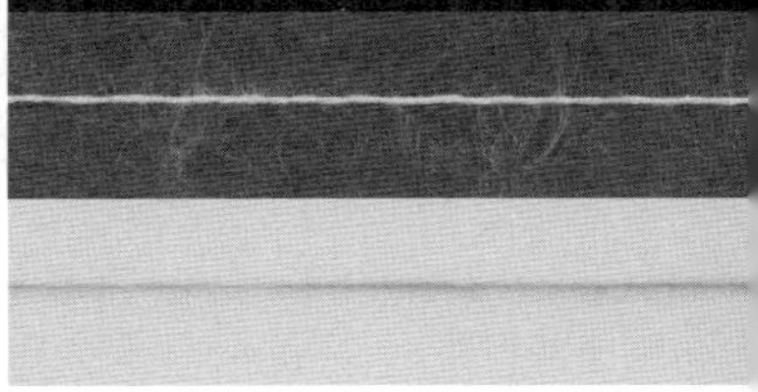

材料

手织屋 Silk Mohair Reina 白色(8501) 45g；Hard Linen A 粉色(01) 30g，原白色(42) 25g，浅蓝色(11) 15g

工具

棒针3号、5号

成品尺寸

胸围102cm，衣长52.5cm，连肩袖长61cm

编织密度

10cm×10cm面积内：下针编织19针，30行

编织要点

●育克、身片、袖子…取2根指定颜色的线编织。育克手指起针，环形编织下针编织。参照图示分散加针。后身片比前身片多编织12行，从腋下的另线锁针挑针，编织下针编织和起伏针。编织终点看着反面引拔收针，不要织得太紧。前身片从育克和腋下的另线锁针挑针，按照和后身片相同的方法编织。衣袖挑取指定数量的针目，参照图示一边加针一边做下针编织。然后编织起伏针，编织终点和下摆的处理方法相同。

●组合…胁部、袖下使用毛线缝针做挑针缝合。衣领挑取指定数量的针目，环形编织起伏针。编织终点和下摆的处理方法相同。

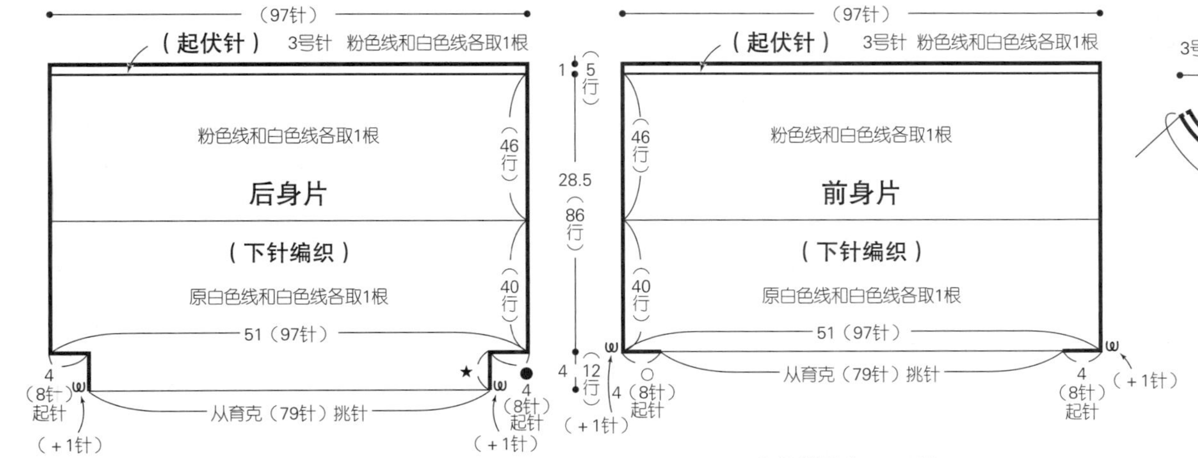

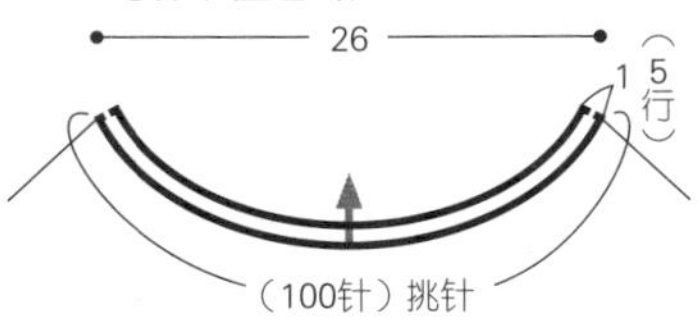

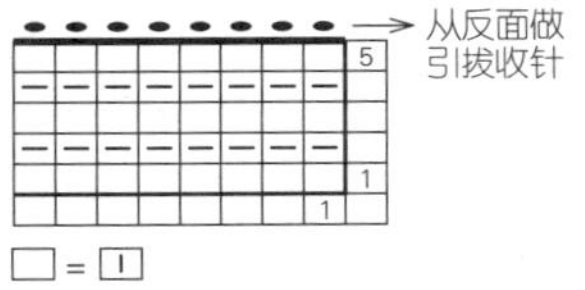

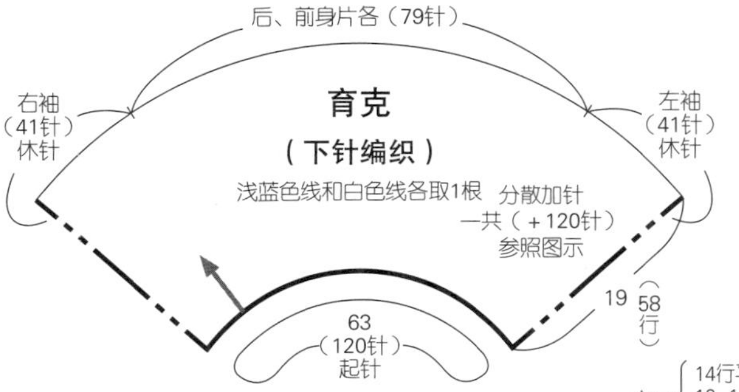

※ 除指定以外均用5号针编织

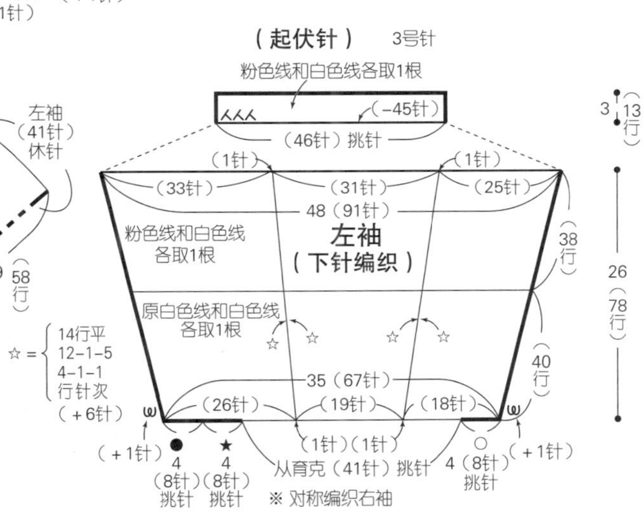

※ 对称编织右袖

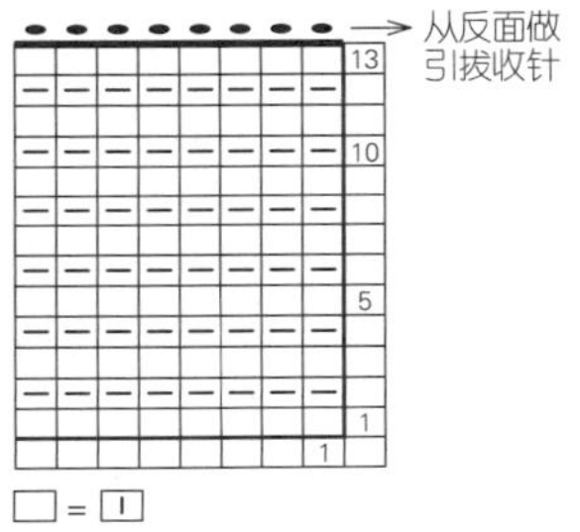

在5针2行共3次的浮针中心编织拉针

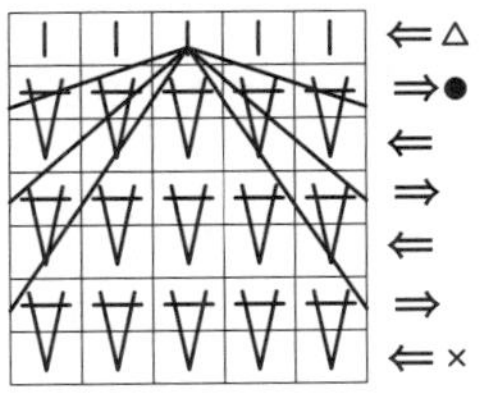

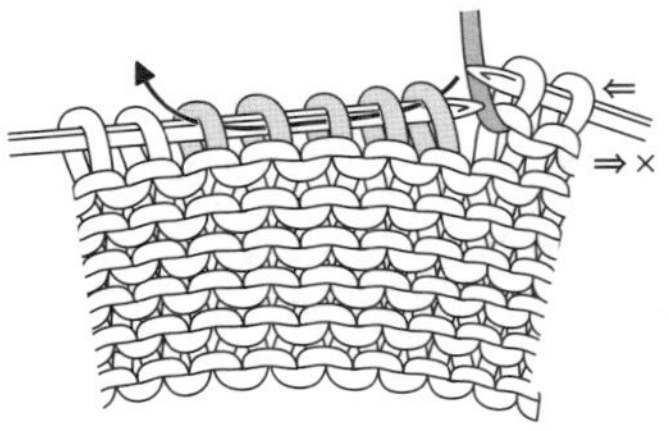

1 从反面行开始编织，将线留在织片后面，5针不编织，直接移至右棒针（浮针）上。

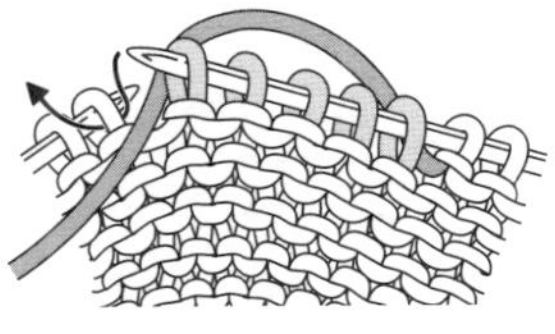

2 下一针编织上针。

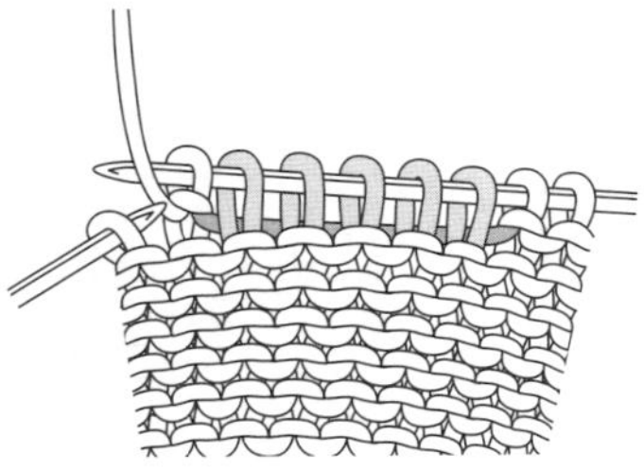

3 将浮针的线渡到正面。

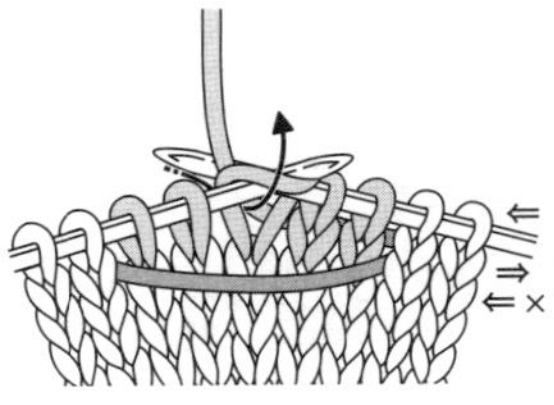

4 正面行编织5针下针。重复步骤1~4编织2次。

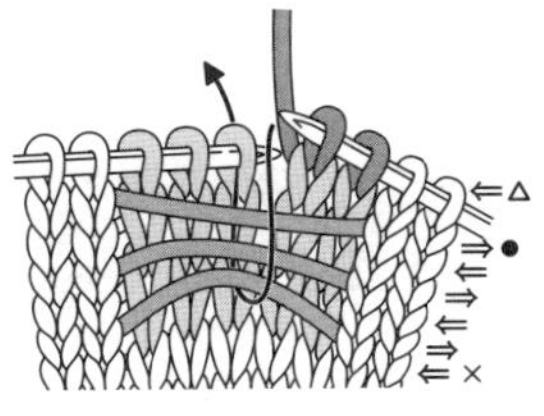

5 在△标记的下针行编织2针下针，用右棒针挑起浮针的3根线，然后插入针目3中。

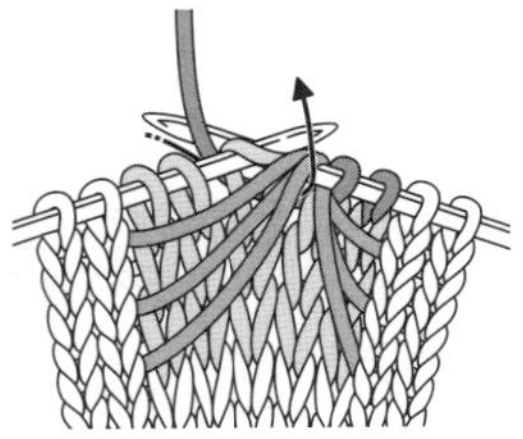

6 给右棒针挂线，如箭头所示从第3针和3根线中拉出。

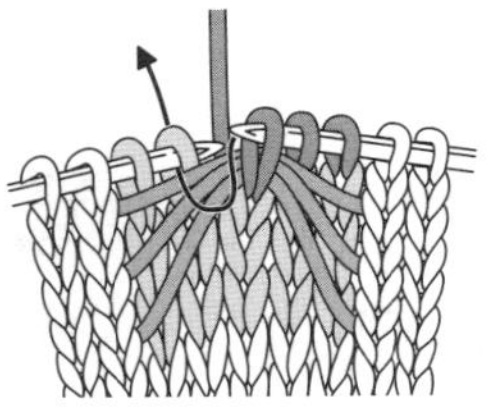

7 剩余的2针编织下针，完成。

育克的分散加针

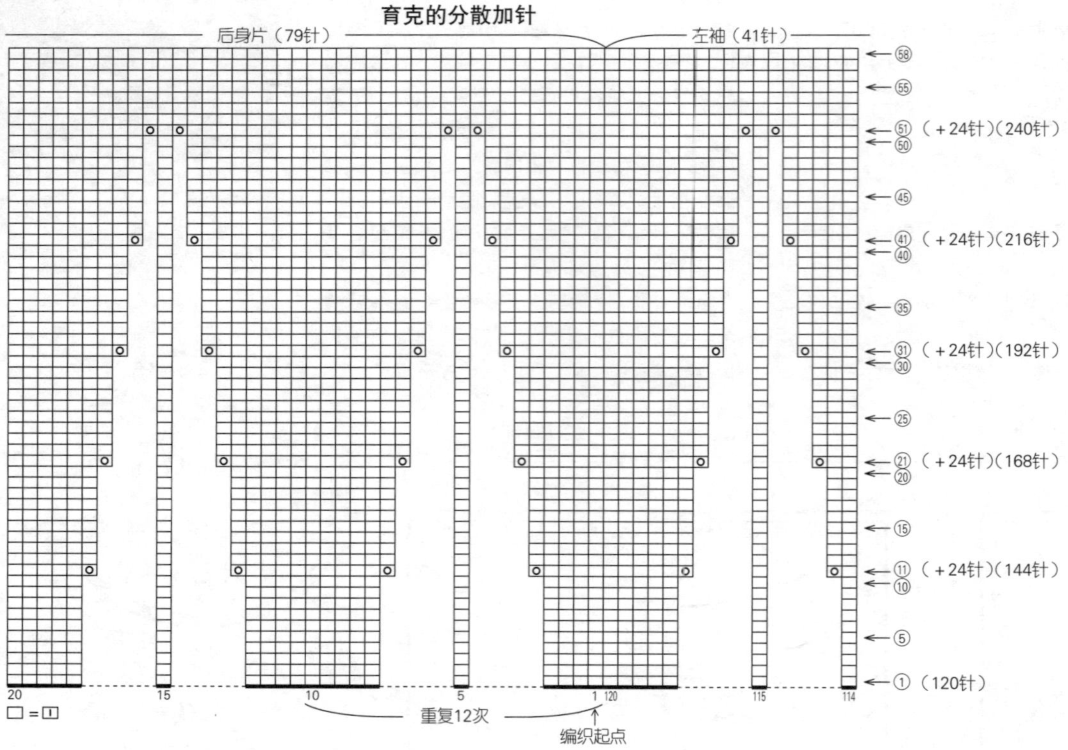

袖子的加针（左袖）

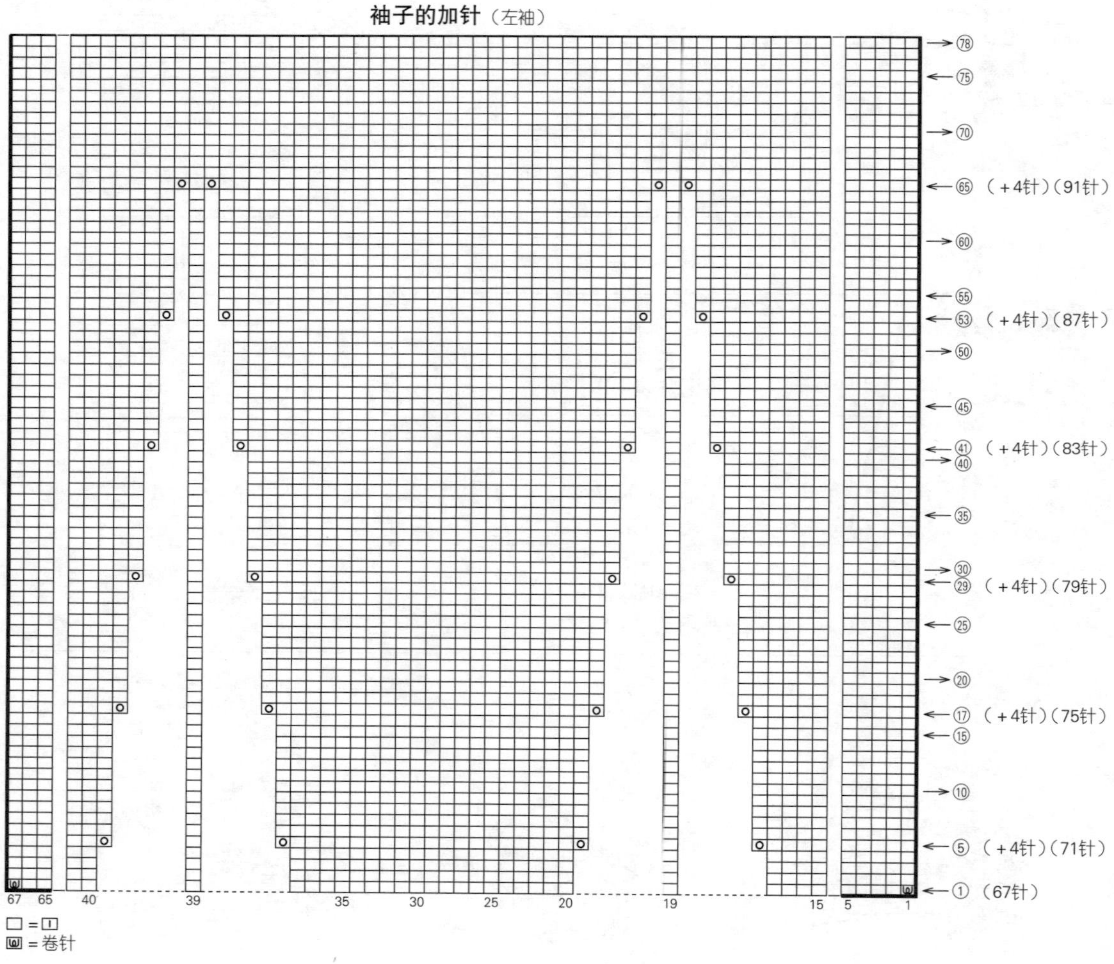

短针的条纹针

（往返编织时）

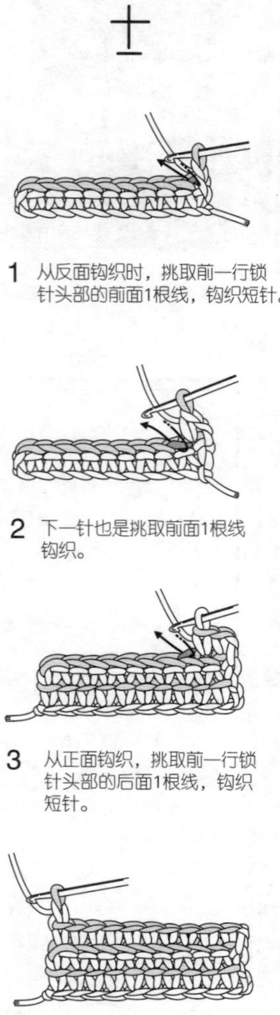

1 从反面钩织时，挑取前一行锁针头部的前面1根线，钩织短针。

2 下一针也是挑取前面1根线钩织。

3 从正面钩织，挑取前一行锁针头部的后面1根线，钩织短针。

4 从正面看时，正面的每一行上都会出现条纹。

短针的棱针

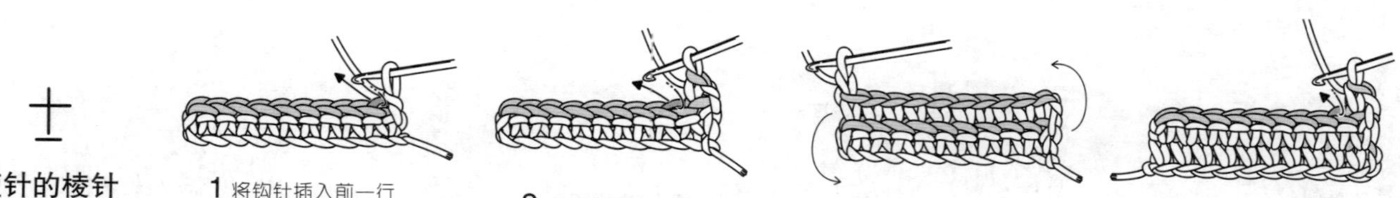

1 将钩针插入前一行边缘针目头部的后侧半针，钩织短针。

2 下一针也将钩针插入后侧半针，钩织短针。

3 钩织至边缘时，立织1针锁针，翻转织片。

4 按照和前一行相同的方法，将钩针插入前一行边缘针目头部的后侧半针，钩织短针。

材料

奥林巴斯手编线SouFFLE <粗>原白色（201）360g/15团

工具

棒针5号、6号，钩针6/0号

成品尺寸

胸围98cm，衣长58cm，连肩袖长60.5cm

编织密度

10cm×10cm面积内：下针编织、编织花样A、B均为21针，30行；编织花样C 1个花样4针2cm，10cm 30行

编织要点

●身片、袖子…手指起针，后身片编织起伏针和编织花样A，前身片编织起伏针、下针编织和编织花样B。前领窝减针时，立起侧边3针减针。衣袖和身片起针方法相同，编织起伏针、下针编织和编织花样C。袖下加针时，在1针内侧编织扭加针。口袋和身片的起针方法相同，做编织花样A和起伏针。编织终点做伏针收针。

●组合…口袋一边抽褶，一边在指定位置做藏针缝缝合，侧边使用毛线缝针做挑针缝合。肩部做盖针接合。对齐针与行，将衣袖连接在身片上。胁、袖下使用毛线缝针做挑针缝合。

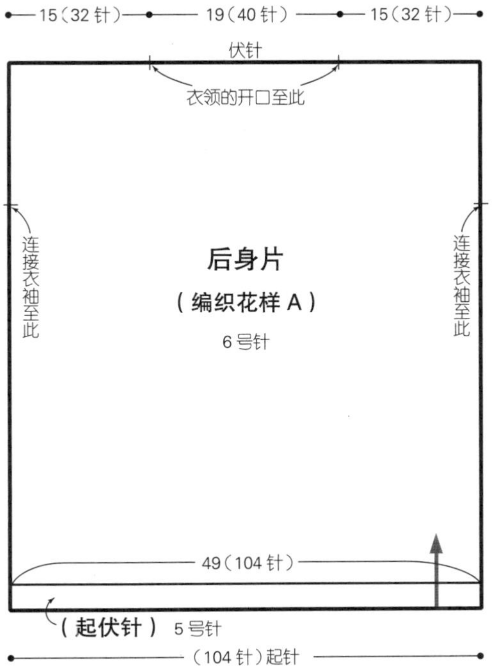

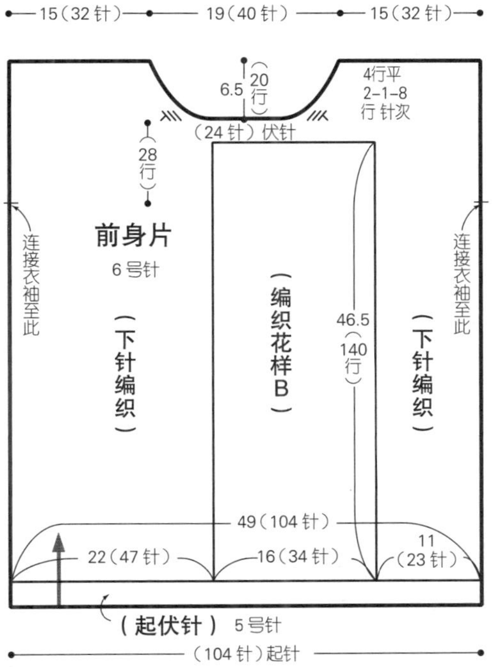

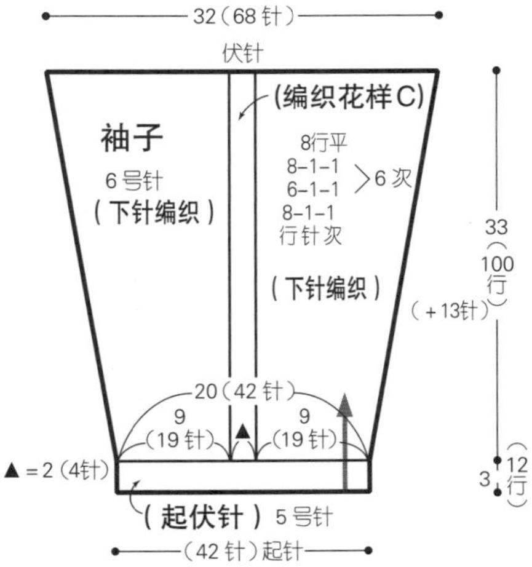

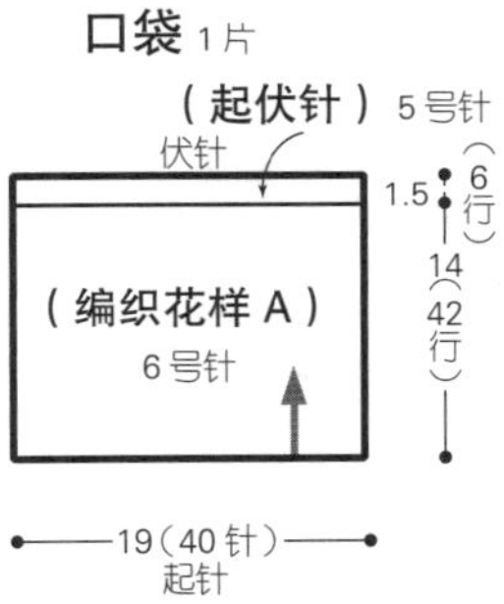

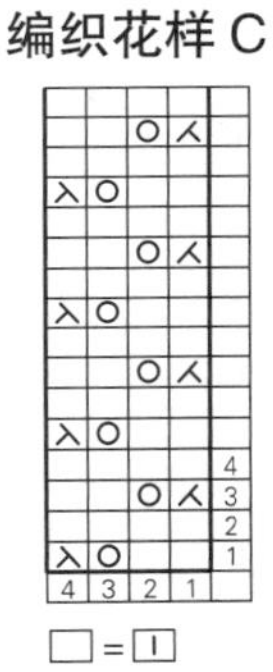

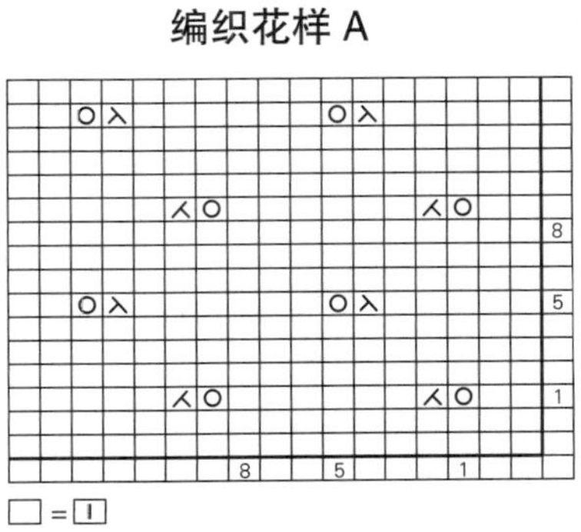

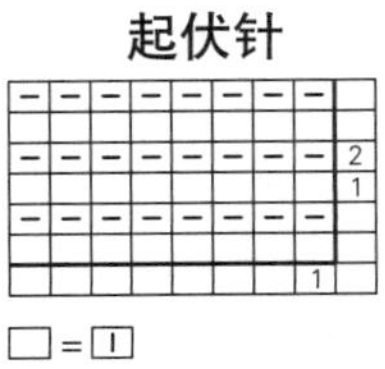

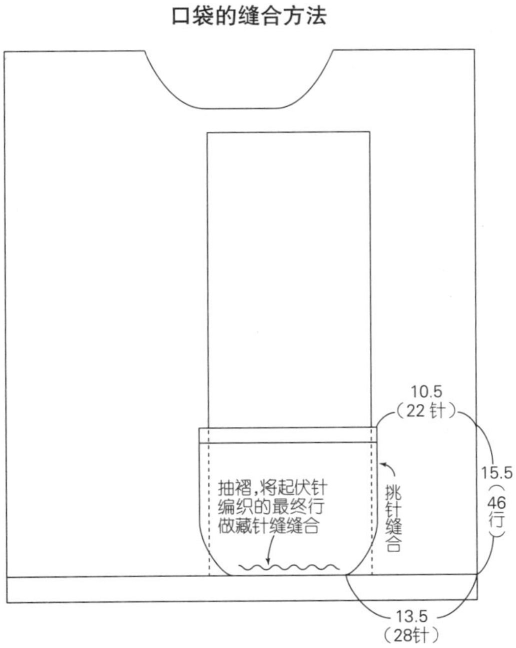

编织花样 B

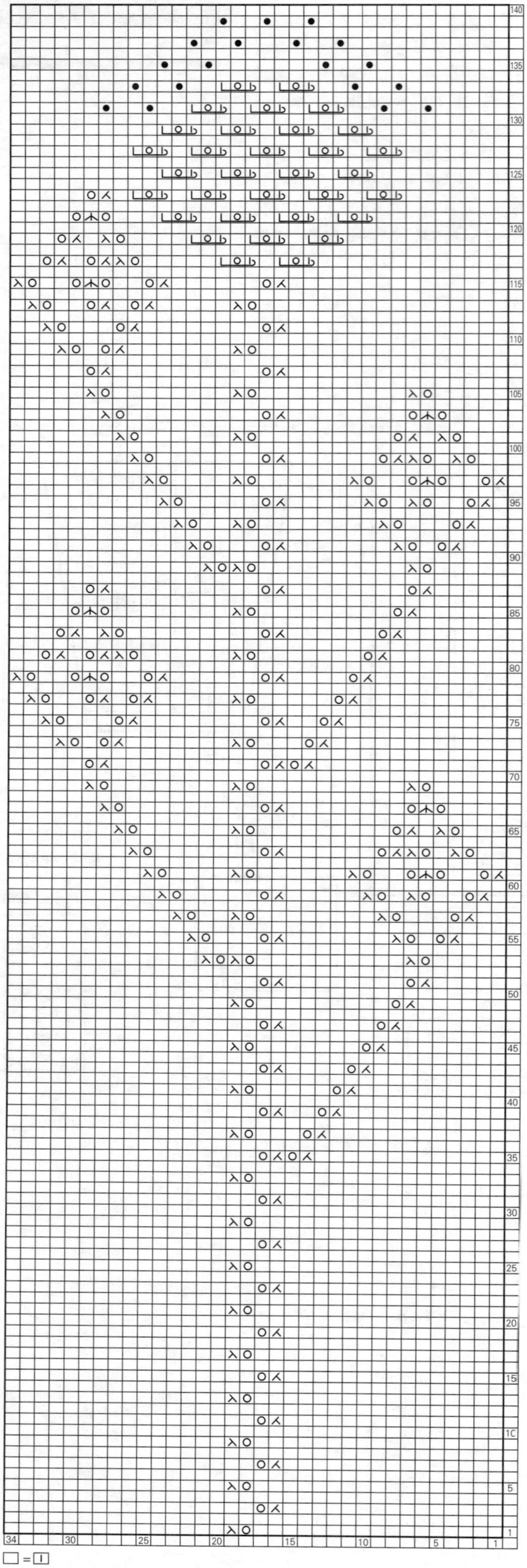

□=⊡

⎣O⎦=穿过左针的盖针(3 针的情况) ⊡ = 变化的 5 针中长针的枣形针(6/0 号针)

※ 编织方法请见第 147 页 ※ 编织方法请参照第 85、177 页

条纹花样的编织方法和配色

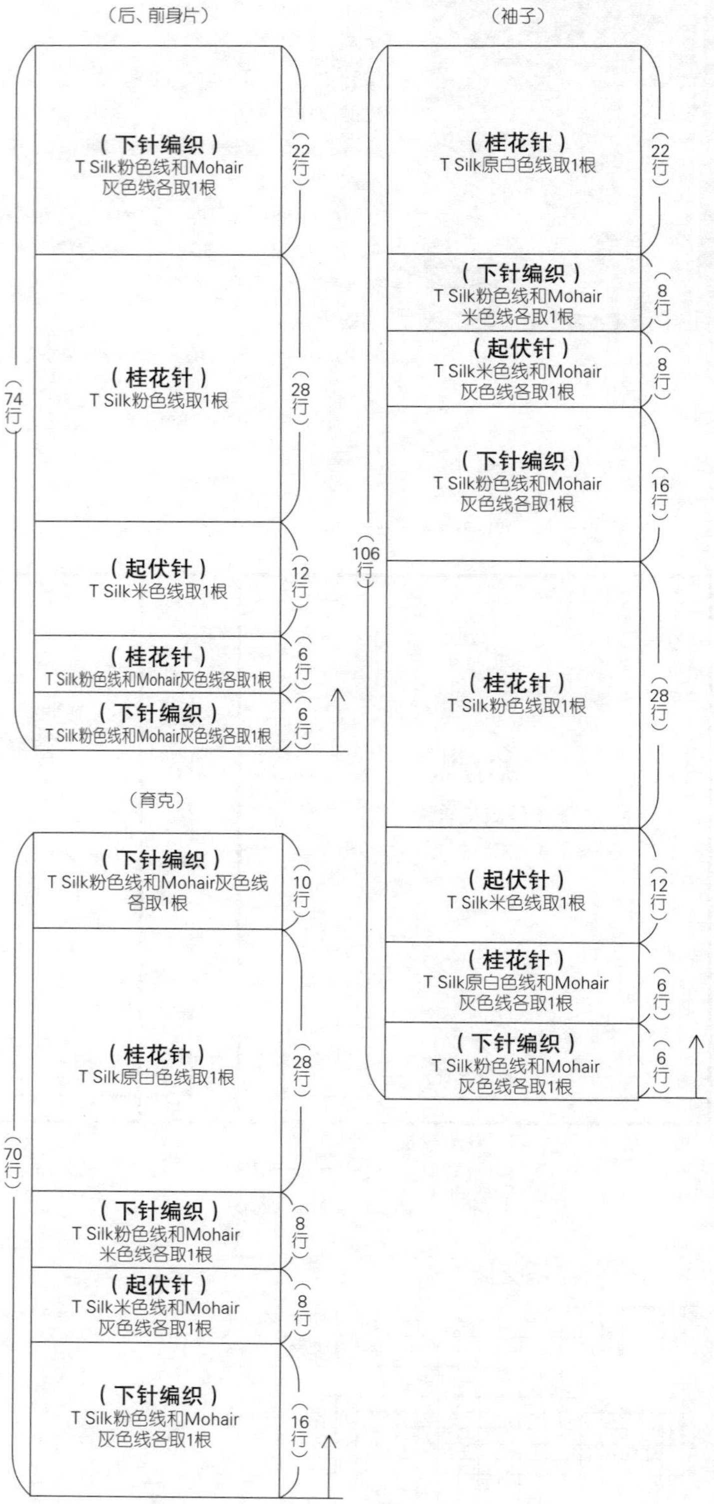

单罗纹针

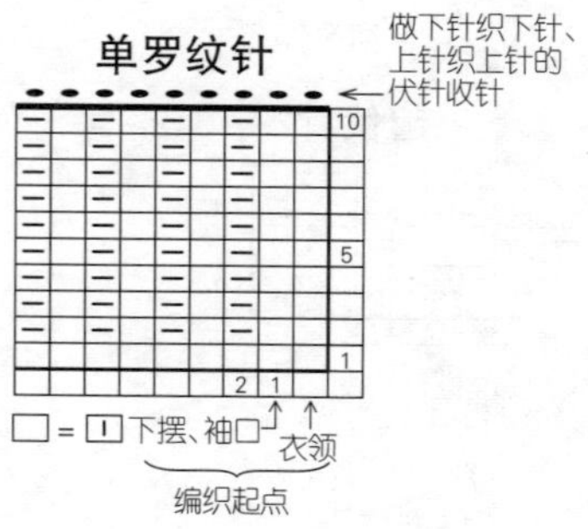

接第 157 页▶

材料

手织屋 T Silk 粉色（02）145g，原白色（05）60g，米色（01）30g；Feathery Mohair 灰色（10）40g，米色（03）10g；直径13mm的纽扣1颗

工具

棒针5号、6号，钩针5/0号

成品尺寸

胸围110cm，衣长50.5cm，连肩袖长66.5cm

编织密度

10cm×10cm面积内：20.5针，26.5行；桂花针20.5针，33.5行

编织要点

●育克、身片、袖子…预先用共线在前领窝做20针另线锁针起针。育克部分手指起针，参照图示一边加针一边编织条纹花样。左右分开编织至第10行，第11行开始连在一起做往返编织。第15行开始做环形编织。后身片、前身片从腋下的另线锁针和育克挑取指定数量的针目，编织条纹花样和单罗纹针。编织终点做下针织下针、上针织上针的伏针收针。衣袖从腋下的另线锁针和育克的休针挑针，编织条纹花样和单罗纹针。编织终点和下摆的处理方法相同。

●组合…衣领从育克挑取指定数量的针目，编织单罗纹针。编织终点和下摆的处理方法相同。后开衩钩织1行短针，调整好形状。编织纽襻，缝上纽扣。

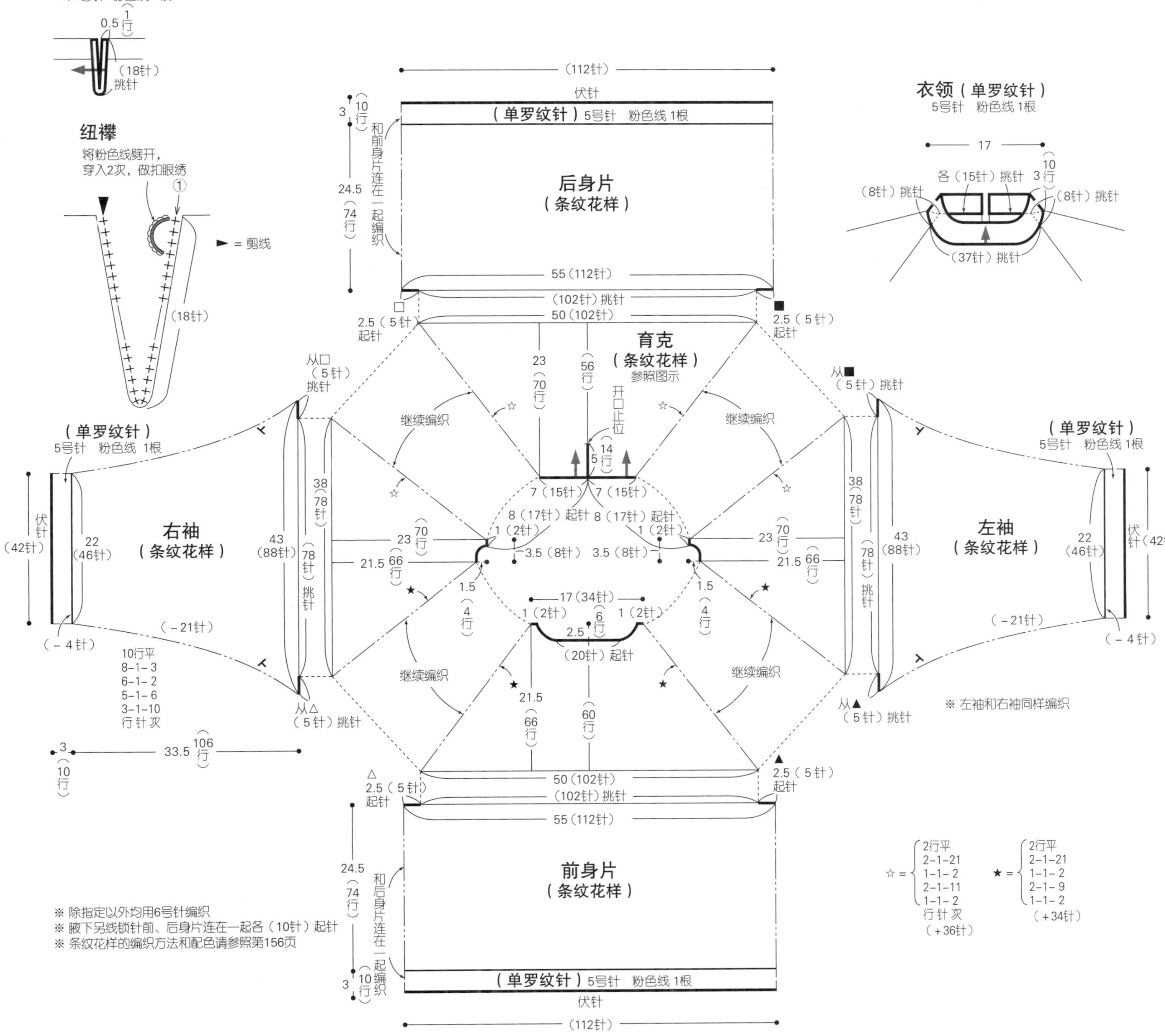

※ 除指定以外均用6号针编织
※ 腋下另线锁针前、后身片连在一起各（10针）起针
※ 条纹花样的编织方法和配色请参照第156页

◀配色见第156页

渡线编织纽襻的方法

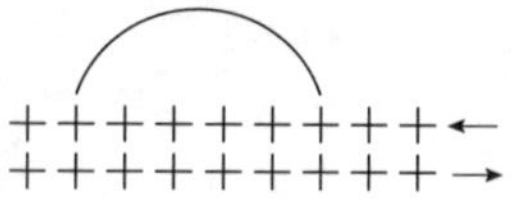

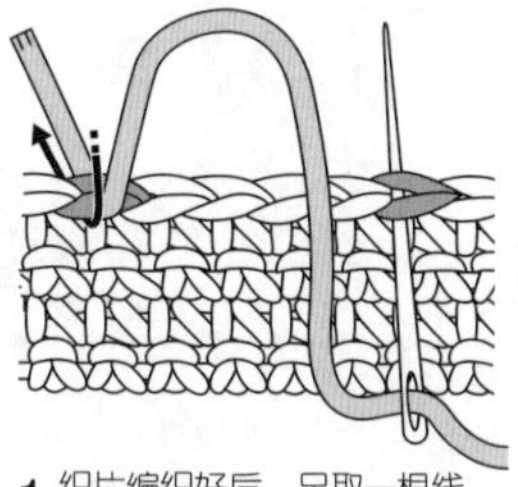

1 织片编织好后，另取一根线穿在毛线缝针上，将针穿入织片。

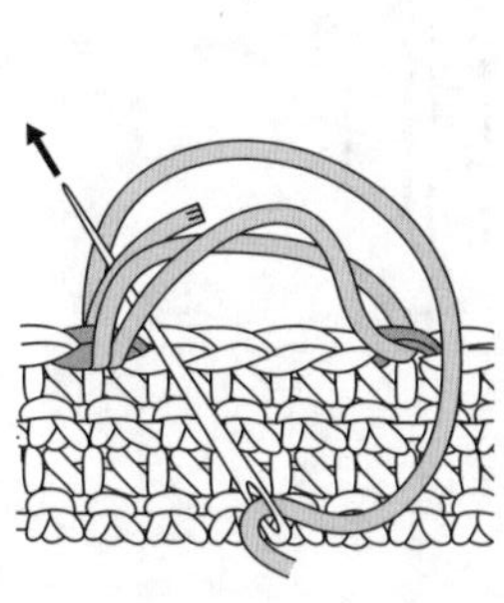

2 渡线为芯线，调整线圈的大小，然后开始做扣眼绣。

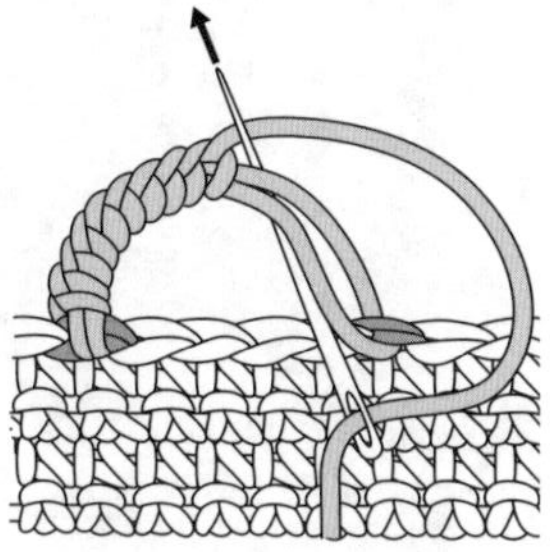

3 密密地刺绣，不要露出芯线。

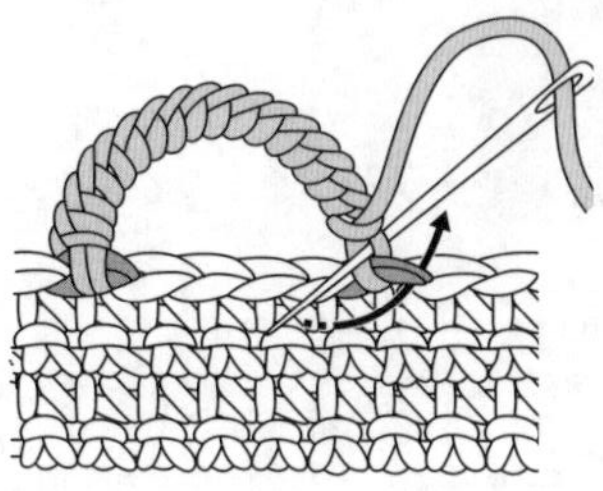

4 最后如箭头所示入针收紧，在反面处理线头。

育克的编织方法

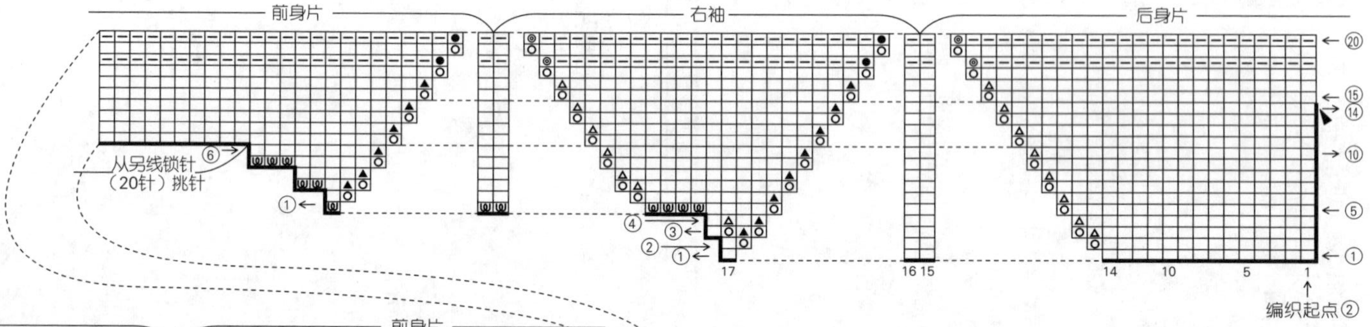

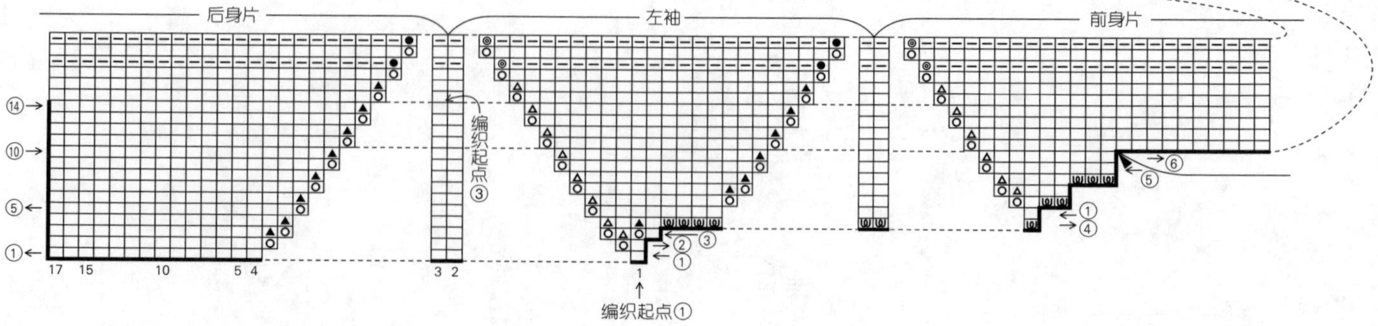

□ = ⊟
⓪ = 卷针
△ = 右扭加针
▲ = 左扭加针
◎ = 上针的右扭加针
● = 上针的左扭加针

▷ = 接线
▶ = 剪线

※扭针的编织方法见第143页

材料
芭贝SEREIN灰黄绿色(5416)
[S码]260g/6团
[M码]295g/6团
[L码]340g/7团
[XL码]385g/8团

工具
棒针5号、8号

成品尺寸
[S码]胸围126cm,衣长51.5cm
[M码]胸围140cm,衣长54cm
[L码]胸围154cm,衣长56.5cm
[XL码]胸围170cm,衣长60cm

编织密度
10cm×10cm面积内:编织花样、下针编织均为19针,26行

编织要点
●身片…手指起针,编织单罗纹针、下针编织、编织花样和起伏针。肩部参照图示减针。领窝减针时,2针及以上时做伏针减针,1针时立起侧边1针减针。衣领挑取指定数量的针目,做边缘编织。编织终点做单罗纹针收针。
●组合…肩部、胁部、领使用毛线缝针做挑针缝合。袖口挑取指定数量的针目,环形编织单罗纹针。编织终点和衣领的处理方法相同。

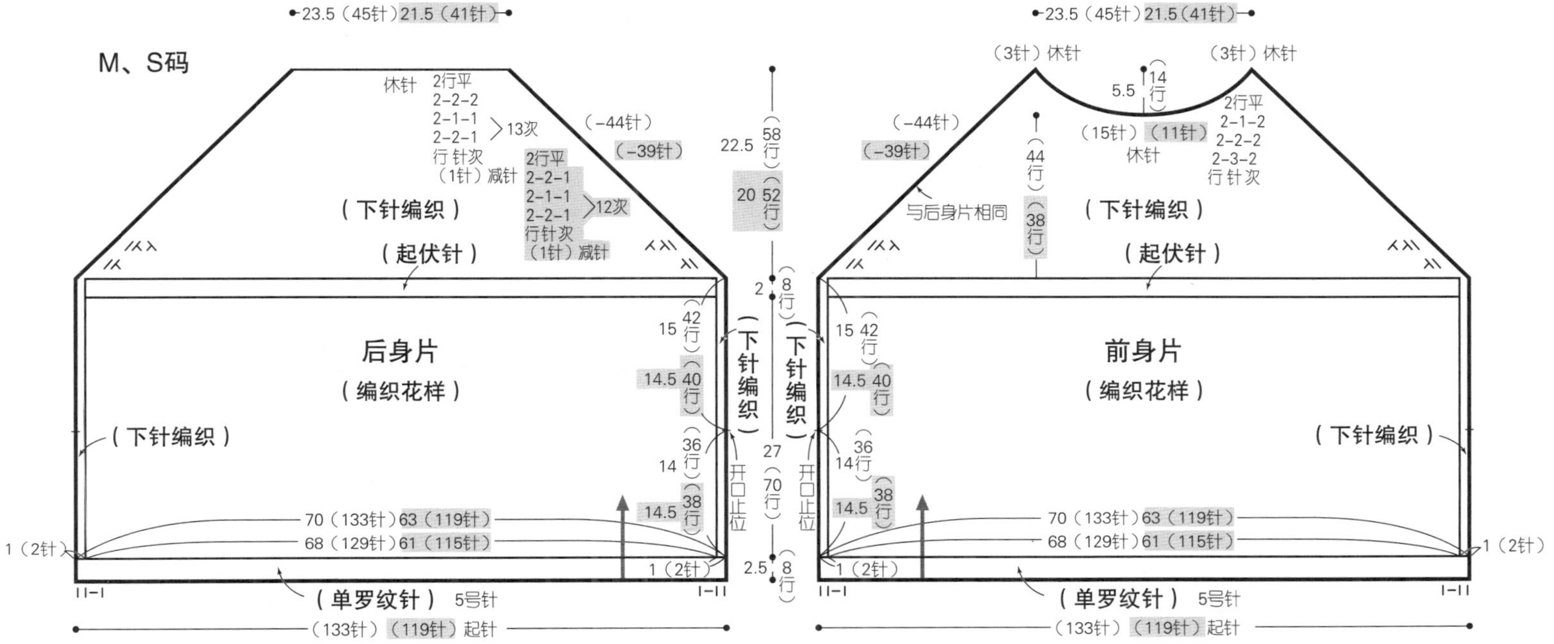

※除指定以外均用8号针编织

无框处=M码、通用
=S码

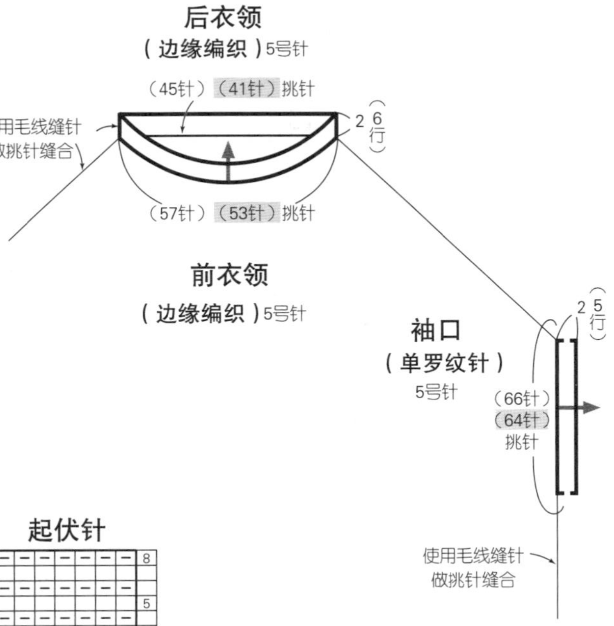

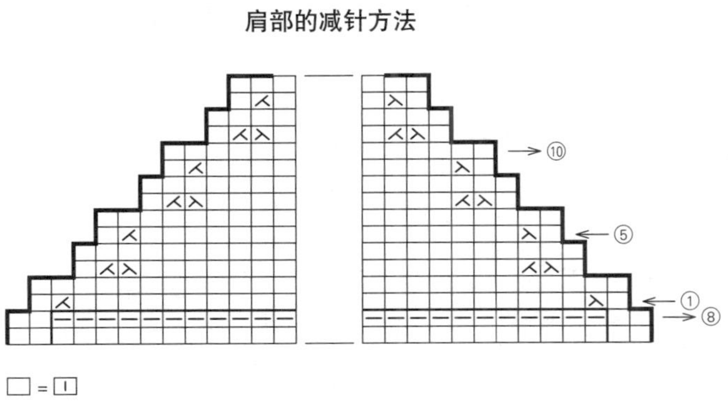

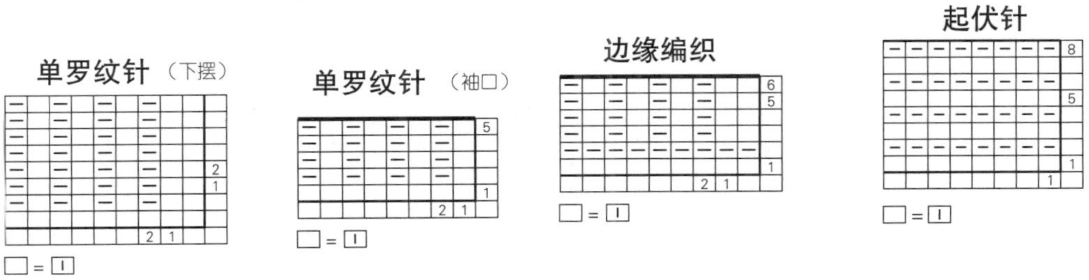

L、XL码

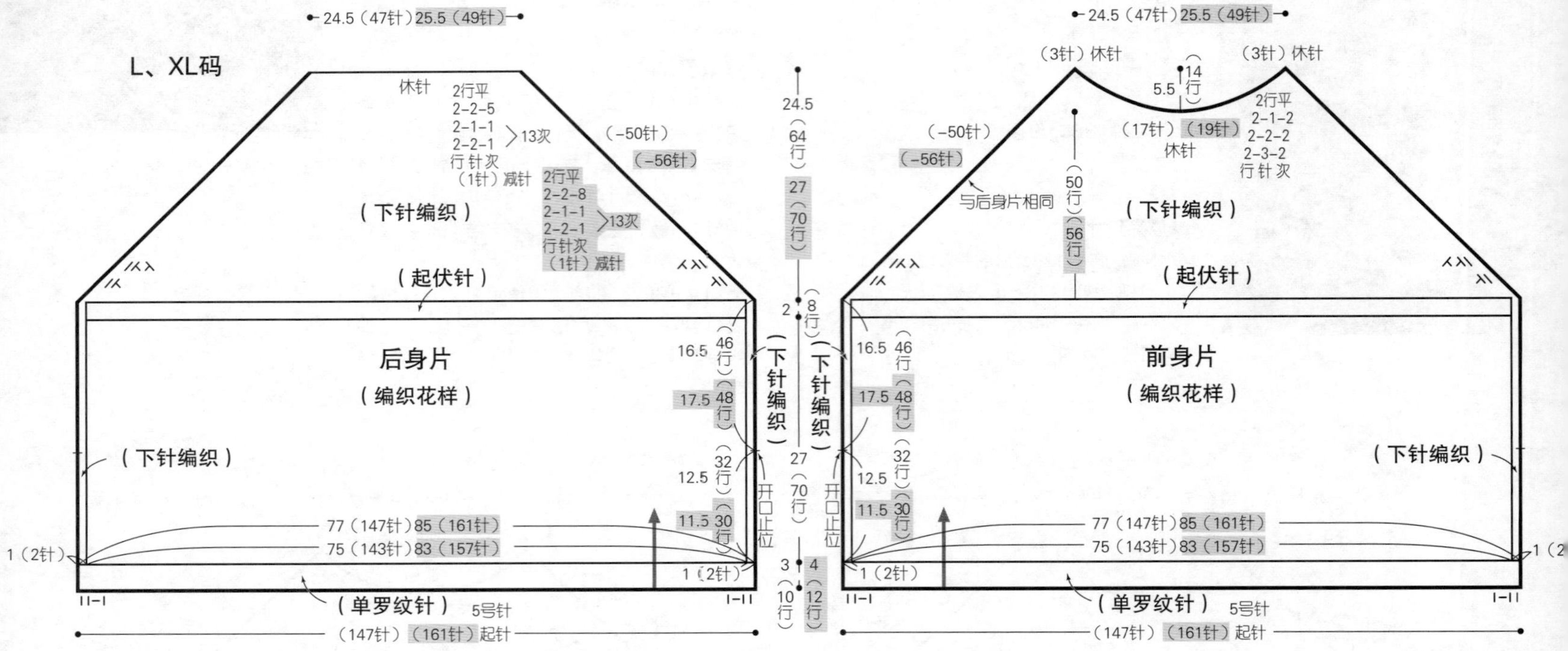

※ 除指定以外均用8号针编织

无框处＝L码、通用

▒ ＝XL码

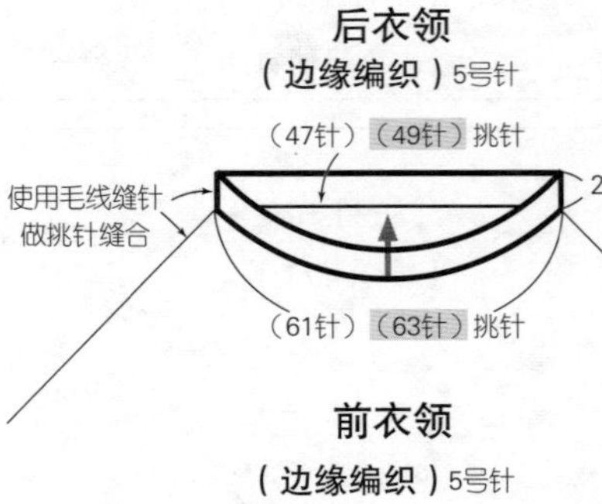

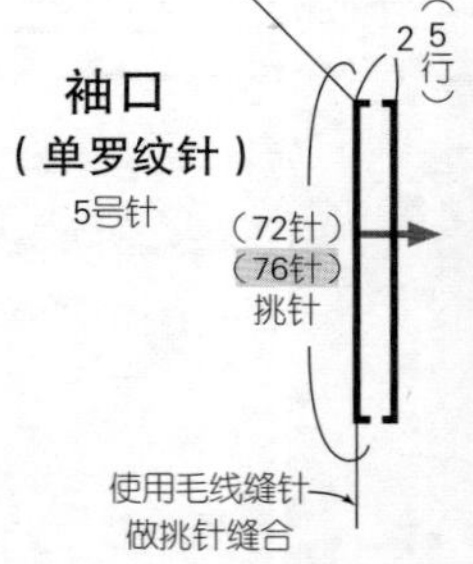

编织花样

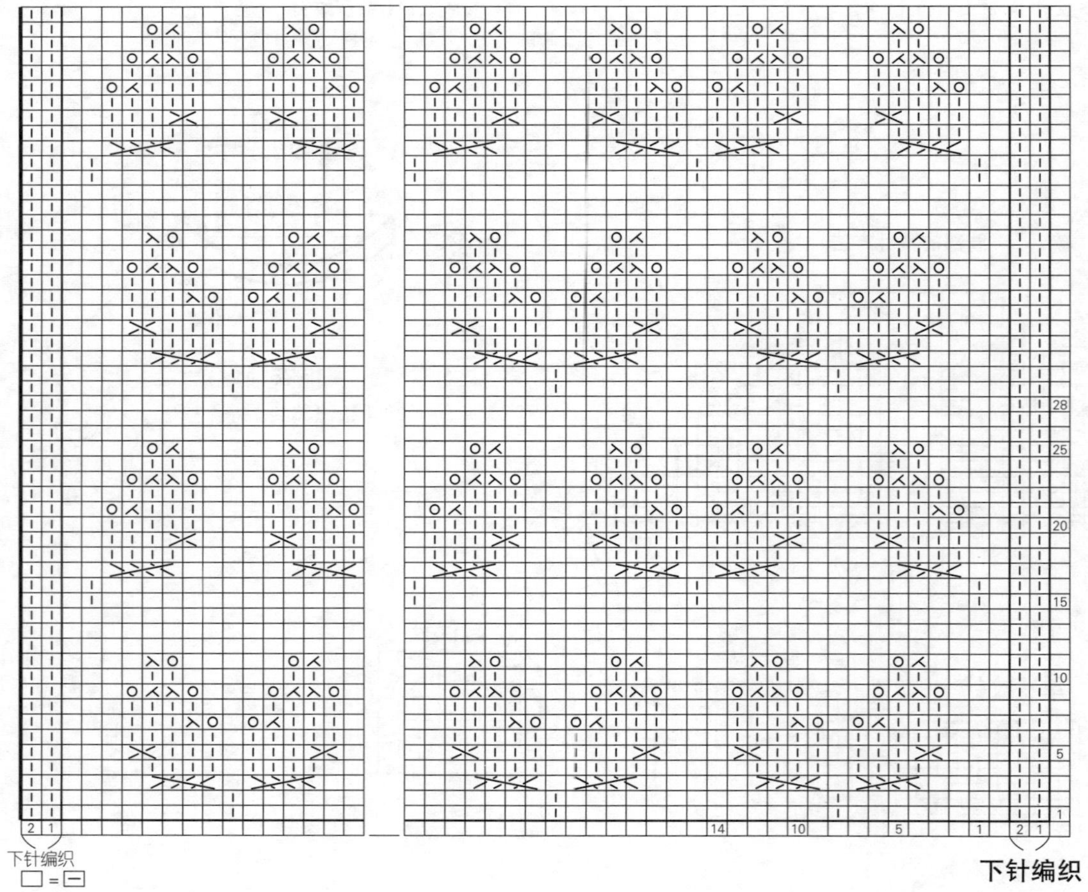

材料

[帽子]奥林巴斯手编线Chapeautte 米色(2)85g/3团，绿色(17)20g/1团，黄色(7)、紫色(18)各10g/各1团；宽20mm的缎带长60cm；直径0.7mm的定型绳长82cm；热缩软管5cm；宽20mm的别针1个

[挎包]奥林巴斯手编线Chapeautte 米色(2)195g/6团，绿色(17)70g/2团，紫色(18)55g/2团，黄色(7)25g/1团；包包用底板29cm×9cm；直径10mm的彩绳 深米色 108cm

工具

钩针5/0号

成品尺寸

[帽子]头围58cm，深16cm

[挎包]宽30cm，深33.5cm

编织密度

10cm×10cm面积内：短针20针，22行；花片大小请参照图示

编织要点

●帽子…锁针起针，钩织短针、条纹花样A，做环形的往返编织。参照图示加针。帽檐最终行包住连成环形的定型绳。参照图示编织别针装饰。参照组合方法完成。

●挎包…钩织指定数量的花片，用卷针缝缝合的方法连接成环形。底部锁针起针，参照图示钩织短针，做环形的往返编织。主体钩织短针和条纹花样B。主体和连成环形的花片用卷针缝缝合。从花片挑取指定数量的针目，编织条纹花样B'和短针。钩织提手，用藏针缝的方法缝在指定位置。将底板角部剪成弧形，放进去。

帽子

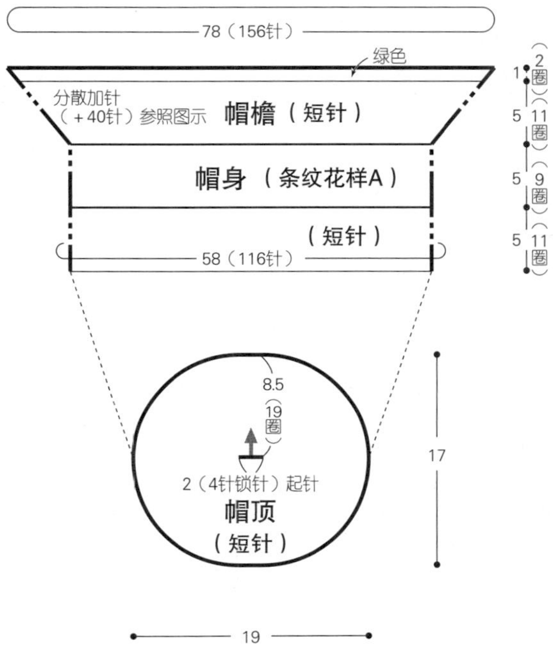

※ 全部用5/0号针钩织

※ 除指定以外均用米色线钩织

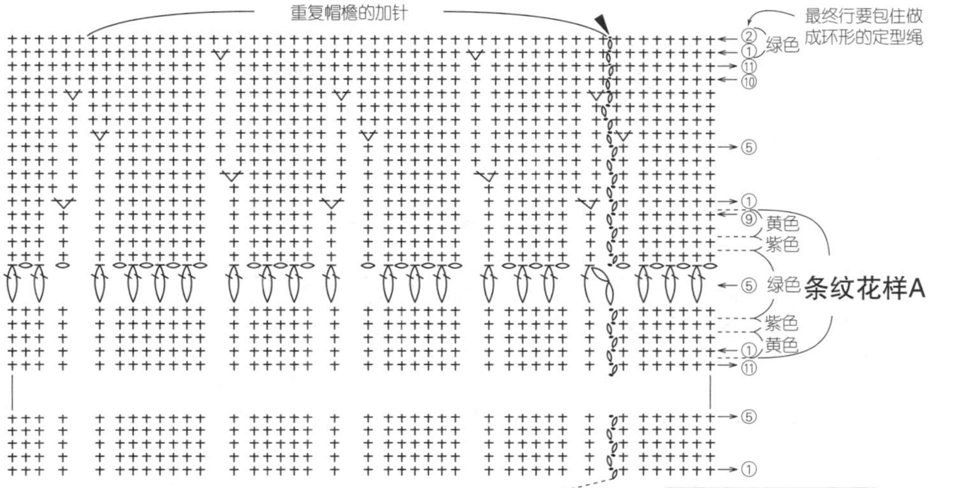

▶ = 剪线

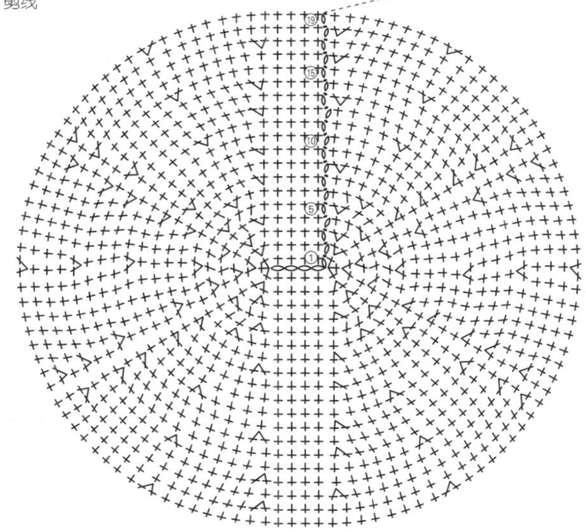

	圈数	针数	
帽檐	第2圈	156针	
	第1圈	156针	（+8针）
	第10、11圈	148针	
	第9圈	148针	（+8针）
	第7、8圈	140针	
	第6圈	140针	（+8针）
	第4、5圈	132针	
	第3圈	132针	（+8针）
	第2圈	124针	
	第1圈	124针	（+8针）
帽身	第1~9圈	116针	
	第1~11圈	116针	
帽顶	第19圈	116针	（+6针）
	第18圈	110针	（+6针）
	第17圈	104针	（+6针）
	第16圈	98针	（+6针）
	第15圈	92针	（+6针）
	第14圈	86针	（+6针）
	第13圈	80针	（+6针）
	第12圈	74针	（+6针）
	第11圈	68针	（+6针）
	第10圈	62针	
	第9圈	62针	（+6针）
	第8圈	56针	（+6针）
	第7圈	50针	（+6针）
	第6圈	44针	（+6针）
	第5圈	38针	（+6针）
	第4圈	32针	（+6针）
	第3圈	26针	（+6针）
	第2圈	20针	（+6针）
	第1圈	14针	

花 1片

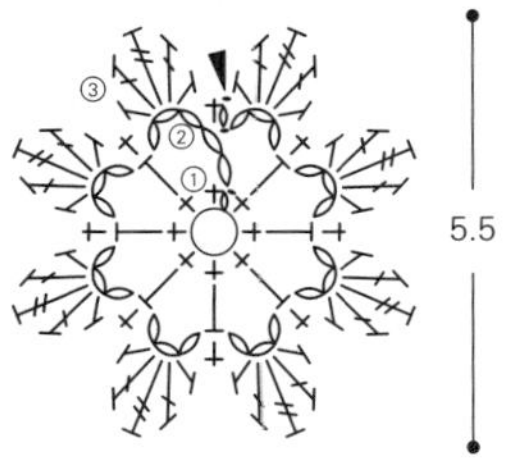

配色 {第1、2圈 黄色 / 第3圈 紫色

茎和叶 1片

绿色

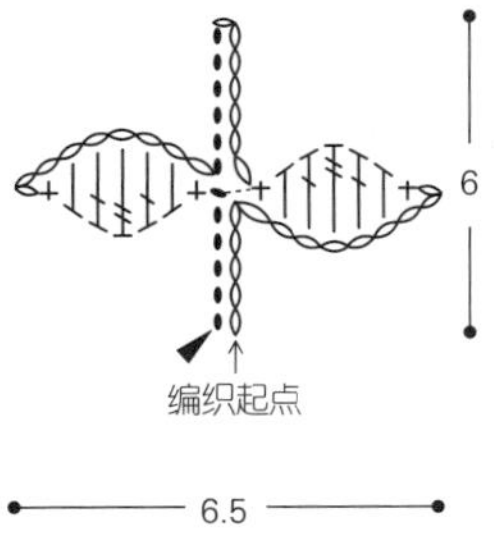

别针的制作方法

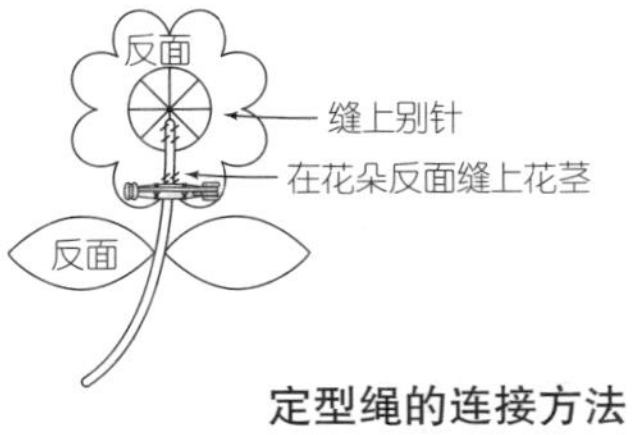

组合方法

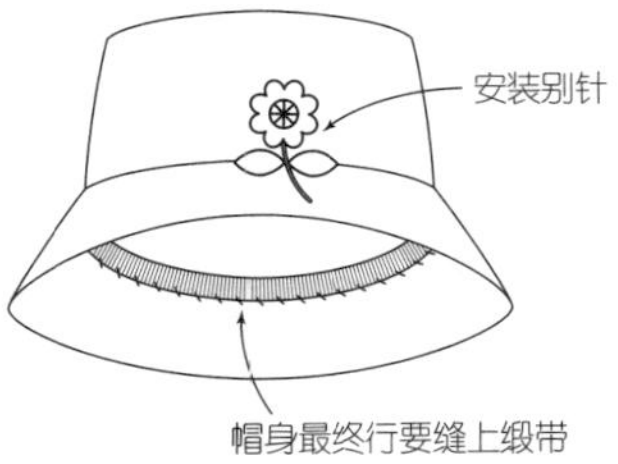

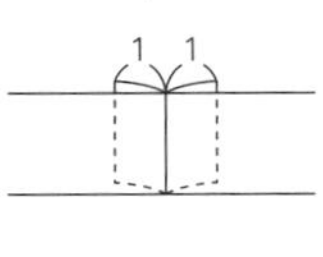

※ 将60cm长的缎带留1cm缝份缝成环形

定型绳的连接方法

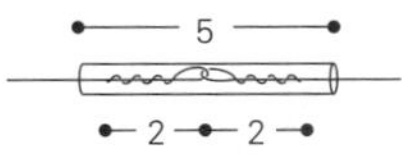

① 将剪成82cm长的定型绳端头折2cm并拧几次

② 在另一端穿上热缩软管

③ 如图所示拧成环形，将接头部分移到软管里

④ 用干燥机加热，使软管收缩

挎包

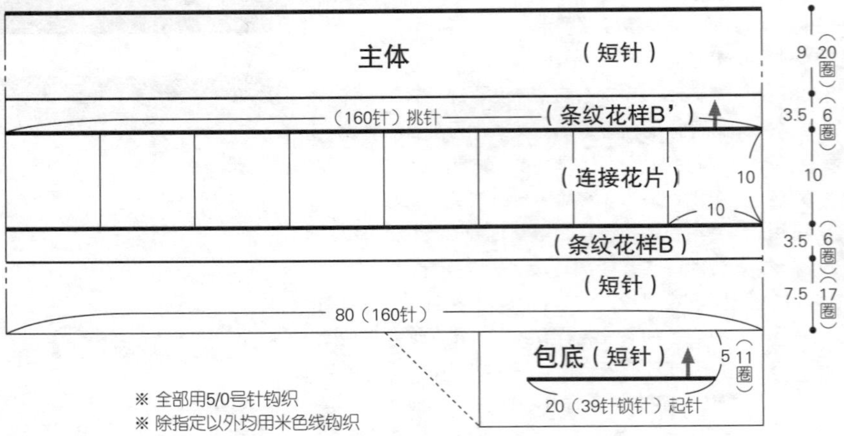

※ 全部用5/0号针钩织
※ 除指定以外均用米色线钩织

花片（下） 8片

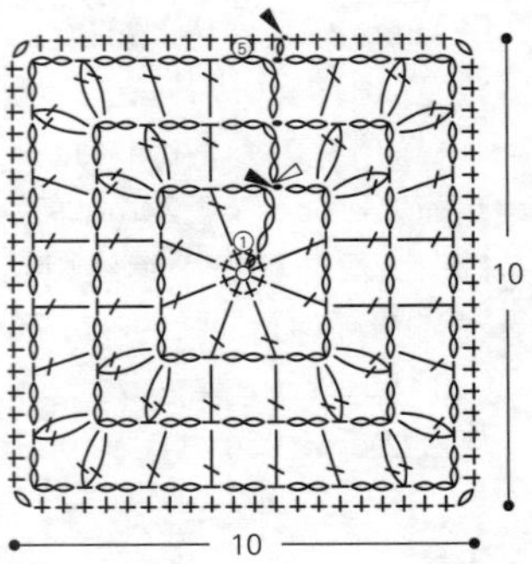

配色{第1、2圈 黄色 / 第3~5圈 绿色

花片（上） 8片

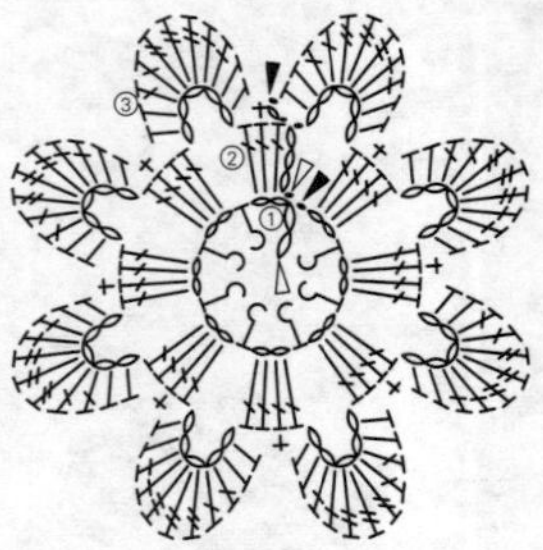

配色{第1圈 黄色 / 第2、3圈 紫色

花片（上）的编织方法

- 在花片（下）的第1圈短针上加线开始编织，在花片（下）的第2圈长针上编织中长针的正拉针
- 第3圈的编织终点留20cm长后剪断，将花片（下）和第3圈的短针缝合数处

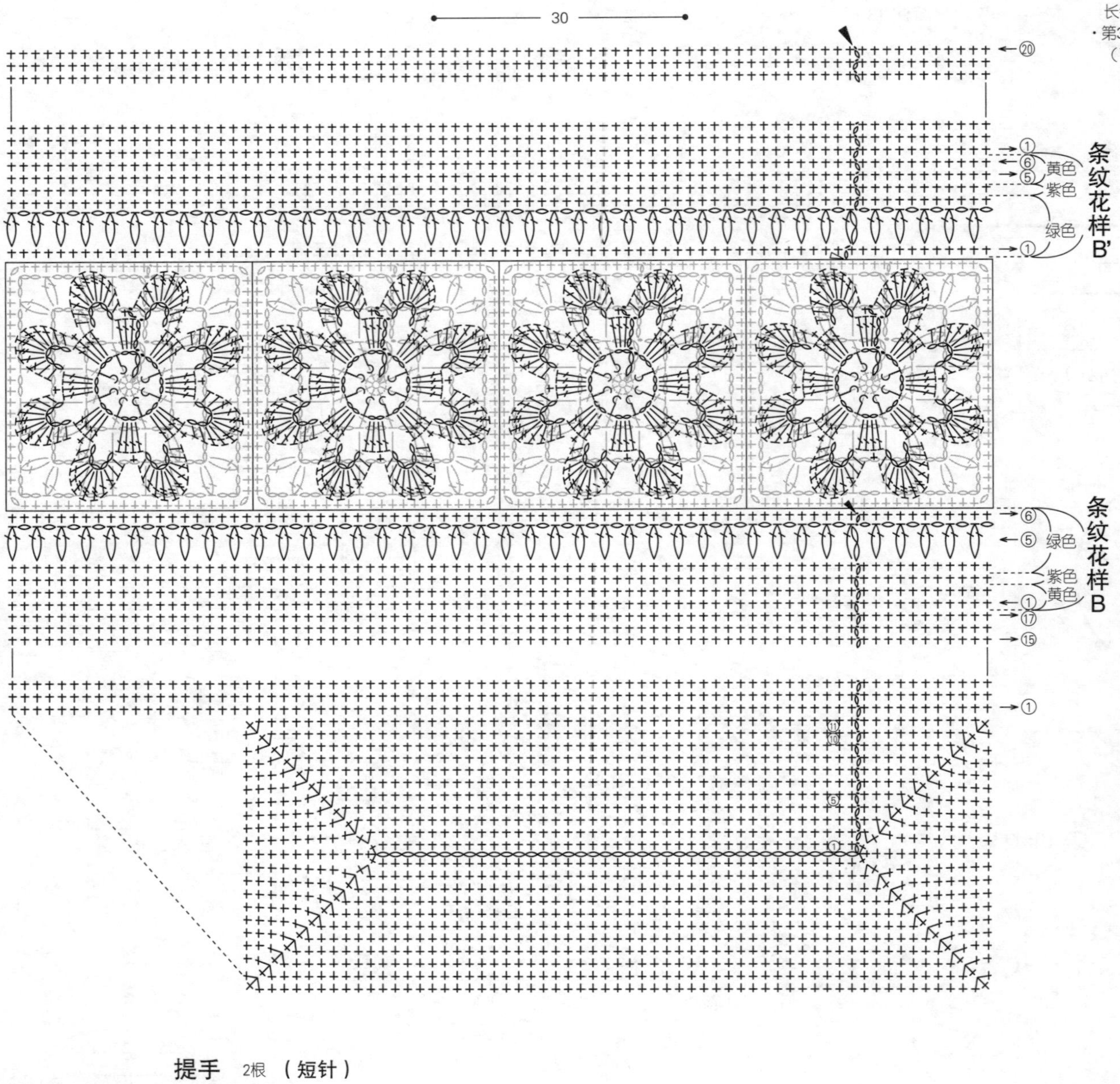

▷ = 加线
▶ = 剪线

包底的加针

圈数	针数	
第11圈	160针	（+8针）
第10圈	152针	（+8针）
第9圈	144针	（+8针）
第8圈	136针	（+8针）
第7圈	128针	（+8针）
第6圈	120针	（+8针）
第5圈	112针	（+8针）
第4圈	104针	（+8针）
第3圈	96针	（+8针）
第2圈	88针	（+4针）
第1圈	84针	

组合方法

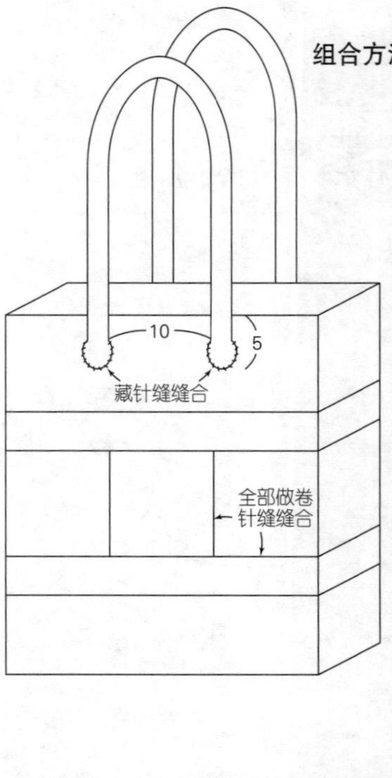

提手 2根 （短针）

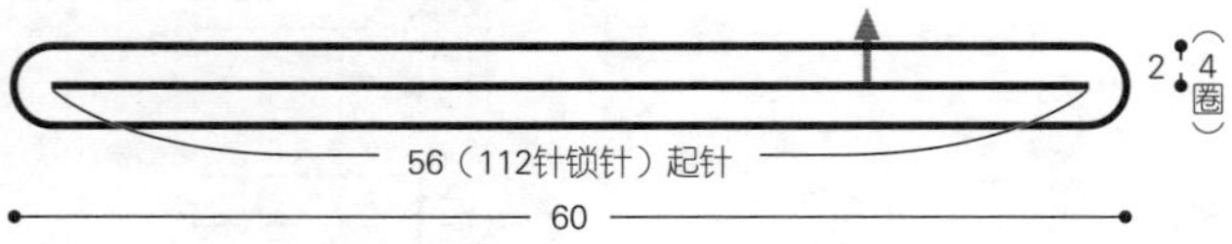

短针 提手

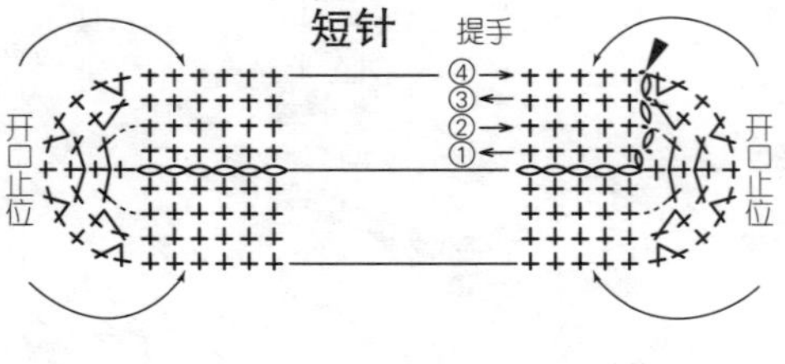

提手的组合方法

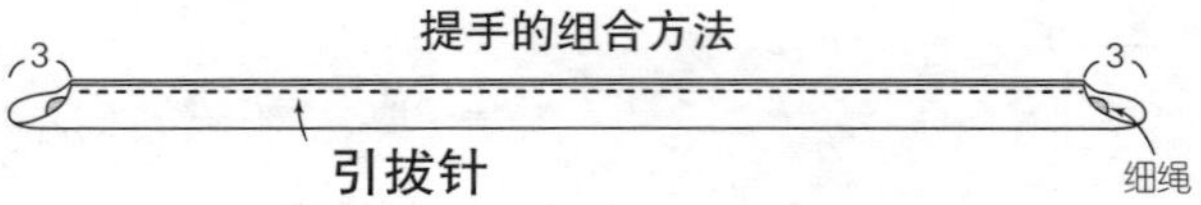

提手以54cm长的彩绳为内芯，反面相对对齐，两端留3cm后钩织引拔针

59 页的作品★★

材料

奥林巴斯手编线 Cotton Cuore 灰粉色(14)130g/4团，浅紫色(15)50g/2团

工具

钩针4/0号

成品尺寸

宽139cm，长52cm

编织密度

10cm×10cm面积内：编织花样30.5针，12.5行

编织要点

●锁针起针，参照图示一边加针一边做编织花样。周围钩织短针，继续做边缘编织。钩织花片，用引拔针连接在指定位置。

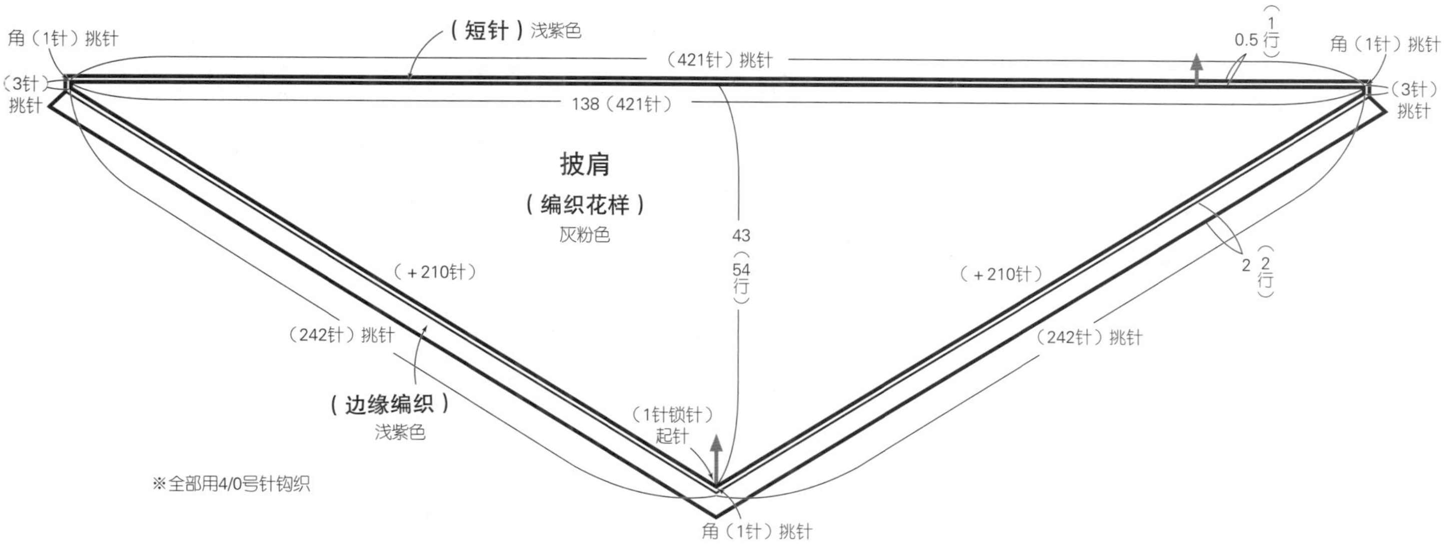

组合方法

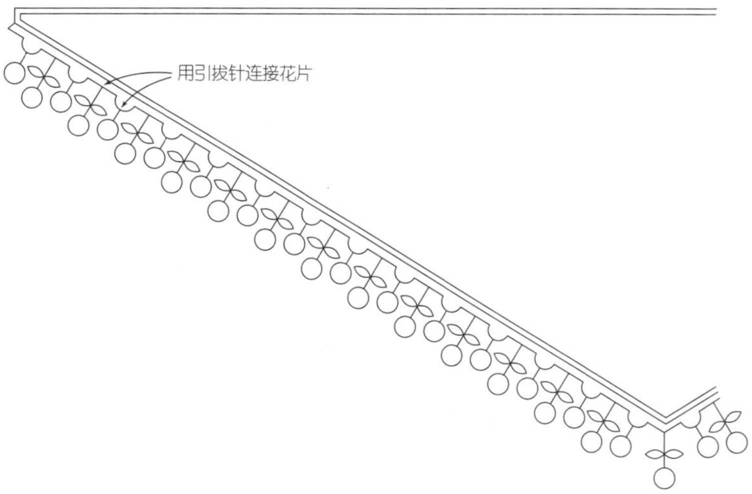

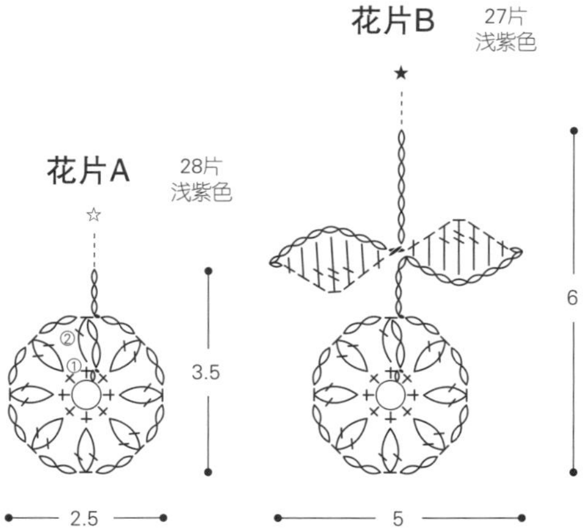

74 页的作品★★

材料

钻石线 DIA THROUGH 米色(140)120g/5团

工具

编织机 Amimumemo(6.5mm)

成品尺寸

宽60cm，长190cm(含流苏)

编织密度

10cm×10cm面积内：下针编织16.5针，27行

编织要点

●另色线起针后开始编织。用2股线一边调整密度盘一边做下针编织。编织起点和编织终点做引拔收针。最后系上流苏。

编织花样

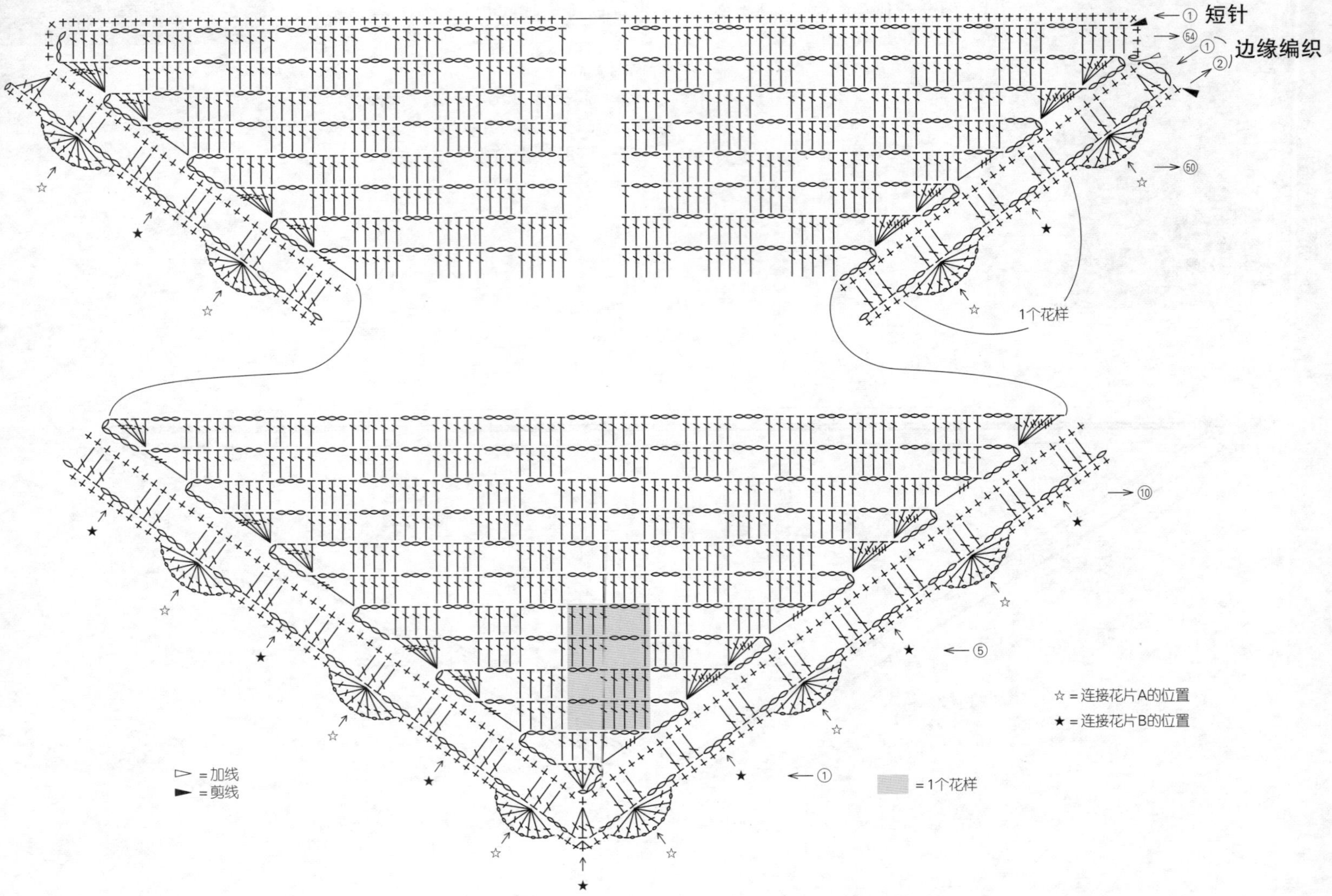

组合方法

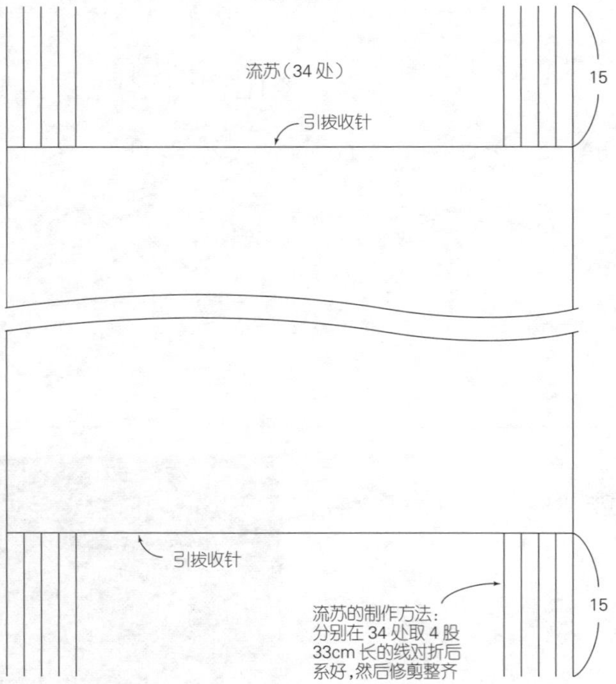

※ 在编织起点和编织终点系上流苏

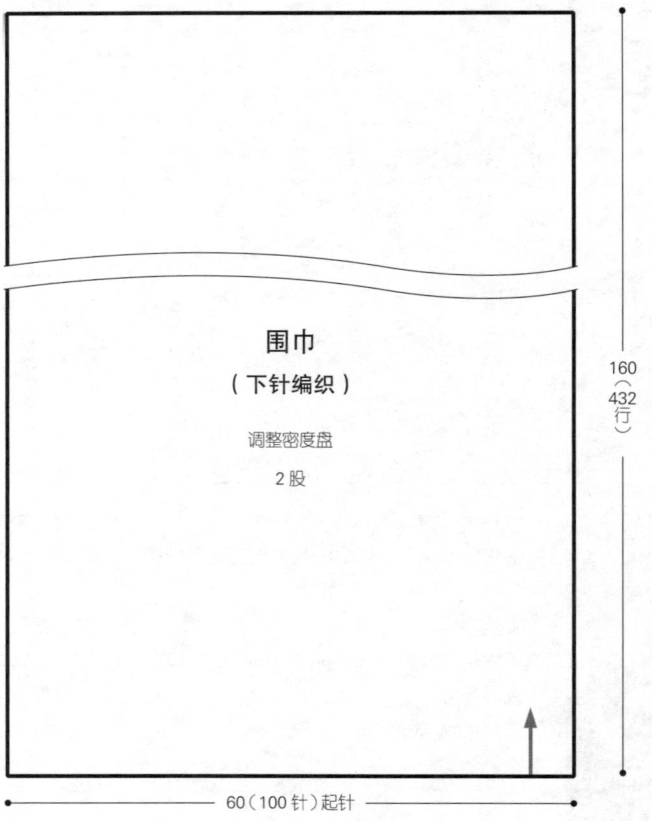

调整密度盘

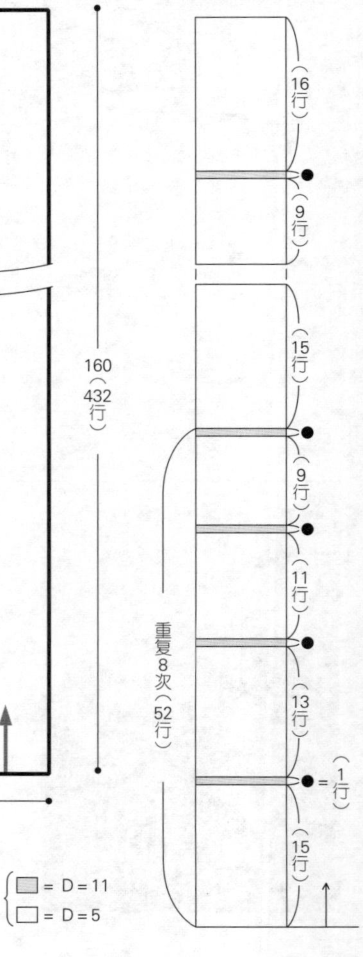

材料

芭贝 SEREIN 褐色(5418) 285g/6团，浅灰色(2256)、橄榄绿色(5416)各75g/各2团，黄色(2189) 15g/1团

工具

棒针5号、7号

成品尺寸

胸围112cm，衣长57.5cm，连肩袖长59cm

编织密度

条纹花样A、A'均为10针4cm，10cm27行；10cm×10cm面积内：条纹花样B、B'、C、D、上针编织和上针条纹均为18针，27行；配色花样A、B均为21针，24行

编织要点

●身片、袖子…手指起针，下摆下侧编织单罗纹针和配色花样A，袖口下侧编织单罗纹针和配色花样B，休针。使用横向渡线的方法编织配色花样。身片、袖按照相同的方法起针，参照图示按要求布局花样。在指定位置，将下摆、袖口重叠在一起编织。减针时，2针及以上时做伏针减针，1针时立起侧边1针减针。加针时，在1针内侧编织扭针加针。

●组合…肩部做盖针接合，衣领挑取指定数量的针目，一边调整编织密度，一边环形编织下针编织。编织终点松松地做伏针收针，折回内侧做藏针缝缝合。衣袖对齐针与行连接于身片。胁部、袖下使用毛线缝针做挑针缝合。

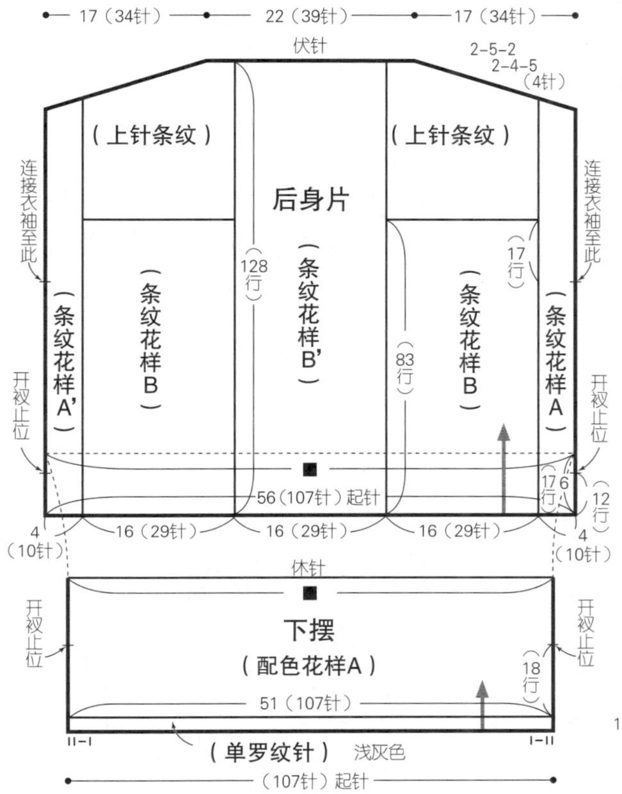

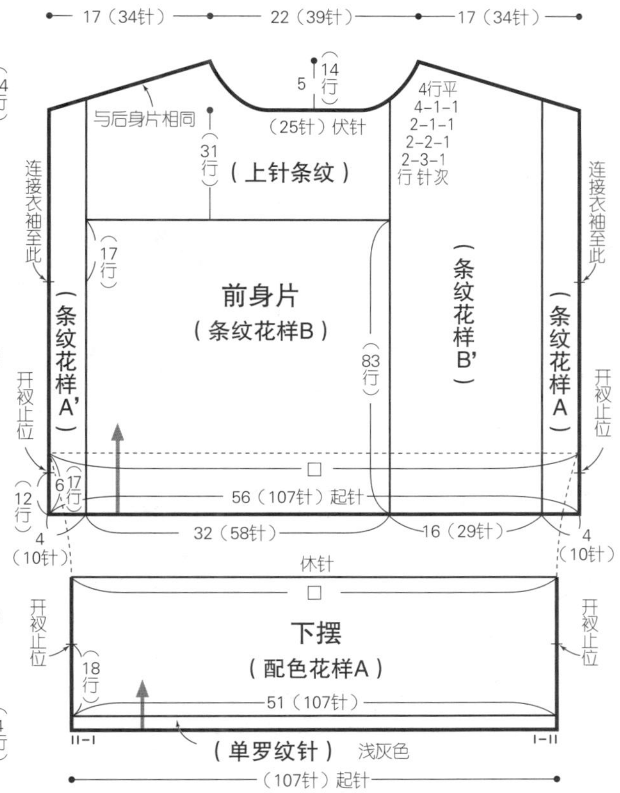

条纹花样A、A'的配色

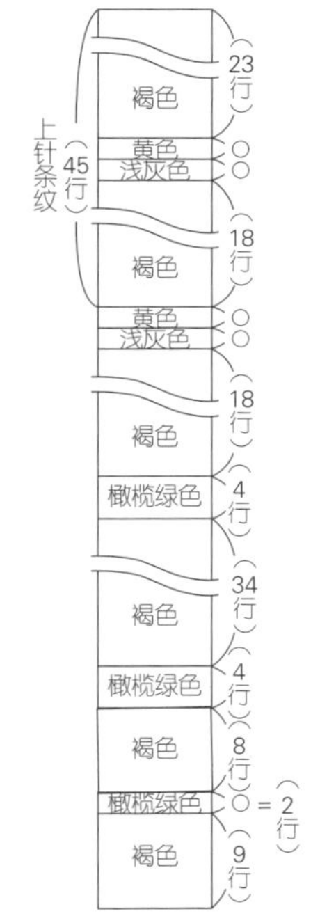

※ 除指定以外均用7号针编织

※ 对齐■、□标记编织第18行，使下摆下侧成为内侧

※ 横向渡线编织配色花样的方法请参照第167页

配色花样B

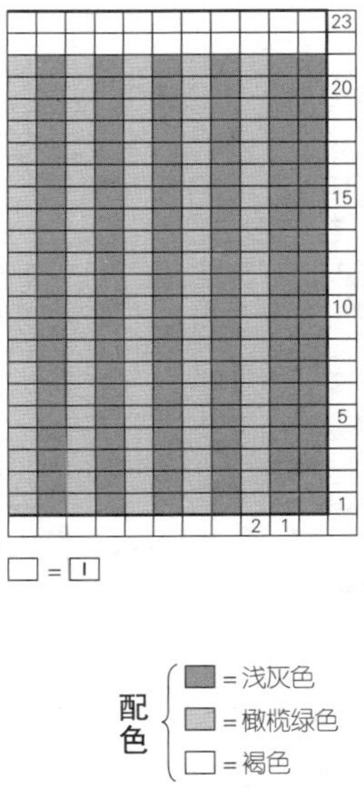

配色花样A

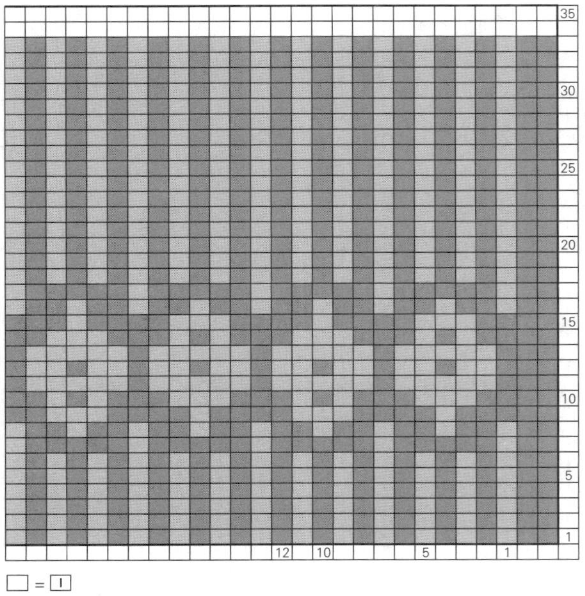

条纹花样A'

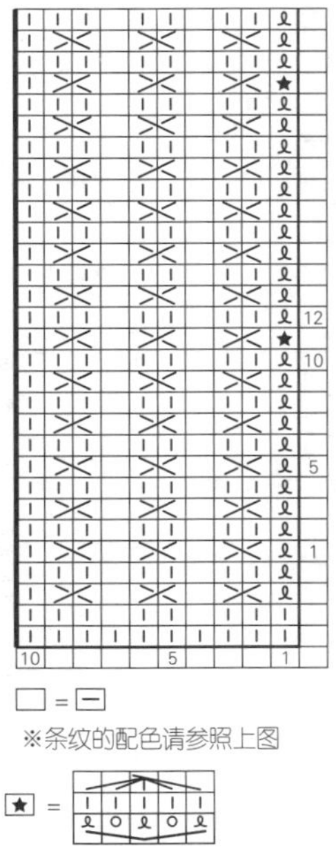

条纹花样A

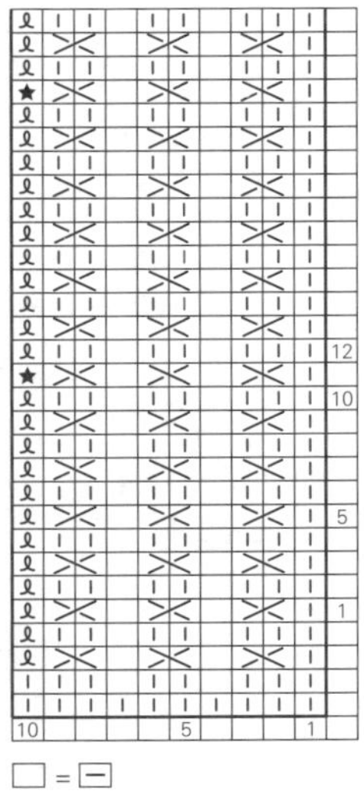

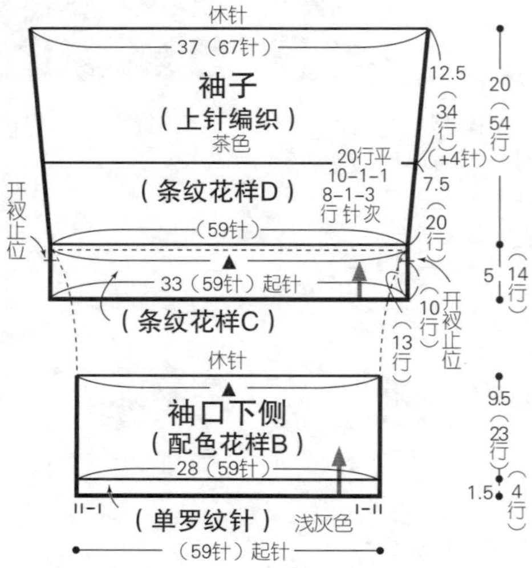

※ 对齐▲标记编织第14行，使袖口下侧成为内侧

衣领 （下针编织） 褐色

调整编织密度 ※ 参照表格

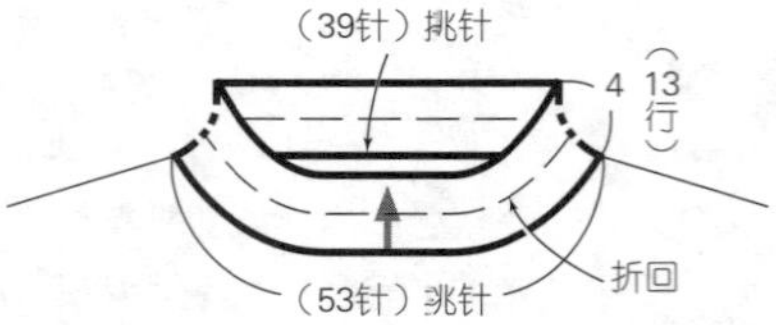

衣领的编织密度

第11~13行	7号针
第5~10行	5号针
第1~4行	7号针

单罗纹针

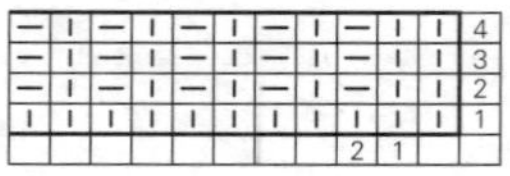

条纹花样B

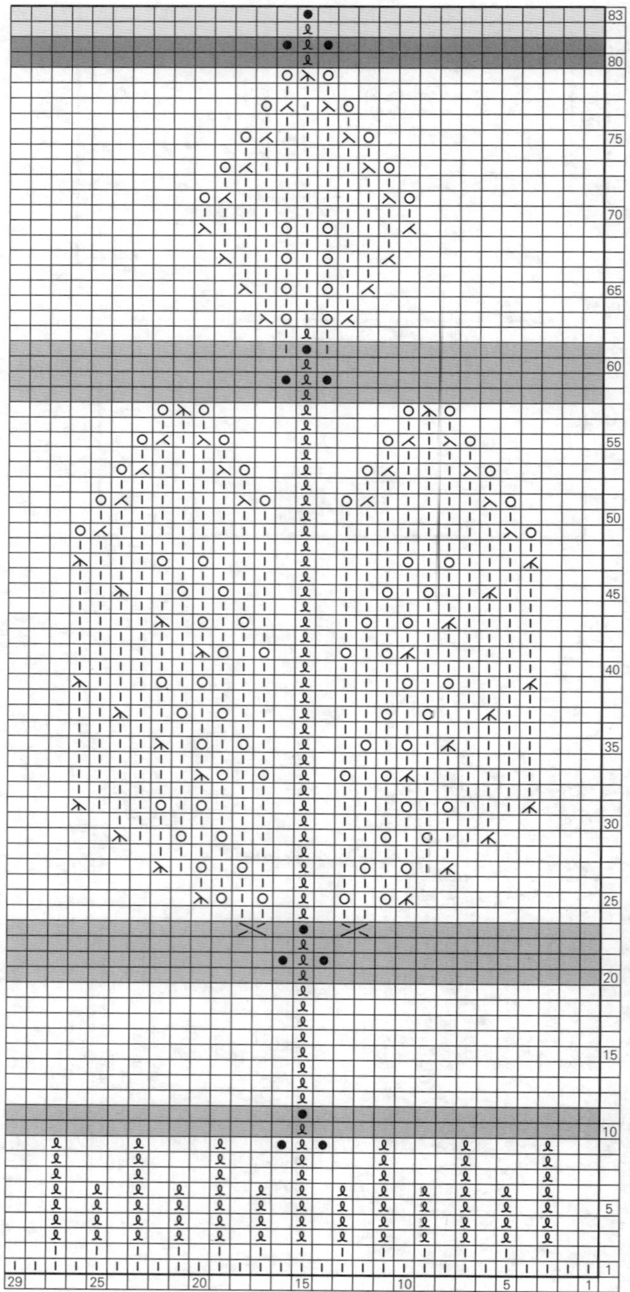

□ = ⊟

条纹花样B'

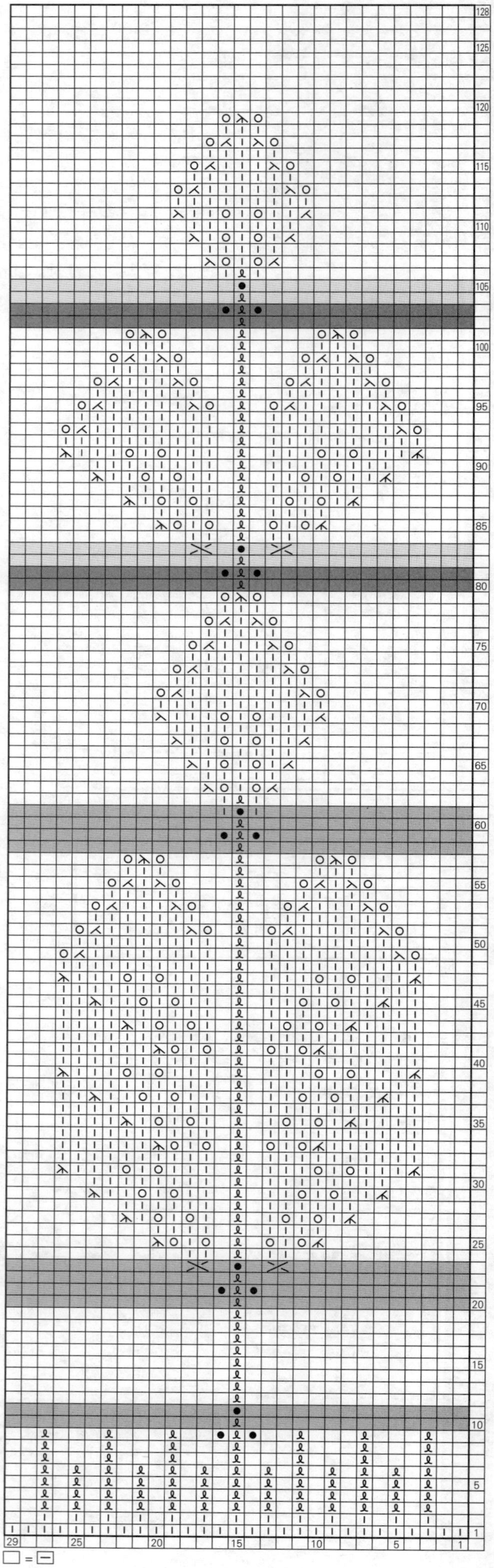

□ = ⊟

● =

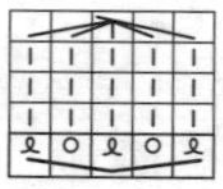

□ = ⊟

配色
- □ = 褐色
- ▨ = 橄榄绿色
- ■ = 浅灰色
- ▨ = 黄色

衣袖的编织方法

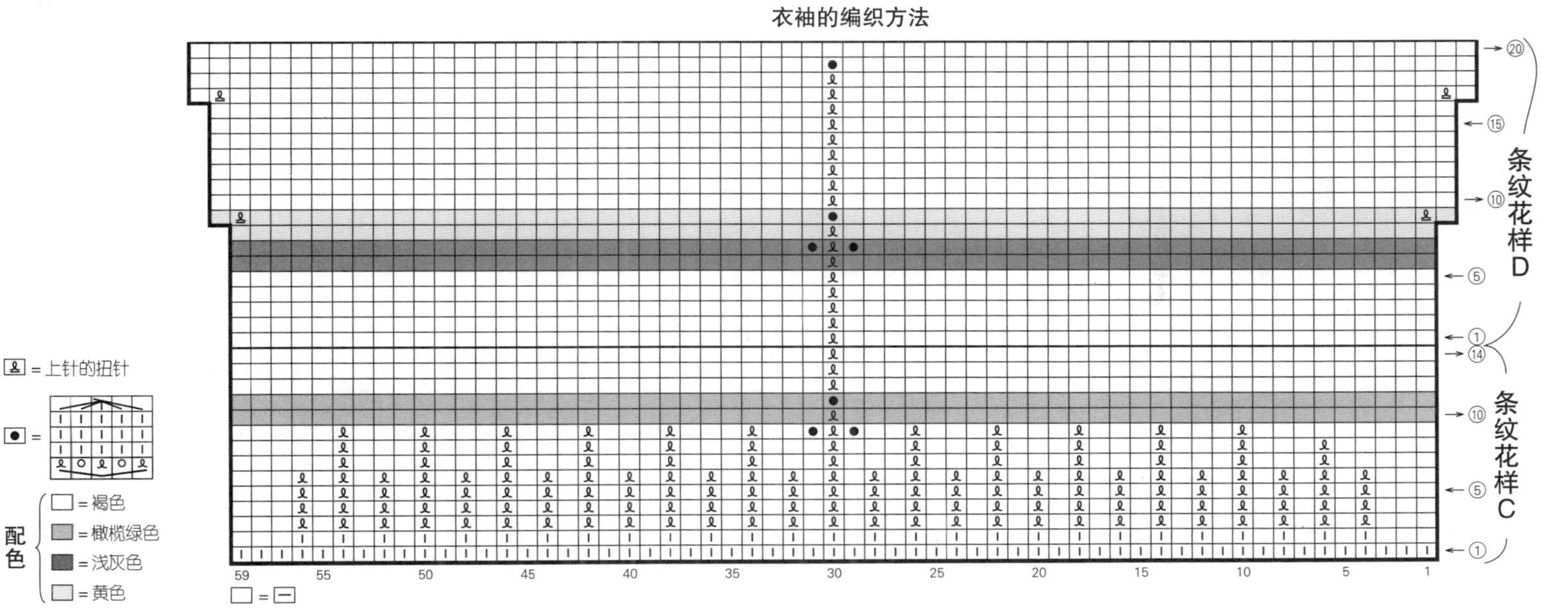

横向渡线编织配色花样的方法

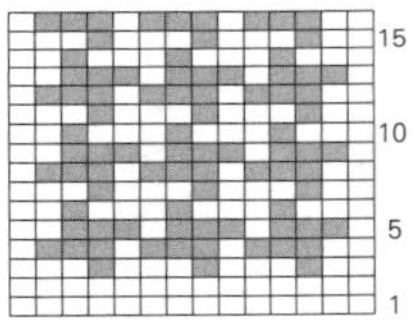

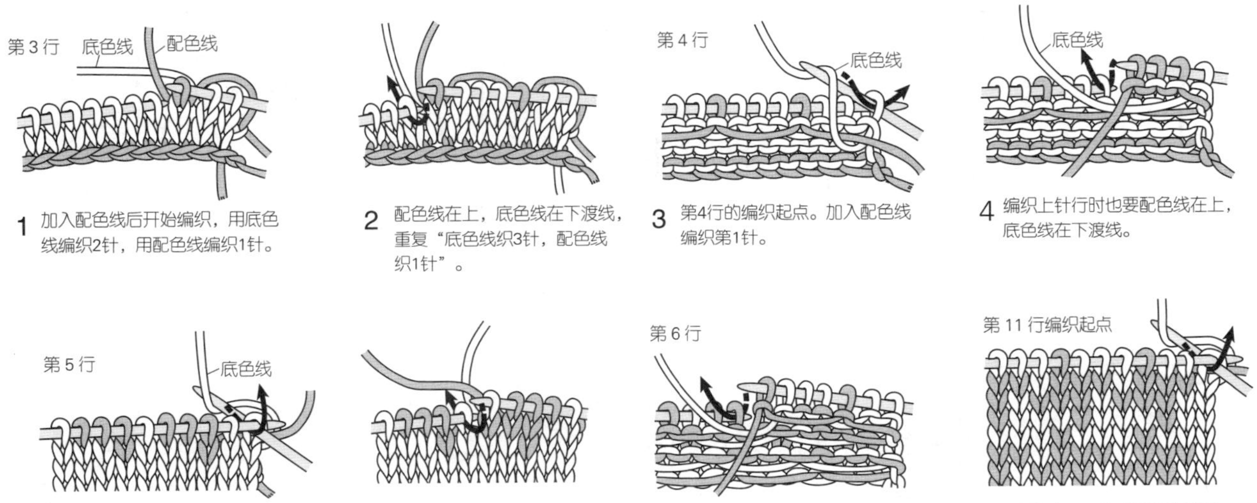

1 加入配色线后开始编织，用底色线编织2针，用配色线编织1针。

2 配色线在上，底色线在下渡线，重复“底色线织3针，配色线织1针”。

3 第4行的编织起点。加入配色线编织第1针。

4 编织上针行时也要配色线在上，底色线在下渡线。

5 行的编织起点，在编织线中加入底色线后编织。

6 按照符号图，重复“配色线织3针，底色线织1针”。

7 重复“配色线织1针，底色线织3针”。此行能编织出1个花样。

8 再编织4行，2个千鸟格的花样编织完成的情形。

扭针的单罗纹针收针

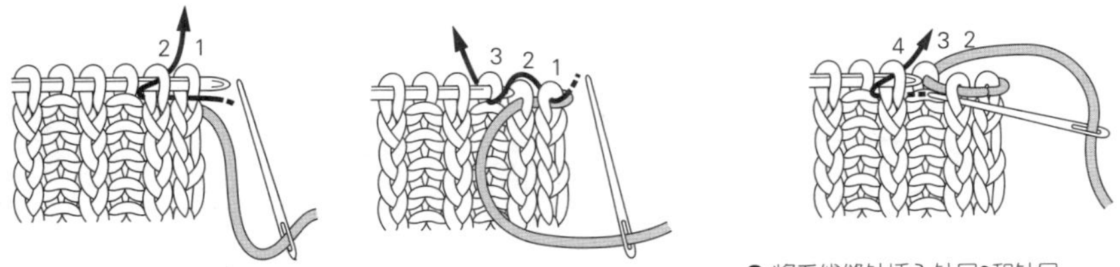

1 将毛线缝针插入针目1和针目2，将针目2扭一下。

2 将毛线缝针插入针目1和针目3。

3 将毛线缝针插入针目2和针目4，一边扭转下针，一边做单罗纹针收针。

材料

芭贝 Saint Gills 米色(102) 375g/15团

工具

蕾丝针2号(花片中心的圆环使用15号棒针和8mm棒针)

成品尺寸

胸围93.5cm，衣长53cm，连肩袖长67cm

编织密度

10cm×10cm面积内：编织花样A、B均为36针，13行；花片大小请参照图示

编织要点

●身片、袖子…锁针起针，做编织花样A、编织花样B。编织花样A的最终行有变化，需要注意。加、减针和花样交界处参照图示编织。编织指定数量的花朵，参照图示用劈开的毛线缝合在身片和袖上。

●组合…肩部对齐针与针钩织引拔针和锁针接合，肋部、袖下对齐行与行钩织引拔针和锁针接合。前门襟挑取指定数量的针目，钩织短针的棱针。右前门襟开扣眼。下摆、衣领和袖口编织边缘编织。编织好纽扣，缝在左前门襟上。

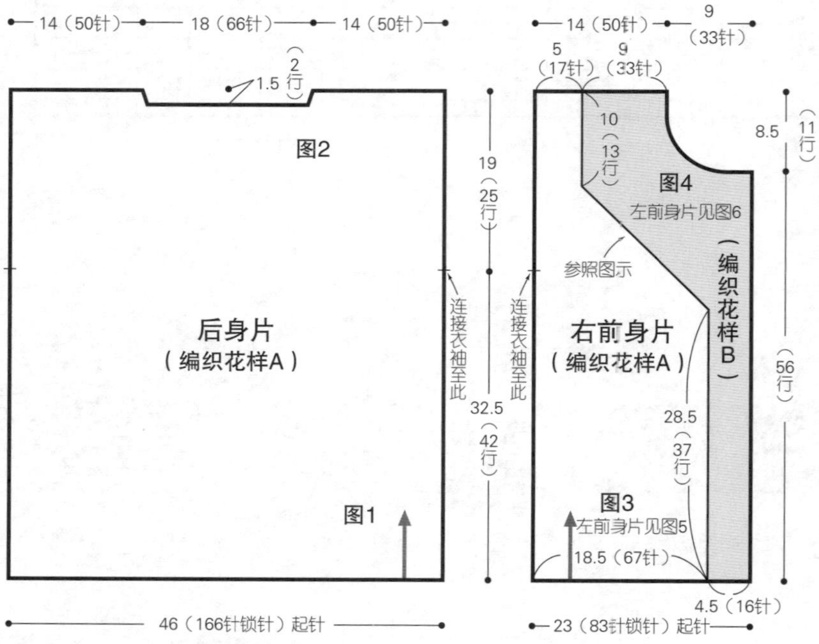

※全部使用2号蕾丝针钩织

※ 左前身片对称编织

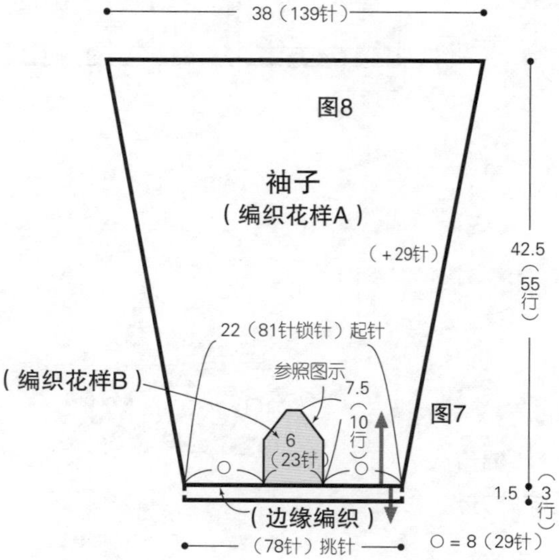

编织花样A

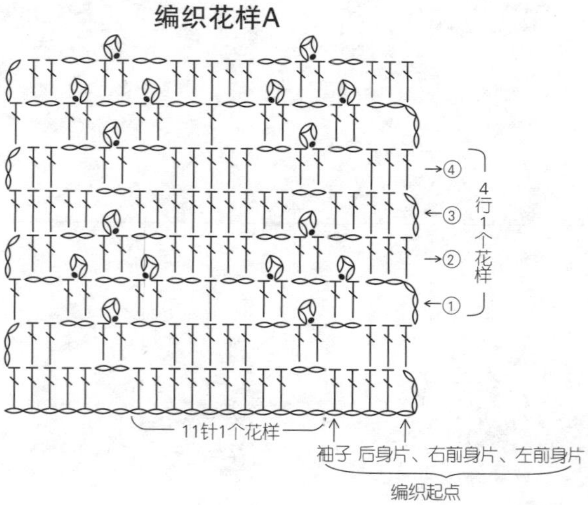

编织花样B

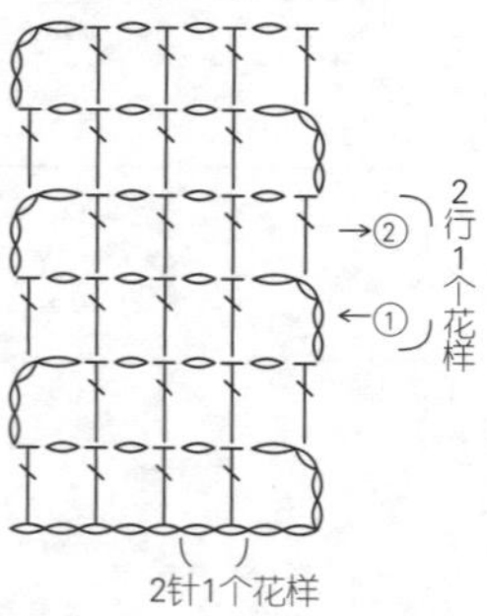

衣领

（边缘编织）

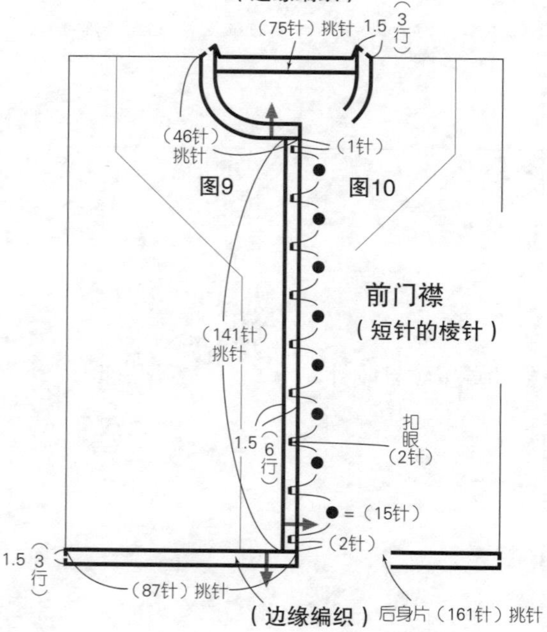

短针的棱针

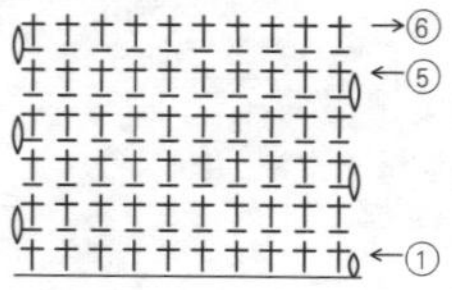

※ 编织方法请参照第154页

边缘编织（袖口）

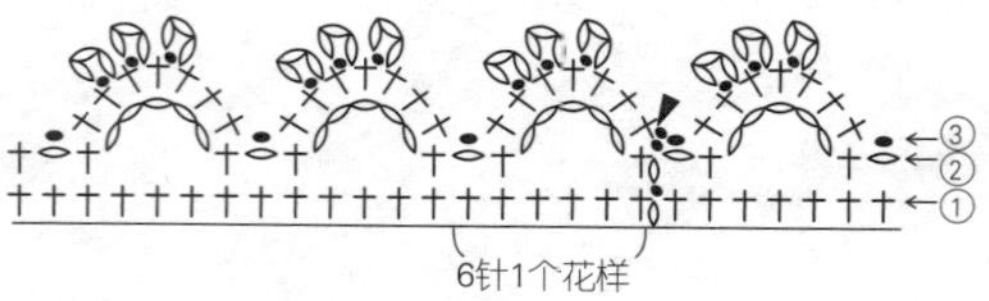

花朵A 4朵

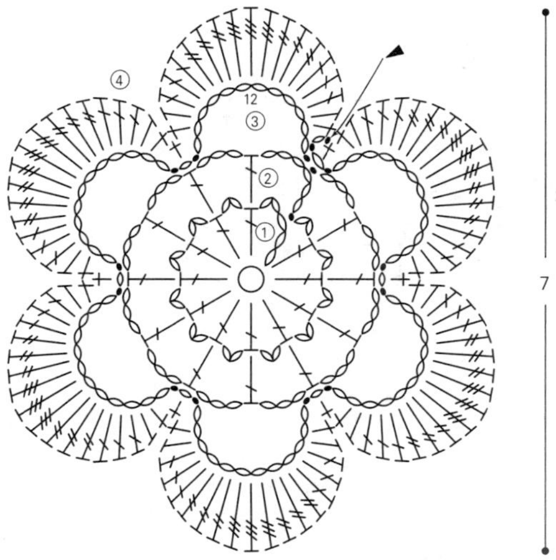

大叶子 14片

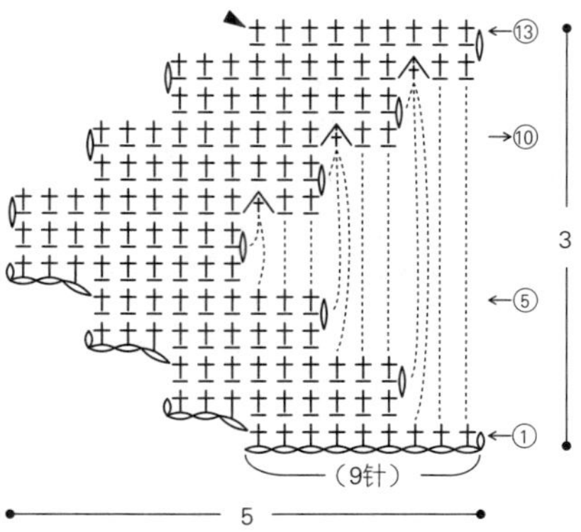

┼ = 短针的棱针
※编织方法请参照第154页

小叶子 24片

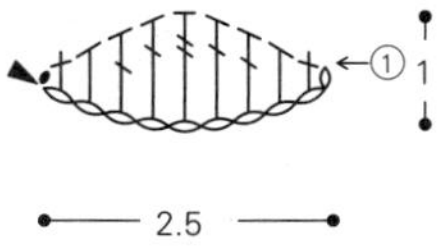

圆环 14个

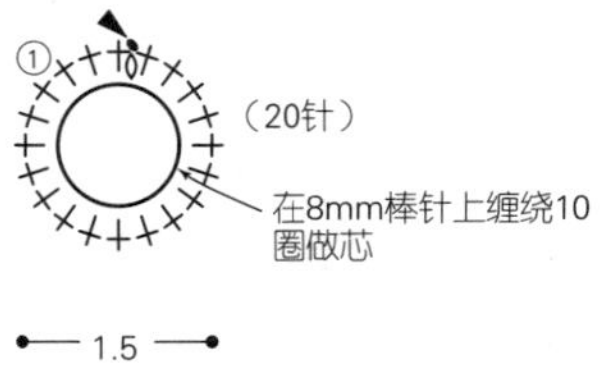

花朵B 8朵

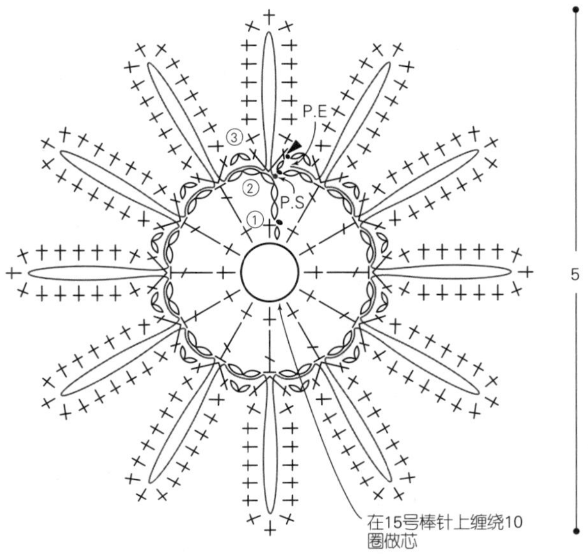

—— =芯线　180cm长的共线折成四折

花朵C1、花朵C2
各2朵

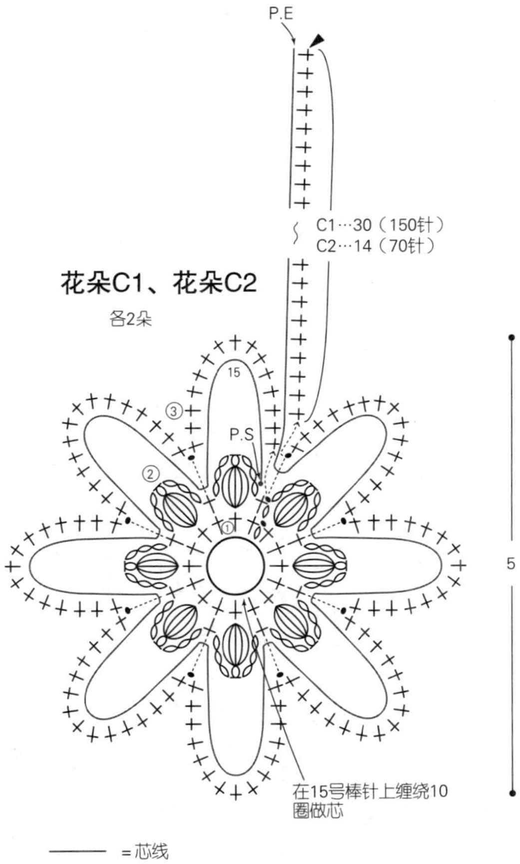

—— =芯线
花朵C1：235cm长的共线折成四折
花朵C2：170cm长的共线折成四折

= 变化的5针中长针的枣形针
※ 变化的3针中长针的枣形针的编织方法请参照第85页

► =剪线
P.S =芯线起点
P.E =芯线终点

花朵D 6朵

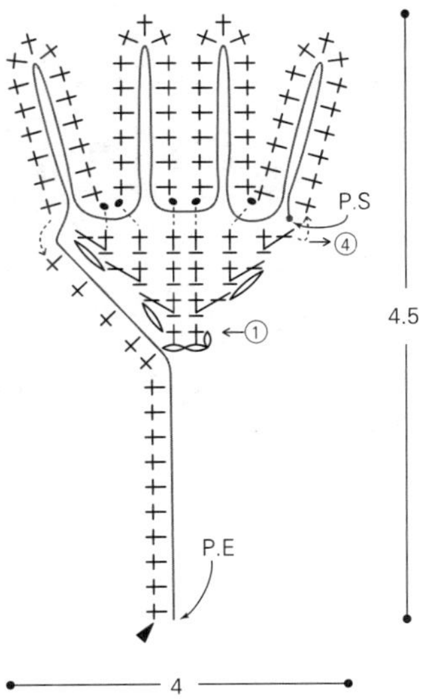

—— =芯线　80cm长的共线折成四折
┼ = 短针的棱针
※编织方法请参照第154页

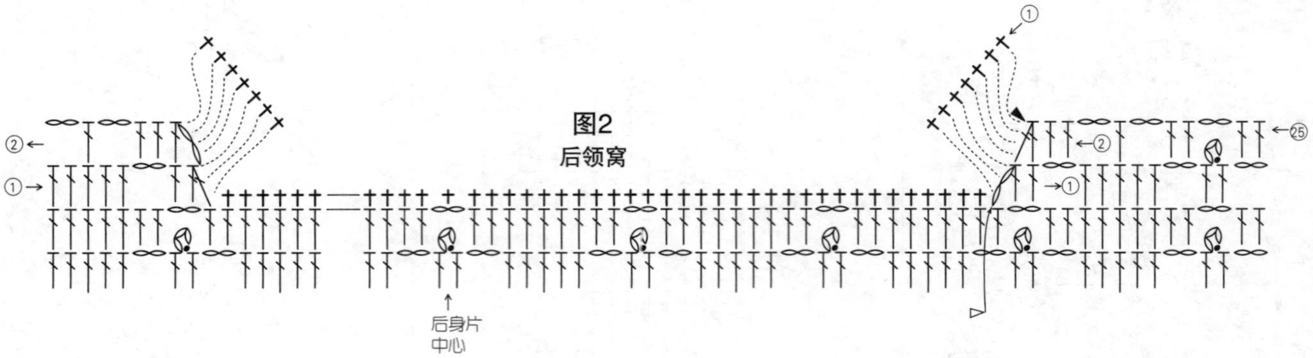

▷ = 加线

▶ = 剪线

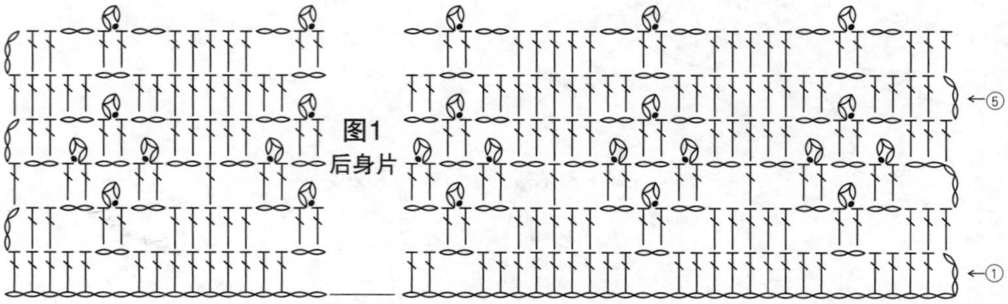

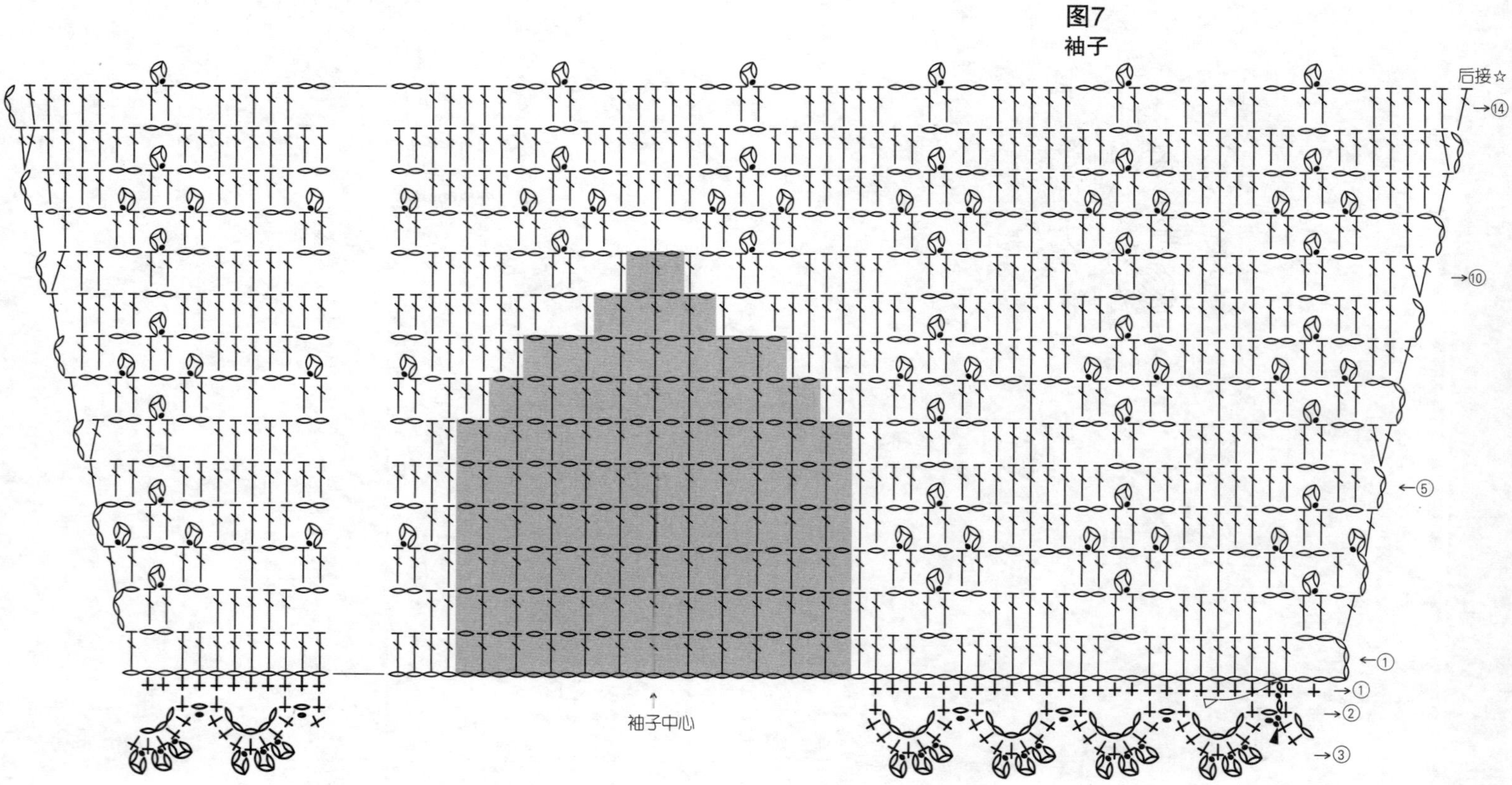

► = 剪线

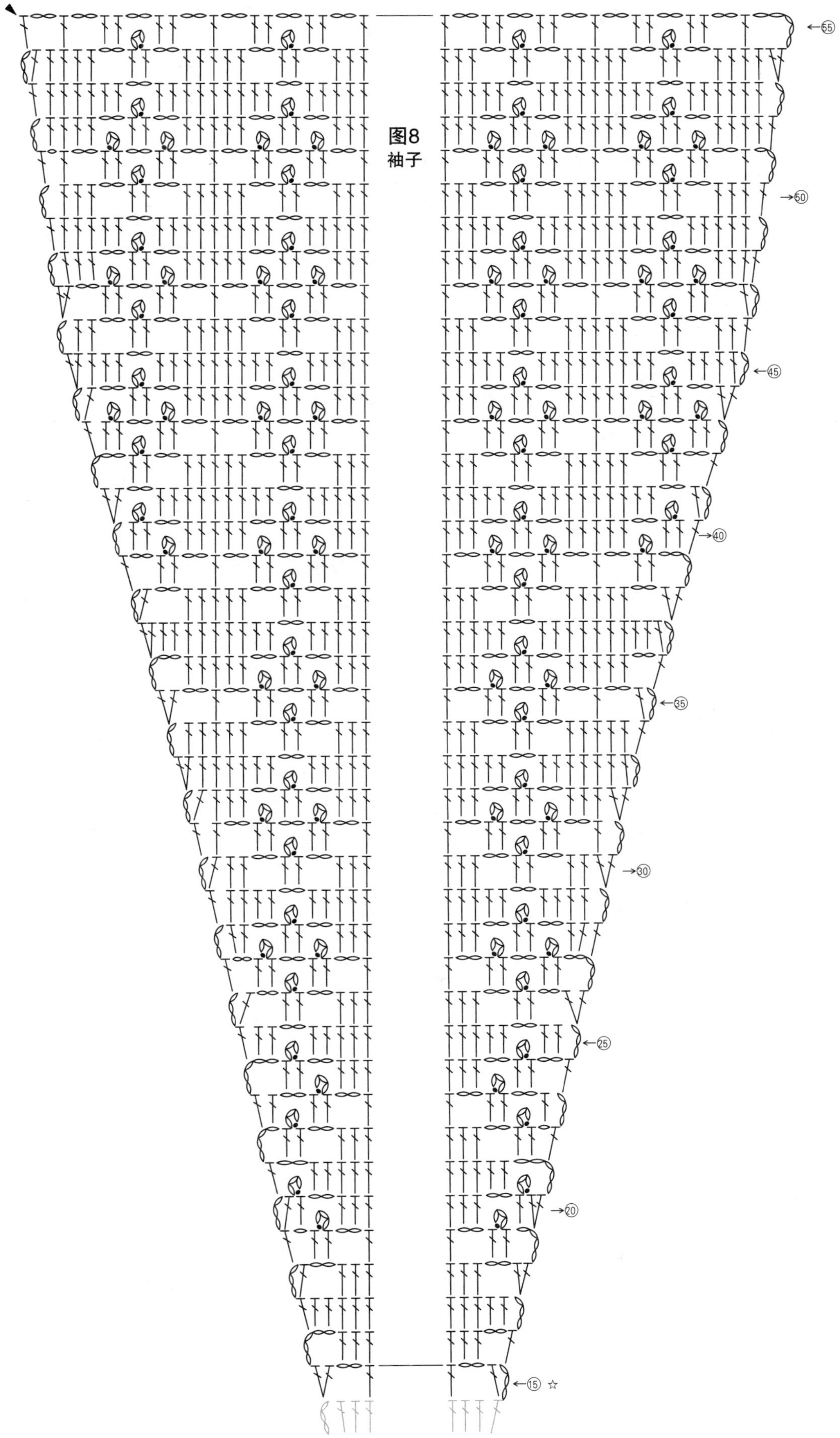

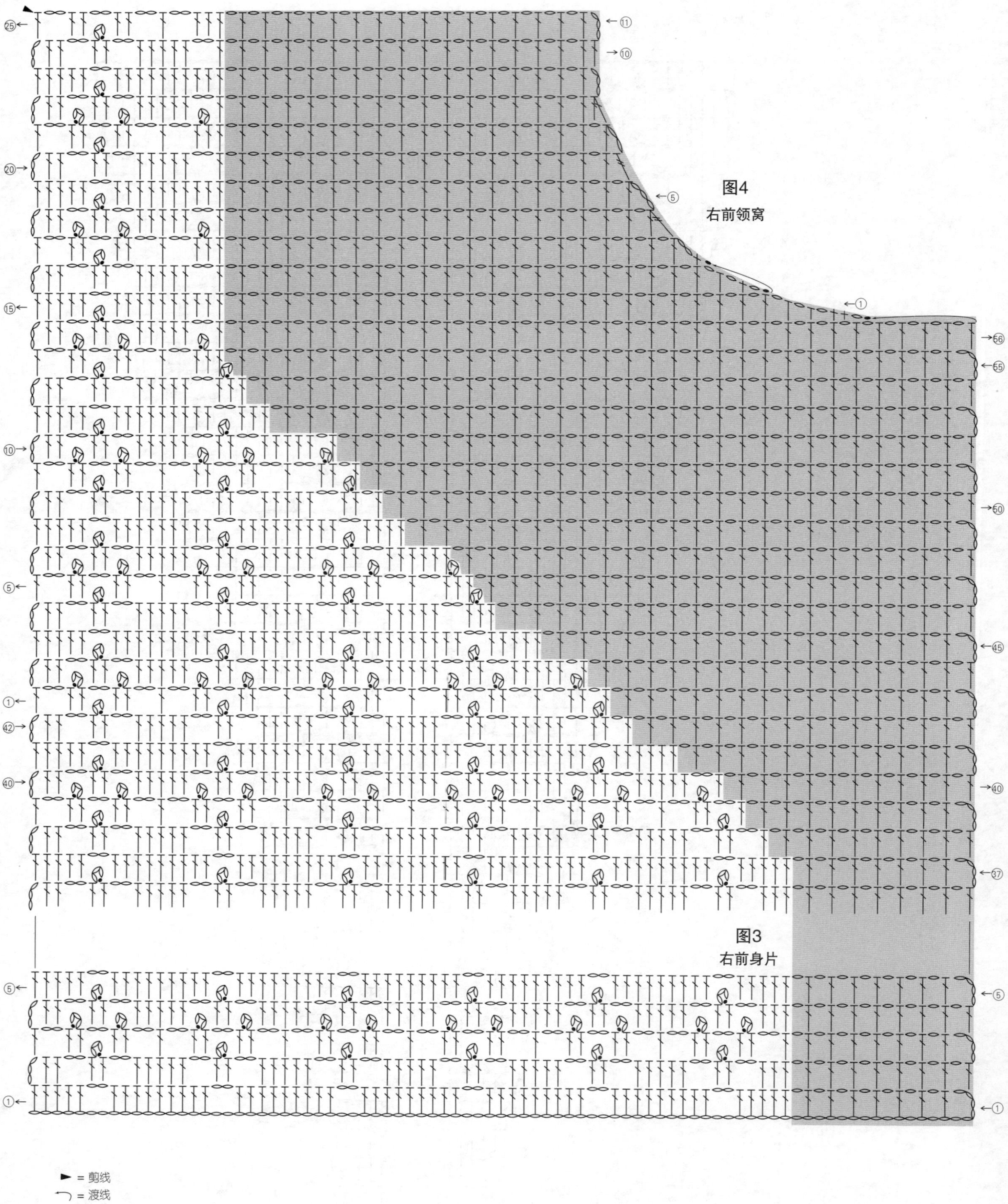

► = 剪线
⌒ = 渡线

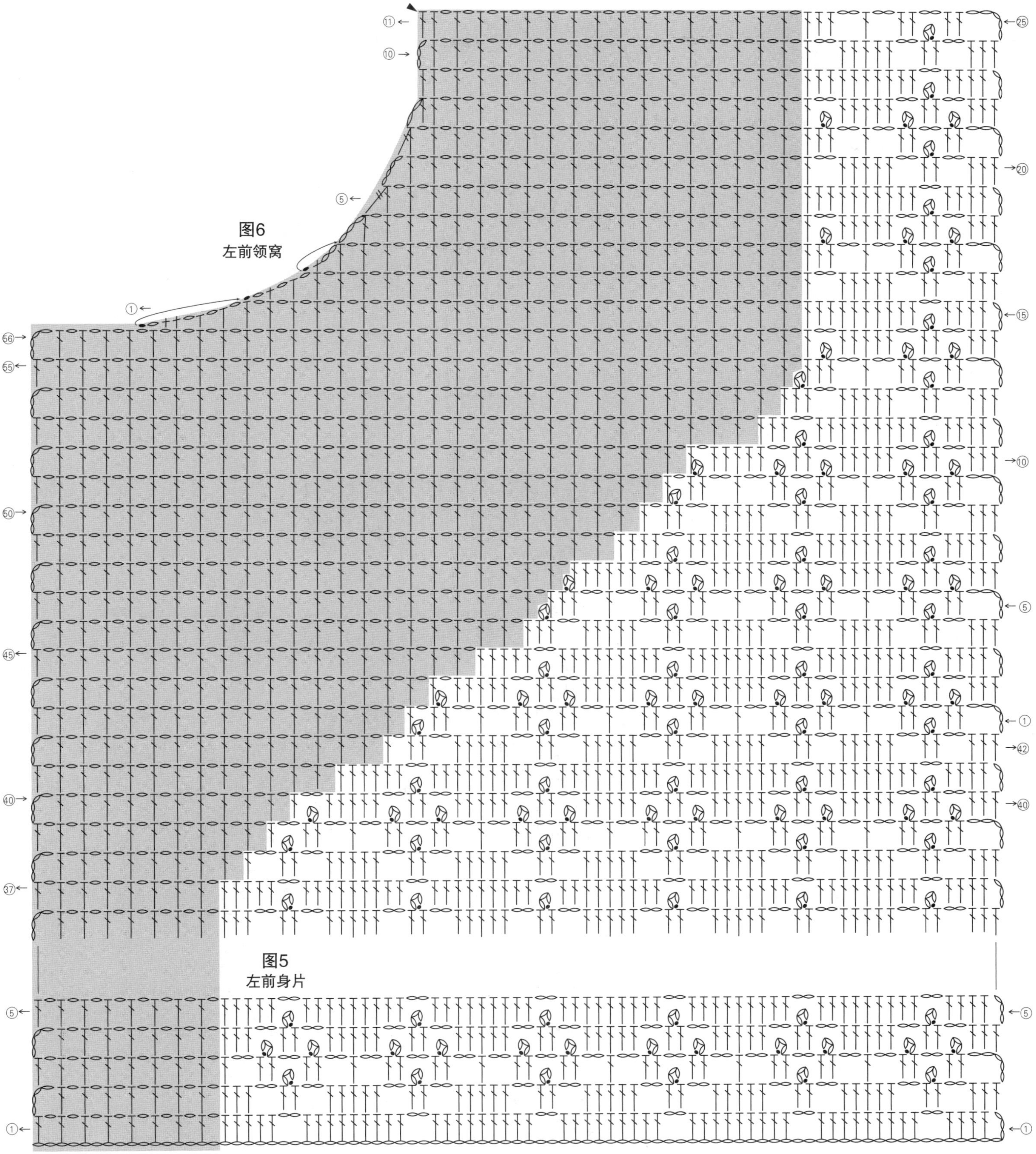

► = 剪线
⌒ = 渡线

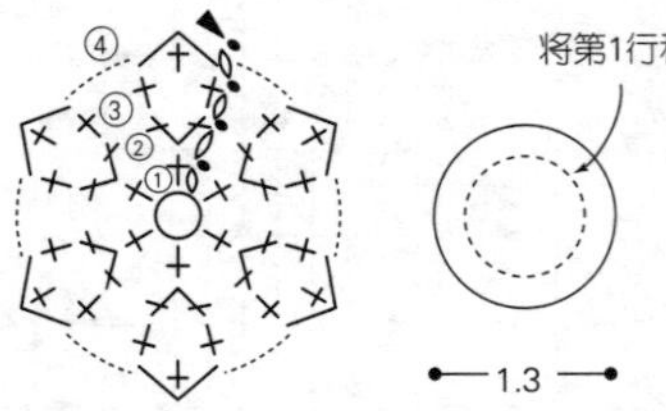

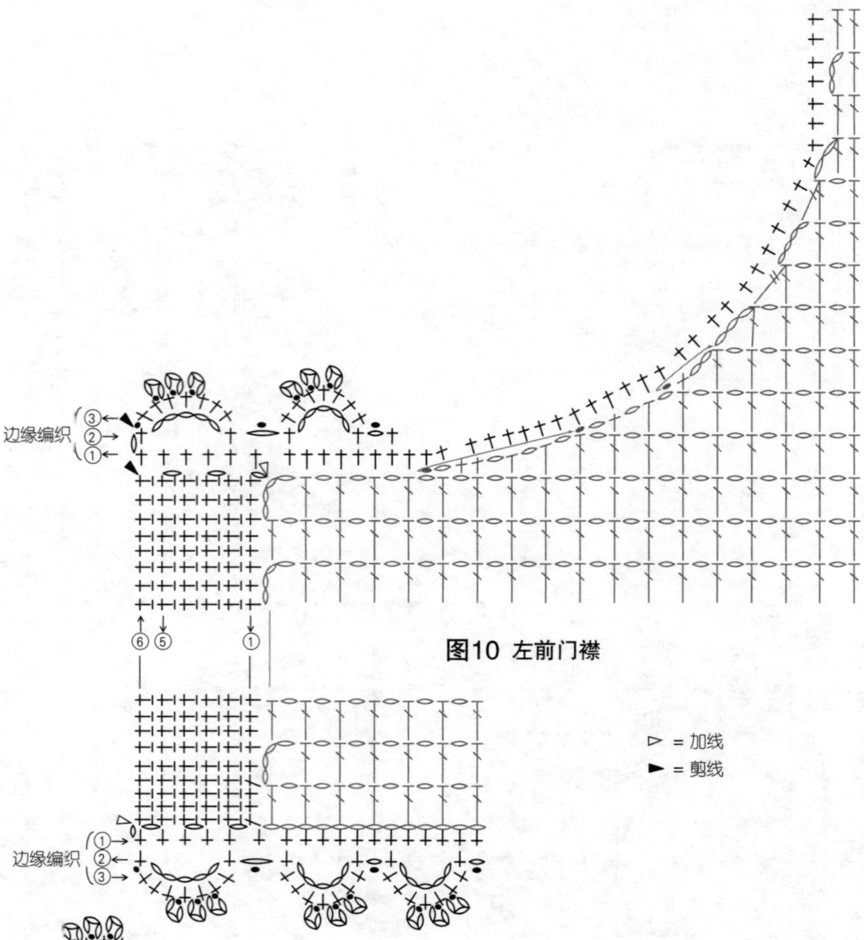

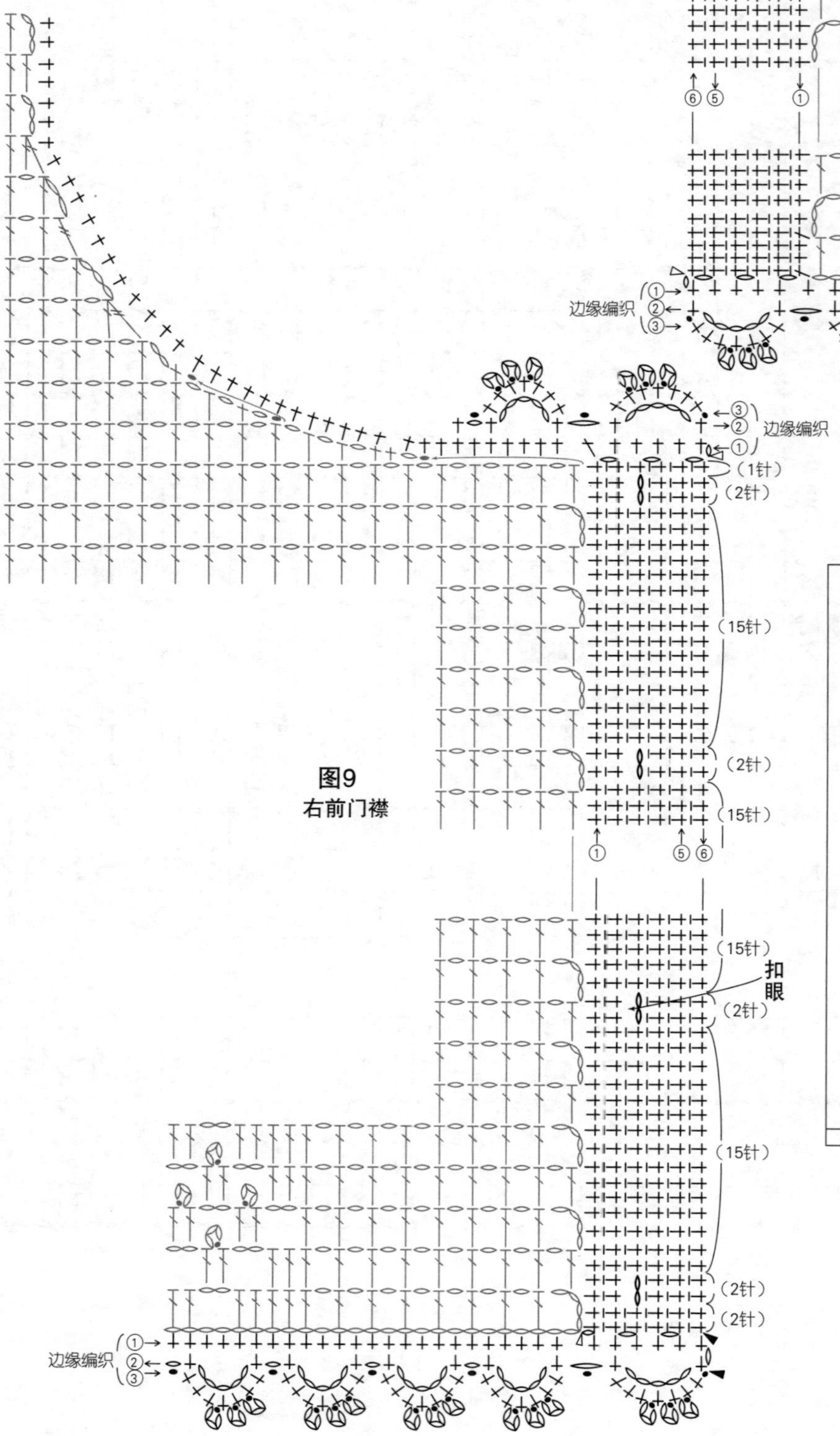

组合方法 各花片分别劈线缝合

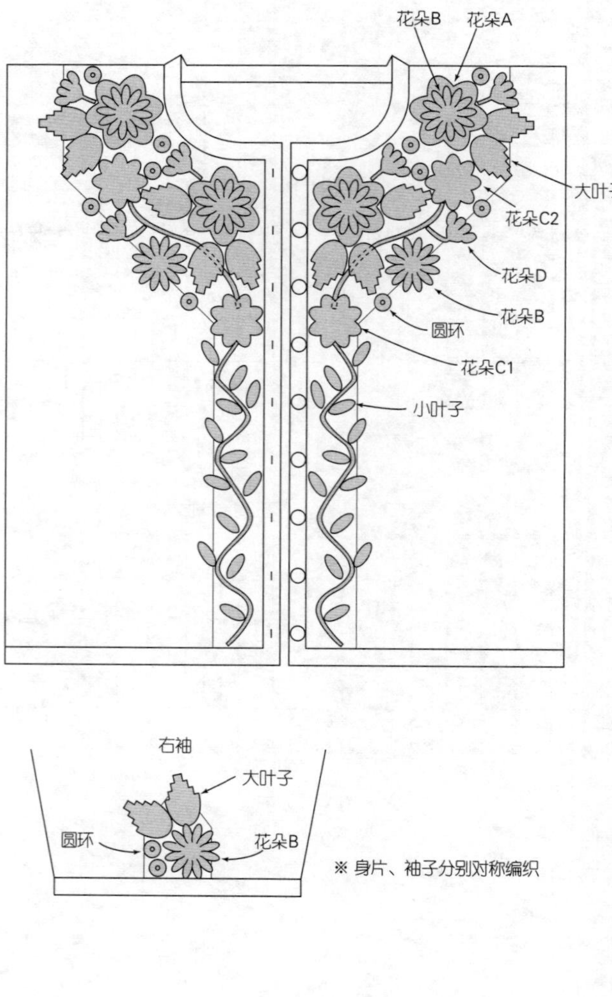

※ 身片、袖子分别对称编织

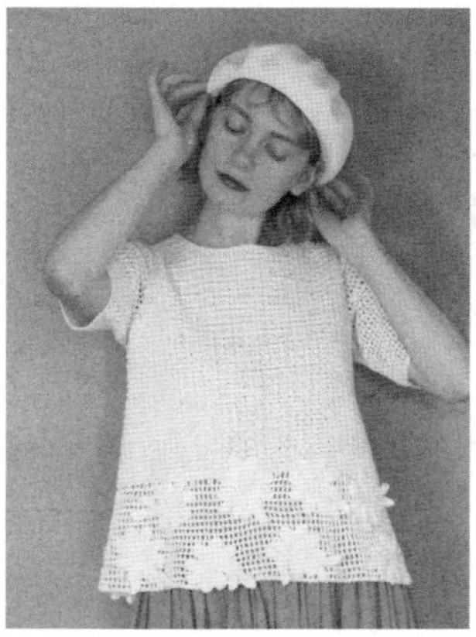

材料
K's K　CAPPELLINI 乳白色(911) 415g/9团
工具
钩针2/0号
成品尺寸
胸围94cm，肩宽32cm，衣长55cm，袖长26cm
编织密度
10cm×10cm面积内：编织花样A 26针，16.5行；编织花样B 30针，11行；花片的大小参照图示
编织要点
●身片、袖子…锁针起针后开始钩织。身片钩织编织花样A、B，袖子钩织编织花样B。参照图示做加、减针。
●组合…肩部做挑针接合，胁部、袖下做挑针缝合。下摆、袖口环形编织边缘编织A。衣领挑取指定针数后，环形编织边缘编织B。钩织指定数量的花片，参照布局图将花片缝在身片上。袖子与身片之间做挑针缝合。

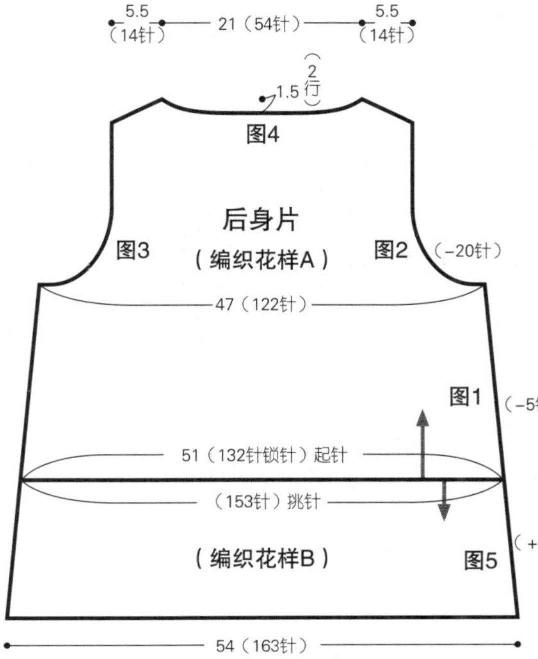

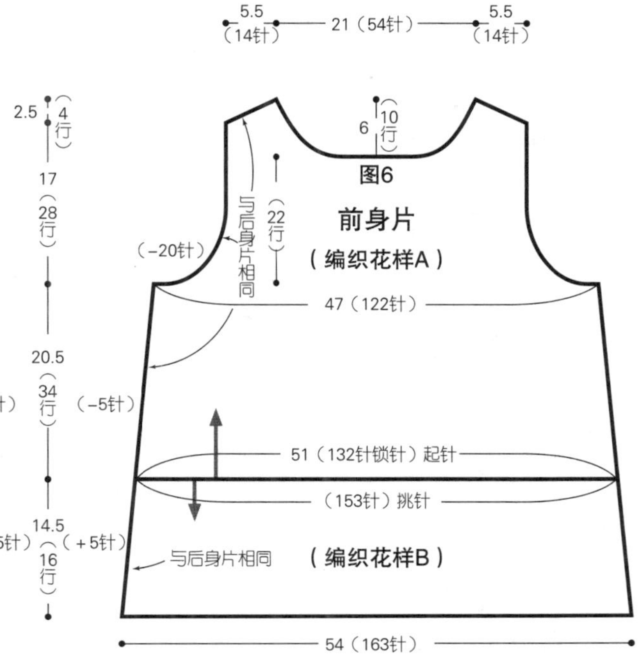

※ 全部使用2/0号针钩织

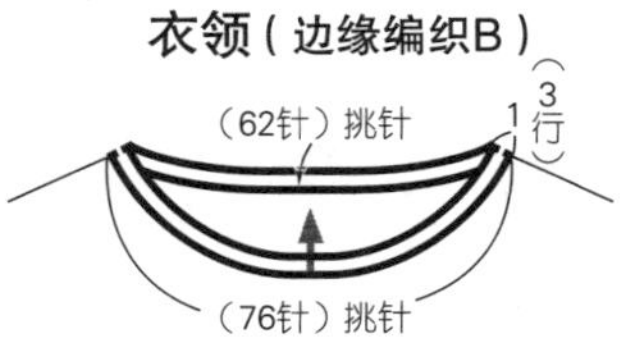

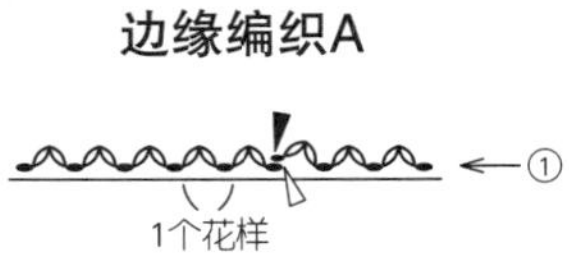

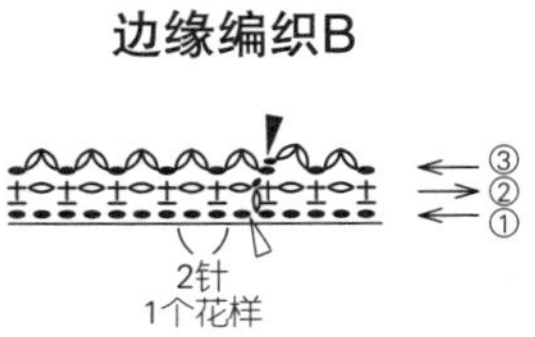

※ 第2行的短针在前一行引拔针头部的前侧半针挑针钩织

▷ = 加线
◀ = 剪线

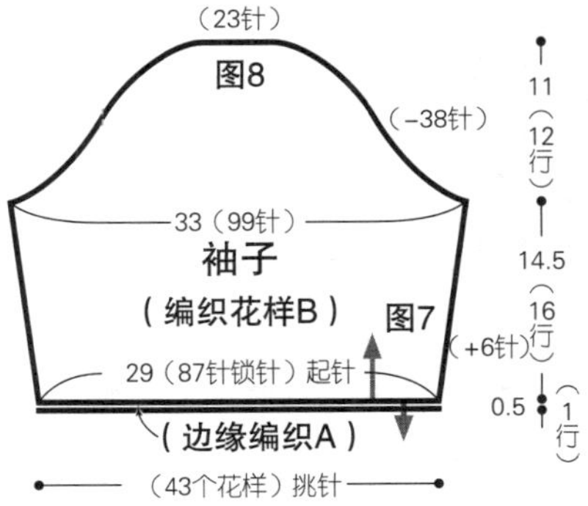

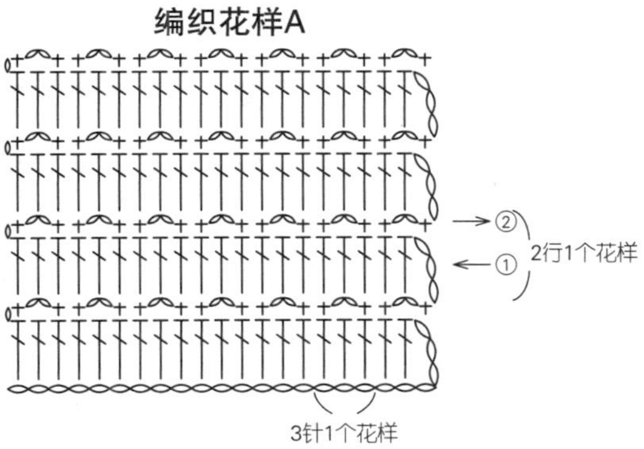

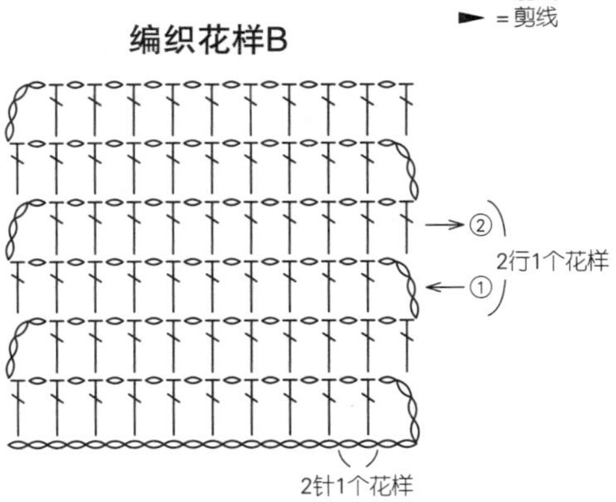

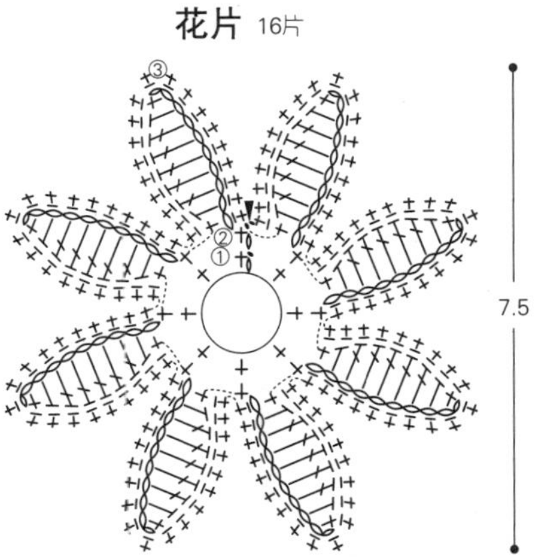

※ 第2圈的花瓣在锁针的里山挑针钩织
※ 第3圈的短针在锁针或者前一行针目头部的后侧半针挑针钩织
花瓣尖角的短针在锁针的里山和后侧半针挑针钩织

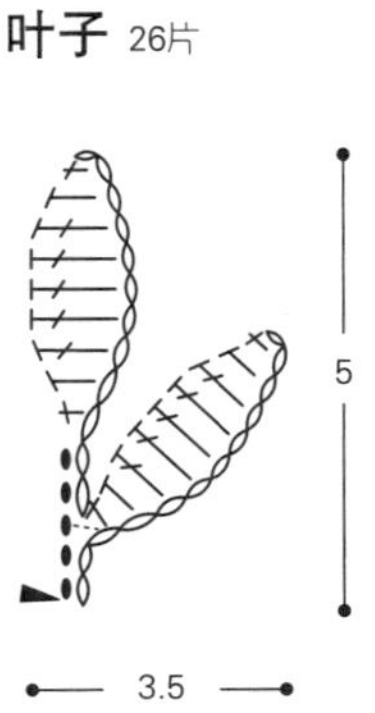

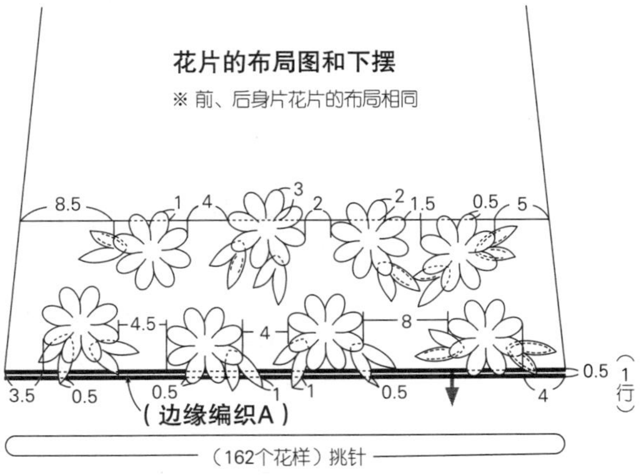

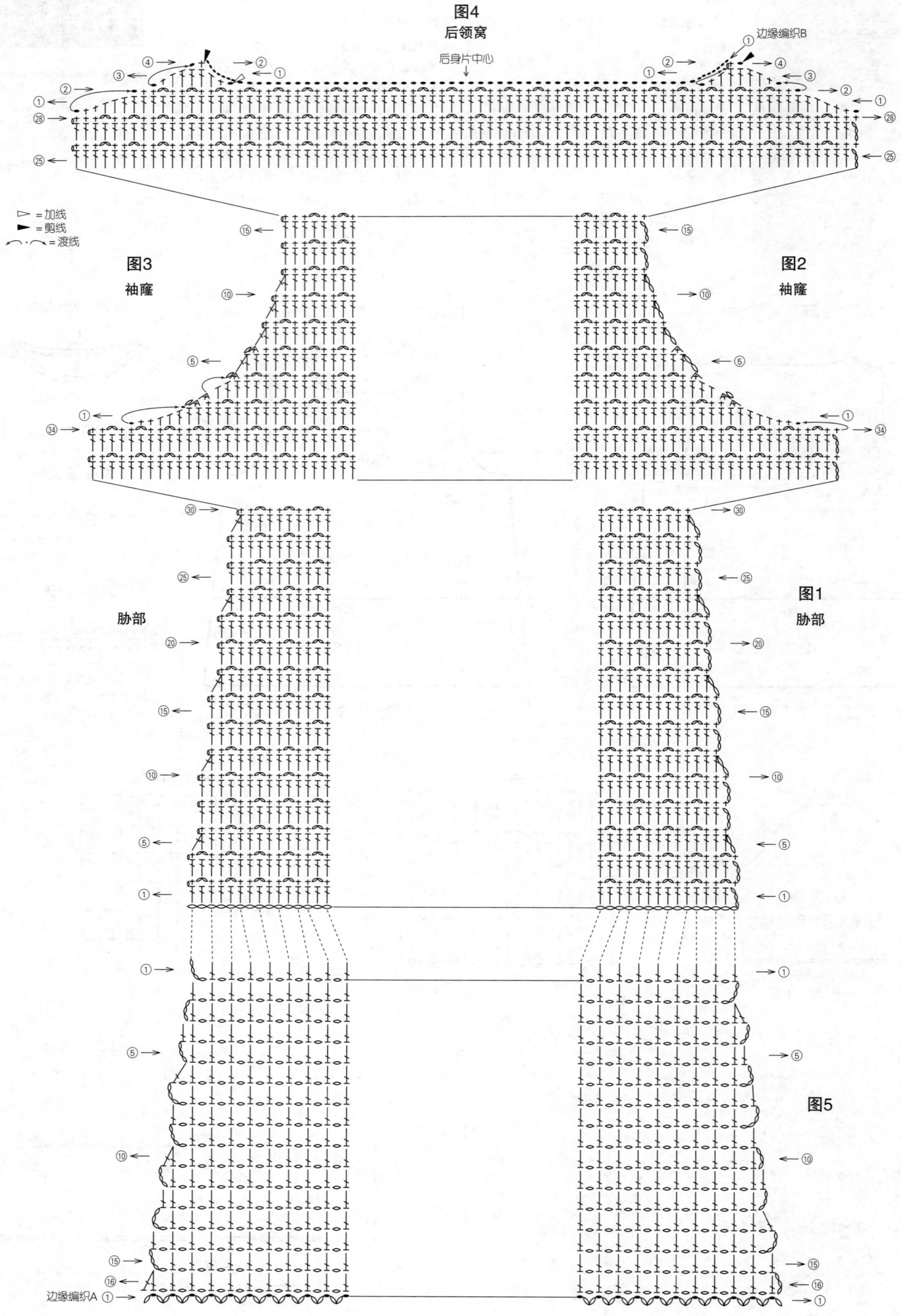
图4
后领窝
后身片中心
边缘编织B
▷ = 加线
▶ = 剪线
渡线
图3
袖窿
图2
袖窿
图1
胁部
胁部
图5
边缘编织A

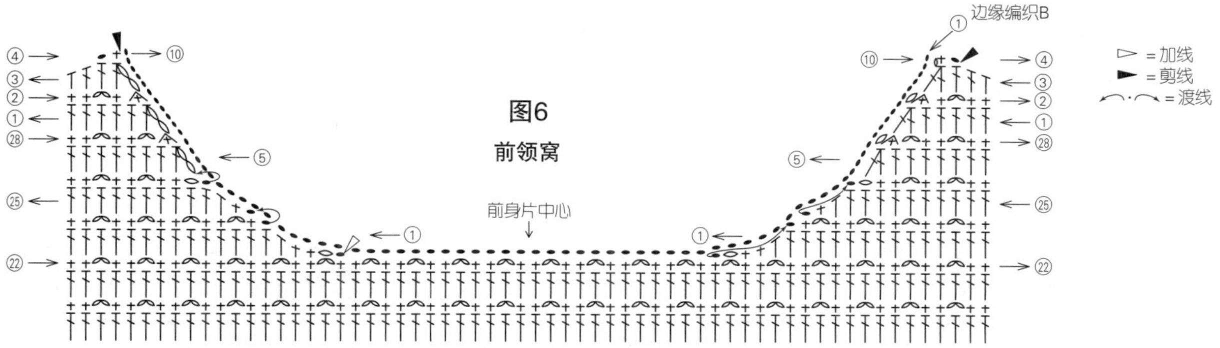

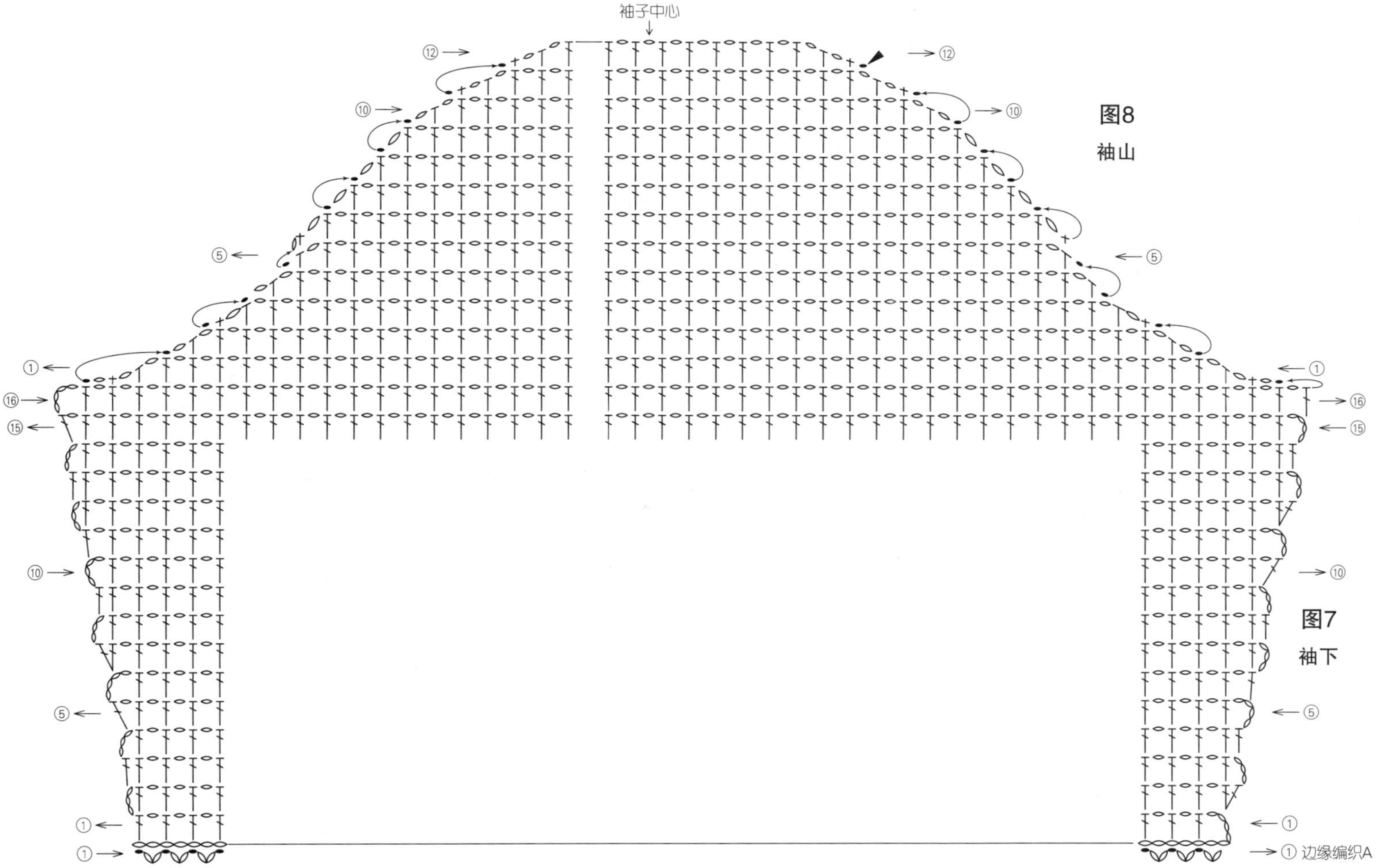

3针中长针的枣形针
（立织2针锁针）

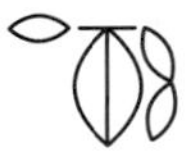

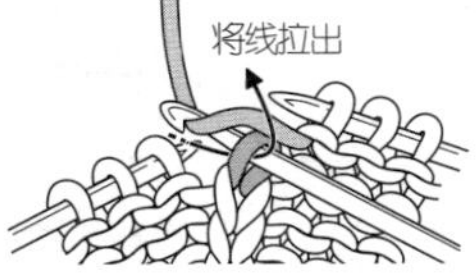

1 从前面插入钩针，挂线后拉出。

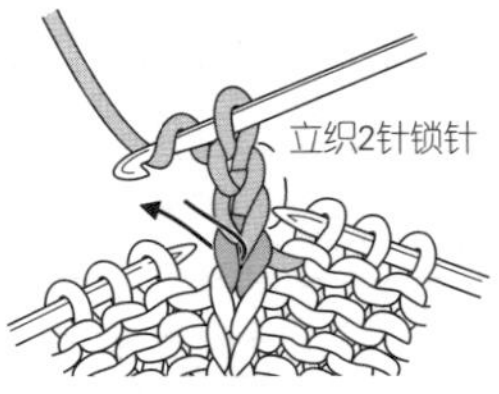

2 立织2针锁针，在钩针上挂线，再在钩出锁针的针目里插入钩针。

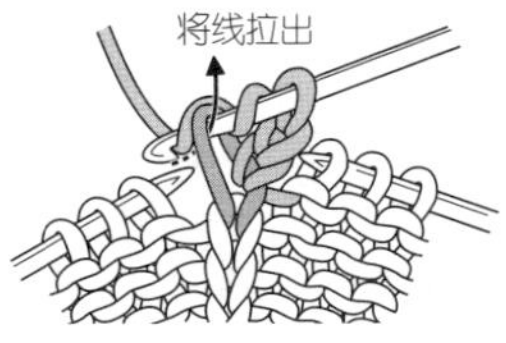

3 在钩针上挂线，将线松松地拉出。

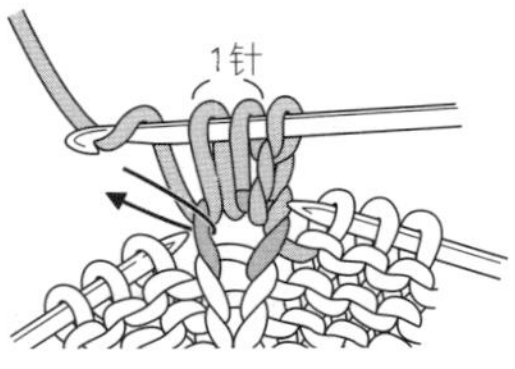

4 将线拉出后的状态（未完成的中长针）。

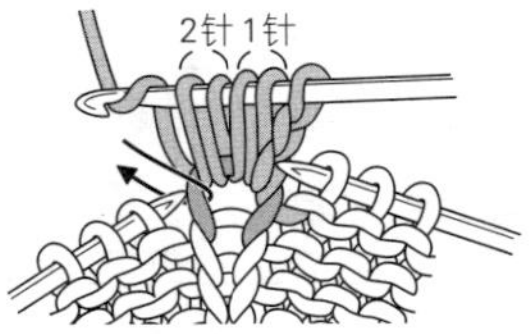

5 再钩织2针未完成的中长针。

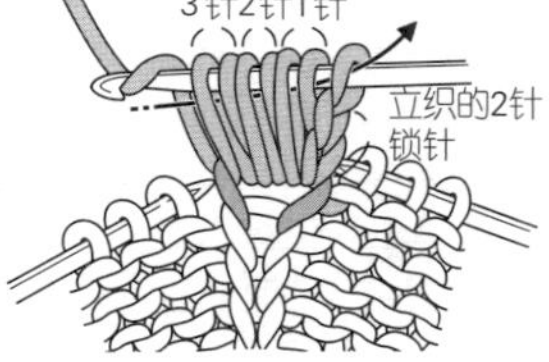

6 在钩针上挂线，一次性引拔穿过钩针上的线圈。

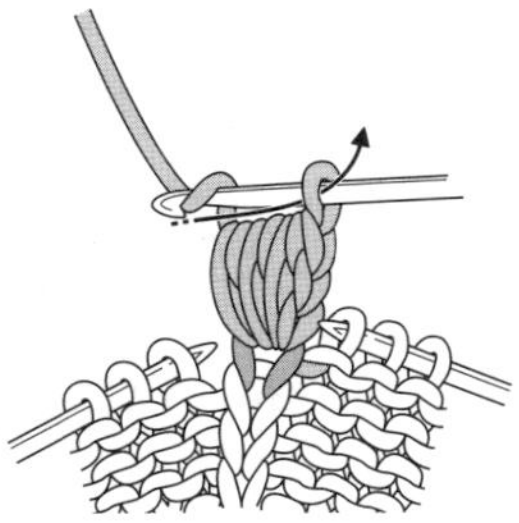

7 再次在钩针上挂线引拔，收紧针目。

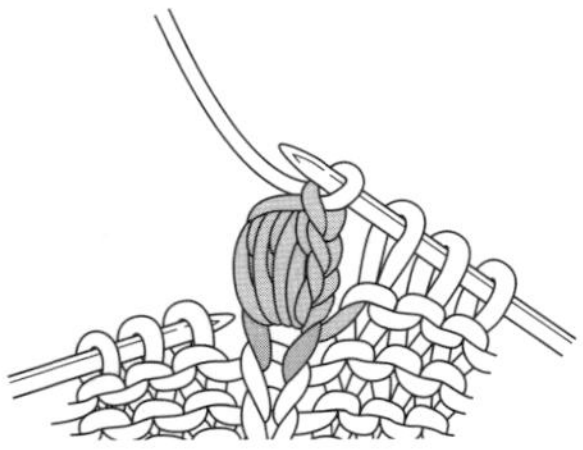

8 将钩针上的针目移回右棒针上。

材料

钻石线 Masterseed Cotton 浅灰色(122) 345g / 12团

工具

棒针3号、4号、5号

成品尺寸

胸围110cm，衣长51cm，连肩袖长53.5cm

编织密度

10cm×10cm面积内：编织花样A 31针，33行

编织要点

●身片…另线锁针起针后按编织花样A开始编织。2针及以上减针时做伏针减针，1针时立起侧边1针减针。下摆拆开起针时的锁针挑取针目后，做编织花样B。编织终点做扭针的单罗纹针收针。

●组合…肩部做盖针接合。袖子挑取指定针数后做编织花样A。接着，一边减针一边做编织花样C。结束时按与下摆相同的要领处理。衣领挑取指定针数后做编织花样C'，结束时按与下摆相同的要领处理。胁部、袖下做挑针缝合。

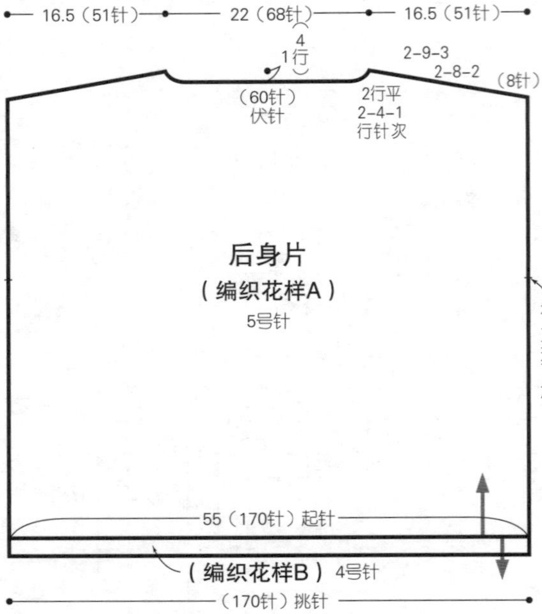

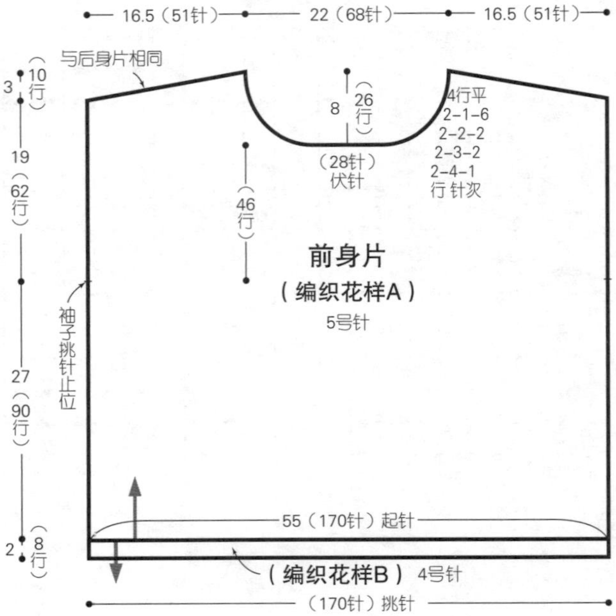

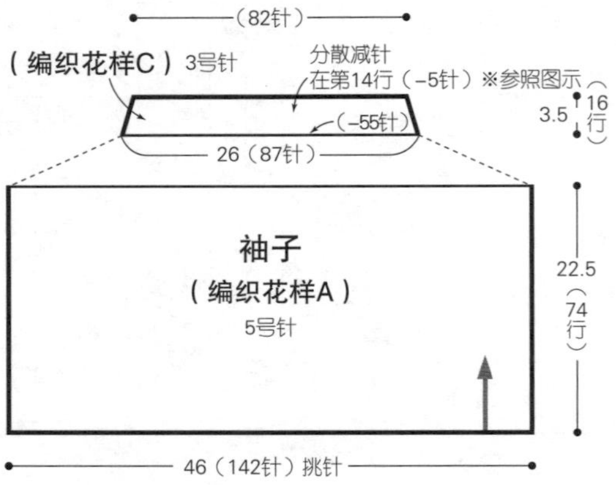

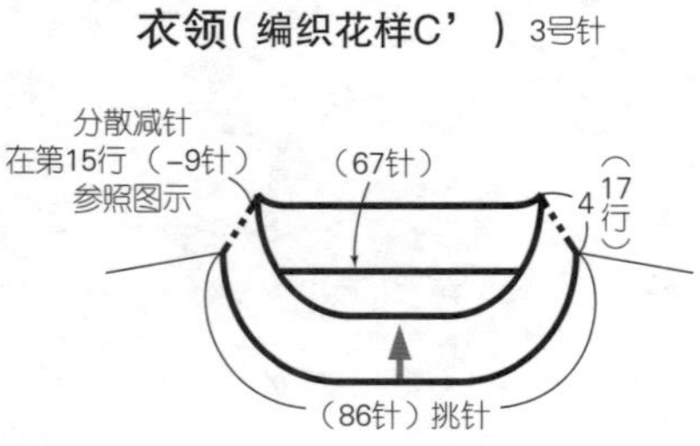

※扭针的单罗纹针收针请参照第167页

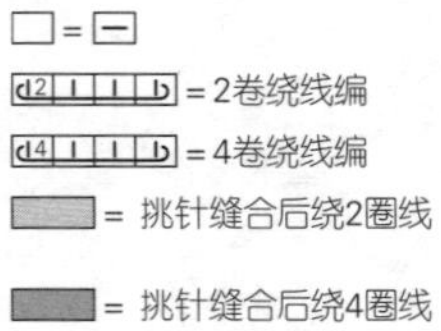

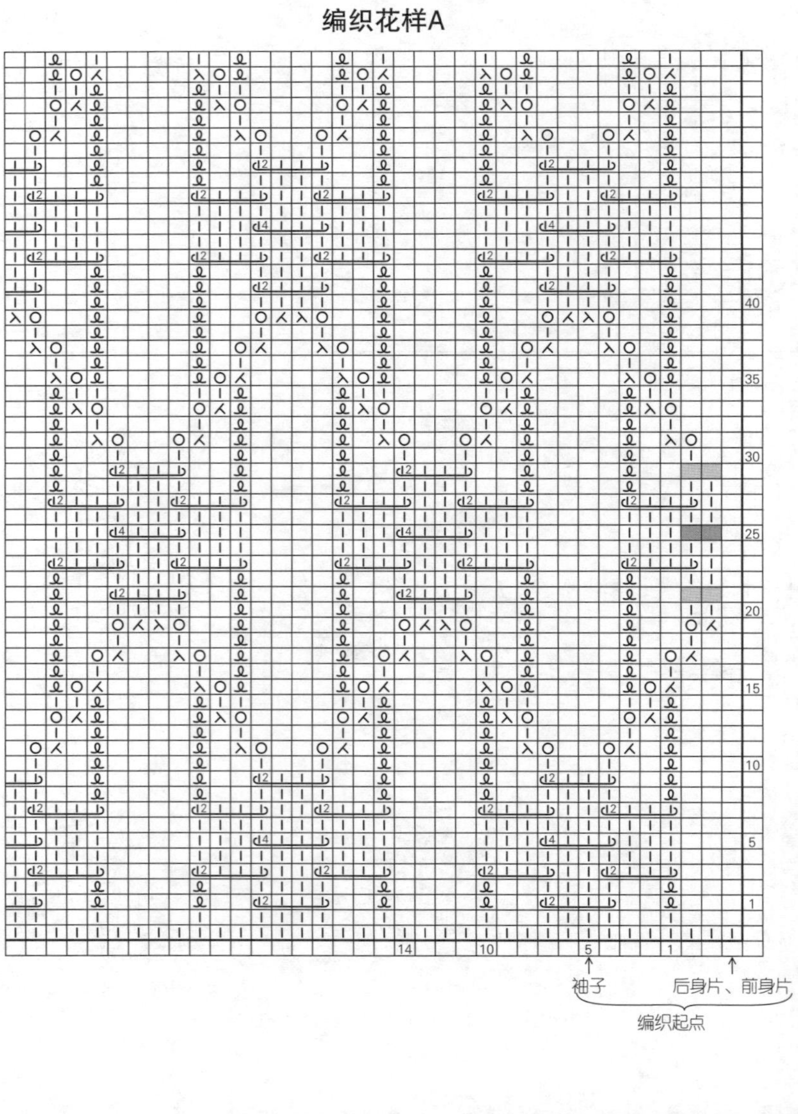

编织花样C

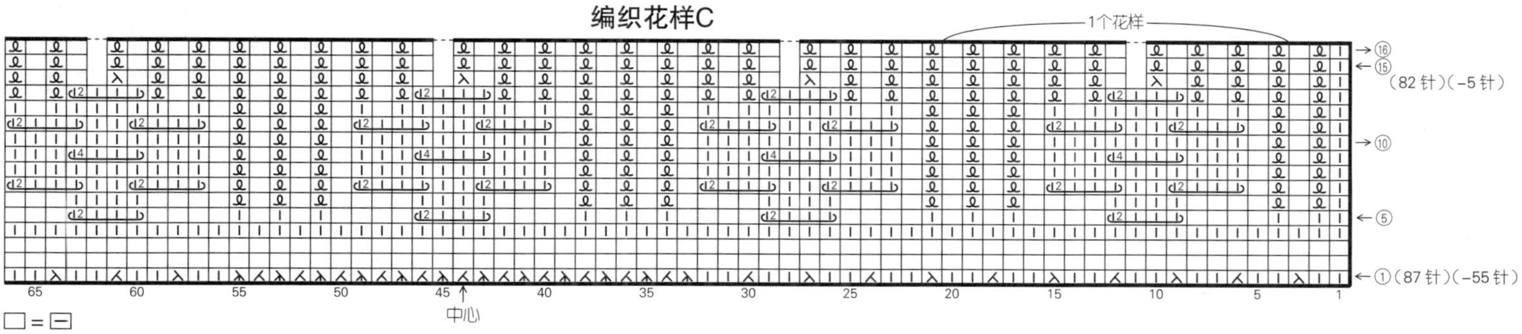

□ = ⊟

= 2卷绕线编

= 4卷绕线编

编织花样C'

□ = ⊟

= 2卷绕线编

= 4卷绕线编

2卷绕线编

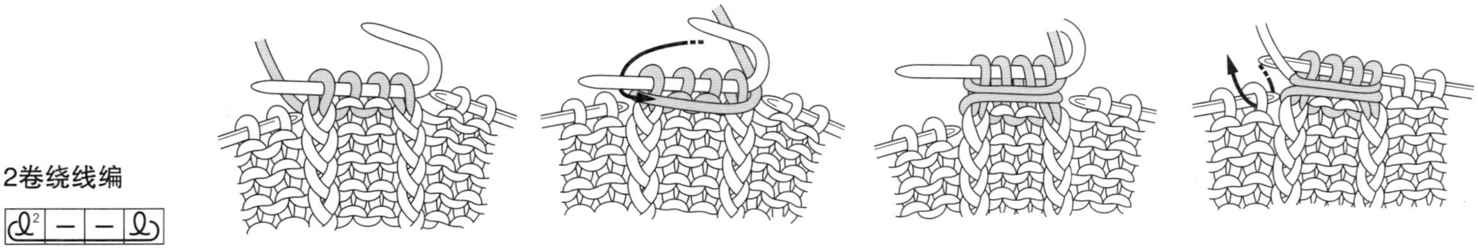

1 编织4针后，将针目移至麻花针上。

2 如箭头所示方向将线绕在移过来的针目上。

3 逆时针方向绕2圈。

4 直接将麻花针上的针目移回右棒针上，绕线编完成。

七宝针

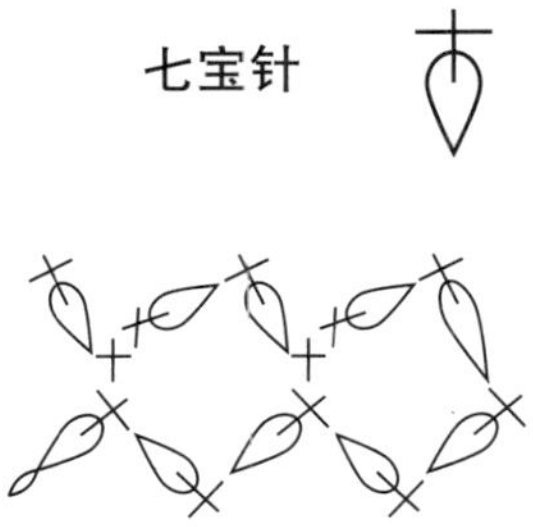

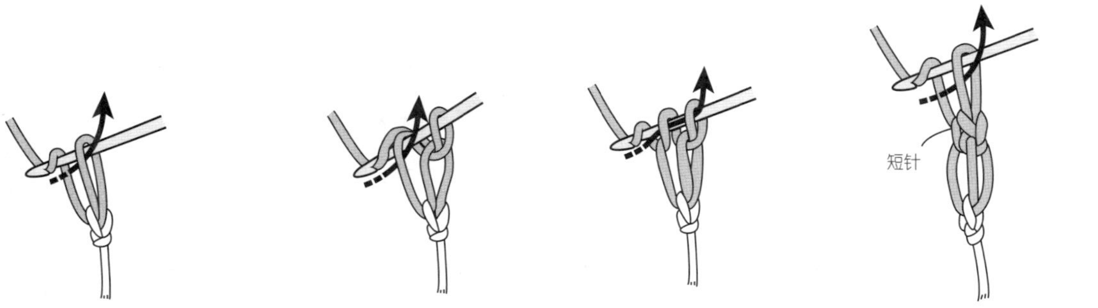

1 将第2针锁针拉长，然后挂线拉出。

2 在拉长的针目的里山插入钩针，将线拉出。

3 如箭头所示引拔，钩织短针。1针完成。

4 将钩针上的针目拉长，重复步骤1~3钩织第2针。

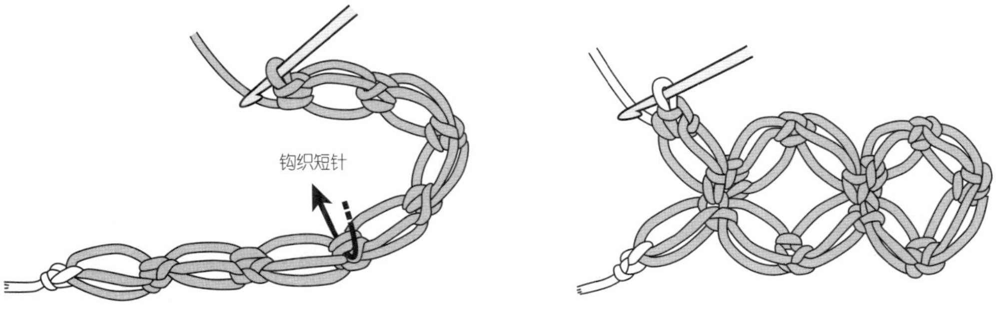

5 下一行在前一行的短针位置插入钩针，钩织短针。

6 钩织2行完成花样。

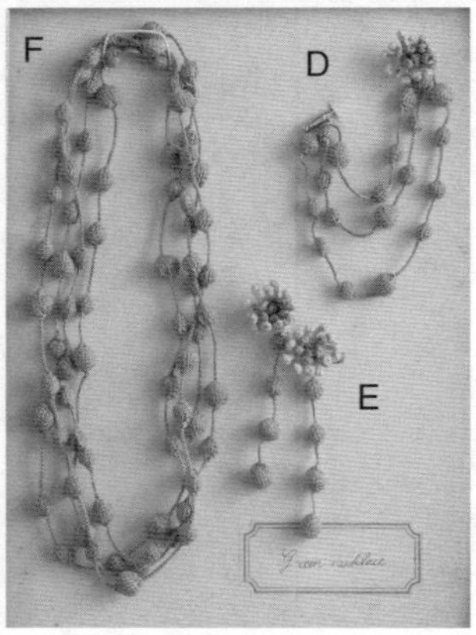

材料

DMC Coton Perle #8。毛线的色名、色号、用量以及辅材请参照图表

工具

蕾丝针10号

成品尺寸

参照图示

编织要点

●参照图示紧密地编织。参照组合方法，安装上金属配件。

使用量一览表

	使用线	色名（色号）	用量	辅材
A	DMC Coton Perle #8	原白色（ECRU）	4g / 1团	长2.5cm的别针 1个
		深橄榄色（640）	2g / 1团	
		黄绿色（3348）	少量 / 1团	
B	DMC Coton Perle #8	深橄榄色（640）	1.5g / 1团	耳钉各1对，C形环各4个
		黄绿色（3348）	1.5g / 1团	
C		原白色（ECRU）	3g / 1团	
D	DMC Coton Perle #8	浅橄榄色（642）	3g / 1团	带直径10mm镂空底座的胸针配件1个，圆环2个
		芥末黄色（676）	少量 / 1团	
E	DMC Coton Perle #8	浅橄榄色（642）	1g / 1团	带镂空底座的耳钉 1对
		芥末黄色（676）	1g / 1团	
F	DMC Coton Perle #8	浅橄榄色（642）	10g / 1团	

※全部使用10号蕾丝针钩织

A的茎和内层花蕊

深橄榄色

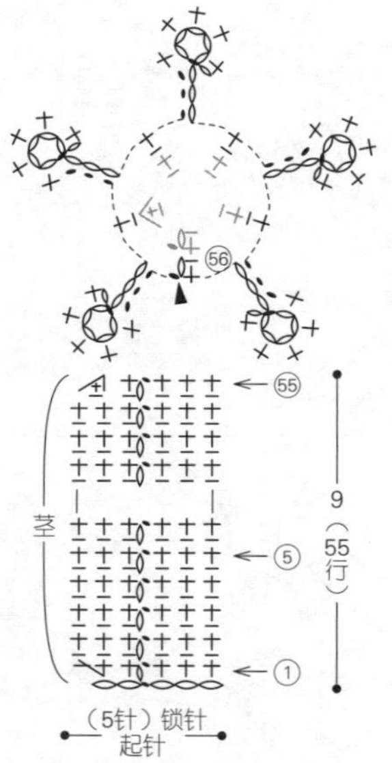

※茎的反面将作为正面使用，需要看着里面钩织

※± = 挑取前一行针目后面1根线钩织，使条纹出现在内侧

► = 剪线

A的外层花蕊

黄绿色

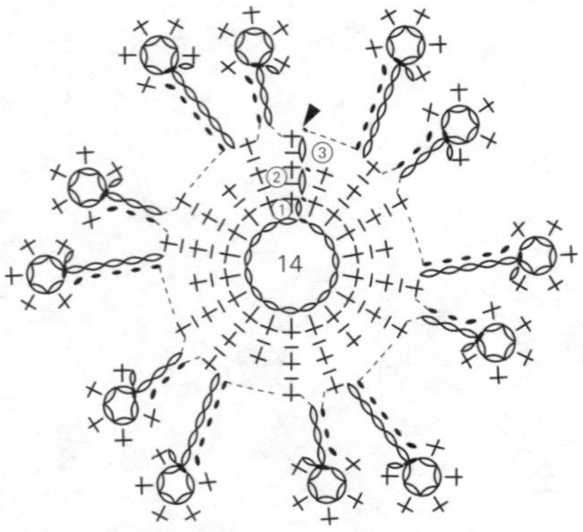

※第1、2行看着前面钩织，使反面成为正面

※± = 挑取前一行针目后面1根线钩织，使条纹出现在内侧

A的花瓣

原白色

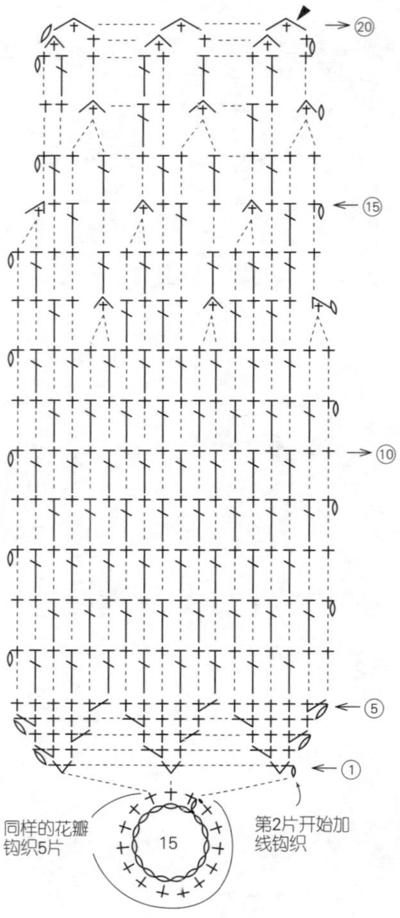

A的叶子

深橄榄色 2片

A的组合方法

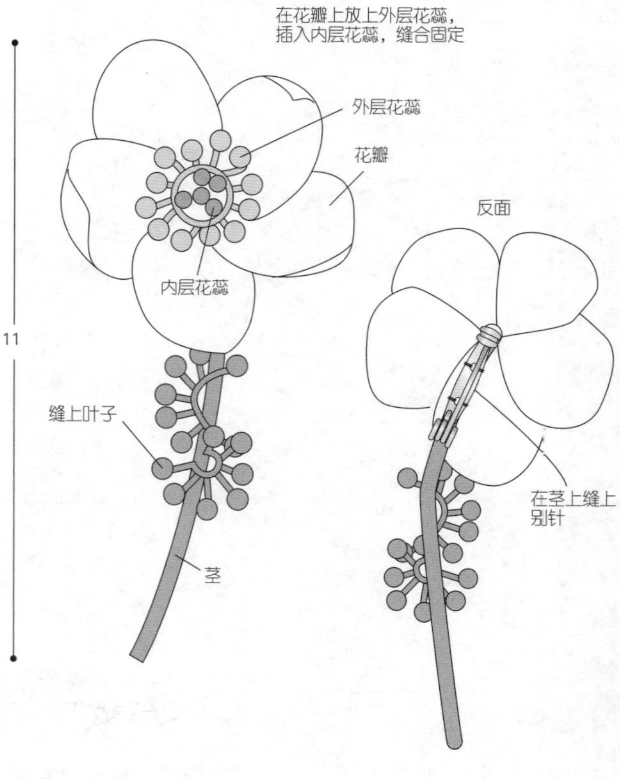

B、C

配件a、b 各1片

B/ a＝深橄榄色 b＝黄绿色

C/ a＝原白色 b＝原白色

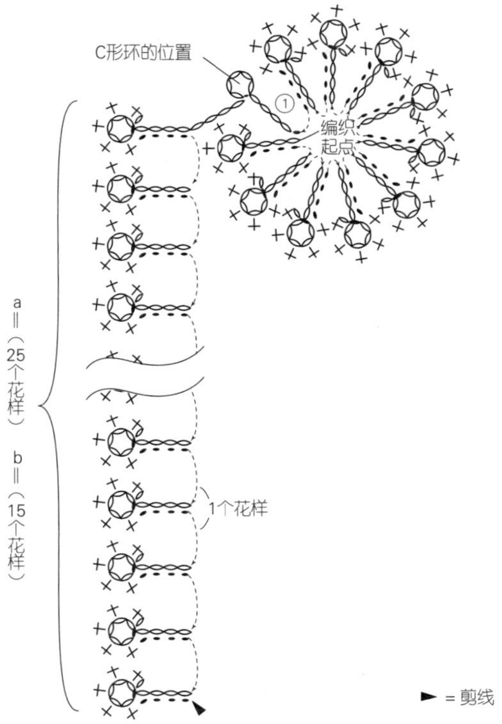

配件a'、b' 各1片

B/a'＝深橄榄色 b'＝黄绿色

C/a'＝原白色 b'＝原白色

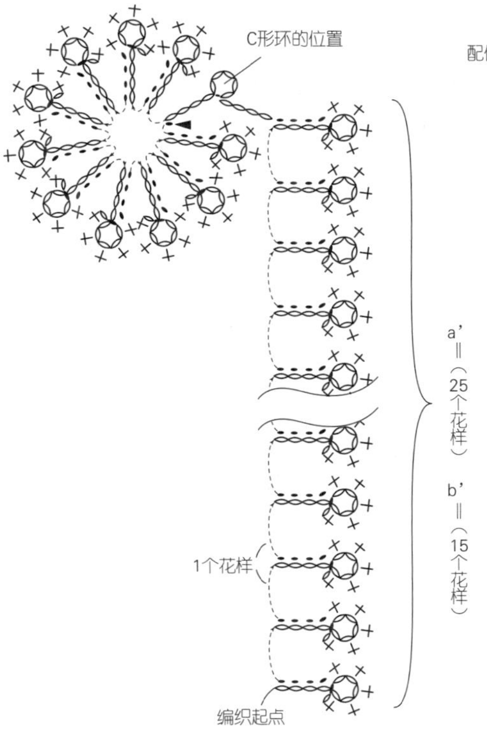

► ＝剪线

B、C的组合方法

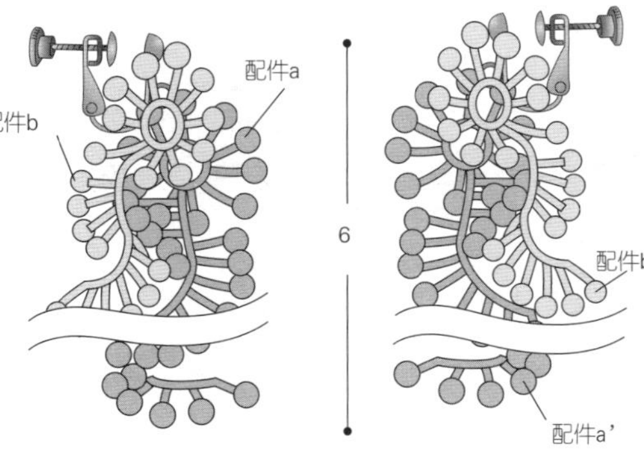

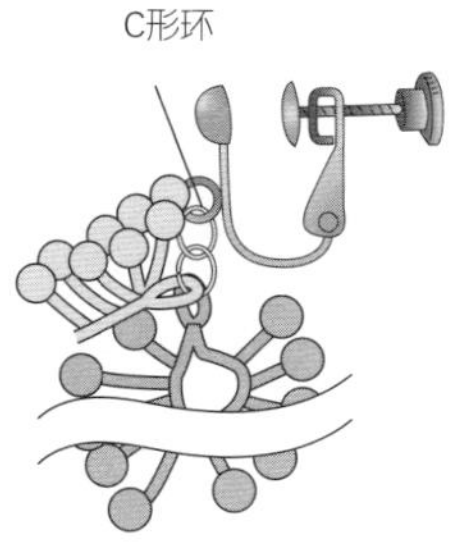

穿上C形环，将其闭合

圆球的钩织方法（D、E、F通用）

※圆球的反面将作为正面使用，需要看着里面钩织

大圆球

浅橄榄色

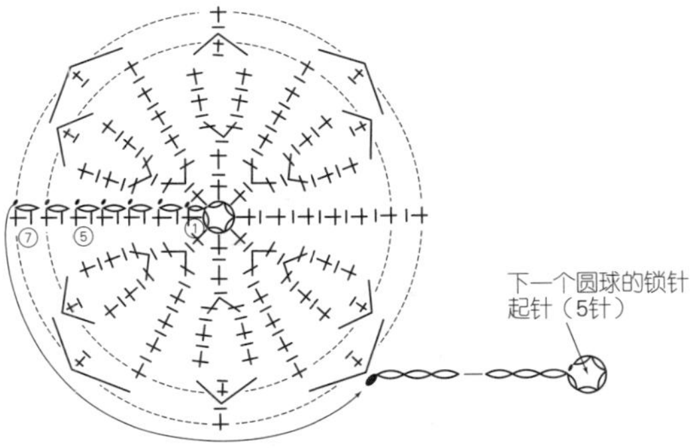

± ＝挑取前一行针目后侧1根线钩织，使条纹出现在里面

小圆球

浅橄榄色

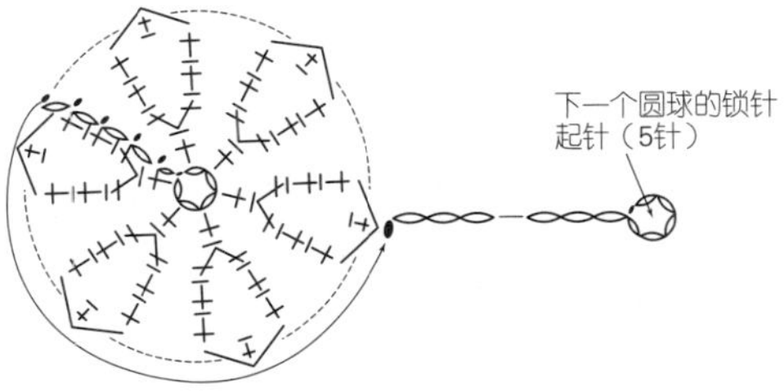

± ＝挑取前一行针目后侧1根线钩织，使条纹出现在里面

圆球的布局

D

浅橄榄色 1根

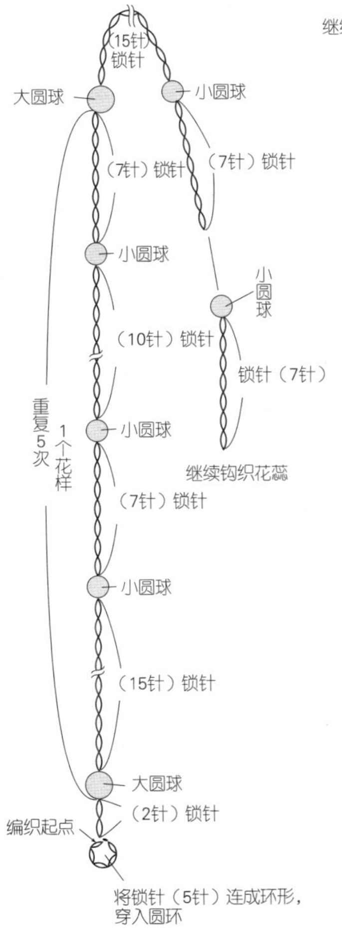

E

浅橄榄色 2根

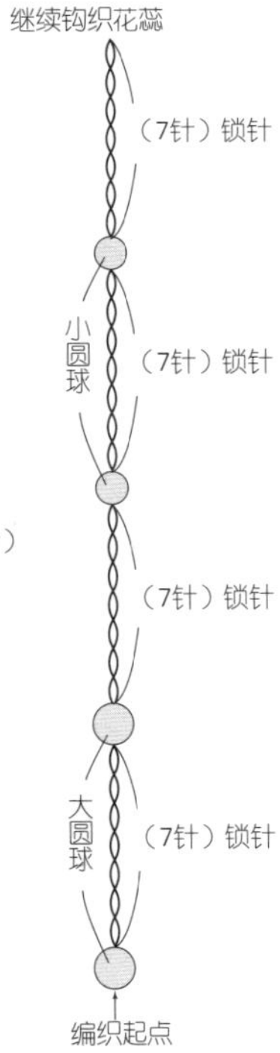

F

浅橄榄色

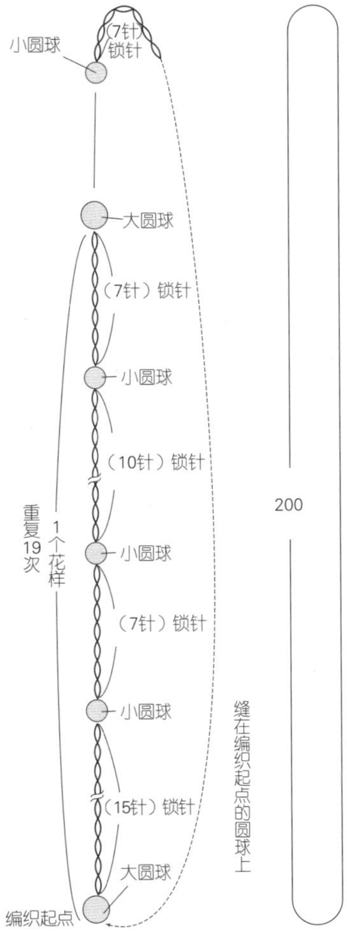

E的组合方法

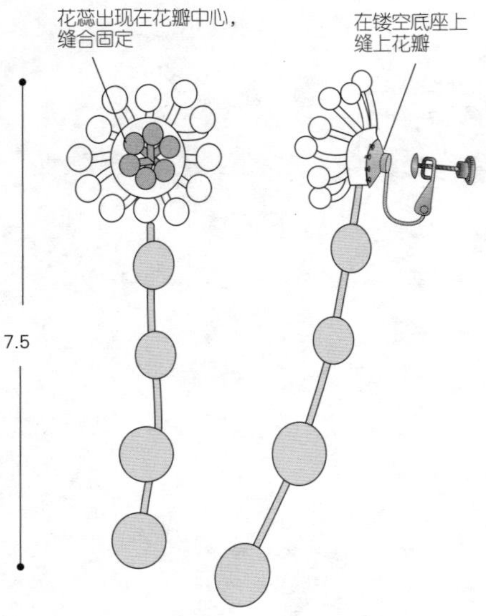

D的组合方法

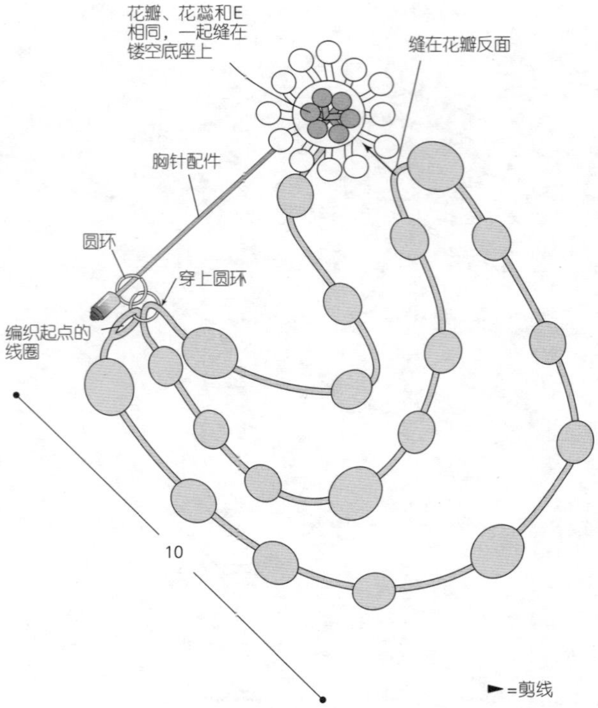

►=剪线

D、E花瓣 芥末黄色

D＝1片 E＝2片

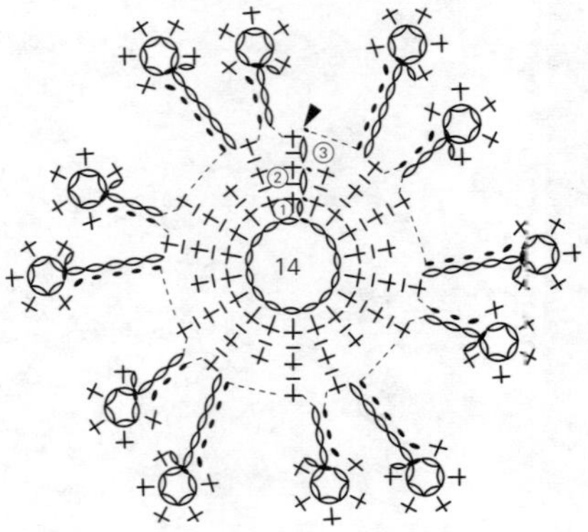

花蕊 浅橄榄色

D＝1片 E＝2片

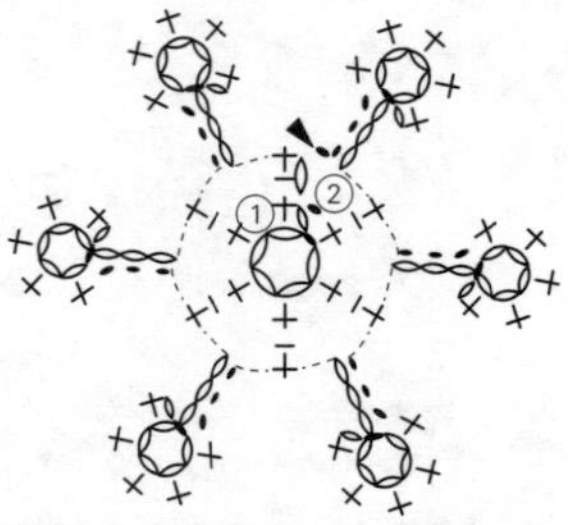

※花瓣、花蕊第1行将成为反面，需要看着内侧钩织

※$\underline{+}$＝挑取前一行针目后侧1根线钩织，使条纹出现在内侧

接183页▶

三色堇胸针

花 各1朵

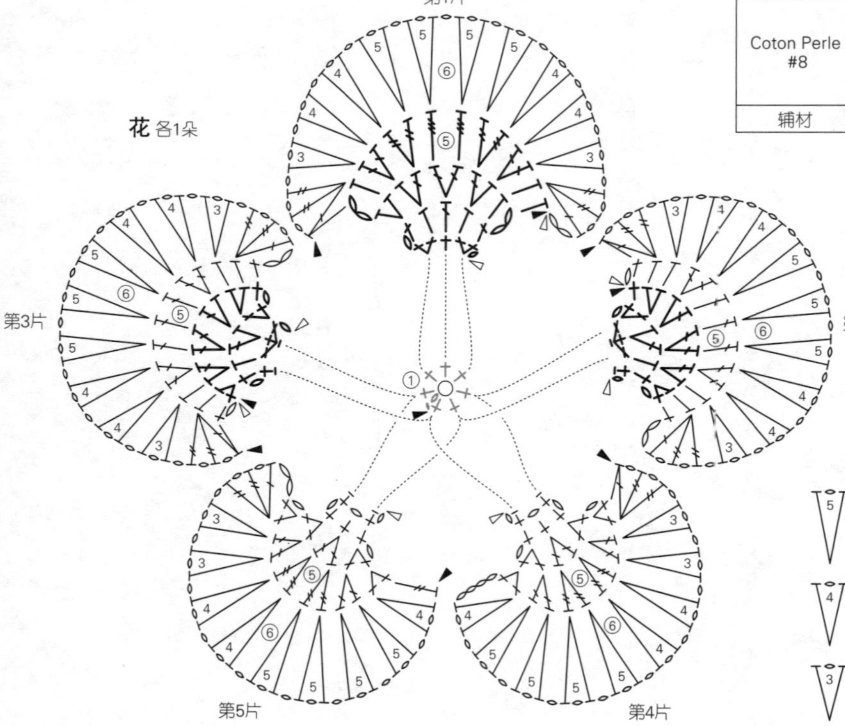

▷＝加线
►＝剪线

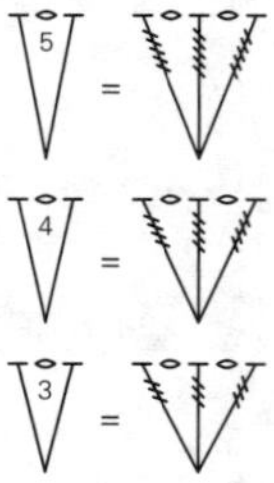

※ 全部使用4号蕾丝针钩织

※ 花瓣从第1片开始按顺序钩织

※ 第2、3片的第2圈挑取前一行针目头部前侧1根线钩织，第4、5片的第2圈挑取剩余的1根线钩织

配色 ——＝a色 ——＝b色 ——＝c色

使用量一览表

	A		B		C	
Coton Perle #8	紫色（550）	各少量/各1团	藏青色（336）	各少量/各1团	红豆色（315）	各少量/各1团
	浅紫色（554）		蓝色（799）		橙色（352）	
	黄色（743）		黄色（743）		黄色（743）	
	黄绿色（580）		黄绿色（580）		黄绿色（580）	
辅材	2cm的别针各1个					

花的配色

	A	B	C
a色	黄色		
b色	紫色	藏青色	红豆色
c色	浅紫色	蓝色	橙色

花萼 各1片 黄绿色

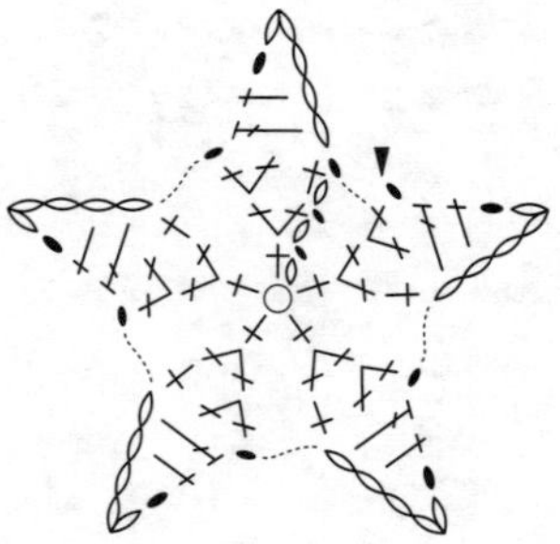

组合方法

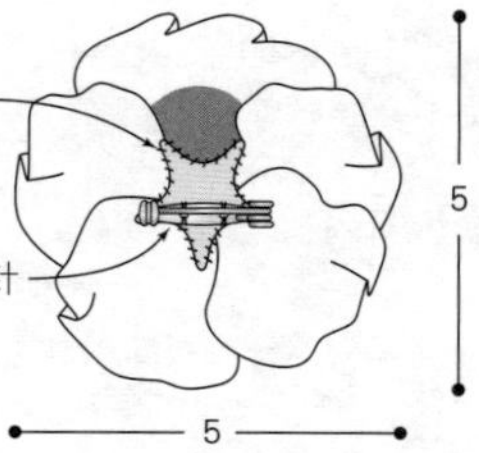

64 页的作品★★★

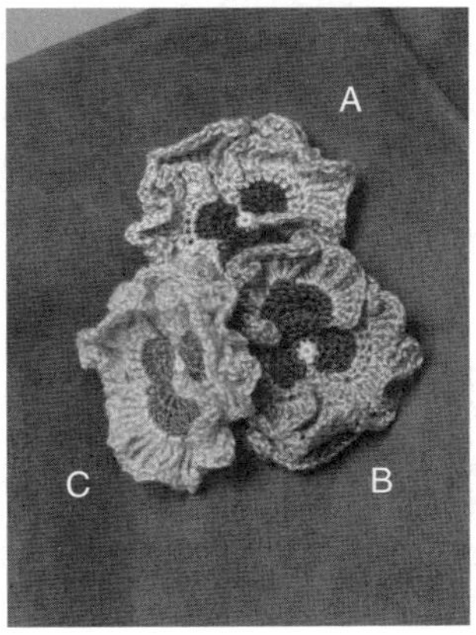

材料

DMC Coton Perle #8、Coton Perle #5 色名、色号、用量、辅材请参照图表

工具

蕾丝针4号

成品尺寸

参照图示

编织要点

●野蓟耳环…环形起针参照图示钩织花萼。花朵按照流苏的要领制作，要夹住线圈和花萼组合在一起。参照组合方法完成。

●野蓟胸针…环形起针，开始钩织茎。钩织时需要注意，反面将作为正面使用。★、☆标记处钩织叶子。钩织40行茎以后，继续钩织花萼。花萼的正面将作为正面使用，编织时要改变方向。按照和耳环相同的组合方法组合在一起。

●三色堇胸针…环形起针，参照图示钩织。花瓣从第1片开始按照顺序钩织。参照组合方法，在花朵反面缝上花萼和别针。

◀接182页

野蓟耳环和胸针

※ 全部使用4号蕾丝针钩织

使用量一览表

	Coton Perle #5		Coton Perle #8		辅材
耳环	浅米色（822）	少量/1桄	深绿色（319）	各少量/各1团	耳钉 1对
胸针	灰粉色（3687）	少量/1桄			1.5cm的别针 1个

花萼 深绿色 耳钉 1对 胸针 1个

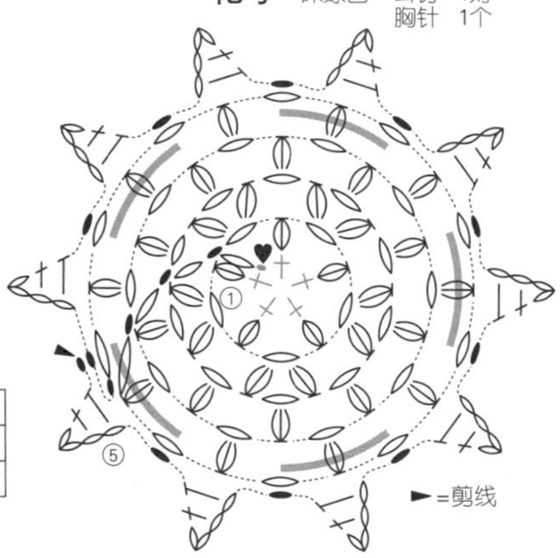

※胸针接着茎继续钩织，耳环则环形起针开始钩织

▬=平针缝的针迹

茎 深绿色

※ 看着内侧钩织，将反面当作正面用

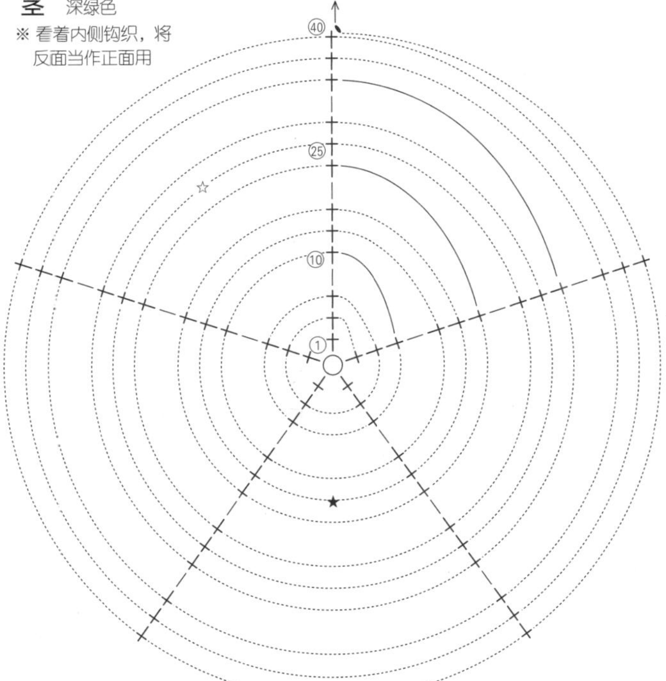

叶子（大） 深绿色

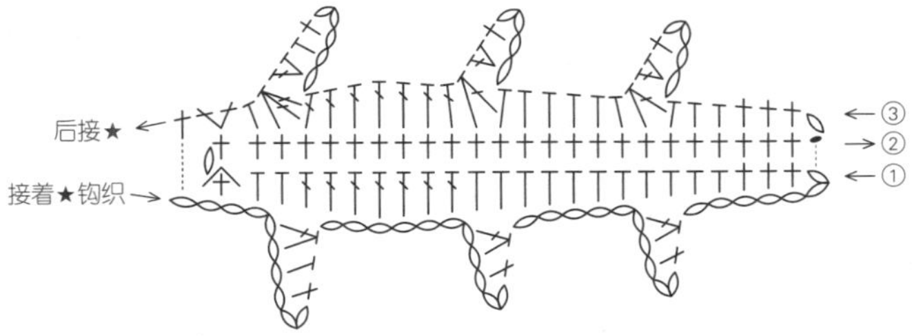

叶子（小） 深绿色

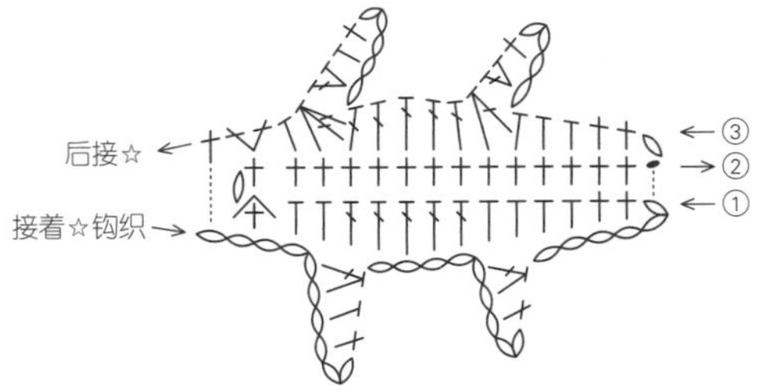

花朵

耳环：浅米色 2朵
胸针：灰粉色 1朵

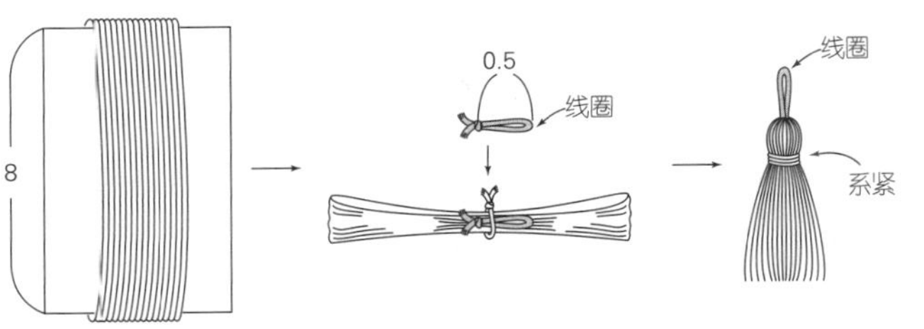

在宽8cm的厚纸板上缠绕30圈

中心打结，制作耳钉时夹住深绿色线做成的线圈，一起打结

组合方法

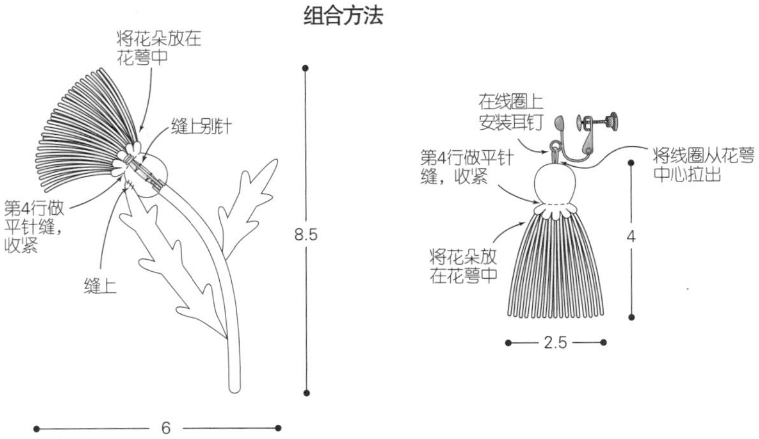

材料

K's K CANOLAA 纯白色(101)295g／8团；CAPPELLINI 米色(49) 15g／1团，深红色(950)、灰绿色(965)各10g／各1团，姜黄色(180)少量／1团

工具

棒针4号、6号，钩针2/0号

成品尺寸

胸围96cm，衣长49cm，连肩袖长53.5cm

编织密度

10cm×10cm面积内：下针编织18.5针，28行；编织花样17针，24行

编织要点

●身片、袖子…另线锁针起针后开始编织。身片做下针编织，袖子做下针编织和编织花样。插肩线的减针做立起侧边2针的减针。领窝减针时，2针及以上时做伏针减针，1针时立起侧边1针减针。袖下的加针在1针内侧做扭针加针。下摆、袖口拆开起针时的锁针，挑取针目后编织扭针的单罗纹针，编织终点做单罗纹针收针。

●组合…钩织指定数量的花片，并参照花片布局图缝在袖子上。胁部、插肩线和袖下做挑针缝合，腋下针目做下针的无缝缝合。衣领挑取指定针数后，环形编织扭针的单罗纹针。编织终点按与下摆相同的要领处理。

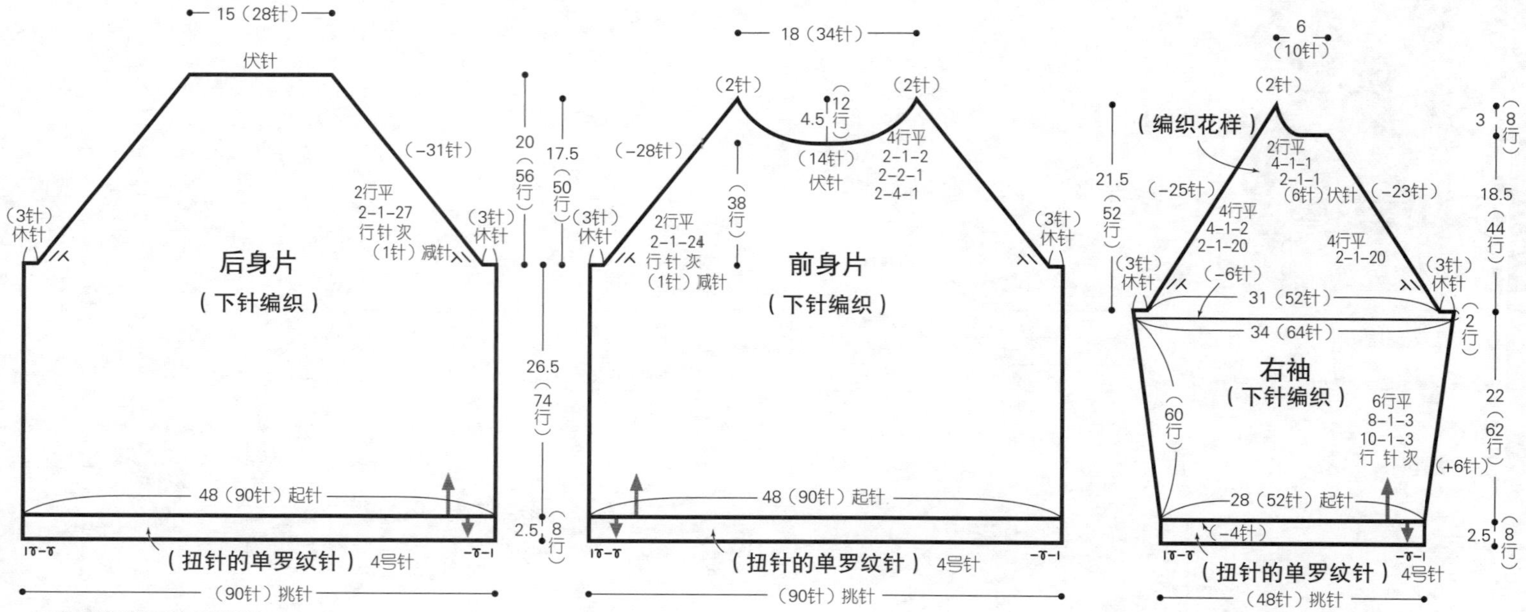

※ 除指定以外均用白色线编织

※ 除指定以外均用6号针编织

※ 对称编织左袖

衣领（扭针的单罗纹针）

4号针

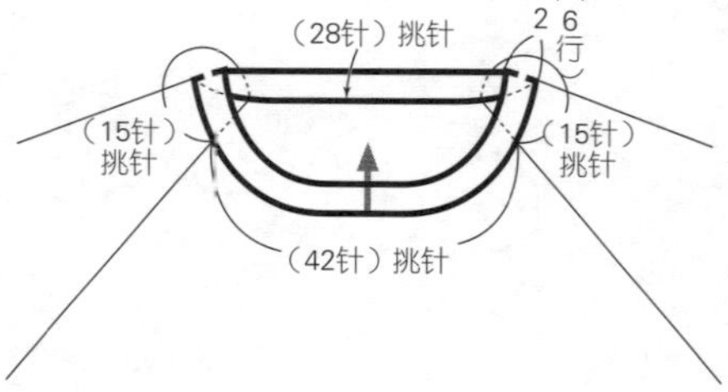

扭针的单罗纹针

（身片、袖子）

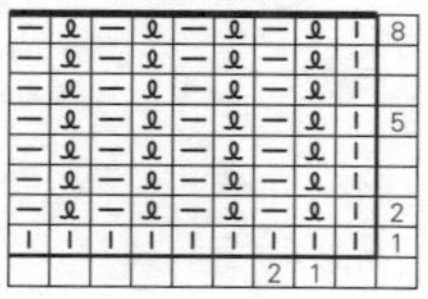

扭针的单罗纹针

（衣领）

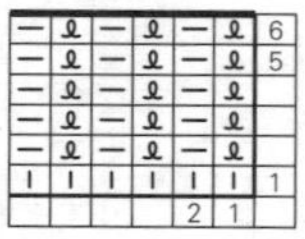

编织花样

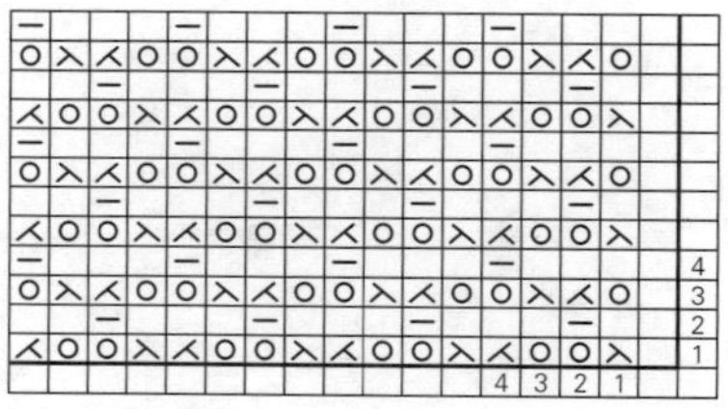

□＝|

花A 12片

2/0号针 米色

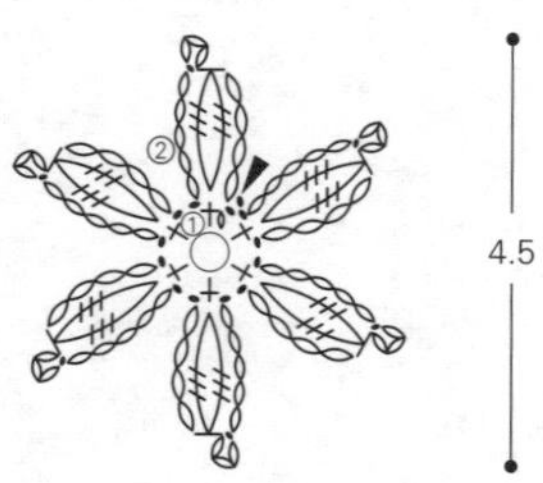

花B 12片

2/0号针 深红色

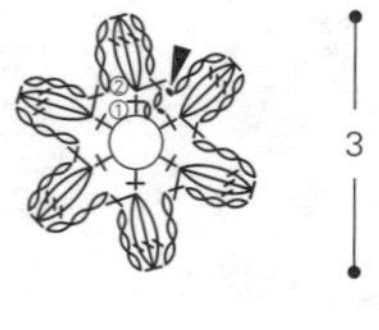

花C 8片

2/0号针 姜黄色

花C的刺绣

※留出25cm长的线，在中心做卷线结粒绣（绕12次）

叶子 14片

2/0号针 灰绿色

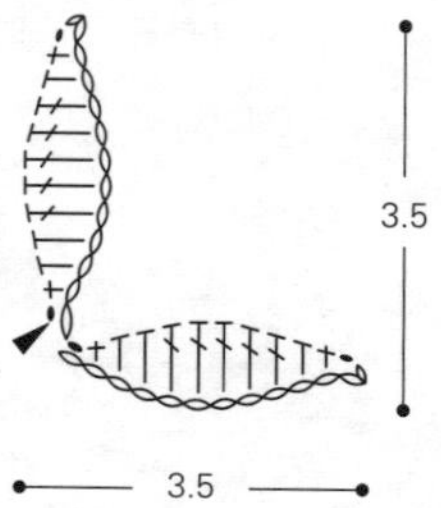

▶ = 剪线

右袖的编织方法

左袖的编织方法

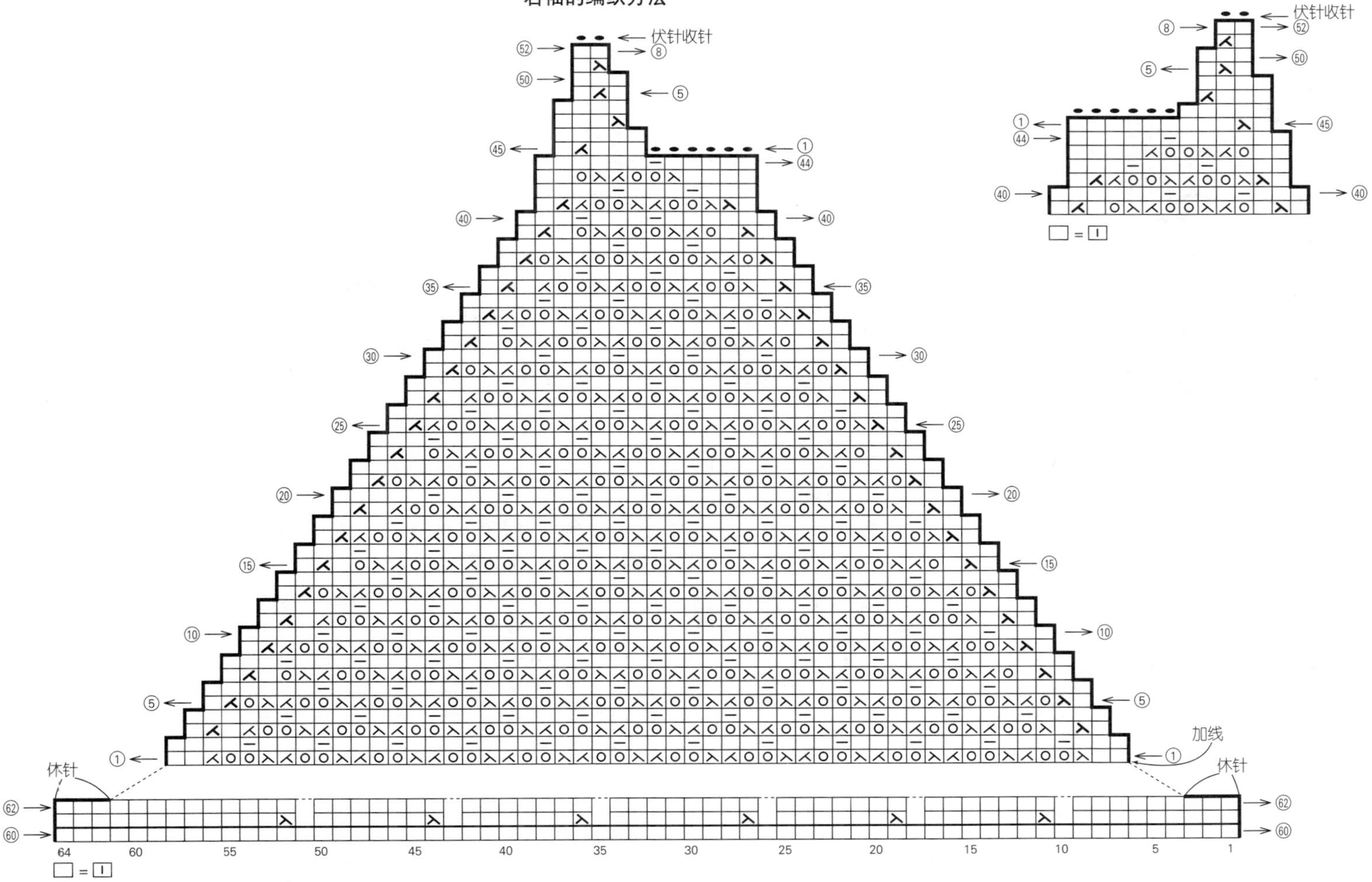

花片布局图

※放大至200%后使用

（右袖）

卷线结粒绣

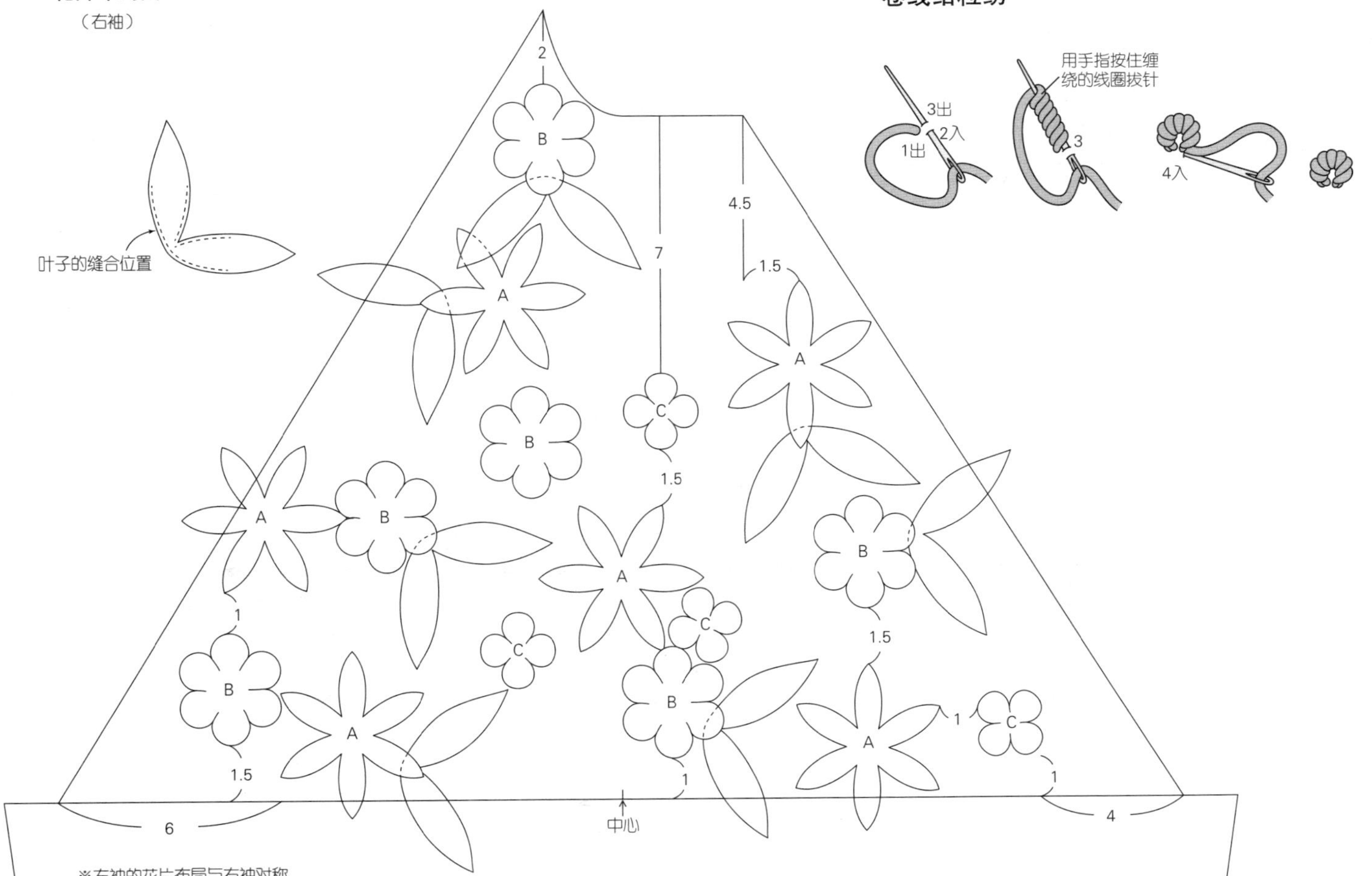

※左袖的花片布局与右袖对称

※插肩线做挑针缝合后再缝上附近的花片

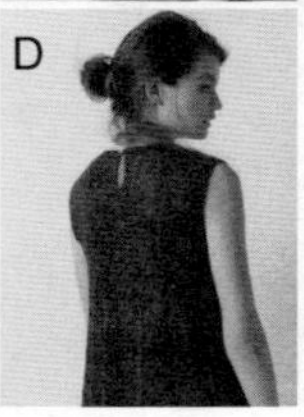

材料

奥林巴斯手编线 Micare

[A] 茶色(5) 290g / 10团

[B] 粉红色(2) 180g / 6团

[C] 紫色(4) 250g / 9团

[D] 黑色(7) 210g / 7团；直径10mm的纽扣1颗

[E] 米色(1) 315g / 11团；直径20mm的纽扣5颗

工具

棒针2号、4号，钩针4/0号

成品尺寸

[A] 胸围90cm，衣长69.5cm，连肩袖长30cm

[B] 胸围90cm，衣长47.5cm，连肩袖长30cm

[C] 胸围90cm，衣长47.5cm，连肩袖长73.5cm

[D] 胸围90cm，肩宽40cm，衣长56.5cm

[E] 胸围90cm，肩宽40cm，连肩袖长73cm

编织密度

10cm×10cm面积内：下针编织、编织花样A和B均为22.5针，32行

编织要点

●通用…手指挂线起针后开始编织。一边分散减针一边按编织花样A编织。减针时，2针及以上时做伏针减针，1针时立起侧边1针减针。加针时在1针内侧做扭针加针。肩部做盖针接合，胁部做挑针缝合。下摆参照图示钩织边缘编织A。

●A…编织花样A结束后接着做下针编织。缝合肩部和胁部后，在衣领和袖口位置挑取指定针数，编织单罗纹针。编织终点做单罗纹针收针。

●B…编织花样A结束后接着按编织花样B编织。缝合肩部和胁部后，在衣领和袖口位置挑取指定针数，编织单罗纹针。编织终点做单罗纹针收针。

●C…编织花样A结束后接着编织下针。缝合肩部和胁部后，在衣领位置挑取指定针数，编织单罗纹针。编织终点做单罗纹针收针。袖子按与身片相同的要领起针后，按编织花样B编织。袖下做挑针缝合。袖口按与下摆相同的要领处理。袖子与身片之间做引拔缝合。

●D…编织花样A结束后接着编织下针。缝合肩部和胁部后，衣领参照图示钩织短针，最后钩织纽襻。袖窿挑取指定针数后编织单罗纹针。编织终点做单罗纹针收针。

●E…编织花样A结束后接着钩织编织花样B。缝合肩部和胁部后，挑取指定针数，前门襟钩织边缘编织B，衣领钩织短针。袖子按与C相同的要领编织。最后缝上纽扣。

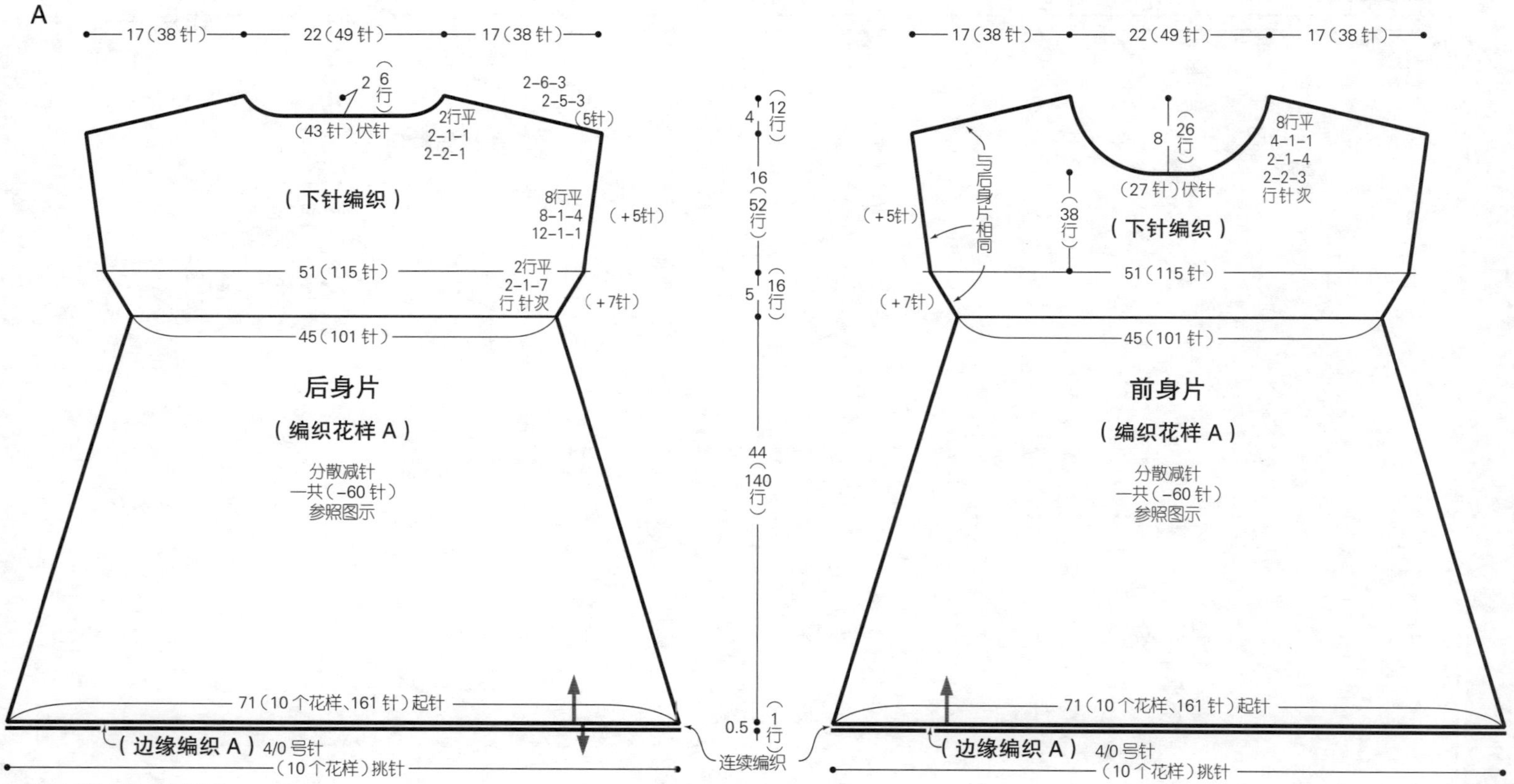

※ 除指定以外均用4号针编织

单罗纹针 (A、B、C、D)

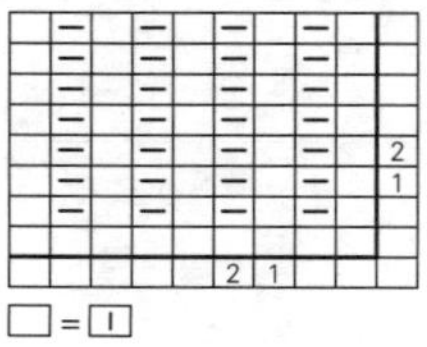

衣领 (C) (单罗纹针)
2号针

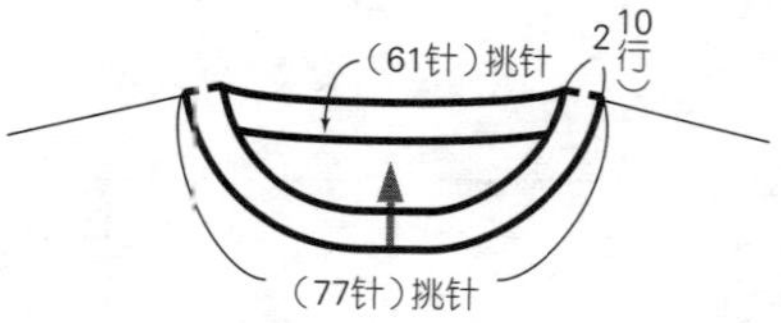

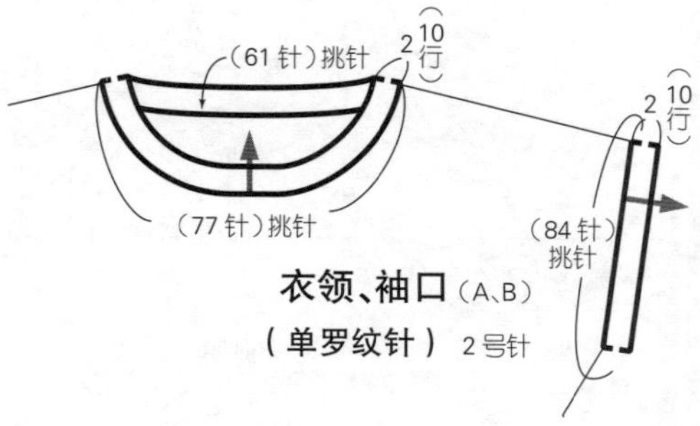

衣领、袖口 (A、B)
(单罗纹针) 2号针

B、C

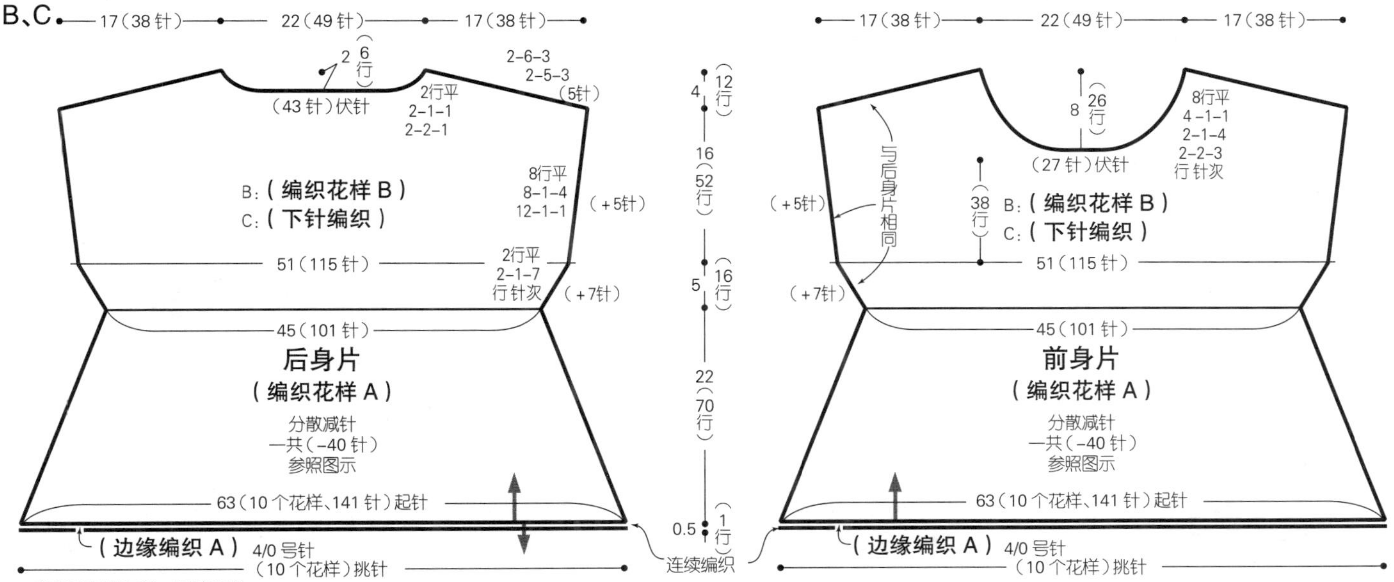

※ 除指定以外均用4号针编织

D

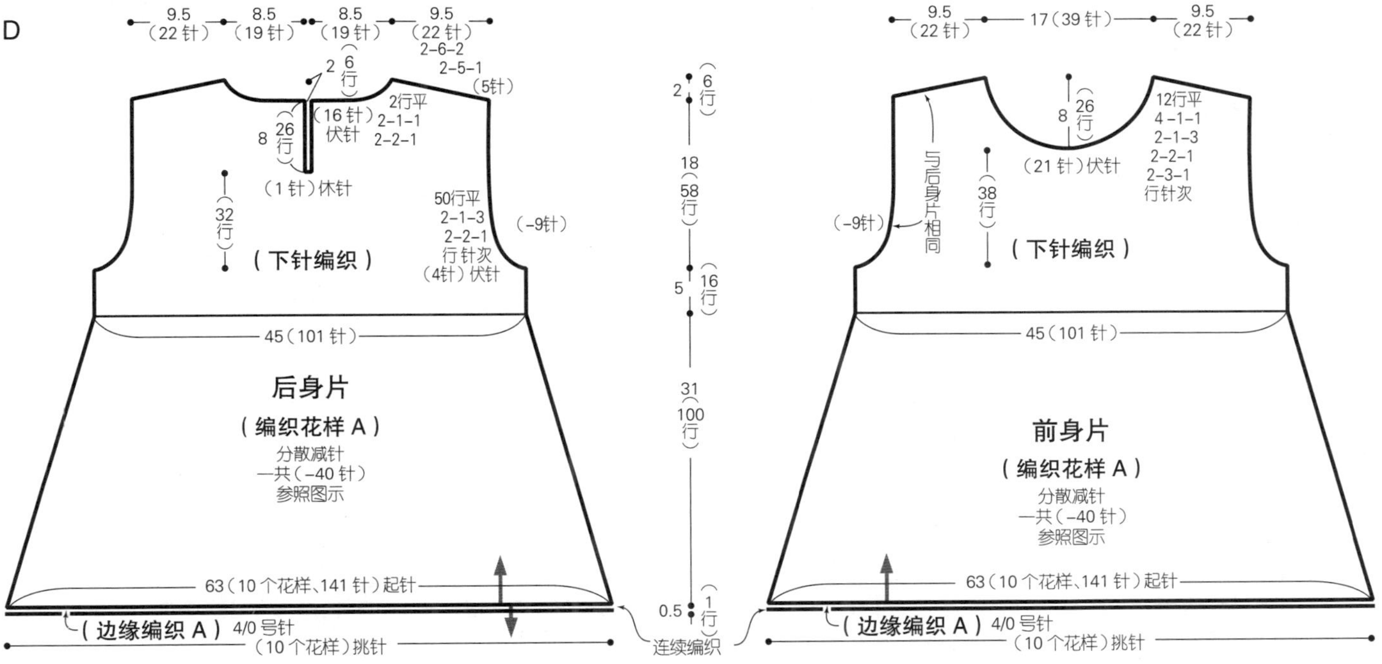

※ 除指定以外均用4号针编织

E

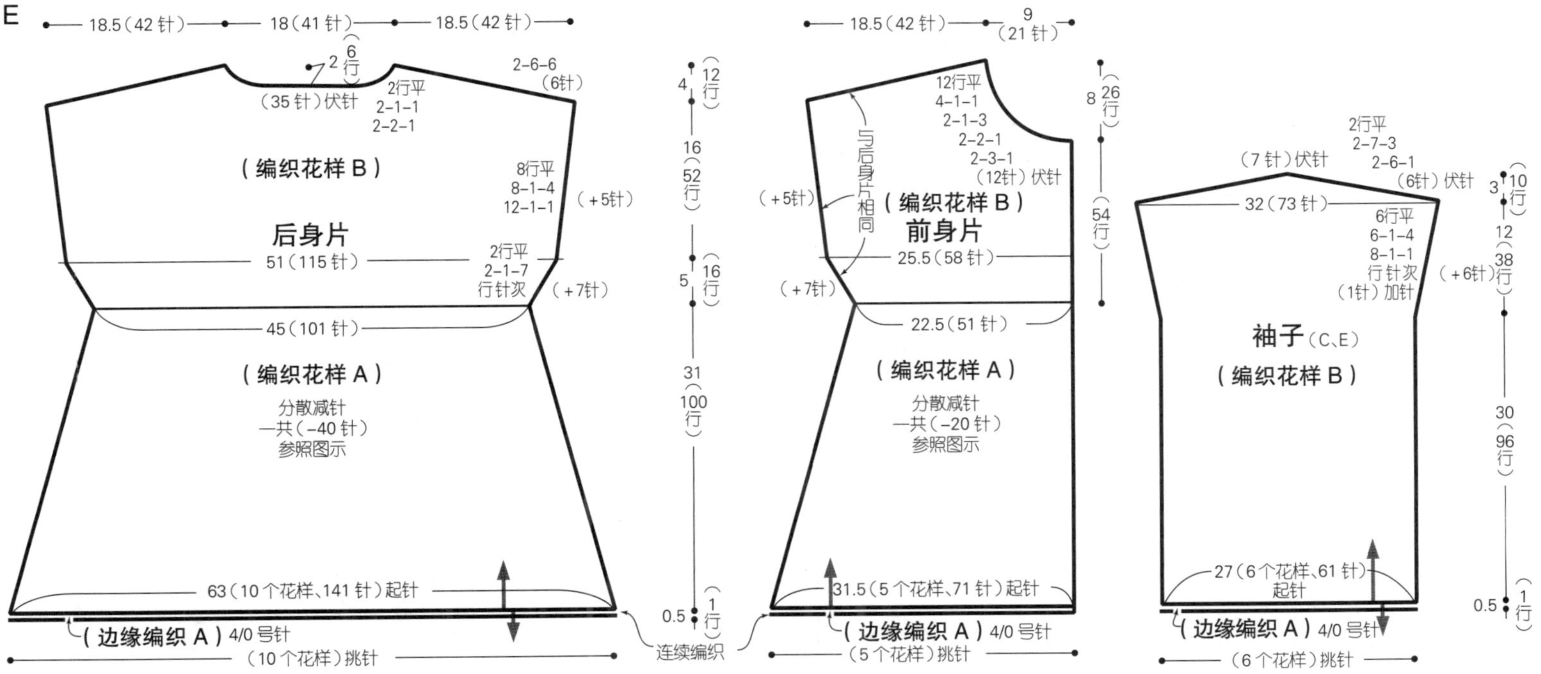

※ 除指定以外均用4号针编织

编织花样 A （通用）

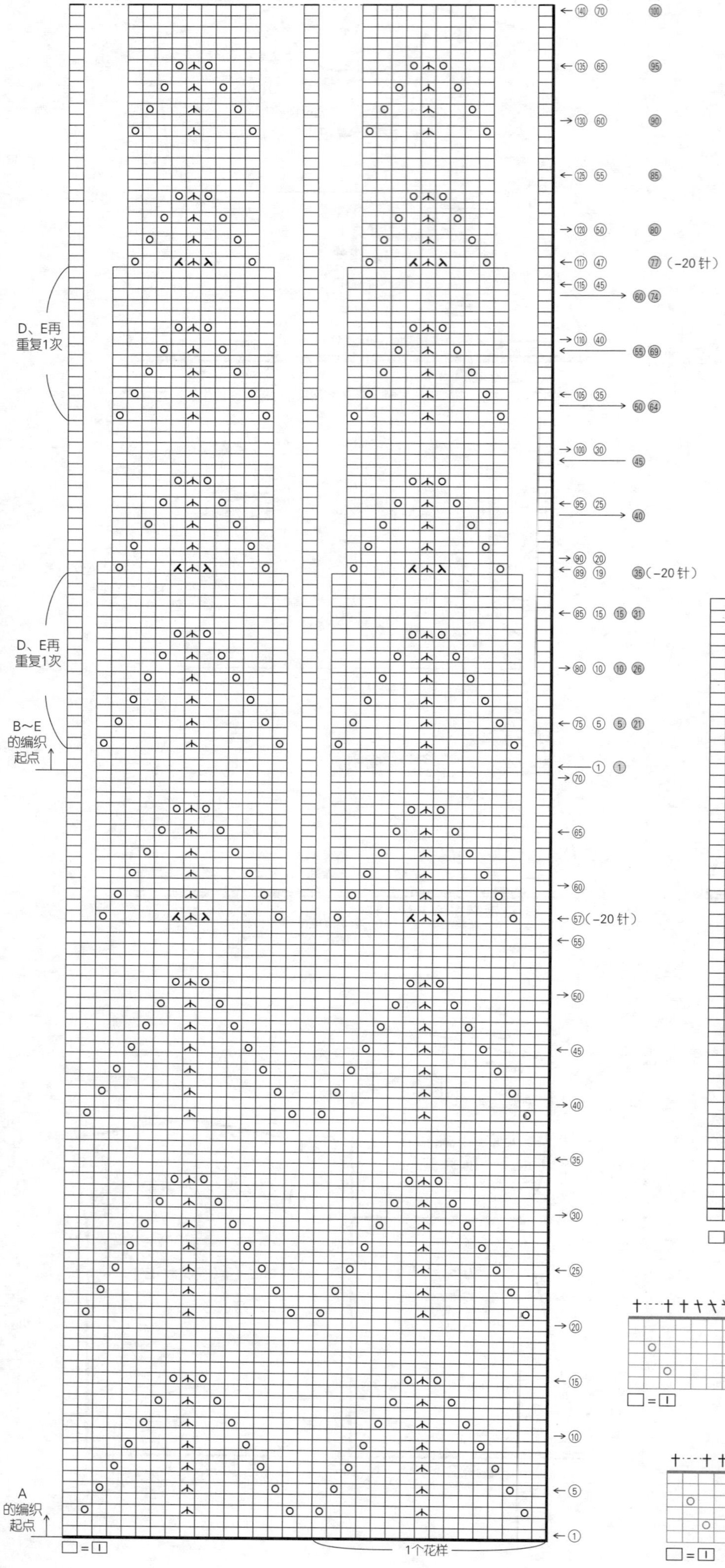

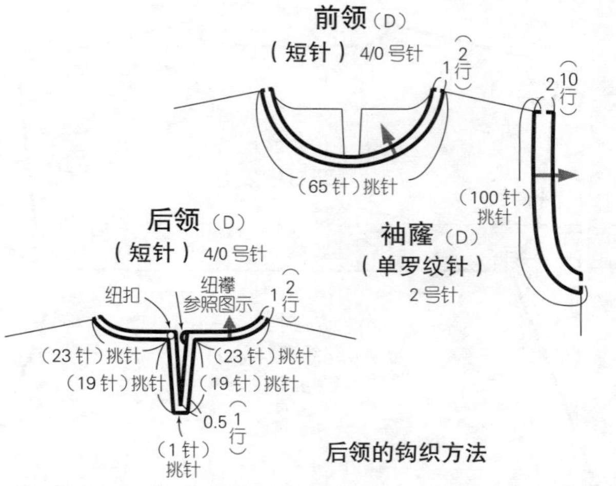

后领的钩织方法

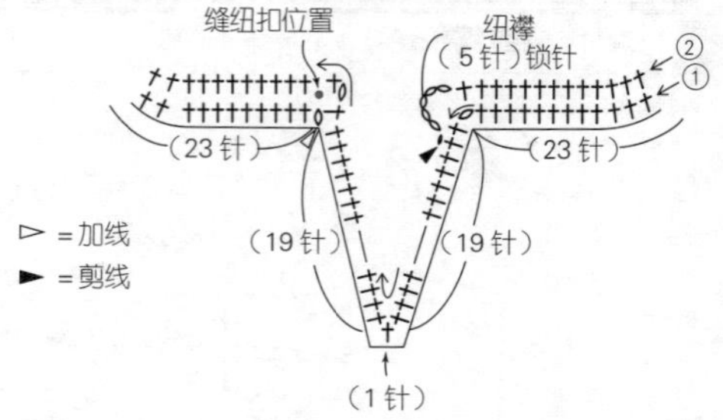

编织花样 B （B、C、E）

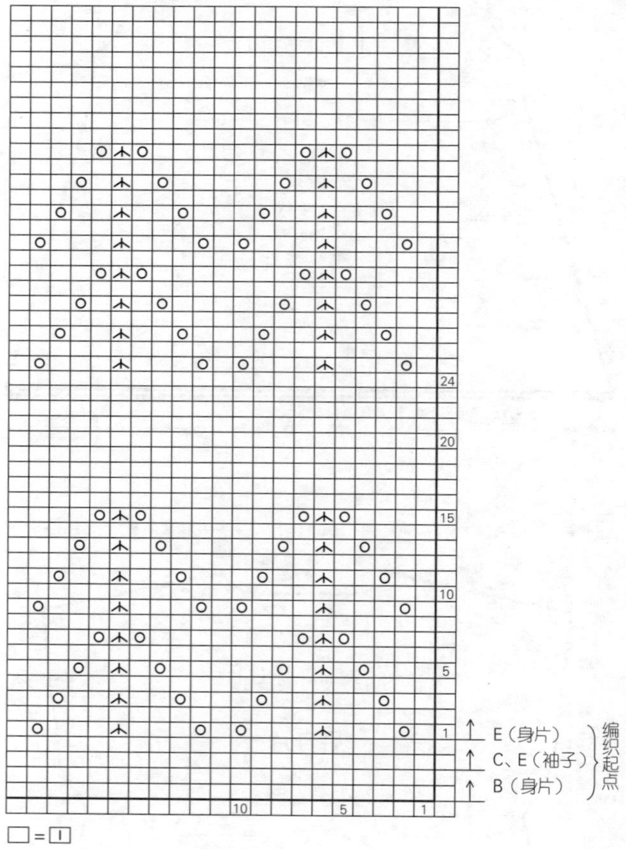

边缘编织A （A）

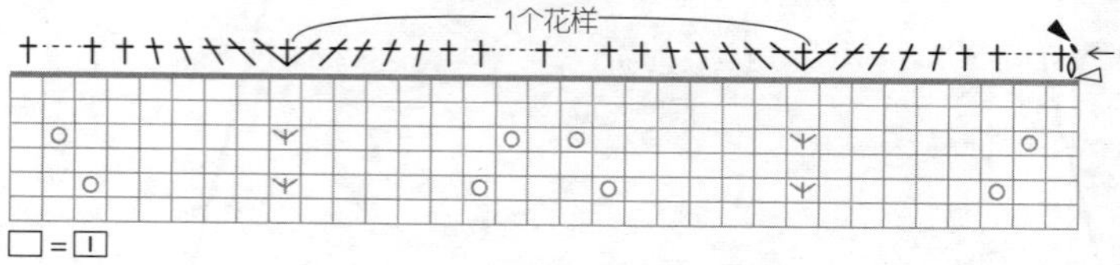

边缘编织A （B~E）

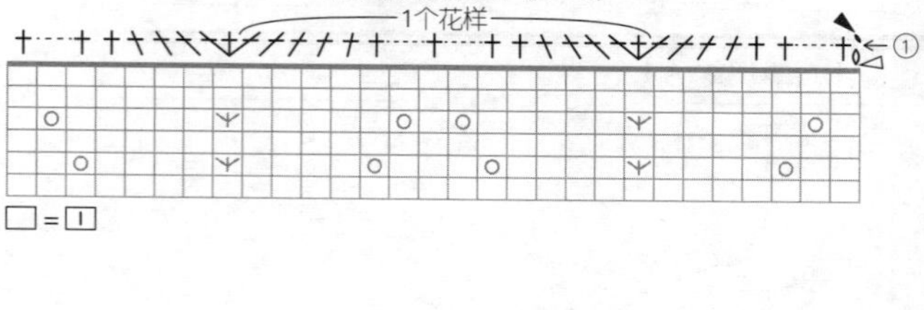

材料

和麻纳卡 Flax K100 藏青色(67) 240g / 3团，白色(61) 120g / 2团

工具

编织机 Amimumemo (6.5mm)

成品尺寸

胸围102cm，衣长60cm，连肩袖长64cm

编织密度

10cm×10cm面积内：下针编织、下针条纹均为19.5针，28.5行

编织要点

●身片、袖子…另色线起针后做下针编织和下针条纹。肩部做引返编织。编织终点编织几行另色线，从编织机上取下织片。下摆、袖口看着上针一侧做引拔收针。

●组合…右肩做机器缝合。领窝部位将指定针数挂到机针上，做上针编织。编织终点看着下针一侧做引拔收针。左肩做机器缝合。袖子与身片之间也做机器缝合。胁部、袖下、衣领侧边做挑针缝合。

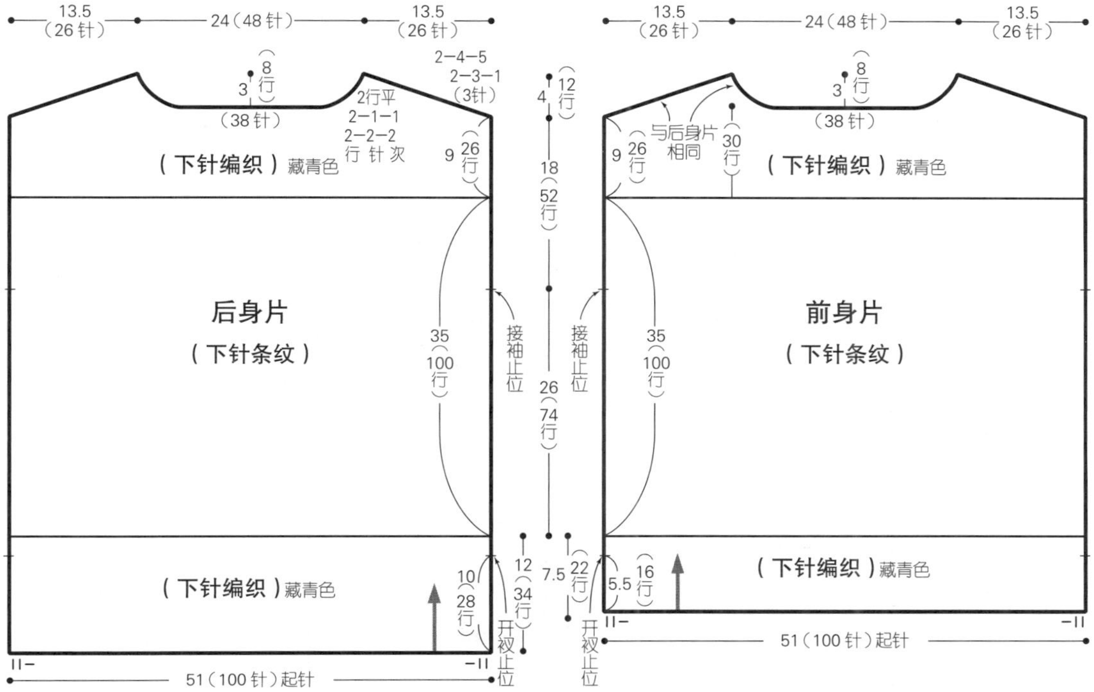

※ 全部用 D=6 编织

※ 编织下摆开衩止位前的部分时，将两端第3针的下针修改成上针

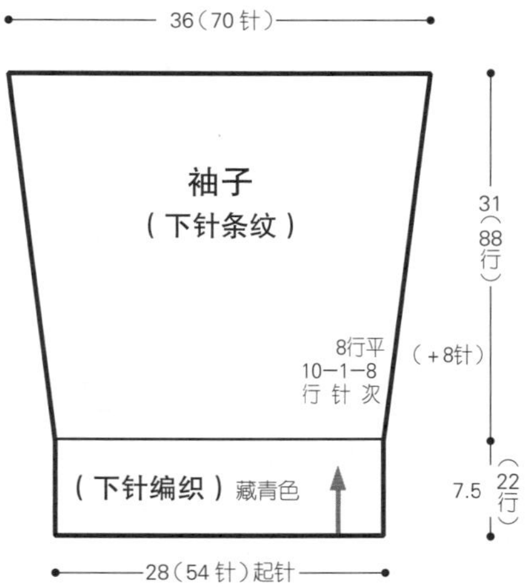

下针条纹的配色

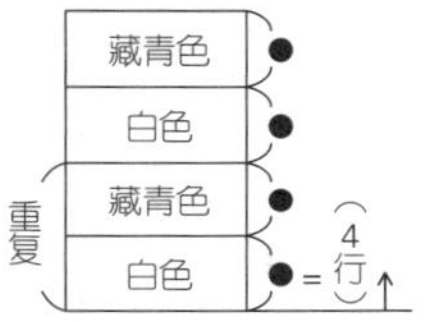

领窝

(上针编织) 藏青色

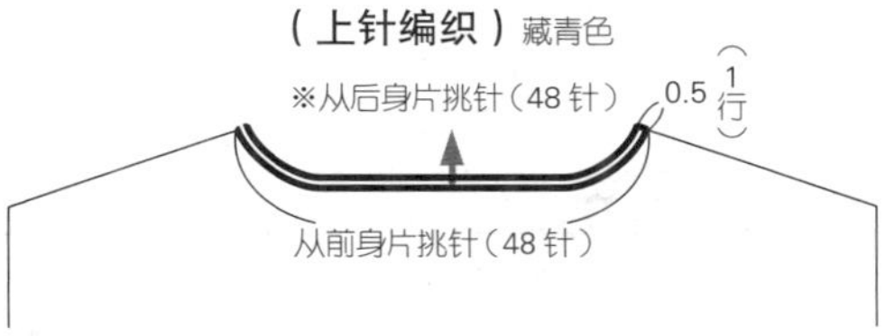

领窝的编织方法

① 中心的38针做引拔收针

② 看着身片的下针一侧，行的部分将边上的第1针和第2针之间的线挂到机针上，针的部分将前面一行针目的线圈挂到机针上

③ 编织1行

④ 看着领窝的下针一侧（身片的上针一侧）做引拔收针

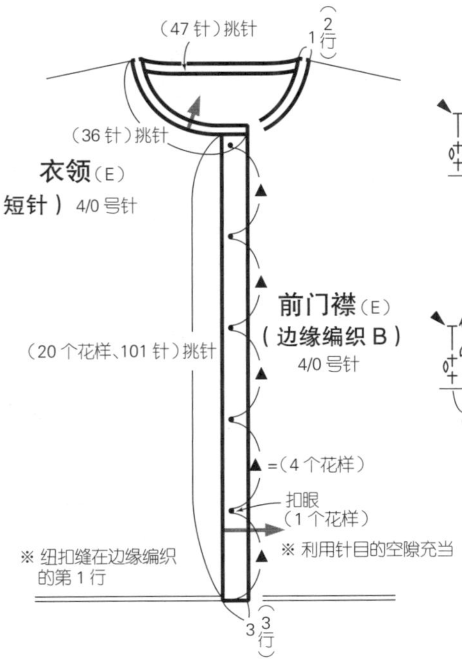

边缘编织B (E)

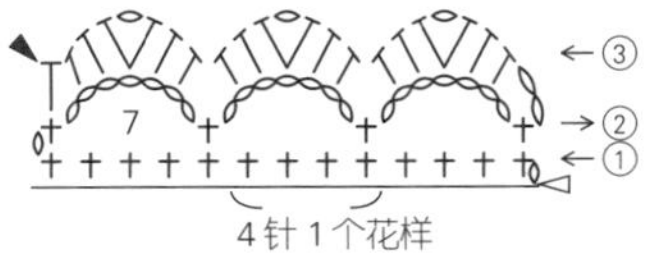

▷ = 加线

▶ = 剪线

扣眼 (E：右前门襟)

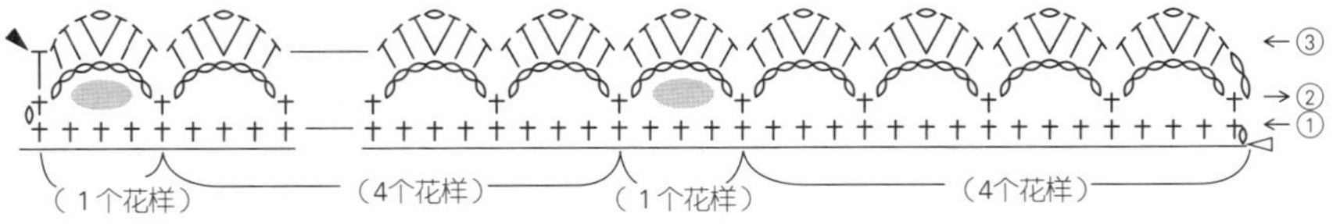

⬭ = 扣眼

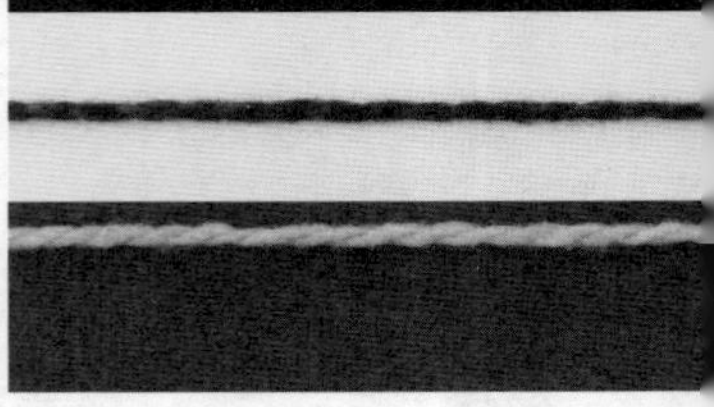

材料

芭贝 PIMA DENIM 炭灰色（157）205g/6团；PIMA BASIC 米色（601）80g/2团。宽30mm、长70cm的松紧带

工具

编织机 Amimumemo（6.5mm）

成品尺寸

腰围68cm，臀围97cm，裙长60.5cm

编织密度

10cm×10cm面积内：下针编织、下针条纹A和B均为26针，37.5行

编织要点

●后片、前片、侧片、口袋、腰头…另色线起针后开始编织。后片、前片编织下针条纹A，口袋编织下针条纹B和单罗纹针。编织终点编织几行另色线，从编织机上取下织片。侧片也按相同要领起针后做下针编织，编织100行后，编织几行另色线，从编织机上取下织片。接着将口袋的编织起点一侧和侧片针目重新挂到机针上，编织66行后分成前、后两部分编织。编织终点按与后片相同的要领处理。口袋的编织终点做单罗纹针收针。下摆编织单罗纹针，编织终点按与口袋相同的要领处理。腰头部分调整密度盘编织，编织终点编织几行另色线后从编织机上取下织片。

●组合…后片、前片与侧片、口袋两侧做挑针缝合。腰头和裙片之间做机器缝合。腰省和腰头侧边做挑针缝合。最后参照组合方法穿入松紧带。

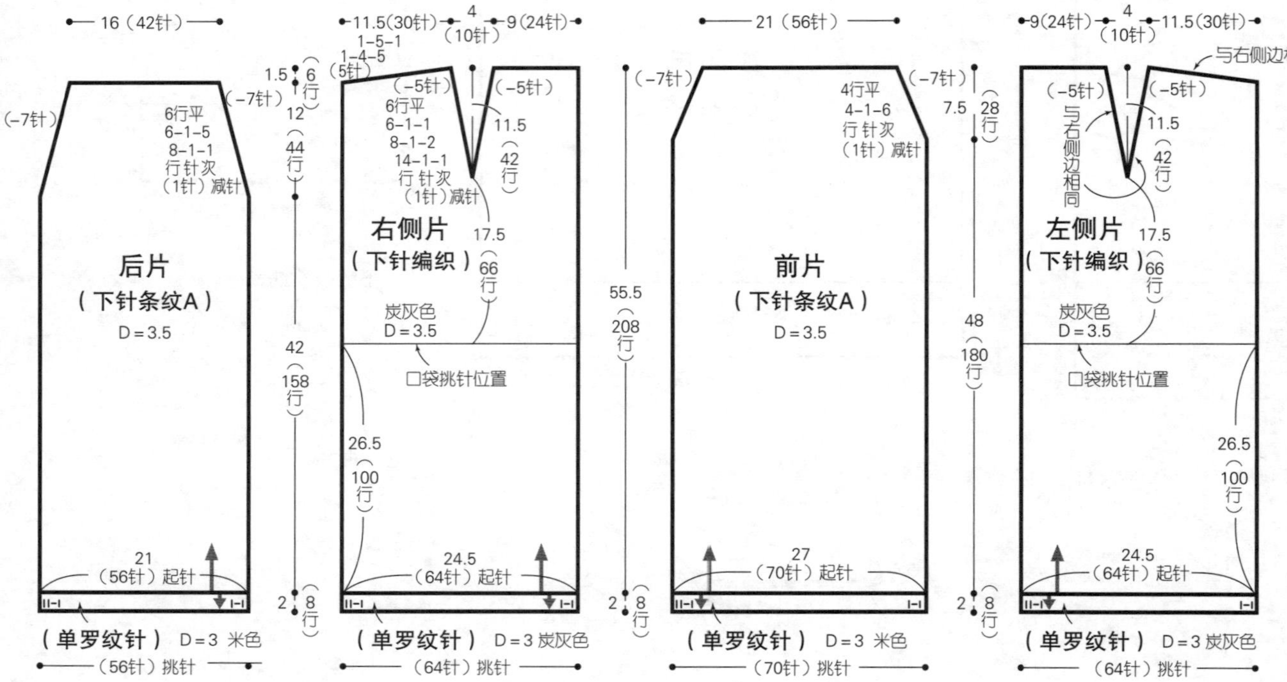

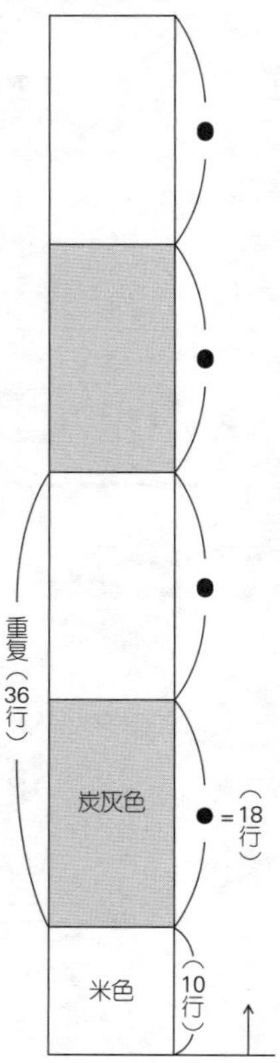

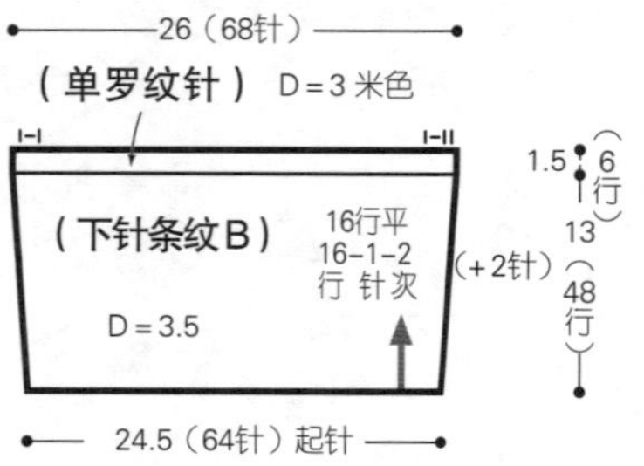

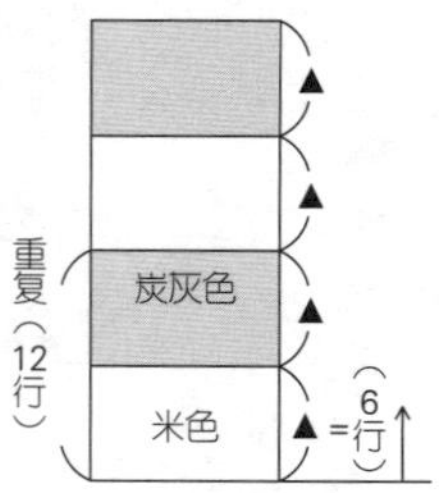

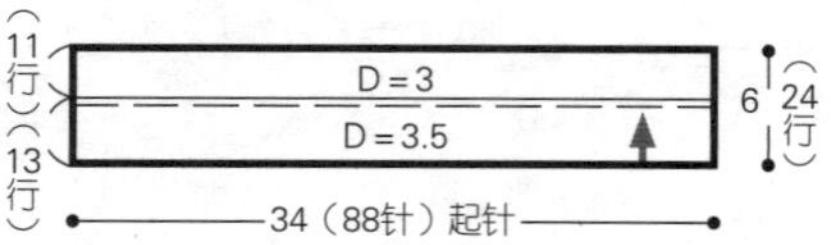

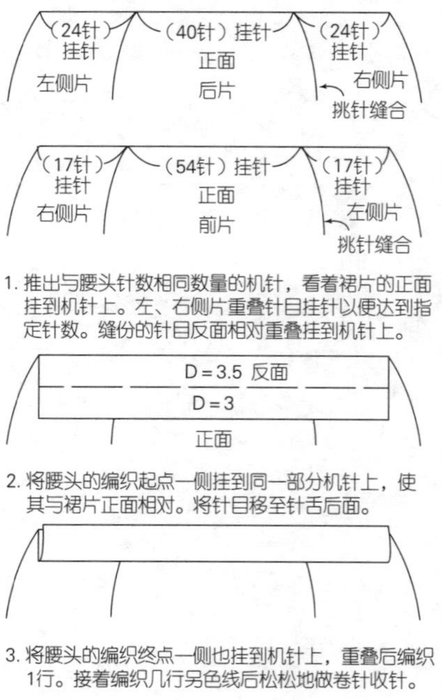

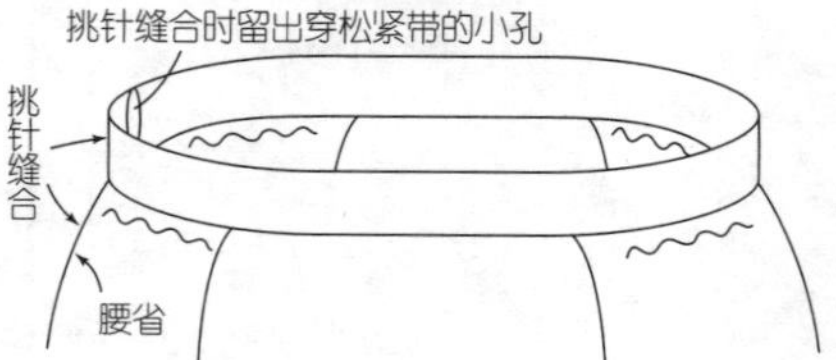

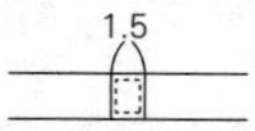

※ 将松紧带穿入腰头部位，两端重叠1.5cm后缝合

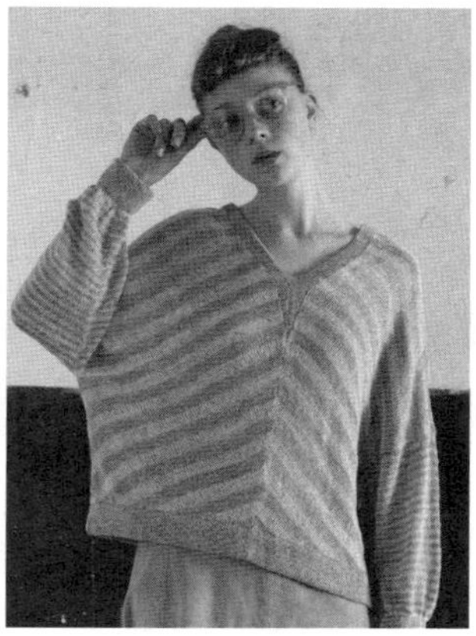

材料

Rich More SILK TERESA 粉红色（14）210g/9团；Cecilia 粉红色系段染（4）75g/3团

工具

编织机 Amimumemo（6.5mm）

成品尺寸

胸围112cm，衣长53cm，连肩袖长71cm

编织密度

10cm×10cm面积内：下针条纹A、B均为25针，33.5行

编织要点

●身片、袖子…另色线起针后开始编织。身片编织下针条纹A，袖子编织下针条纹B。编织终点编织几行另色线，从编织机上取下织片。下摆、袖口做下针编织，编织终点做引拔收针，再翻折至反面做藏针缝缝合。

●组合…衣领看着身片的反面挑针后做下针编织，编织终点按与下摆相同的要领处理。肩部做机器缝合。袖子与身片之间做针与行的接合。胁部、衣领侧边和身片中心做挑针缝合。衣领中心做下针的无缝缝合。

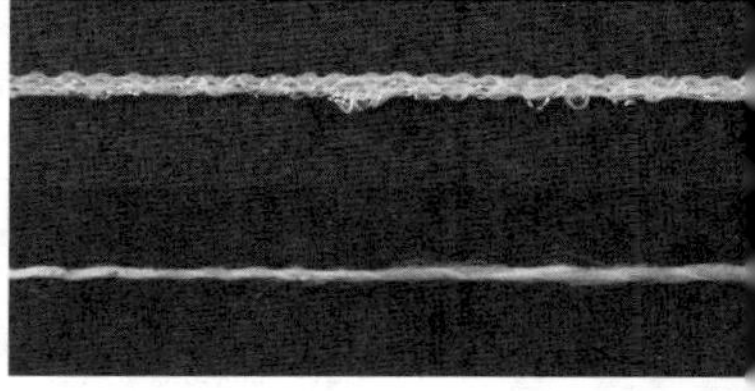

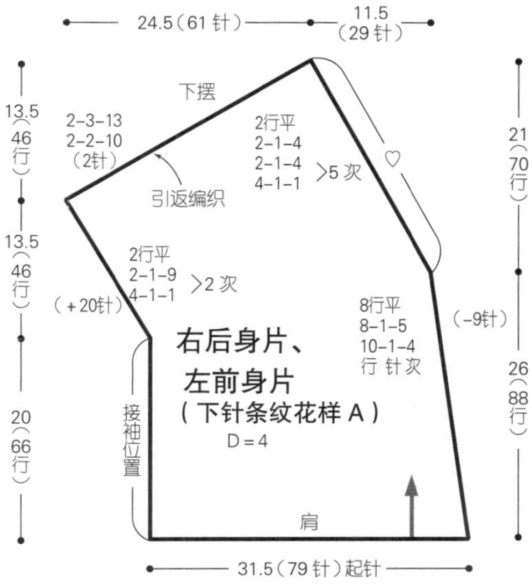

※ 对称编织左后身片、右前身片

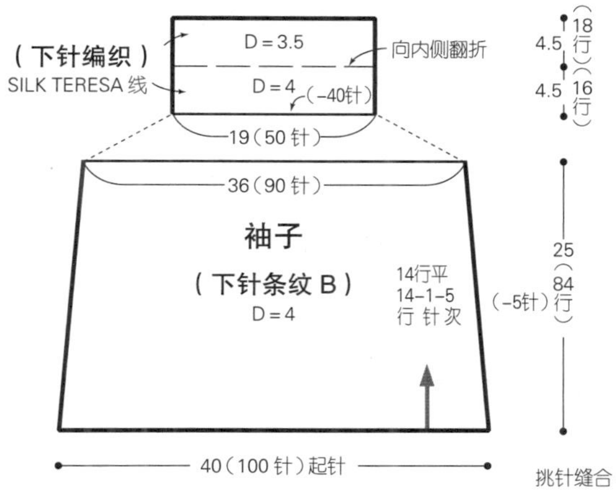

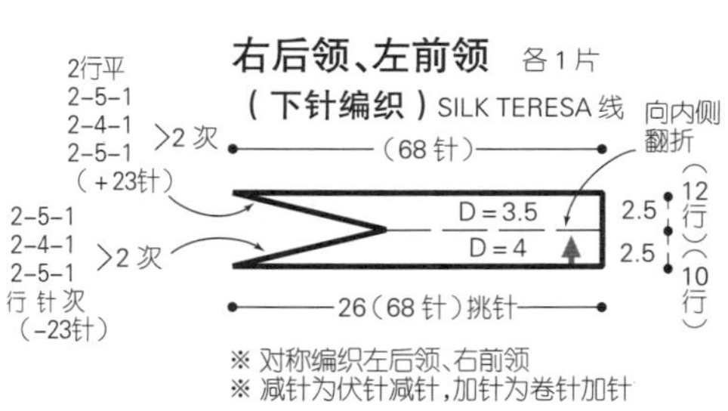

※ 对称编织左后领、右前领
※ 减针为伏针减针，加针为卷针加针

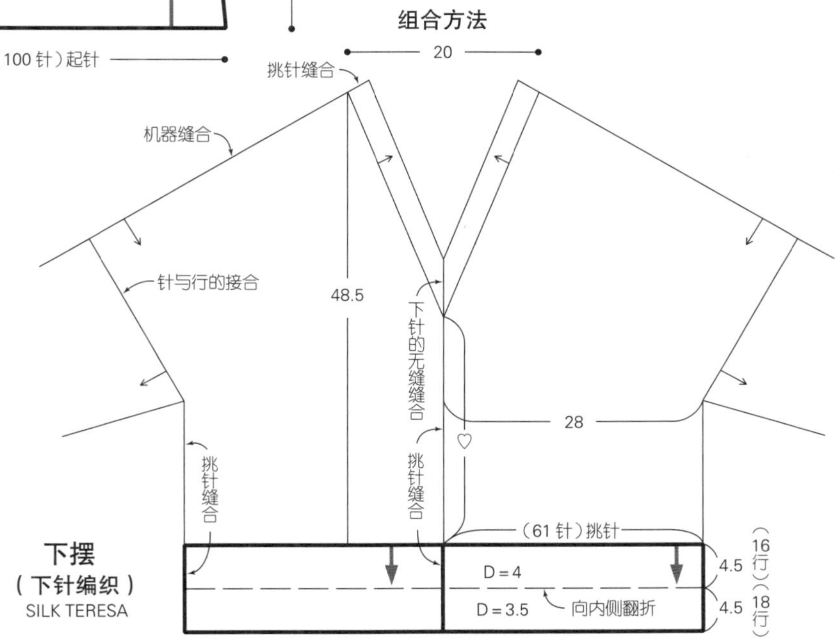

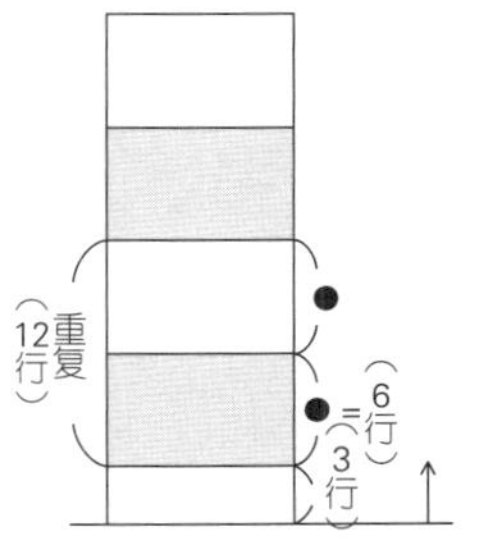

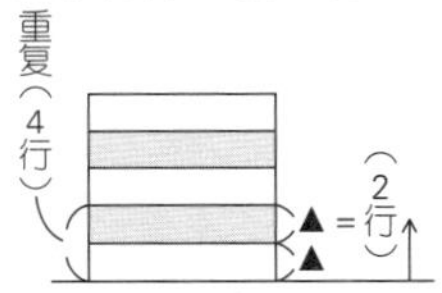

配色 □ = SILK TERESA 线　▨ = Cecilia 线

拉针
将线圈往上拉

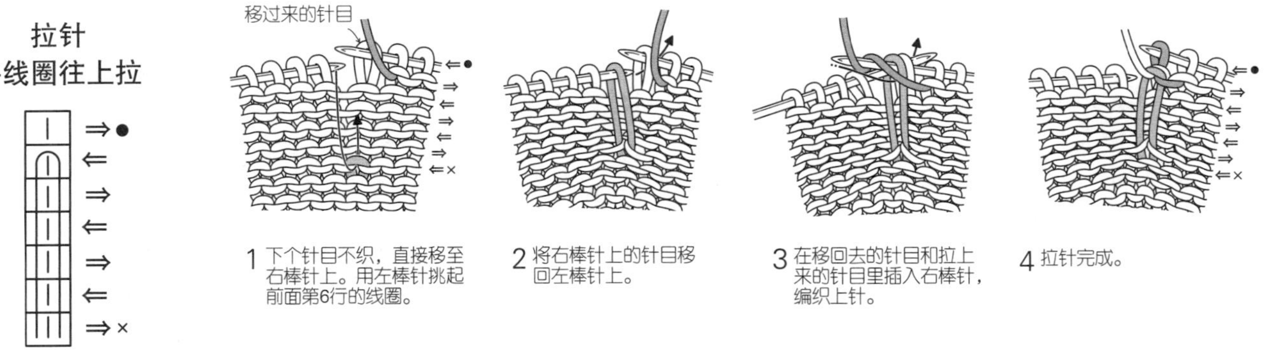

1 下个针目不织，直接移至右棒针上。用左棒针挑起前面第6行的线圈。

2 将右棒针上的针目移回左棒针上。

3 在移回去的针目和拉上来的针目里插入右棒针，编织上针。

4 拉针完成。

图书在版编目（CIP）数据

毛线球. 29，奇妙的钩针编织/日本宝库社编著；蒋幼幼，如鱼得水译. —郑州：河南科学技术出版社，2019.7（2023.7重印）
ISBN 978-7-5349-9522-4

Ⅰ. ①毛… Ⅱ. ①日… ②蒋… ③如… Ⅲ. ①绒线-钩针－手工编织-图解 Ⅳ. ①TS935.52-64

中国版本图书馆CIP数据核字（2019）第109595号

出版发行：河南科学技术出版社
地址：郑州市郑东新区祥盛街27号　　邮编：450016
电话：（0371）65737028　　65788613
网址：www.hnstp.cn
策划编辑：刘　欣
责任编辑：张　培
责任校对：马晓灿　王晓红
封面设计：张　伟
责任印制：张艳芳
印　　刷：北京盛通印刷股份有限公司
经　　销：全国新华书店
开　　本：635 mm × 965 mm　1/8　　印张：24　　字数：350千字
版　　次：2019年7月第1版　　2023年7月第4次印刷
定　　价：69.00元

如发现印、装质量问题，影响阅读，请与出版社联系并调换。